国家社科基金后期资助项目研究成果

知识学研究

柯 平 著

国家图书馆出版社
National Library of China Publishing House

图书在版编目（CIP）数据

知识学研究／柯平著. -- 北京：国家图书馆出版社，2017.5（2018.7 重印）

ISBN 978－7－5013－6070－3

Ⅰ.①知⋯　Ⅱ.①柯⋯　Ⅲ.①知识学—研究　Ⅳ.①G302

中国版本图书馆 CIP 数据核字（2017）第 053448 号

书　　名	知识学研究	
著　　者	柯　平　著	
责任编辑	高　爽　唐　澈	
出　　版	国家图书馆出版社（100034　北京市西城区文津街 7 号） （原书目文献出版社　北京图书馆出版社）	
发　　行	010－66114536　66126153　66151313　66175620 66121706（传真）　66126156（门市部）	
E-mail	btsfxb@nlc.gov.cn（邮购）	
Website	www.nlcpress.com ——→投稿中心	
经　　销	新华书店	
印　　装	北京鲁汇荣彩印刷有限公司	
版　　次	2017 年 5 月第 1 版　2018 年 7 月第 2 次印刷	
开　　本	710×1000（毫米）　1/16	
印　　张	26.25	
字　　数	460 千字	
书　　号	ISBN 978－7－5013－6070－3	
定　　价	80.00 元	

国家社科基金后期资助项目
出版说明

　　后期资助项目是国家社科基金设立的一类重要项目,旨在鼓励广大社科研究者潜心治学,支持基础研究,多出优秀成果。它是经过严格评审,从接近完成的科研成果中遴选立项的。为扩大后期资助项目的影响、更好地推动学术发展、促进成果转化,全国哲学社会科学规划办公室按照"统一设计、统一标识、统一版式、形成系列"的总体要求,组织出版国家社科基金后期资助项目成果。

全国哲学社会科学规划办公室

自　　序

知识的力量在哪里？于个人，她改变命运；于组织，她成为最重要的资本；于世界，她给人类带来光明。

今天，人类比过去任何一个时代更渴望知识，这是出于创新的需要，也是知识社会的必然。《大趋势》的作者 John Naisbit（约翰·奈斯比特）说："我们被信息所淹没，但却渴求知识。"①

今天，人类比以往任何一个时代更需要对知识进行鉴别、组织、管理与研究，因为这是经济与社会发展的特征决定的。正如经济学家 Joseph E. Stiglitz（约瑟夫·斯蒂格利茨）所说的："我们生活在一个不完美的世界，并且这种不完美常常体现在我们的错误中。我们从来都未能知道我们应该知道的，我们很难从'知识噪音'中筛选出有关知识。根据我们所知道的，我们可能做出糟糕的决策；我们常常不能同他人交流我们的知识；在同他人相处中，我们可能错误地表达了我们的知识，也可能缺乏知识。所有这些，同企业或其他组织的运作一样，影响经济交易以及其他社会交往。"②

15年前，UNESCO在《从信息社会迈向知识社会——建设知识共享的二十一世纪》报告中指出：知识社会有别于信息社会，知识社会中更强调知识的多样性与知识共享以及社会成员的认知能力和批评精神。知识社会成员的核心能力是"创造和应用人类发展所必需的知识而确定、生产、处理、转化、传播和使用信息的能力"③。该报告揭示有关知识社会的教育、

---

① 约翰·奈斯比特.大趋势——改变我们生活的十个新方向[M].梅艳，译.北京：中国社会科学出版社，1984：16.
② Joseph Eugene Stiglitz 1999年1月27日在伦敦贸易与工业部以及经济政策研究中心的谈话．参见：http://www.worldbank.org/html/extdr/extme/jssp012799a.htm. 转引：胡鞍钢.知识与发展：21世纪新追赶战略[M].北京：北京大学出版社，2001：27.
③ 联合国教科文组织.从信息社会迈向知识社会——建设知识共享的二十一世纪[EB/OL].[2009-11-17].http://www.un.org/chinese/esa/education/knowledgesociety/.

科研、学习、语言、技术等诸方面的特征,并提出发展知识社会的建议。

当我们从对知识的热情回到理性的轨道上,认真梳理知识学研究的学术变迁历程,不难发现,早在18世纪哲学领域就提了知识论,以至于西方哲学形成了知识学流派,对后世的许多学科如知识社会学等产生过重要影响。然而,知识哲学和知识社会学等研究都还不是知识科学,真正作为一门科学的知识学的诞生,是20世纪90年代以来的事情。科学范畴的知识研究把人们引入知识科学的神奇领域,从此开启知识科学研究的大门。

知识学成为一门新兴科学起先来自科学界的重视。20世纪90年代末,日本的科学家①和我国的科学家②几乎同时开展知识科学以及相关的知识工程问题研究,由此促成知识与系统科学(KSS)的系列会议的召开。在KSS'2003会议上,正式成立国际知识与系统科学学会(ISKSS)。KSS国际会议创始成员除了若干日本大学外,还包括中国的中国科学院数学与系统科学研究院(AMSS)、大连理工大学和清华大学。2009年起,AMSS汪寿阳副院长接替日本学者中森义辉担任ISKSS主席,此后KSS在华举办的年会均由AMSS方面主办③,2015年第十六届知识与系统科学国际会议是由西安电子科技大学承办的④。知识科学的权威国际学术会议的持续发展,已使知识科学研究成为21世纪广泛关注的重要领域。

在科学界提出知识科学之前,早已有知识工程研究领域。陆汝钤院士指出:"二十多年来,知识工程主要是一门实验性科学,知识处理的大量理论性问题尚待解决。对知识的研究应该是一门具有坚实理论基础的科学,应该把知识工程的概念上升为知识科学。知识产业和知识科学、知识工程共同构成一条链上三个不可分割的环节,但知识科学本身是一个大问题,还需进行深入探讨。"⑤据读秀知识库检索,1998~2016年,我国出版以"知识工程"为题名的著作47部(含译著3部),以"知识技术"为题名的著作8部(含译著3部)。

除了科学界关于知识工程和系统科学的研究,还有经济与社会领域的知识研究以及各行业与知识社会相关的系统研究。据读秀知识库检索,

---

① 日本北陆先端科学技术大学院大学知识科学研究科网站(http://www.jaist.ac.jp/ks/)。
② 知识工程与知识科学研讨会 KEKS'99 会议纪要[J].语言文字应用,2000(2):112-112.
③ 中国系统工程学会官网(http://www.sesc.org.cn/htm/article/article376.htm)。
④ 第十六届知识与系统科学国际会议官网(http://kss2015.xidian.edu.cn/zwb.htm)。
⑤ 陆汝钤.知识科学及其研究前沿[Z]//国家科学技术奖励工作办公室.中国科学技术奖励年鉴2001.北京:中国科学技术奖励年鉴编辑部,2002:778.

1998~2016年,我国出版"知识经济"为题名的著作678部(含译著29部),"知识创新"为题名的著作67部(含译著11部),"知识管理"为题名的著作有398部(含译著60部);据中国知网检索,论文篇名中含有"知识管理"的论文多达23964篇;据百度学术搜索,题名中包含"knowledge management"的著作与论文文献多达24.5万条记录,而题名含有"knowledge economy"的著作与论文文献也达5.4万条记录。2015年10月,中国知识管理联盟在北京成立,2016年1月,《知识管理论坛》创刊①,知识管理与大数据、"互联网+"等新环境的结合,展现出新的活力。由此可见,知识学的建立有了雄厚的理论与实践基础。

作为一个新的研究领域,今天的知识学(knowledge science),已不同于Fichte(费希特)所讲的知识学,不同于早期哲学范畴的知识论或知识学,而是科学视角下的研究,它指的是一门新兴的关于知识与知识活动的综合性科学,把过去关于知识的个别领域或者有关知识经济、知识管理、知识工程、知识技术等相关问题研究上升到一个更高的集成层面以解决复杂的理论与技术问题。

2004年以后,在国内科学界知识科学的呼声中,笔者在南开大学开展知识学的系统探索,形成以博士生和硕士生为主体的知识学南开团队,产生一批研究成果,突出地表现在以下方面:

一是通过课程与相关活动,培养知识学高级研究人才。2005年开始,笔者在南开大学率先开设博士生课程"知识学研究",组织博士生围绕知识学的前沿问题展开讨论。

2006年,王平在这门课的课堂感悟中说:"知识学"这门讨论课的开设具有极强的前瞻性和学科开创性,同时对于知识经济这个大背景下的实践活动有着重要的理论意义和实践意义。其最终目的就是要在知识经济兴起这个大背景下建立起和"物理学""社会学""历史学"具有同样学科地位的"知识学",而知识学建立的重要价值之一就是——将以往分散地围绕知识进行的各种研究领域或较为成熟的理论统一在"知识学"这一大的学科背景下,有利于各研究领域地位的提升、相关研究之间的借鉴,从而为知识经济中各种知识相关研究的发展,为知识经济的发展提供系统化、科学化的理论研究、方法研究和技术研究的支持。可以说,现代意义上的"知识

---

① 初景利.长风破浪会有时——《知识管理论坛》第一卷寄语[J].知识管理论坛,2016(1):1.

学"是伴随着知识经济的兴起而逐渐走入人们的视野,并开始被关注,而且伴随着知识经济和知识社会的发展而逐渐丰富、成熟和完善。我们有理由相信"知识学"是具有古老学科渊源和崭新发展动力与前景的一门学科,其价值无可限量。基于此,对"知识学"的讨论可以说是意义重大。

二是选择知识学的前沿课题作为博士学位论文选题,由此产生专门研究知识学的博士论文。

在知识学理论研究方面,杨溢的博士论文《基于图书情报学的知识科学理论模型研究》(2010)从图书情报学理论视角切入,撷取图书情报学研究的知识域中理论思维模式与若干重要理论,探讨知识科学的基础理论问题。

在知识学应用研究方面,李大玲的博士论文《基于知识管理的学术机构知识库构建模式研究》(2008)从学术机构知识管理的角度,不仅考虑学术机构知识库的技术因素,而且考虑到学术机构知识库的利用主体(工作人员)的需求,总结基于知识管理的学术机构知识库的理论基础。在此基础上,运用文献分析、问卷调查、演绎推理、案例研究的方法,对基于知识管理的学术机构知识库的知识组织、技术模式、激励模式进行深入研究。高洁的博士论文《面向知识共享的协同政务研究》(2008)在理论研究基础上,提出面向知识共享的协同政务体系框架,构建面向知识共享的协同政务流程集成系统,设计基于语义 Web 服务的协同政务知识门户。王平的博士论文《流程导向的企业实时知识管理研究》(2008)通过对知识管理本质及价值、流程导向与实时知识管理的内在联系的分析,将流程导向与实时知识管理整合,提出"流程导向的企业实时知识管理"的观点,通过实证构建理论模型。曾伟忠的博士论文《e-Science 环境下知识控制研究》(2009)以 e-Science 为背景,以解决科研人员获取高质量的知识所遇到的困难为目标,从知识主体、知识客体、知识过程和知识系统等角度对知识进行控制,建立一个多维的知识控制体系,探索出一种新的知识理论体系,满足科研人员的知识需求。洪秋兰的博士论文《社区公共文化知识转移机制研究》(2009)从知识角度对文化进行研究,从个人认知角度的"意义建构理论"、人际关系的"资本理论"以及媒介传播的"媒介适用理论"三个层面考察社区居民的知识需求和行为特点,建立理论框架并进行实践调研。在理论和实证分析基础上设计社区公共文化知识转移优化方案表以及深入分析社区公共文化知识转移的三种机制,并对机制的运行机理、运行方法、运行保障等方面进行系统研究。詹越的博士论文《知识型员工个人知识管理能力影响因素研究》(2010)以知识型员工为对象,研究个人知识管理能力对于组织创新的重要作用,以个人知识管理能力架构为基础,提出知识型员工个人知识管理能力与组织创新的关系模型,并进行实证研究。李廷翰的博士论文《基于心理契约的科研人员知识转移研究》(2013)引入心理契约的理论,研究科研过程中的知识转移问题,探讨科研人员的心理契约规律,开发科研人员心理契约结构量表,通过实证研究,证明科研人员心理契约对知识转移绩效的直接与间接影响作用。

三是在学术期刊发表知识学专题论文。

先后在专业核心期刊《图书情报工作》和《图书情报知识》组织两期知识学专题。第一期专题发表在《图书情报工作》2006年第4期,主题是"知识学研究",包括《知识学研究导论》(柯平)、《从知识管理到知识价值链管理》(高洁)、《知识技术的发展对知识工程的影响》(李大玲)、《将知识服务进行到底——基于知识交流的知识服务》(党跃武)4篇论文。第二期专题发表在《图书情报知识》2009年第1期,主题是"21世纪的知识学研究展望",包括《21世纪知识学研究的目标和任务》(柯平)、《"知识学"研究倡议与研究纲领》(王平)、《基于知识学的知识资源模型研究》(赵益民)、《创新学与知识学的关联研究》(詹越)4篇论文。

本书是在此基础上完成的。为全面系统地研究知识及知识活动的相关问题,本书分11章,第1~3章,整合各学科已有的知识研究成果,构建新的知识学理论体系;第4~7章,对于知识环境、知识技术、知识组织等问题进行创新性研究,提出知识控制论等新的理论问题;第8~11章,围绕知识学的应用,讨论知识传播与知识管理、知识服务和知识创新等领域的理论与实践问题。

知识学研究是一种新的探索,这种探索将推动着图书情报及相关学科的知识整合,也促使科学学、创新学、传播学、语言学等学科的交叉渗透进一步走向深入。

柯 平

2016年4月

目 录

自 序 ……………………………………………………………… (1)

1 知识学基础理论问题 …………………………………………… (1)
   1.1 知识学的来源与重建 ……………………………………… (1)
   1.2 知识学的目标、任务与前沿领域 ………………………… (18)
   1.3 知识学的学科体系 ………………………………………… (24)

2 知识学的科学共同体与研究趋势 …………………………… (41)
   2.1 知识学的科学共同体 ……………………………………… (41)
   2.2 知识学研究的趋势 ………………………………………… (61)

3 关于知识的系统研究 …………………………………………… (89)
   3.1 哲学的知识研究 …………………………………………… (89)
   3.2 不同学科的知识研究 ……………………………………… (96)
   3.3 知识学的知识观 …………………………………………… (108)

4 知识环境研究 …………………………………………………… (126)
   4.1 知识的经济、社会与生态环境 …………………………… (126)
   4.2 E 环境 ……………………………………………………… (131)
   4.3 泛在知识环境 ……………………………………………… (141)
   4.4 大数据环境 ………………………………………………… (144)

5 知识技术与知识工程 …………………………………………… (147)
   5.1 知识技术 …………………………………………………… (147)
   5.2 知识工程 …………………………………………………… (167)

6 知识组织论 ……………………………………………………… (177)
   6.1 知识组织的基本问题 ……………………………………… (177)
   6.2 知识分类的历史问题 ……………………………………… (183)

6.3　当代知识分类的标准问题……………………………（195）
　　6.4　未来知识分类的两条路径……………………………（204）

7　知识资源论……………………………………………………（209）
　　7.1　知识资源论的提出……………………………………（209）
　　7.2　关于知识资源原理的探讨……………………………（213）
　　7.3　知识控制………………………………………………（222）
　　7.4　国家知识资本…………………………………………（240）

8　知识传播论……………………………………………………（245）
　　8.1　知识交流与知识传播…………………………………（245）
　　8.2　媒介知识传播…………………………………………（252）
　　8.3　科学知识传播…………………………………………（256）

9　知识管理论……………………………………………………（276）
　　9.1　知识管理学派…………………………………………（276）
　　9.2　知识管理的范畴体系…………………………………（285）
　　9.3　知识管理的三大知识域………………………………（294）
　　9.4　知识管理的学科建设与发展…………………………（321）

10　知识服务论……………………………………………………（323）
　　10.1　知识需求与知识消费…………………………………（323）
　　10.2　知识服务的核心理论问题……………………………（337）
　　10.3　知识服务流派…………………………………………（343）
　　10.4　知识服务模式及其运行机制…………………………（347）

11　知识创新论……………………………………………………（359）
　　11.1　知识与创新……………………………………………（359）
　　11.2　知识链…………………………………………………（364）
　　11.3　创新型国家的知识创新机制…………………………（369）

参考文献……………………………………………………………（378）

索　　引……………………………………………………………（395）

后　　记……………………………………………………………（399）

图表目录

图1-1　知识学研究对象的四个象限 …………………………（17）
图1-2　JAIST知识科学研究科的学术与实践框架……………（22）
图1-3　知识科学与工程研究所主要研究方向 ………………（23）
图1-4　王续琨和初福玲的知识科学学科结构 ………………（28）
图1-5　普通知识学的分化线索 ………………………………（29）
图1-6　王平的知识学体系结构 ………………………………（29）
图1-7　王平的知识学研究要素关系 …………………………（30）
图1-8　詹越的创新学与知识学分支学科关系 ………………（31）
图1-9　JAIST整体的知识科学框架……………………………（31）
图1-10　顾基发和唐锡晋修正的整体知识科学框架 …………（32）
图1-11　王知津和陈芳芳的知识科学产生体系 ………………（33）
图1-12　知识学体系的综合模型 ………………………………（34）
图1-13　杨溢的知识科学理论模型总体框架 …………………（34）
图2-1　JAIST知识科学的重要性………………………………（62）
图2-2　2005~2015年国外知识环境主题知识图谱 …………（64）
图2-3　2005~2015年国外知识资源研究主题知识图谱 ……（66）
图2-4　2005~2015年国外知识技术与工程研究主题知识图谱……（68）
图2-5　2005~2015年国外知识组织研究主题知识图谱 ……（71）
图2-6　2005~2015年国外知识传播研究主题知识图谱 ……（74）
图2-7　2005~2015年国外知识管理研究主题知识图谱 ……（76）
图2-8　2005~2015年国外知识服务研究主题知识图谱 ……（79）
图2-9　2005~2015年国外知识创新研究主题知识图谱 ……（82）
图2-10　2005~2015年国内知识学研究机构知识图谱 ………（87）
图2-11　2005~2015年国内知识学研究者知识图谱 …………（88）

图 3-1　KP³ 方法框架 ……………………………………………（101）
图 3-2　信息、知识和情报三者的关系 ………………………（113）
图 3-3　信息、知识和情报的逻辑关系 ………………………（113）
图 3-4　知识与相关术语的区别 ………………………………（114）
图 3-5　信息、数据与知识的关系 ……………………………（115）
图 3-6　知识的梯级要素 ………………………………………（116）
图 3-7　Haeckel 的信息等级 …………………………………（117）
图 3-8　DIKW 的转化 …………………………………………（118）
图 3-9　信息、知识与智慧的逻辑结构 ………………………（118）
图 3-10　知识与数据、信息、智慧的逻辑结构 ………………（119）
图 4-1　基于 GridPro 的计算机仿真飞机部件网格和
　　　　宇宙飞船网格 ………………………………………（138）
图 5-1　知识表征在相关领域的含义 …………………………（153）
图 5-2　Card 等建立的可视化参考模型 ………………………（155）
图 5-3　新的经验之塔 …………………………………………（157）
图 5-4　思维导图举例 …………………………………………（163）
图 5-5　由 Sarkar 和 Brown 完成的鱼眼视图 …………………（165）
图 5-6　由 Lamping 和 Rao 建立的双曲树浏览器 ……………（165）
图 5-7　双曲三维视图 …………………………………………（166）
图 5-8　Walrus 网络可视化实例 ………………………………（167）
图 5-9　知识工程的一种定义（人的管理和信息
　　　　管理的高级阶段） ……………………………………（172）
图 5-10　对知识工程定义的另一种示意（渐进） ……………（172）
图 5-11　语义网的层次结构 ……………………………………（175）
图 6-1　知识元链接示意图 ……………………………………（182）
图 6-2　Plato 的知识分类体系 …………………………………（184）
图 6-3　Aristotle 的知识分类体系 ……………………………（185）
图 6-4　Bacon 的知识分类体系 ………………………………（188）
图 6-5　Spencer 的科学分类体系 ……………………………（190）
图 6-6　Pearson 的科学分类体系 ……………………………（191）
图 6-7　Hegel 的自然科学分类 ………………………………（192）
图 6-8　Hegel 的科学（知识）分类体系 ………………………（193）

图 6-9　Wundt 的科学分类体系 ……………………………（194）
图 7-1　知识资源要素模型 …………………………………（214）
图 7-2　知识资源形成模型 …………………………………（215）
图 7-3　知识资源积累模型 …………………………………（216）
图 7-4　知识资源传承模型 …………………………………（218）
图 7-5　知识资源配置状态矩阵 ……………………………（220）
图 7-6　知识资源价值实现模型 ……………………………（221）
图 7-7　知识控制的内涵 ……………………………………（228）
图 7-8　知识元的三次书目控制方式的进化方式概略 ……（236）
图 7-9　知识元的三次书目控制方式的进化方式详图 ……（237）
图 7-10　国家知识资本树 ……………………………………（243）
图 8-1　Garvey-Griffith 的学术交流模型 …………………（247）
图 8-2　Vito 等的知识传播概念模型 ………………………（251）
图 8-3　Edward 和 Martyn 的知识传播概念框架 …………（251）
图 8-4　Coles 学术传播信息流模型 ………………………（258）
图 8-5　Cox 学术传播信息流修正模型 ……………………（259）
图 8-6　Tenopir & King 学术传播生命周期模型 …………（260）
图 8-7　Björk A0 研究、传播和应用结果模型 ……………（261）
图 9-1　平衡知识管理示意图 ………………………………（289）
图 9-2　知识管理研究的四个维度 …………………………（292）
图 9-3　Myrna Gilbert 和 Martyn Cordey-Hayes 的
　　　　知识转移五步骤模型 ………………………………（305）
图 9-4　Szulanski 的知识转移四阶段模型 ………………（305）
图 9-5　以 French Caldwell 为代表知识地图分类示意 …（314）
图 10-1　Paul 的需求定义 …………………………………（324）
图 10-2　知识需求的三维结构 ………………………………（325）
图 10-3　知识需求诱发的层次性和知识需求介入的时机性 ……（328）
图 10-4　数据服务、信息服务和知识服务与 E-Science 的关系 ……（342）
图 10-5　知识服务的主客体关系 ……………………………（352）
图 10-6　知识服务过程 ………………………………………（353）
图 10-7　以客户为导向的知识服务模式的运行机制 ………（355）
图 10-8　客户资源保障的主要内容 …………………………（356）

图 11-1 360°的"ba"的设计模型 …………………………… (362)

图 11-2 网络"ba"模型 ………………………………………… (362)

图 11-3 创新型国家的知识供应链模型 ……………………… (370)

图 11-4 知识需求的层次和保障度 …………………………… (373)

图 11-5 创新型国家知识需求生成机制 ……………………… (374)

图 11-6 创新型国家知识需求实现机制 ……………………… (375)

表 1-1 关于知识学学科性质的主要观点 …………………… (15)

表 1-2 关于知识学研究内容的主要观点 …………………… (24)

表 1-3 当代知识学研究内容的主要类别 …………………… (26)

表 2-1 历届知识与系统科学会议(KSS)简况 ……………… (44)

表 2-2 三届全球知识大会主题和重要关键词 ……………… (62)

表 2-3 2005~2015 年国外知识环境研究主题表 …………… (64)

表 2-4 2005~2015 年国外知识资源研究主题表 …………… (66)

表 2-5 2005~2015 年国外知识技术与工程主题表 ………… (69)

表 2-6 2005~2015 年国外知识组织研究主题表 …………… (71)

表 2-7 2005~2015 年国外知识传播研究主题表 …………… (74)

表 2-8 2005~2015 年国外知识管理研究主题知识图谱 …… (77)

表 2-9 2005~2015 年国外知识服务研究主题表 …………… (80)

表 2-10 2005~2015 年国外知识创新研究主题表 ………… (82)

表 2-11 2005~2015 年国内知识学研究主题表 …………… (85)

表 3-1 关于知识学视角的重要观点 ………………………… (97)

表 3-2 关于数据、信息、知识和智慧的代表性定义 ……… (120)

表 3-3 组织知识的定义 ……………………………………… (122)

表 4-1 国外主要数字化学习平台比较 ……………………… (134)

表 5-1 知识技术的分类 ……………………………………… (150)

表 5-2 知识可视化、数据可视化和科学计算可视化
三者比较 ……………………………………………… (155)

表 5-3 三种知识图谱绘制软件特征对比 …………………… (161)

表 6-1 ISKO 历届会议情况 …………………………………… (178)

表 8-1 三种交流系统的比较分析 …………………………… (246)

表 8-2 田园型学科社群和都市型学科社群比较 …………… (262)

表 8-3 1950~1977 年物理学、化学和生理学或医学诺贝尔奖

	获得者被引频次	……………………………	(268)
表8-4	2005~2009年中国人文社会科学引文频次	…………	(273)
表9-1	2006~2016年KMO国际会议一览	………………	(280)
表9-2	关于知识管理流派的主要划分	………………………	(282)
表9-3	知识管理的10个代表性框架	…………………………	(286)
表9-4	隐性知识的分类及依据	………………………………	(297)
表9-5	个体非正式知识转移中的三种不同视角	…………	(303)
表9-6	知识资本的构成及其概念	……………………………	(308)
表9-7	国内外关于知识地图的类型划分	……………………	(316)
表10-1	国内外有关知识服务的定义	…………………………	(338)
表10-2	知识服务和信息服务两种形态的要素比较	………	(342)
表10-3	UNDP报告中的知识服务模式	………………………	(347)
表11-1	知识需求与创新环境、知识供应源和 创新主体的关系	………………………………	(372)

1 知识学基础理论问题

任何一门科学,如果不解决基础理论问题,这门科学不能真正成为科学。科学的基础理论问题与应用问题相比,其复杂性不仅仅在于其概念化过程,而且在于其学科来源、研究主体与客体,乃至整个学科体系。知识学作为一门新兴学科,必须从基础理论问题出发,理清讨论的焦点和可能的视角,为知识学各个主题的发展提供一个基本框架。

1.1 知识学的来源与重建

1.1.1 知识学的来源

知识学是不是一门科学,要看它有没有深厚的学科基础,有没有独特的研究领域,有没有比较丰富的知识单元。作为一门科学的知识学,不仅仅有着充分的必要性和重要的学科意义,而且也有着充实的学科基础。

1.1.1.1 哲学的知识论

在哲学领域,关于知识的研究由来已久,其中以德国古典哲学家 Johann Gottlieb Fichte(约翰·戈特利布·费希特)的知识学(wissenschaftslehre)最为著名。知识学是 Fichte 的哲学体系,在 1794~1810 年的 16 年里,Fichte 陆续出版了《全部知识学基础》《论知识学的概念》等系列知识学著作。Fichte 的"知识"要求一个共同的、最高的、作为一切知识之根据的根本原理,使真正的知识成为可能,Fichte 的"知识学"就是哲学,是"知识的知识"或者"科学的科学",知识学就是要提供这个根本原理以解决 Immanuel Kant(伊曼努尔·康德)在《纯粹理性批判》中最先提出来的那个著名的"先验综合命题如何可能"的问题①。

哲学中的"知识论",也被称为"认识论"(epistemology)②。作为"探求人类认识现象的本质、来源及其发展规律的哲学理论"——认识论,被认为是"关于知识的理论"(theory of knowledge)③,"那些主导着思想进程的哲学家们倾向于把认识看成为对真理的领悟,把理性看成是认识的主要标准"④。

哲学家所研究的知识对象不是具体的知识,而是抽象的知识,他们并不关注形成知识的过程以及知识的各种表现形态,而把视域放到了知识的基本问题上,包括从知识的性质、知识与世界的关系等方面来展开系统性阐释。可见,现代知识论与认识论有着明显的区别。直到现在,依然有很多哲学家在为知识论寻求知识根据而努力探索,"其核心就是确证知识之所以成为知识的条件,包括真、确证(理由)与信念等"⑤。"如果说有可以称得上是'知识'的社会科学,那也只能是从'科学视角'介入的社会研究"⑥。在我国,有不少哲学学者重视从哲学的角度展开知识学研究,涉及西方知识论研究、知识学基本问题等。2003 年 11 月在厦门大学召开了全国西方知识论学术研讨会,2014 年 6 月又在厦门大学召开了知识论与认知科学国际学术研讨会,这次会议成立了中国知识论学会,研讨主题涉及分析哲学、认知科学、人工智能、信念确证、KK 命题、葛梯尔问题、怀疑主义、心灵哲学、实验哲学、信念伦理学、德性知识论、意向性以及 Know-What 和 Know-How 等知识论前沿议题⑦。

1.1.1.2 其他学科的知识观

在知识学诞生之前,对知识的研究都是从某一具体学科如教育学、文学、管理学等开始的。

教育学将知识作为教育观念的三要素之一,与信仰和理性并列,世界各国用实证知识来支持教育改革的诉求,取得了一定的成功。但是随

---

① 王玖兴.费希特的《全部知识学基础》[J].世界哲学,2005(3):12-31.
② 林杰.西方知识论传统与学术自由[M].北京:北京师范大学出版社,2010:18.
③ 冯契.哲学大辞典(修订本)[M].上海:上海辞书出版社,2001:1192.
④ 托马斯.E.希尔.现代知识论[M].刘大椿,等译.北京:中国人民大学出版社,1989:序言.
⑤ 陈嘉明.知识论研究的问题与实质[J].文史哲,2004(2):15-17.
⑥ 傅永军.后现代知识观与社会批判方法的知识学意义[J].文史哲,2004(2):17-18.
⑦ 厦门大学新闻网.厦门大学"知识论与认知科学"国际学术研讨会召开[EB/OL].[2015-12-01].http://www.sinoss.net/2014/0721/50872.html.

着知识研究的进步,长期以来占主导地位的实证主义知识价值观开始受到质疑,"教育的危机本质上是实证主义知识观的危机"①。

文学上,湛江师范学院中文系杨飏从知识学角度出发讨论当代文学史写作个人化的合理性②。四川大学文学与新闻学院肖薇和四川省社会科学院文学所支宇从"知识学"角度对中国文化与文论"失语症"问题展开研究③。武汉大学文学院冯黎明认为,"现代性在知识生产领域里引来了三个结果,即知识的实证化、形式化和学科化;自然科学的霸权地位正是来自于它完整地体现了现代性的这些知识学诉求。近代以来,文学研究加入现代性的知识学工程,力图在实证主义、普遍原理和学科自律等维度上建立知识学的合法性。但事实上文学研究的知识学属性几乎无法按照现代性的知识学诉求来加以规训,因为文学研究是一种反思性的、地方性的和前学科性的知识生产活动"④。

管理学上,武汉大学邱均平等认为,知识管理学的产生有其经济、技术、实践、理论、学科和教育方面的背景,可以从技术、行为和综合三个方面来对知识管理研究进行分类,构建了由宏观和微观组成的知识管理学体系⑤。湘潭大学龚蛟腾提出将知识管理学作为管理学门类的一级学科,还提出建立公共知识管理学的观点⑥。这种从一个研究领域上升到学科的位置来构建学科知识体系,有一定意义。

除了上述学科之外,信息学、经济学、社会学等其他学科也做了重要探索,从信息学的角度,信息可看作一种知识,信息传播也就是知识传播,这种视角模糊了知识与信息的区别和边界;从经济学视角,主要研究知识在经济领域的应用,突出知识资源价值,讨论知识生产率、知识增长、知识溢出、知识财富、知识资本等问题;从社会学角度,赋予了知识的社会属性,探讨知识社会的种种问题,形成知识社会学分支,这些认识与研究成果成为知识学的重要基础。宋太庆指出:"如果说认识论的知识是理论,而知识学的知识则是工具。如果说认识论——知识说是书本

---

① 李朝东.现代教育观念的知识学反思[J].教育研究,2004(2):26-32,96.
② 杨飏.当代文学史写作个人化的知识学依据[J].长江大学学报(社会科学版),2003(6):75-76.
③ 肖薇,支宇.从"知识学"高度再论中国文论的"失语"与"重建"——兼及所谓"后殖民主义"批评论者[J].社会科学研究,2001(6):134-138.
④ 冯黎明.论文学研究的知识学属性[J].南京社会科学,2013(2):110-117.
⑤ 邱均平,文庭孝,张蕊,等.论知识管理学的构建[J].中国图书馆学报,2005(3):11-16.
⑥ 龚蛟腾.知识管理学:图书馆学之上位学科[J].中国图书馆学报,2006(5):80-83.

的、观念的东西,而知识学——知识说则是客观的、现实世界的运动。如果说认识论——知识定义还只是一个范畴里的大概念,而知识学的知识定义则是包括认识论的新世界。"①这样的说法显然是绝对了,但说明了不同学科对知识认识的差异。

1.1.1.3 知识学的孕育与分支学科凸显

在各门学科加强对知识研究的影响下,知识学的形成有了坚实的基础,并开始孕育出一系列的分支学科。

第一是知识社会学的诞生。"知识社会学"是由德国社会学家 Max Scheler(马克斯·舍勒)于 1921 年首先提出的。在 *Probleme Einer Soziologie Des Wissens*(《知识社会学问题》,1924 年)中从实践理性的角度出发,对社会哲学的基本问题,特别是知识的现象学问题和社会哲学中的知识现象进行了透彻的分析。Scheler 把知识社会学作为文化社会学的组成部分,认为理念要素(观念、价值、知识的领域)和现实要素(自然与社会的实在)在历史上有其发展过程,即所谓"三阶段定律":最早阶段中,血缘或亲属关系最为重要;次一阶段最为重要的是政治权力,最后阶段则是经济因素最为重要。Scheler 还认为:团体知识先于个体知识;个体知识需以团体知识为前提才能产生,没有团体知识,个体知识也就无从展现②。Scheler 的知识社会学理论在学术界产生了深远的影响。

1929 年,德国另一位社会学家 Karl Mannheim(卡尔·曼海姆)在知识社会学的著作中涉及意识形态与乌托邦问题,致力于知识社会学的理论研究。在 Mannheim 看来,"知识社会学尽管以知识为研究对象,但是不能把它看作是认识和思想的方式与成果,而是一种精神现象,其重点在于研究知识与社会的关系,思维与社会存在的相互作用"③。由于这种视角具有认识论特征,也被称之为认识社会学。

知识社会学在 20 世纪 60 年代形成了以 Talcott Parsons(塔尔科特·

---

① 宋太庆. 知识革命论[M]. 贵阳:贵州民族出版社,1996:54.
② 马克斯·舍勒. 知识社会学问题[M]. 艾彦,译. 北京:华夏出版社,2000:59-62.
③ 卡尔·曼海姆. 意识形态与乌托邦:知识社会学导论[M]. 李步楼,尚伟,祁阿红,等译. 北京:商务印书馆,2014:310.

帕森斯)①、Burton Clark(伯顿·克拉克)②等为代表的功能论学派③。1992年11月,我国国家标准《学科分类与代码》(GB/T 13745—92)正式列入了知识社会学,学科代码是840.3720。知识社会学以其丰硕的学术成果,被认为是知识科学中成熟度较高的一门分支学科④。

第二是科学学研究的提出。人类进入20世纪以后,各门学科都以"科学之名"成长壮大起来,却没有人将科学本身作为对象来研究。20世纪20年代以后,开始出现了以科学本身为研究对象的成果,而第二次世界大战中科学技术对战争进程的改变又极大地推动了科学家、社会学家等对科学的综合化、社会化、数学化等趋势的深入研究,导致了自然科学和社会科学综合产生的一门新兴交叉学科——科学学的诞生。到20世纪70年代开始成熟并受到欧美重要组织和各大学的广泛重视⑤。在我国,1979年钱学森在《哲学研究》上发表文章,呼吁开展科学学的研究,标志着科学学在我国进入了一个新的发展阶段。钱学森指出:"科学学就是把科学技术的研究作为人类社会活动的一个方面来考察,研究和总结其运动变化的规律"⑥。

第三是术语学的产生。术语学诞生于20世纪30年代,探讨术语知识,促进术语传播和术语标准化,如1951年成立了国际标准化组织术语和其他语言及内容资源标准化技术委员会(ISO/TC37),1971年成立了国际术语情报中心(Infoterm)。到了20世纪70、80年代,术语学已形成了莫斯科学派和维也纳学派、布拉格学派和魁北克学派四大学派,其理论方法已广泛应用于各个行业和学科领域⑦。其"术语研究"指收集、处理和传播术语资料的全部活动,主要有收集术语资料、处理术语活动、传播推广术语活动三类活动⑧。

第四是信息科学的产生。就在ISO/TC37成立前夕的1948年,美国

---

① 美国社会学家,结构功能主义的代表人物。主要著作有《社会行动的结构》《社会系统》《经济与社会》《关于行动的一般理论》。
② 美国加州大学洛杉矶分校高等教育和社会学教授,比较高等教育研究中心主任。
③ 顾明远.教育大辞典6[M].上海:上海教育出版社,1992:382.
④ 王续琨,初福玲.知识科学的兴起和发展[J].大连理工大学学报(社会科学版),2001(2):15-20.
⑤ 车济炎,林德宏.新知识词典[M].南京:南京大学出版社,1987:996.
⑥ 钱学森.科学学、科学技术体系学、马克思主义哲学[J].哲学研究,1979(1):20-27.
⑦ 张光忠.社会科学学科辞典[M].北京:中国青年出版社,1990:870.
⑧ 柯平.知识学研究导论[M]//《图书情报工作》杂志社.信息知识与网络.北京:海洋出版社,2009:12.

数学家 Claude Elwood Shannon（克劳德·艾尔伍德·香农）发表了《关于通信的数学理论》（A Mathematical Theory of Communication）①，1959 年，美国宾夕法尼亚大学莫尔电子工程学院率先提出了"信息科学"（information science）的概念②，此后，信息科学涉及广泛的应用领域，产生了一系列重要分支，如 20 世纪 50 年代的生物信息学，60 年代中期的计算机文献检索③，70 年代的医学信息学等，以计算机为工具研究特定领域的信息运动，形成了多学科交叉渗透的局面。

第五是认知心理学的产生。20 世纪 60 年代中期诞生了认知心理学（cognitive psychology）。70 年代末期诞生的认知科学（cognitive science，有译为"认识科学"）专门研究知识的性质，知识的结构，知识如何获得并如何组织等，其中心是关于知识构造的理论④。1979 年美国的认知科学学会成立，此后，认知科学相关的杂志、相关研究机构相继建立。1986 年加州大学圣迭戈分校建立认知科学的博士学位点，成为认知科学发源地之一。在我国，认知科学被列入中国科学院"七五"重大项目，此后知识科学又被列入"八五"国家攀登计划⑤。

第六是知识工程学的形成。知识工程学是伴随着人工智能和信息技术的发展而诞生的。1977 年，在麻省理工学院召开的第五届国际人工智能会议上首次提出 knowledge engineering（"知识工程"或"知识工程学"⑥）概念⑦。这一新兴学科以数学、信息科学、系统科学以及其他多学科理论和方法为基础，从以机器数据处理为中心转向以人脑知识处理为中心，不仅关注数据加工存储研究，而且开始重视知识提供研究。

上述六个方面是 20 世纪 20～70 年代知识学的形成基础。20 世纪 80 年代以后，知识学分支学科得到迅速发展，最突出的是知识经济学和

---

① Shannon C E. A mathematical theory of communication[EB/OL].[2014 – 10 – 19]. http://ieeexplore.ieee.org/xpl/articleDetails.jsp? reload = true&arnumber = 6773024.
② Wellisch Hans. From information science to informatics[J]. Journal of Librarianship,1972,6(4):164 – 187.
③ Saracevic Tefko. Introduction to information science[M]. New York:R. R. Bowker,1970.
④ 载《中国自然辩证法研究会通讯》"认识科学"1980 年第 6 期：在国外，由心理学、计算机科学、语言学、神经科学、人类学和哲学等各学科参加研究的综合性的研究人的认识过程的边缘学科——认知科学出现于 20 世纪 60 年代。
⑤ 陈霖,朱滢,陈永明. 心理学和认知科学[M]//21 世纪初科学发展趋势课题组. 21 世纪初科学发展趋势. 北京：科学出版社,1996:100 – 110.
⑥ 日本学者译为"知识工学"。
⑦ 童天湘. 人工智能与第 N 代计算机[J]. 哲学研究,1985(5):12 – 20.

知识管理学的产生。"知识经济"一词在80年代开始流行并被国际学术界广泛讨论,一直持续到90年代,在我国成为1998年各种媒体上出现频率最高的新知识词汇,1998年被称为中国学术的"知识经济年"[①]。我国学者不仅将知识经济推波助澜,而且积极从事知识经济的理论研究,提出了知识经济学,截至2015年,共出版了24种"知识经济学"著作,而以"知识经济"为题名的著作达到663种。"知识管理"与"知识经济"一样,是20世纪80、90年代的热门词汇,对知识管理的研究开始于企业,并受到包括图书情报界在内的各界关注,著述众多,以"知识管理"为题名的著作达407种。知识管理被越来越多的人视为独立的专门学科[②]。

还有一些与知识有关的学科的提出,如我国学者在L. Von Bertalanffy(路德维希·冯·贝塔朗菲)关于"自然界的结构与科学的结构的同型性"论点基础上,于1985年提出了知识结晶学[③],以研究现代科学知识的运动、结构、功能以及社会意义,研究内容包括:科学知识的"同构"问题;知识的晶格问题;知识晶型的改变问题;知识晶型的突破问题[④]。又如知识资本融通学(简称"知融学")被作为21世纪的新学科提出[⑤],于2001年2月在清华大学召开了首届知融学研讨会。虽然提出的这些新学科能否成为独立的科学并在学术界产生较大影响,以及最终能否被广泛接受,还需要进一步探讨,但是,这些新学科的提出,说明了知识学的基础和来源在不断夯实和丰富。

1.1.2 知识学是一门科学

1.1.2.1 知识学的提出由来已久

知识学的名称在1794年就提了出来,到了20世纪20年代,又有了知识科学研究的倡议,提出要建立专门研究知识的科学[⑥]。

我国在20世纪80年代有了创立知识学的呼声。肖自力把有关知

---

① 寇琳.科学管理原理的理论特点及对知识管理的借鉴意义[J].价值工程,2005(9):95-97.
② Ives W,Torrey B,Gordon C.知识管理的历史[EB/OL].[2005-11-19].http://www.kmexpo.com.
③ 杨斌.软科学大辞典[M].北京:中国社会科学出版社,1991:543.
④ 金哲,姚永抗,陈燮君.世界新学科总览[M].重庆:重庆出版社,1987:352-354.
⑤ 姚汝今,王勤秀.知融学,21世纪的新学科——访知识银行首席策划魏同悟[J].中国青年科技,2001(2):5-10.
⑥ 郭强.现代知识社会学[M].北京:中国社会出版社,2000:绪论.

识的学科看作一个很大的学科群,试图把图书馆学、目录学和情报学纳入更大的范畴,指出:"研究知识的发展与应用是各门具体学科的任务;研究知识的存储与组织以便查询的是传统的图书馆学和目录学,而研究知识如何变得有用,即知识变成情报的规律的科学,则是情报科学。"[①]

1981年,中国林业科学院图书馆彭修义以图书馆学观念革新为出发点,率先提出开展知识学的研究[②]。虽然彭修义建立知识学的倡议一度受到图书馆学界的高度重视,然而,学界并没有围绕知识学产生热烈的讨论,而是转向讨论图书馆学的方向,知识学最终没有在图书情报界真正建立起来。这有两个重要原因,一个是知识学产生条件在当时还没有成熟。对于知识的认识不足,缺乏建立知识学的科学基础。另一个是彭修义的研究出发点是解决图书馆学的问题,将知识学作为图书馆学的基础[③],并不是真正要解决知识学的问题,这样势必难以突破图书馆学框架建立新的知识学体系。

1986年,彭修义提出知识学研究的四个目的:"建立起图书馆学的理论基础:知识唯物论;将图书馆工作与理论研究(包括图书馆教育)推进到知识的层次;突破图书馆学研究的封闭局面,面向社会,面向各门学科,更好地发挥自己的社会作用;为图书馆开展情报咨询与决策服务提供理论与方法,建立起自己的方法论与方法体系。"[④]后来,彭修义陆续发表了多篇文章,认为知识研究必然成为图书馆学理论研究的方向[⑤],提出文献知识事业是图书馆事业的本质与母体的观点[⑥]。虽然这些研究对图书馆学不无重要意义,但是,将知识学的基础引向图书馆学,使得知识学偏离了主航道,缺乏坚实的根基。彭修义在后来的文章中解释当初提出知识学建议的意图是希望以知识为图书馆学的突破口,目的在于发展图书馆学理论和图书馆事业[⑦]。由于建立知识学本身不是他的目的,呼应这一倡议,进行扎实的知识学研究自然少之又少,学术界缺乏广泛响应和科学的回答也在情理之中。尽管如此,彭修义对于知识学的贡献是值得肯定的。

---

① 肖自力.信息 知识 情报[J].情报科学,1981(3):2-10.
②③ 彭修义.关于开展"知识学"研究的建议[J].图书馆通讯,1981(3):85-88.
④ 彭修义.图书馆学基础理论与知识学研究[J].中国图书馆学报,1986(2):78-84.
⑤ 彭修义.图书馆学理论研究的知识方向[J].图书馆,1992(4):37-40.
⑥⑦ 彭修义.以文献知识为动力推进图书馆学理论研究与系科革命[J].图书馆,1998(6):7-12.

1.1.2.2 知识学产生的主要标志

有了大量的各分支学科对知识的研究成果,构建知识学自然被提上了日程:由知识的分支研究综合化,上升到作为科学的整体研究。知识科学就是在这些研究的基础上提出来的。

知识学经过长时期的孕育,在 20 世纪末 21 世纪初产生,并进入了分类体系。1990 年《中国图书馆图书分类法》第三版首次列出"知识学"学科类目,置于"G 文化、科学、教育、体育"大类下的"G3 科学、科学研究",分类号为 G302。1999 年第四版、2010 年第五版均保留了"知识学"类目,这是知识学产生的一个重要标志。

1.1.2.3 知识学重建的时代意义与条件

今天建立知识学,既不是建立早期哲学范畴的知识学,也不是彭修义基于图书情报视角的知识学,而是一个崭新的知识学概念与范畴。

郑州大学王平研究知识学,论证了在新的知识经济和知识社会环境下重建"知识学"的必要和可行性。她提出三个理由,认为知识现象和知识研究的客观存在必然导致学科产生,学科研究的规范和学科体系促进学科成熟。还预见产生独立的研究机构以及成立独立的"知识科学院系"①。

那么,今天进行知识学的重建,能否建立起来呢?笔者认为,今天提出并建立知识学有了比较充分的条件和基础。

其一,"第三次浪潮"带来的信息革命使社会信息化、信息高速公路、知识经济、数字化生存等深入人心,人们从对信息的认识基础上发展到对知识的认识,知识的重要性已经全面提升到政治、国家和世界的层面。在这样的社会大背景下,一方面有了知识学产生的有利环境,另一方面又有了知识学应用的广阔领地。

其二,经过 20 世纪的科学研究积累,科学学、文化学、教育学等许多知识相关学科得到充足的发展,为知识学的构建奠定了科学基础。

其三,英国著名情报学家 Bertram Claude Brookes(贝特拉姆·克劳德·布鲁克斯)曾提出"知识地图"和"知识方程"($K(S) + \Delta I = K[S + \Delta S]$),其客观知识基础论(情报与知识的关系以及知识增长的模式)作

---

① 王平."知识学"研究倡议与研究纲领[J].图书情报知识,2009(1):46-49.

为情报学的重要基础理论。图书情报界在20世纪80年代以来,聚焦知识研究形成了知识论,聚焦知识组织研究形成了知识组织论,聚焦知识交流研究形成了知识交流论,聚焦知识管理研究形成了知识管理论,聚焦知识集合研究形成了知识集合论,聚焦知识资源研究形成了知识资源论①。知识视角不仅解决了图书馆学情报学的基础理论问题,而且能够解决更大范围的社会层面的问题,其功能和作用已超出了图书馆学、情报学与档案学,但同时又成为这些学科的重要理论支撑并为之服务。

其四,其他学科虽然都涉及知识的研究,但都只是从本学科的角度对知识展开研究,目的是为本学科服务。这些学科的研究从不同程度上提供了知识学的理论来源和方法基础,对知识的研究既需要全方位揭示其发展规律,通过集成有普遍指导意义的新知识,又需要建构新的结构与体系,产生新的成果,能够广泛应用到经济、科技、文化、教育以及社会生活的各个方面,使之增强其应用性。

1.1.2.4 科学界倡导建立知识科学

1992~1995年,由我国171名科学家参加的"21世纪初科学发展趋势"课题组,围绕10门门类学科122个重大科学问题进行了研究,"知识的发生和发展"被列为重大科学问题之一,研究指出:"知识的发生与发展是一个深奥的哲学问题,也是一个深邃的科学问题。在科学上,它久已成为多种学科所面临的重大前沿课题,人类学、考古学、科学史、语言史等从人类认识发生史的角度探索人类知识的起源与发展,认知心理学、发展心理学、神经生理学等则从个体认识发生和发展的角度研究个体知识的获得与发展。"②在呼吁建立知识科学的科学家中,中国科学院院士陆汝钤是比较重要的一位。他主张把知识工程研究发展为一门科学——知识科学,建立具有坚实理论基础的知识科学。知识科学一旦建立起来,将从根本上回答在知识工程中遇到过但没有能够被很好解决的一系列重大问题③。中国工程院院士、大连理工大学王众托也是知识科学的重要鼓动者。他提出知识科学主要解决知识表达、知识传递、知识

---

① 柯平.知识资源论——关于知识资源管理与图书馆学的研究对象[J].图书馆论坛,2004(6):58-63,113.
② 李文馥,陈永明.知识的发生和发展[M]//21世纪初科学发展趋势课题组.21世纪初科学发展趋势.北京:科学出版社,1996:316-318.
③ 陆汝钤.知识科学及其研究前沿[J].中国青年科技,2000(6):48-51.

生成、知识处理等许多重要问题,并将有关知识的学科分为四个层次:一是哲学层次,二是基础科学层次("知识科学"就属于这一层次),三是技术科学层次,四是应用科学层次①。

1.1.2.5 知识学研究全面开展

(1)国内外知识学研究机构成立

知识学研究机构的成立是知识学研究全面开展的重要标志。1997年,日本北陆先端科学技术大学院大学(Japan Advanced Institute of Science and Technology,JAIST)成立知识科学研究科②,两年后发表了关于欧美等11个国家40多个研究院所与大学的知识科学调查研究报告③。我国也是世界上较早成立知识学研究机构的国家之一。2000年,大连理工大学在王众托教授倡导和组织下正式成立知识科学与技术研究中心,组织多学科专家开展理论与应用研究④。2002年,北京师范大学成立知识工程研究中心,其主要研究方向包括知识科学理论、教育科技、教育系统仿真、知识管理等⑤。

(2)建议知识学列入国家重点资助研究领域

1999年12月召开的知识工程与知识科学研讨会(KEKS'99)是由国家自然科学基金委员会信息学部主持的,会议围绕知识工程和知识处理理论研究展开了讨论,最突出的贡献是提出了"知识科学"问题,认为知识工程并不能涵盖知识科学的全部,相对于"知识工程","知识科学"的概念更为明确和恰当。为加强知识科学研究,大会向国家自然科学基金委建议,将知识科学的基础理论研究列为制订21世纪资助规划时考虑的重点资助研究方向。这就标志着知识学进入了国家重点科学研究范畴。

(3)多次召开国际知识学大会

为推动各国知识科学专家和多学科研究成果的国际交流,科学界发

---

① 王众托.知识系统工程[M].北京:科学出版社,2004:37.
② 也译作"知识科学学院"。
③ Nonaka I. Current research of knowledge science in Europe and USA[R]. Technical Report No. 10041214, School of Knowledge Science, JAIST, October 1999.
④ 大连理工大学.管理与经济学部官网[EB/OL].[2016-01-10]. http://management.dlut.edu.cn/info/1136/1905.htm.
⑤ 北京师范大学.知识科学与工程研究所官网[EB/OL].[2016-01-10]. http://ksei.bnu.edu.cn/old/jianjie.htm.

起召开了国际知识科学与系统科学学术会议,首次会议于 2000 年 9 月 23 日至 30 日召开,主题为"知识科学与创新",由日本北陆先端科学技术大学院大学(JAIST)知识科学研究科主办。该学术会议后来在世界各地巡回举办,每年一届,至今已办了十六届。2011 年 10 月 25 日至 28 日,第八届"智力资本、知识管理与组织学习国际会议"在泰国曼谷召开,这是知识管理领域重要会议之一,每年都吸引全球知识管理领域的诸多研究学者以及实践领域专家参会,共同研究探讨知识管理领域的热点问题和前沿问题,参加此次大会的有来自英国、法国、德国等 34 个国家和地区的 140 多位代表[①]。2014 年 5 月 31 日至 6 月 1 日,石家庄经济学院与美国萨福克大学联合主办了第十届知识全球化国际会议[②];2015 年 10 月 28 日至 30 日,由西南大学主办的第八届知识科学、工程与管理国际会议在重庆召开。中国科学院院士陆汝钤、德国慕尼黑大学副校长 Martin Wirsing 教授、澳大利亚西澳大学计算机学院院长 Mark Reynolds 教授、悉尼科技大学张成奇教授,美国罗格斯大学熊辉教授等中外专家学者共 100 余人参会,分享探讨知识科学、知识工程、知识管理和大数据技术等领域最新进展[③]。2015 年 11 月 5 日至 6 日,"第十二届智力资本、知识管理和组织学习国际会议"(12th International Conference on Intellectual Capital, Knowledge Management & Organizational Learning, ICICKM 2015)在泰国曼谷召开,包括中国在内的各国约 50 余名学者参会,共同研究探讨知识管理领域的热点问题和前沿问题[④]。

(4)知识学研究不断产生新成果

从科学角度进行知识学研究产生了一批重要成果。国外发表的重要文献如以色列情报学家 Chaim Zins(钱姆·津斯)发表的《信息科学的重新定义:从信息科学到知识科学》[⑤];Andrzej P. Wierzbicki(安德列·维

[①] 中国人民大学信息资源管理学院官网. 第八届"智力资本、知识管理与组织学习国际会议"[EB/OL]. [2016-01-10]. http://www.irm.cn/news/201511/16-2744.html.
[②] 光明网. 第十届知识全球化国际会议在石家庄举办[EB/OL]. [2016-01-10]. http://difang.gmw.cn/he/2014-06/02/content_11489436.htm.
[③] 中国高校之窗. 西南大学举办第八届知识科学、工程与管理国际会议[EB/OL]. [2016-01-10]. http://www.gx211.com/news/2015115/n8828311600.html.
[④] 人大新闻网. 信息资源管理学院代表团参加"第十二届智力资本、知识管理和组织学习国际会议"[EB/OL]. [2016-01-10]. http://news.ruc.edu.cn/archives/118209.
[⑤] Chaim Zins. Redefining information science:from" information science"to" knowledge science" [J]. Journal of Documentation, 2006, 62(4):447-461.

日比茨基)与 Yoshiteru Nakamori(中森义辉)发表的《知识科学新进展》[1]和《知识科学与七段瀑布模型:一个知识创新过程的新模型》[2]。

1.1.2.6 知识学仍处于前科学阶段

尽管知识学早已提出,知识学重建的必要性和可行性也都已具备,但总体来说,这门科学还不够成熟,主要是因为缺乏深厚的理论积淀和成熟的学科体系,缺乏科学界的普遍承认和更广泛的社会认同。

有学者将知识学看作一门既古老又年轻的学科[3],说其古老,把人类文明开始关注知识作为古老的标志,这是为知识学不成熟找理由。从严格意义上讲,知识学不是一门古老的学科,只能说知识学有着悠久的历史渊源。在一些科学家看来,知识学这门年轻的学科是一种新兴科学。而且,知识学能否成为一门科学还存在质疑,不赞同将所有与知识相关的研究领域统一到"知识科学"一门科学的框架之下,认为这是欠考虑的。"从图书馆学的角度考察,营建'知识科学'的认知似乎正在步入歧途,许多有关'知识'的理论似乎既不从哲学认识论的角度出发,也没有以领域应用的概念体系为基础,而是为了理论而理论或为了工具而工具,把各类根本不同的'知识'概念混在一起,如 Shannon 的信息论,与人工智能中的'知识',与近年来十分热门的企业知识管理,完全两码事。这类研究或者卖弄新概念,或者沉迷于逻辑符号和演算游戏,实在看不出有什么大用"[4]。也有一种看法,不能把一些独立的研究领域拼凑起来成为一门科学,目前"知识科学"中的许多内容是拼凑在一起的,这是站不住脚的。这类质疑,一方面反映出学者对知识学重建的意义并不甚了解,对于处于创建初期的一门学科的非议是完全可以理解的;另一方面,对于过分夸大知识学构建作用的头脑发热者也是当头一棒,促使学者们冷静地反思并扎实地建设新学科,从而不无启示。"知识科学正面临着前所未有的发展机遇,今后的发展需扩充研究队伍,加强基础研究。知

---

[1] Andrzej P Wierzbicki, Yoshiteru Nakamori. Knowledge sciences: some new developments[J]. ZFB,2007(3):271-296.
[2] Andrzej P. Wierzbicki, Yoshiteru Nakamori. Knowledge science and nanatsudaki: a new model of knowledge creation processes[J]. J Syst Sci Syst Eng,2007,16(1):2-21.
[3] 刘邦凡. 什么是知识学[EB/OL]. [2005-11-19]. http://column.bokee.com/82712.html.
[4] Kevenlw. 关于"知识科学"[EB/OL]. [2005-06-27]. http://blog.bokee.com/meta/2074996.html.

识科学是一个开放的科学知识体系,随着研究的逐步深入,将在广延和纵深的方向上拓展自己的研究领域"①。挑战与机遇并存,知识学必须回到理性的轨道上,经过理论探索与实践验证,真正成为一门科学。

1.1.3 知识学的界定

从术语上,目前对"知识学"有两种提法,一种继续使用 Fichte 以来的"知识学"名称;另一种是知识工程等一些领域的专家主张采用"知识科学"名称。笔者认为,Fichte 的知识学也称为知识论,可以从规范上,将纯粹哲学领域的知识学统称为知识论,而用"知识学"概括所有关于知识的研究。

关于知识学的研究对象,大体上有两种不同的观点,一种比较多的观点是定位于"知识"本身。刘邦凡和杨溢明确指出知识学的研究对象是知识。刘邦凡认为,尽管我国知识学的研究成果日渐增多,但是人们主要集中于知识的经济价值或者有经济价值的知识,"从'一切的知识'的研究视角看,知识学就是以知识为具体研究对象的科学"②。杨溢等认为知识科学是以知识为研究对象的③。另一些学者则可以通过其对知识学的界定看出他们是以知识为研究对象的,如"知识科学,顾名思义,就是研究人类知识的科学"(彭修义)④;"知识学是一门揭示知识的本质、规律、功用及其与社会相互关系的科学"(陈清硕)⑤;"知识科学涉及知识的数学理论、逻辑基础、知识模型、知识挖掘、知识共享等科学问题"(史忠植)⑥;"知识科学是一门研究一切知识门类的综合性学科"(马榕庆)⑦等。但朱为认为知识学的研究对象是知识概念⑧,这就过于狭窄了。

---

① 吴丹,王惠临.知识科学[M]//《中国情报学百科全书》编辑委员会.中国情报学百科全书.北京:中国大百科全书出版社,2010:406.
② 刘邦凡.什么是知识学[EB/OL].[2005 - 11 - 19].http://column.bokee.com/82712.html.该文发表于《2007 年现代逻辑与逻辑史研讨会论文集》.
③ 杨溢,鞠巍.基于图书情报学的知识科学理论模型[M].北京:知识产权出版社,2015:185.
④ 彭修义.关于开展"知识学"的研究的建议[J].图书馆学通讯,1981(3):85 - 88.
⑤ 陈清硕.现代知识学的发现:知识的人类生态学化[J].知识工程,1991(4):17 - 20,6.
⑥ 史忠植.知识科学[EB/OL].[2008 - 05 - 20].http://www.intsci.ac.cn/research/knowledgescience.html.
⑦ 马榕庆.图书馆学研究对象的深入与知识学——再论知识学的研究[J].福建图书馆学刊,1989(4):18 - 20.
⑧ 朱为.认识的深入:从知识学、知识社会学到科学知识社会学[J].经济与社会发展,2007(5):43 - 45.

另一种观点是研究知识的某个方面,如何云峰将知识世界运动的基本规律作为知识科学的研究对象①。王继新认为,"知识科学(knowledge science)是专门研究客观知识世界(客观精神世界)问题的科学"②。时任湖北省科技信息研究院院长的程鹏将知识科学与数学、哲学相比较,"数学是以整个世界的数量关系及其变化规律为研究对象的,哲学是以整个世界最一般规律为研究对象的,知识科学是以知识现象及其变化规律为研究对象的"③,认为它们都是横穿了整个客观世界的横断科学。

界定一门学科,除了确定研究对象,还要确定学科性质。关于知识学的学科性质有多种观点,总结如表1-1。

表1-1 关于知识学学科性质的主要观点

学科性质	主要观点
理论和应用学科	刘邦凡:"既是一门理论学科,也是一门应用学科"④
横断科学	程鹏:"横穿了整个自然科学、人文科学和思维科学",是与数学、哲学并列的横断科学⑤
交叉性学科	王续琨和初福玲:"交叉性学科门类"⑥;吴丹和王惠临:"交叉性学科"⑦;杨溢:"综合性的交叉学科"⑧
综合性学科	柯平:"综合性科学"⑨;马榕庆:"综合性学科"⑩;王知津和陈芳芳:"综合性学科"⑪;王平:"综合性学科"⑫

资料来源:作者整理。

---

① 何云峰.关于构建知识科学的问题[J].上海师范大学学报,2003(1):8-12.
② 王继新.加强知识科学研究,促进知识工程发展[J].科技进步与对策,2006(1):147-149.
③⑤ 程鹏.知识科学发展与图书情报学科体系重构——关于高校在"信息管理学院(系)"基础上组建"知识科学学院(系)"的思考[J].科技进步与对策,2007(1):67-70.
④ 刘邦凡.什么是知识学[EB/OL].[2005-11-19].http://column.bokee.com/82712.html.
⑥ 王续琨,初福玲.知识科学的兴起和发展[J].大连理工大学学报,2001(2):15-20.
⑦ 吴丹,王惠临.知识科学[M]//《中国情报学百科全书》编辑委员会.中国情报学百科全书.北京:中国大百科全书出版社,2010:406.
⑧ 杨溢,鞠巍.基于图书情报学的知识科学理论模型[M].北京:知识产权出版社,2015:10,103.
⑨ 柯平.知识学研究导论[J].图书情报工作,2006(4):6-10,34.
⑩ 马榕庆.图书馆学研究对象的深入与知识学——再论知识学的研究[J].福建图书馆学刊,1989(4):18-20.
⑪ 王知津,陈芳芳.从情报科学到知识科学[J].情报科学,2007(9):1281-1286,1292.
⑫ 王平."知识学"研究倡议与研究纲领[J].图书情报知识,2009(1):46-49.

从对象看,如果只研究知识本身,忽略知识的广泛应用领域,忽视有关知识的多学科研究现实,一方面限制了知识学的研究范畴,易于回到哲学的知识论,或者只停留在知识的理论层面;另一方面容易导致知识学现代意识的缺乏,与以往知识学不同的是,新的知识学概念应当是相关内容重构的知识学,赋予新的内涵和外延。从学科性质上,认为知识学是理论和应用学科,或者认为是交叉性学科,都有一定道理,但都不够准确。知识学从早期的知识论发展到今天,形成许多分支学科,多学科的研究,不同领域的知识活动,特别是既有社会科学的知识研究,也有技术科学的知识研究,使知识与知识活动更具社会的普遍意义,更显示出综合性特征。因此,笔者在《知识学研究导论》一文中,提出知识学的研究对象是知识和知识活动,这里的"知识活动",概括了知识在社会各领域应用的全部活动,从而扩大了知识学的内涵与外延,并具有广泛的应用价值[1]。王平等赞同这一观点[2]。

基于研究对象的讨论,这里,将笔者《知识学研究导论》提出的知识学定义[3]修改如下:知识学是以知识与知识活动为研究对象,研究知识本质和知识的产生发展规律,以及有关知识生产、加工、组织、传播、利用等全部知识活动的一门综合性科学。

安徽大学管理学院梁丽婷认为:"在知识学定义的阐述上有不同的研究视角,比如何云峰的哲学认识论视角、郭强的社会学视角、陆汝钤和刘大有的知识工程视角等,虽然各方所提出的只是理论,各有所长,但难以涵盖宏观知识的范围,因此以柯平的综合理论研究视角最为合理。"[4]贵州财经大学信息学院杨溢认为:"彭修义和马榕庆的观点过于简单,难以涵盖知识科学的大部分内涵。Zins 和王知津的观点强调知识科学的元知识的性质,强调通过知识科学理论和技术对各种知识存取活动进行协调来帮助人们有效的获取知识。这种观点体现了情报学的理论特色,

---

[1] 冯刚在《知识学视角下的大学校园形态演变探析》(载《中国园林》,2012,28(6):72 - 77)一文中说:"柯平在《知识学研究导论》中谈到知识学是关于'知识与知识活动'研究的一门科学。张奕在《教育学视域下的中国大学建筑》中也提出'知识活动'的概念,将与知识有关的各种活动放在同一框架内研究。本文借用'知识活动'这一概念,涵盖大学中发生的与知识生产、传播、考证、评价、应用有关的诸多内容。"

[2] 王平. "知识学"研究倡议与研究纲领[J]. 图书情报知识,2009(1):46 - 49.

[3] 柯平. 知识学研究导论[J]. 图书情报工作,2006(4):6 - 10,34.

[4] 梁丽婷. 试比较知识管理学与知识学、知识社会学、知识工程学之间的关系[J]. 办公室业务,2011(12):69 - 70.

强调了对于知识的有效获取与利用的重要性。柯平的观点采用了综合的研究视角,总结得较为全面。"①

这里,需要指出的是,知识学研究对象的知识和知识活动两者之间不是截然不同的两个对象,两者之间有机联系,形成一个整体。知识和知识活动是一个对象的两个方面,犹如一个硬币的两个面一样,很难把它们分得开或分清楚。当知识和知识活动交织在一起时,在知识和知识活动之间存在着两条线,一条是从知识活动到知识,另一条是从知识到知识活动,将这两条线分别作为纵坐标和横坐标,从而形成知识学研究对象的四个象限(见图1-1)。

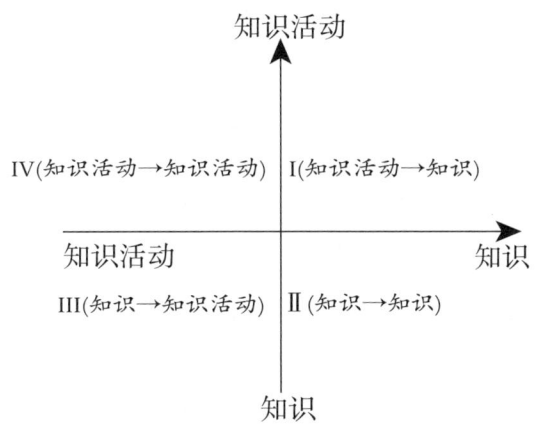

图 1-1 知识学研究对象的四个象限

资料来源:作者整理。

图1-1中的知识包括各种知识形态,引入"主观知识与客观知识""隐性知识与显性知识""个人知识与社会知识"三对范畴,使这一模型更具意义。第Ⅰ象限表现从知识活动到知识的过程,知识的各种活动最终形成各种知识。第Ⅱ象限表现从知识到知识的过程,知识与知识之间可以相互转化。在这一象限,客观知识与主观知识相互转化、显性知识与隐性知识相互转化、社会知识与个人知识相互转化。第Ⅲ象限表现从知识到知识活动的过程,各种知识都可以应用到知识活动中,所有知识活动都要以知识为基础。第Ⅳ象限表现从知识活动到知识活动的过程,知识活动之间交替进行,呈现螺旋上升的趋势。运用这一模型,可以研

---

① 杨溢,鞠巍.基于图书情报学的知识科学理论模型[M].北京:知识产权出版社,2015:29.

究知识的发生与演化规律,还可以进一步研究各种知识活动的过程与规律。

1.2 知识学的目标、任务与前沿领域

1.2.1 知识学的研究目标

笔者曾提出知识学研究的四个主要目标:"建立知识学解决图书馆学的基础理论问题;解决知识的本质和知识世界的基本规律问题;解决知识工程和技术的理论问题;建立知识学进行有关知识的综合研究。"①其中的第一个目标是从图书馆学的角度出发的,实际上对其他相关学科也是适用的。

(1)确立知识学的基础理论

解决学科基本问题是学科创建的出发点,而建立奠定学科基石的理论是学科发展的重要目标,知识学也是如此。知识学的基础理论能否建立起来,关系到知识学体系的构成,也关系到知识学的应用。

知识学的基础理论要从学科基点出发,即从解决知识的本质和知识世界的基本规律问题出发,而不是简单地提出一些观点或设想。虽然 Karl R. Popper(卡尔·波普尔)的"三个世界"理论确立了客观知识世界的地位,并由此引起许多学术讨论,但知识的本质和知识世界的基本规律问题一直没有解决。何云峰在 Popper"三个世界"基础上,提出自然、社会、思维和知识"四个世界"的观点,第一世界"自然"对应自然科学,第二世界"社会"对应社会科学,第三世界"思维(主观精神世界)"对应思维科学(包括心理学),第四世界"知识"对应知识科学②。这里,将知识学提高到与自然科学、社会科学和思维科学同等重要的科学。王平认为:"知识学的学科目的是从探寻知识的本原出发,基于新经济和新社会发展趋势下探讨知识活动的种种现象的解释和解决,寻求技术、制度和人文上的解决方案,促进社会知识资源的积累、利用和创新。"③何云峰和王平的研究表明知识学研究界已经开始把研究目标指向解决知识的

---

① 柯平.21世纪知识学研究的目标和任务[J].图书情报知识,2009(1):40-45.
② 何云峰.关于构建知识科学的问题[J].上海师范大学学报,2003(1):8-12.
③ 王平."知识学"研究倡议与研究纲领[J].图书情报知识,2009(1):46-49.

本质和知识世界的基本规律问题。

(2) 将知识从工程技术层面上升至理论层面

随着信息技术和知识技术的发展,仅仅有知识工程是不够的,技术和工程发展要求突破理论瓶颈,推动知识理论向前发展。建立知识科学就是在这样的背景下提出来的。陆汝钤院士认为:"知识科学的进步将从根本上回答在知识工程中遇到过,但是没有能够很好解决的一系列重大问题。"①

(3) 促进相关学科的理论与实践发展

知识学要成为21世纪的显学,必须要有广普性和应用性。不仅仅为多学科提供新的视角,还要提供方法论的支持;不仅仅解决多学科的共同理论问题,而且能促进相关学科更好地发展。以图书馆学为例,20世纪80~90年代,彭修义积极主张知识学研究,最初提出开展知识学研究的建议,就是为了推动图书馆学理论发展②,他认为:"知识学的研究应当以建立起图书馆学的基础理论为目的,将图书馆工作与理论研究推进到知识的层次,为图书馆开展情报咨询与决策服务提供理论与方法,从而突破图书馆学研究的封闭局面,形成开放的图书馆学科。"③虽然彭修义研究知识学的真正目的不是真正去建设知识学,但是,他的研究给了知识学研究重要启迪:知识学研究的首要目标应当是为图书馆学提供理论支撑,解决图书馆学的基础理论问题。知识学研究既要解决图书馆学的基础理论问题,又必须要突破图书馆学的范畴,从知识本质层面来构建知识学体系。

(4) 促进知识研究的综合化和相关学科的知识融合

知识学的产出既是知识研究综合化的必然要求,也是相关学科知识融合的必然结果。从不同学科的知识研究发展到有关知识的综合研究,这是一个巨大的进步。从学术史研究上看,随着学科不断分化,开始出现科学技术史以及各门学科的专门史,知识大量分化,当知识分化到一定程度,知识的综合又成为社会的迫切需求,而此时的综合研究与早期相比有了很大的不同,其研究深度和广度都远远超出了一般意义上的学术史。

---

① 陆汝钤. 知识科学及其研究前沿[J]. 中国青年科技,2000(6):48-51.
② 彭修义. 以文献知识为动力推进图书馆学理论研究与系科革命[J]. 图书馆,1998(6):7-12.
③ 彭修义. 图书馆学基础理论与知识学研究[J]. 图书馆学通讯,1986(2):78-81.

1.2.2 知识学的研究任务

知识学的研究目标是从未来整体发展而言的,要实现以上的目标,必须基于现实,解决当前对知识学发展至关重要的问题。笔者曾提出21世纪知识学研究的五大任务:一是研究和解决知识的基本问题,确立知识学的理论基础;二是研究和解决知识活动的原理,建立知识活动的理论与应用方法体系;三是研究和解决"人—知识—机器"的知识链,促进知识技术、知识工程与知识学原理研究结合;四是研究和解决人类知识体系与知识创新,保障知识的可持续发展;五是研究和解决知识学的分支学科问题,构建知识学的学科体系[1]。但是,这五大任务要实现都有相当的困难,也需要长期才能解决,在目前知识学初创时期,哪些问题是最紧迫的,仍然需要展开研究和分析。

首先,最紧迫的任务不是建构学科体系。任何学科在初创之时,都不可能凭空构建一个大框架,即使有人提出了大框架,那也会因为缺乏实实在在的研究成果支撑而流于理想化,或者成为一个七拼八凑的集合物。对学科的基本问题的把握和研究是构建学科体系的前提和基础,如果缺少基础问题研究做支撑,要建成学科大厦是不可能的。

其次,学科研究要从基本理论问题开始。作为一门新兴学科,到底有哪些基本问题,哪些是知识的基本问题,哪些是知识活动的基本问题,必须找出来,一一加以研究。一个基本问题可能与其他基本问题之间发生联系,找到它们之间的联系,从而建立起概念体系和研究逻辑框架。一方面,要找到知识的基点和知识的本质,确立影响知识学的关键要素。另一方面,要从知识学的相关学科中借鉴,从现有的理论材料和研究成果中发现知识学基本理论问题的原料或来源。以术语学为例,术语研究为知识学基本理论问题提供了极富价值的"原料"。借鉴术语学、知识社会学、科学学等学科对基本问题的研究,可以把涉及知识的基本问题建立起关联,放到知识学的空间和范畴中去探索,这不仅可以从分散的事实、现象、概念中抽出本质和关键的问题,避免知识研究狭窄的视域和"死胡同"的路径选择,而且在这个过程中建立起知识学一般理论问题与各相关学科理论之间的有机联系,有利于分支学科的发展和学科建设。按照这个思路,在知识概念的研究过程中,不但需要总结和分析各门学

---

[1] 柯平.知识学研究导论[J].图书情报工作,2006(4):6-10,34.

科的知识定义,还要将各学科的知识概念放到统一的知识学语境之下,用系统思维,抽象出一般概念,问题分析透彻,概念阐释精准,研究体现出整体与具体、宏观与微观相结合的思维特性,使知识学研究既来源于分支学科,又高于分支学科。

在此,笔者提出要进一步加强知识学研究,大力发展知识学。具体建议如下:

第一,组织研究力量,加强学术交流,开展全面系统的知识研究。新学科的研究需要集中力量。王平针对知识学学科发展,提出"集中突破""重视基础研究""整合多学科研究力量"的三点建议[①],王平的提议是有针对性的。要从我国实际出发,制订知识学研究计划,建立相关的研究组织,如成立全国性和地方性的知识学学会,定期或不定期召开学术研讨会。还要建立专门的研究机构,呼吁成立国际知识学研究院,联合各国研究力量,加强重点项目攻关,促进国际学术交流。

第二,系统科学、科学学、软科学、人才学、传播学、社会学、管理学等许多学科的方法论与知识学的综合性有着高度的相似性,其方法论成果值得借鉴。参考王平的科学方法和思辨方法并存[②]的观点,在研究方法上,要突破图书情报的传统观念和旧的思路,运用新思维和新方法,大胆开拓,建立科学的知识学方法论,这是十分必要而紧迫的任务。

第三,技术和人文是学科发展的两大方向。知识学研究既要保持知识技术、知识工程的技术化优势,重视知识的科学技术因素;也是继承哲学知识论、知识社会学、知识管理学等的重要成果,重视对知识活动中人的因素的研究,注意知识学的人文倾向和人文精神。特别是要改变知识学研究中技术与人文分离的局面,促进技术与人文的融合。

第四,培养高层次专门人才。由于目前高校和研究机构还没有知识学专业,设立知识学培养方向的高校和研究机构也很少。根据王续琨等提出的"鸡孵鸭"方法,"利用关联学科的学位点,培养以知识科学或其分支学科作为研究方向的硕士研究生、博士研究生"[③],可以在我国各高校系统科学、知识工程、图书情报、文献学等相关学科专业设立知识学研究方向,培养研究生。比较重要的是,除在科学学位专业设立知识学方

[①②] 王平."知识学"研究倡议与研究纲领[J].图书情报知识,2009(1):46-49.
[③] 王续琨,初福玲.知识科学的兴起和发展[J].大连理工大学学报(社会科学版),2001(2):15-20.

向,还可以在专业学位设立知识学方向。此外,可以采取专业教育和继续教育相结合的办法,举办知识学高级研修班、暑期学校等,以多种形式培养急缺人才。

1.2.3 知识学的前沿研究领域

陆汝钤院士在《知识科学及其研究前沿》一文中列出了知识科学前沿的八大领域:知识模型研究;常识性知识研究;非规范知识研究;知识的数学理论;知识获取的理论与技术;基于知识的软件工程;知识用于计算机艺术;大规模知识网络的理论和技术[1]。这些领域主要是知识技术和知识工程的尖端领域和重大课题。

JAIST(日本北陆先端科学技术大学院大学)知识科学研究科在它的网站上提出了关于知识科学研究的基本框架(见图1-2),这一框架描述了学术研究与实践的关联,通过管理和制度设计达到知识转化与应用的目标。

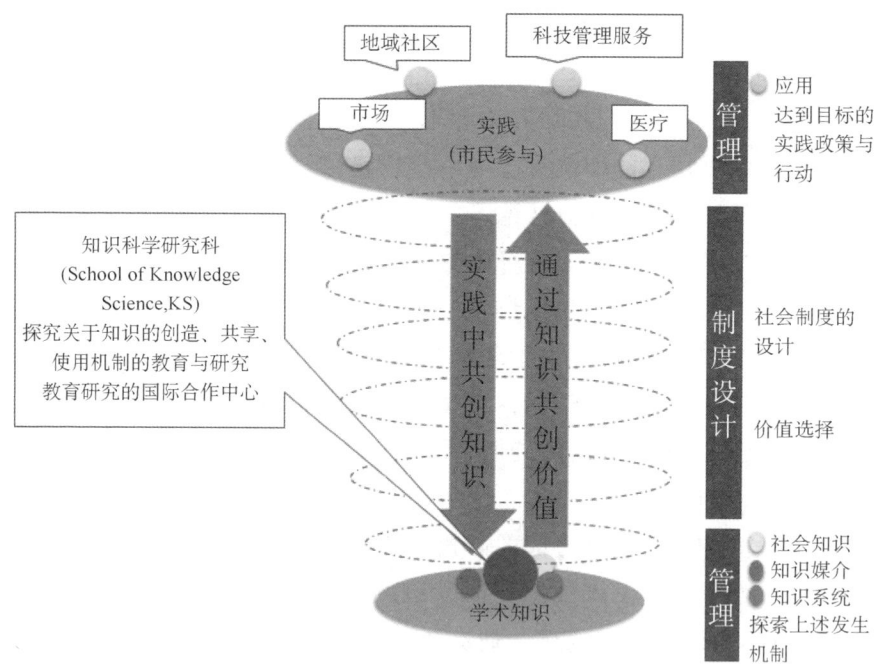

图1-2 JAIST知识科学研究科的学术与实践框架

资料来源:日本北陆先端科学技术大学院大学知識科学研究科.研究对象[EB/OL].[2015-10-09]. http://www.jaist.ac.jp/ks/about/research_area/.

---

[1] 陆汝钤.知识科学及其研究前沿[J].中国科技奖励,2000(4):10-13.

北京师范大学知识科学与工程研究所涉及教育技术学、哲学、认知心理学、计算机科学、语言学、数学建模与数理逻辑等学科和研究领域。主要研究方向包括知识科学基本理论、学习技术和实验与实践三个系列（如图1-3所示）：

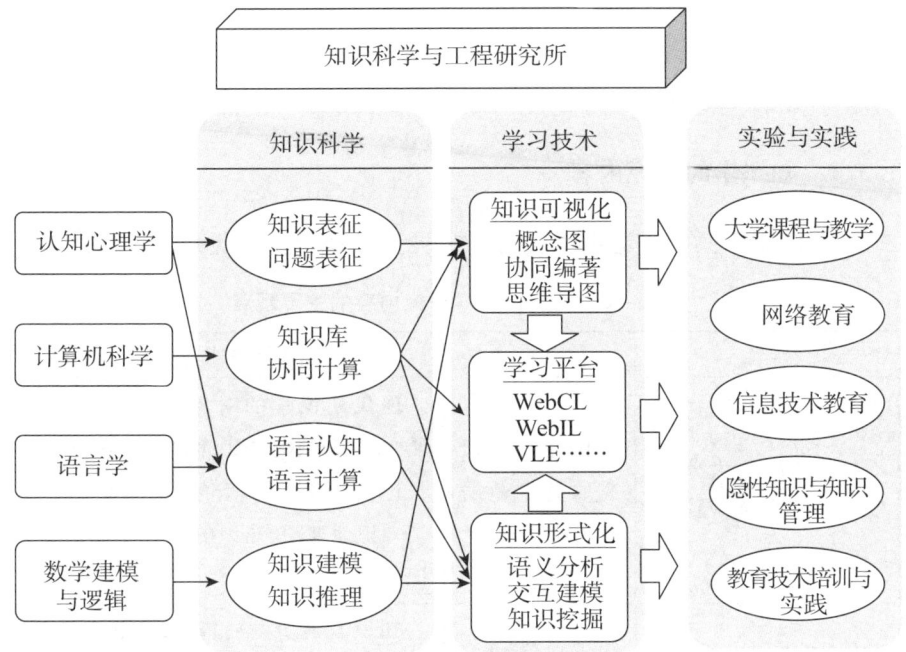

图1-3　知识科学与工程研究所主要研究方向

资料来源：日本北陆先端科学技術大学院大学知識科学研究科. 研究科紹介資料2015版［EB/OL］.［2015-10-11］. http://www.jaist.ac.jp/ks/wp-content/uploads/2015/05/KSEnglishVersion.pdf.

笔者曾提出，知识学研究必须在重点问题上取得突破，主要在四大领域进行：知识学的基础理论研究；知识环境研究；知识管理、知识法学与知识经济、知识创新、知识竞争力的综合研究；知识技术与知识工程研究①。

除了上述前沿研究领域外，还需要补充如下：第一，必须解决知识的基本命题，有两个问题比较重要，一个是知识的哲学问题，解决知识的本质；另一个是知识的数学问题，即从数学的角度解决知识是什么的问题。第二，大数据时代给知识研究以新的环境，知识学原有的知识结构有可

---

① 柯平. 21世纪知识学研究的目标和任务［J］. 图书情报知识，2009（1）：40-45.

能改变,特别是数据管理、开放数据等新领域的出现,必须考虑知识学处理大数据的新问题。第三,技术的发展日新月异,像创客、可视化、智能化等新技术展现了广泛的应用前景,知识学面向新技术将不断产生新的前沿领域,这是值得跟踪研究的。

1.3 知识学的学科体系

1.3.1 知识学的研究内容

关于知识学的研究内容,已有一些初步的研究(详见表1-2)。

表1-2 关于知识学研究内容的主要观点

作者	观点	具体内容
石倬英(河北大学)、郭强(苏州大学)①	现代知识学研究的基本范畴和理论框架	①现代知识学的对象、意义和方法;②知识概念;③知识生产论;④知识增长论;⑤知识价值论;⑥知识结构;⑦知识地理;⑧知识的社会功能;⑨知识化
马榕庆(厦门市图书馆学会理事)②	知识科学研究内容	①知识发展史的研究;②知识的本质研究;③知识运动规律与应用方法研究;④知识结构研究
何云峰(上海师范大学)③	知识科学基本问题	①知识的本质和特征;②知识学的发展史;③知识的进化规律;④知识个体发展和演化的规律;⑤知识传播;⑥知识表达、理解及其结构;⑦知识价值;⑧知识储存与分类;⑨知识产权保护;⑩知识工程

---

① 石倬英,郭强.现代知识学探微[J].宁夏大学学报(社会科学版),1989(2):20-26.
② 马榕庆.图书馆学研究对象的深入与知识学——再论知识学的研究[J].福建图书馆学刊,1989(4):18-20.
③ 何云峰.构建知识科学:作为一个新的学科门类[J].中共浙江省委党校学报,2003(1):80-83.

续表

作者	观点	具体内容
刘邦凡(燕山大学)①	知识学重点研究的问题	①知识的含义；②知识的分类；③人们获取知识的潜能与素质；④知识的获取与传播途径；⑤知识的个体实现与社会实现
王继新(华中师范大学)②	知识科学主要内容	①知识的数学理念；②常识性知识研究与非规范知识研究；③知识模型及知识表示标准化研究；④知识挖掘；⑤知识共享
刘大有(吉林大学)③	知识科学主要内容	①形式语义和程序验证；②量子计量；③时空知识表示理论；④定理证明和自动规划；⑤机器学习和数据分析、Agent技术；⑥因特网和软件工程中的知识表示与处理；⑦生命信息学

资料来源：作者整理。

从表1-2可知，关于知识学研究内容存在着不同意见，总体来说，一是这些表述对知识学内容只是简要地概括其涉及的研究问题，并非完整的内容表述；二是这些主题或问题并没有展开，较多是罗列，主题与问题之间也不考虑其逻辑关联。

综合学术界的不同观点，本研究认为，当代知识学的研究任务与研究内容相关，而研究内容则是由研究对象所决定的，因此，当代知识学的研究内容主要包括：基本理论、原理、技术、应用以及分支学科五个方面，具体可进一步归纳如表1-3。

---

① 刘邦凡. 什么是知识学[EB/OL]. [2005-11-19]. http://column.bokee.com/82712.html.
② 王继新. 加强知识科学研究，促进知识工程发展[J]. 科技进步与对策，2006(1)：147-149.
③ 刘大有. 知识科学中的基本问题研究[M]. 北京：清华大学出版社，2006.

表 1-3 当代知识学研究内容的主要类别

类别	特点	基础性的研究内容	交叉性的研究内容
知识学基本理论	基础性；根本性	知识术语概念；知识本质；知识认识论；现代西方知识观评价；知识异化；知识内容与特征；知识结构（知识结构的特征、形成和优化、知识结构的模式）；知识来源；知识功能；知识价值论（知识的学术价值、知识的经济价值、知识的社会价值）；知识使用价值；知识表达与表现形态；知识与知识活动发展历史等	知识活动与科学；知识活动与社会；社会知识化；知识社会化；知识生产力等
知识学基本原理	在基本理论指导下，从知识活动中抽象出的理论	知识基本原理；知识载体；知识要素；知识单元；元知识；显性知识；隐性知识；科学知识；个人知识；社会知识；主观知识；客观知识；技术知识；知识工作原理；知识工作者；知识生产过程与模式；知识生产；知识再生产；知识揭示；知识提取；知识组织；知识存储；知识分类；知识传播；知识评价；知识利用；知识老化；知识质量异变等	知识劳动论；知识分类学；知识传播学；知识转化与转移；知识计量；知识测度；知识增长；知识产品（知识产品和物质产品的关系；知识产品的使用价值、交换价值；知识产品定价；知识产品积累；知识产品分配）；知识商品与市场管理（知识商品流通、知识商品消费）等
知识学技术	研究知识活动的专门技术以及各种现代技术综合运用	知识技术；知识工程；数据挖掘与知识挖掘技术；知识发现技术；知识抽取技术；知识融合技术等	知识库与人工智能；云计算和大数据技术；知识网络；知识社区等

续表

类别	特点	基础性的研究内容	交叉性的研究内容
知识学应用	在具体领域中应用的成果与相关活动	社会知识记忆系统；知识交流系统等	知识产权法与知识产权管理；知识创新活动；知识管理活动；知识经济活动；国家知识政策；知识分子与人才问题等
知识学分支学科	以基本理论、原理、技术、应用为基础，形成专门学科领域	知识学研究方法论；知识学现状与发展；知识学体系架构；科学学研究；技术学研究；知识社会学；术语学；创造学等	知识学与相关学科（计算机科学；数学；科学社会学、科学哲学、逻辑学；心理学；认知科学；教育学、经济学、管理学、图书馆学、情报学、传播学；语言学；法学等）的关系

资料来源：作者整理。

需要指出的是，表1-3中的内容不是固化的，而是随着研究环境的变化和新技术、新问题的出现，不断增加新的领域和方向。

1.3.2 知识学体系的构建

知识学处于创建之中，不可能有现成的体系，必须进行科学的构建。关于知识学的各种构想、各种观点都成为构建知识学大厦的源泉，有人借鉴 Paul A. Samuelson（保罗·萨缪尔森）的思想，将信息时代的知识描述为由个人知识和公众知识构成的"混合知识"[①]，这两种知识可分别用微观知识学和宏观知识学来分析，这样的一些联想与推测都有一定的价值。

知识学体系构建大体沿着两条道路前进，一条道路是将知识学的全部内容进行条分缕析，按各分科学科展开的知识学树型结构构建；另一条道路是关注知识学的相关知识来源，从与多学科关联的角度建立知识学的立体结构。

---

① 易生. 微观知识学 & 宏观知识学 [EB/OL]. [2005-09-06]. http://publishblog. blogchina. com/blog/tb. b？diaryID = 2827640.

1.3.2.1 知识学体系的树型结构

大连理工大学的王续琨和初福玲采用比较参照传统学科门类分支构成的方法,将科学学、管理科学等作为知识科学的参照对象,筛选出处于萌发状态或有待创建的分支学科,提出知识科学的学科结构,如图1-4。

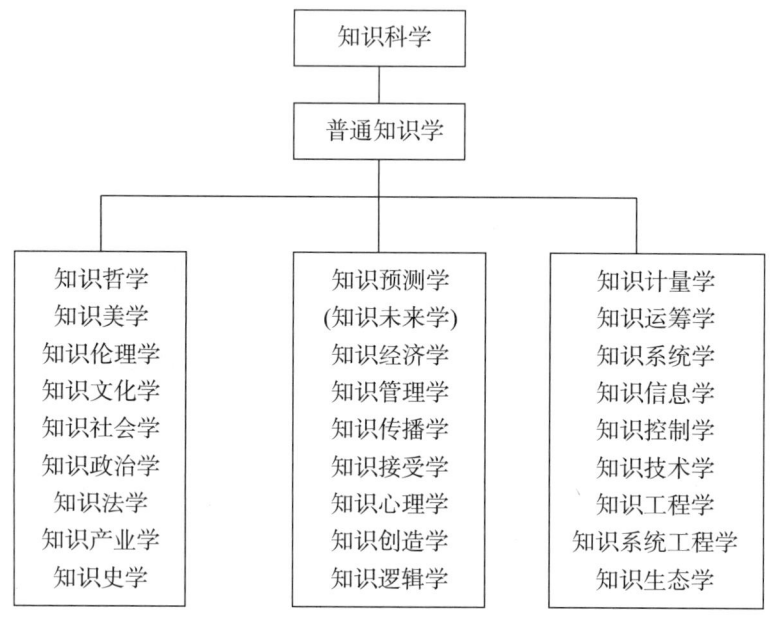

图1-4 王续琨和初福玲的知识科学学科结构

资料来源:王续琨,初福玲.知识科学的兴起和发展[J].大连理工大学学报,2001(2):15-20.

这里,按照学科生成区位的差异,将所有的分支学科粗略地区分为三个群组:群组Ⅰ、Ⅱ、Ⅲ,在生成区位上最靠近哲学、社会科学的是群组Ⅰ,最靠近数学、系统科学、自然科学的是群组Ⅲ,介于两者之间的是群组Ⅱ。

他们认为,普通知识学作为知识科学的核心基础学科,解决知识现象和知识活动的一般性问题,提供各种元知识,可称之为元知识学,其分化结构如图1-5所示。

1 知识学基础理论问题

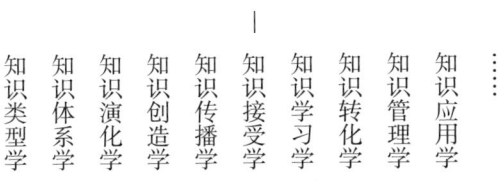

图1-5 普通知识学的分化线索

资料来源:王续琨,初福玲.知识科学的兴起和发展[J].大连理工大学学报,2001(2):15-20.

王平从宏观视角构建作为一个大的学科门类的"知识学"体系,基于柯平提出的知识学研究五大内容[①],将其中微观领域应用归纳为"普通知识学",而其他跨学科的知识研究则属于"应用知识学",如图1-6所示。

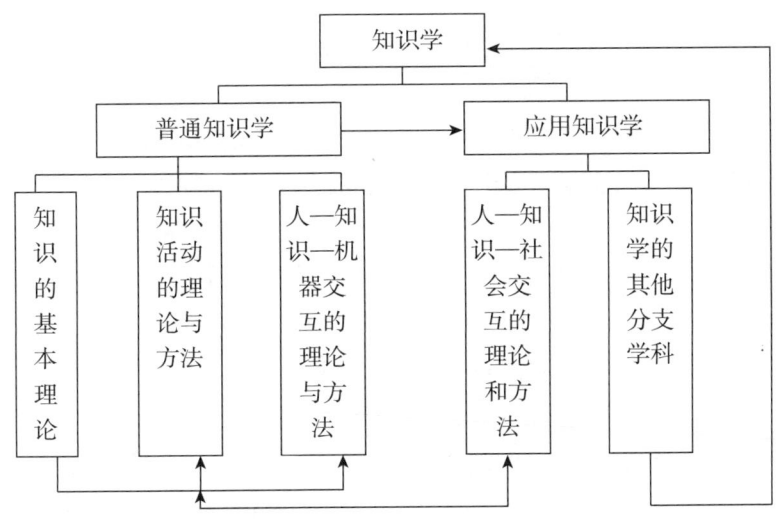

图1-6 王平的知识学体系结构

资料来源:王平."知识学"研究倡议与研究纲领[J].图书情报知识,2009(1):46-49.

图1-6的箭头表示内容之间的逻辑关系。普通知识学由基本理论、知识活动理论与方法、"人—知识—机器"交互理论与方法三个部分组成,应用知识学以普通知识学为基础和技术支撑,由"人—知识—社会"交互理论与方法以及分支学科构成。这一体系以人、知识、技术为中

---

① 柯平.知识学导论[J].图书情报工作,2006(4):6-10.

心,聚焦知识和知识活动研究,其中蕴涵的逻辑关系如图1-7所示。

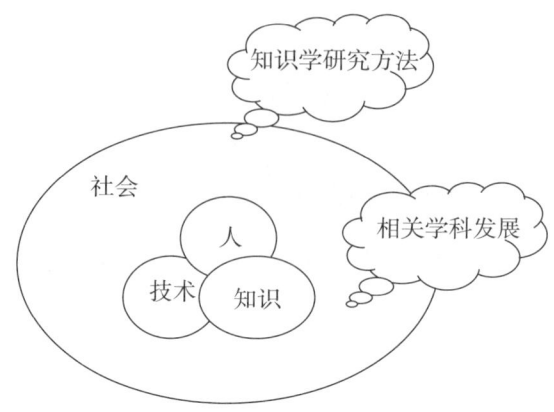

图1-7 王平的知识学研究要素关系

资料来源:王平."知识学"研究倡议与研究纲领.图书情报知识[J].2009(1):46-49.

1.3.2.2 知识学体系的交叉结构

吴丹和王惠临在《中国情报学百科全书》将"知识科学"解释为"以知识为研究对象的交叉性学科,包含着众多分支学科"。知识科学的研究对象是与知识有关的基本问题,包括知识的本质和特征,知识发展历史与进化规律,知识传播、表达、存储和分类,知识价值及其保护,知识技术与工程等。知识世界的发展也是有规律可循的,对这些规律加以研究,就是知识科学的基本任务[①]。他们采用了王续琨和初福玲基于生成区位的三组分支学科的观点,形成三部分构成的知识科学的学科结构。

詹越研究了知识学与创新学的关系,认为它们之间有多维重合性,并将创新学作为知识学的分支。按照知识基础理论学、知识活动原理学和知识应用学三大分支学科构建知识学体系(图1-8)。

图1-8既反映了知识学各分支的关系,又说明了知识学与创新学的交叉关系。这一体系的特色是将创新注入知识范畴,创新学是各分支学科之交汇区。

---

① 吴丹,王惠临.知识科学[M]//《中国情报学百科全书》编辑委员会.中国情报学百科全书.北京:中国大百科全书出版社,2010:406.

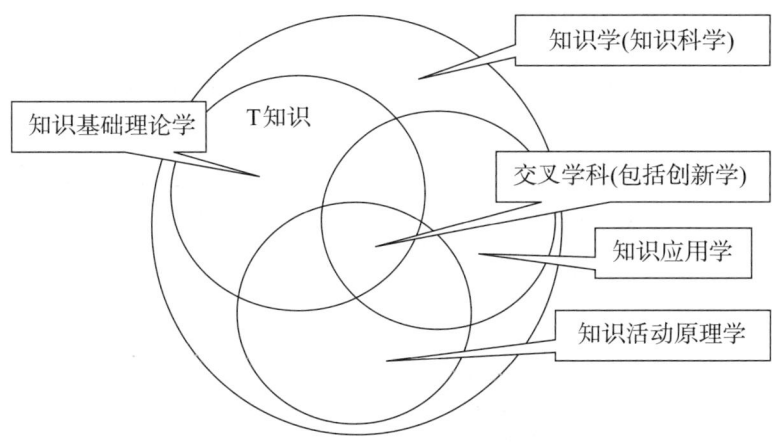

图 1-8　詹越的创新学与知识学分支学科关系

资料来源：詹越. 创新学与知识学的关联研究[J]. 图书情报知识，2009(1)：54-56.

1.3.2.3　知识学体系的立体结构

日本北陆先端科学技术大学院大学(JAIST)知识科学研究科用图 1-9 来表示知识科学整体架构。

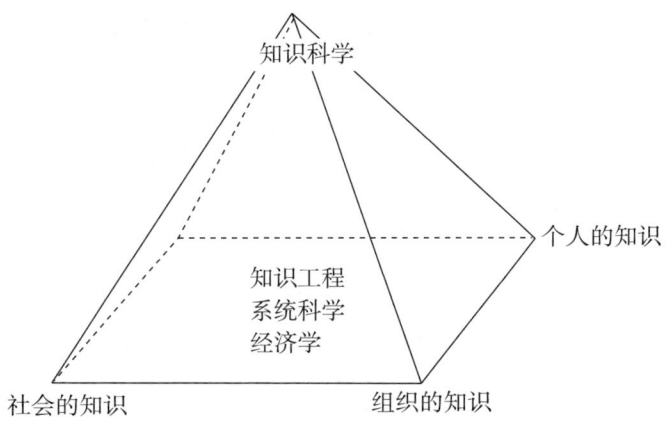

图 1-9　JAIST 整体的知识科学框架

资料来源：日本北陸先端科学技術大学院大学知識科学研究科. 研究科紹介資料 2015 版 [EB/OL]. [2015-10-11]. http://www.jaist.ac.jp/ks/wp-content/uploads/2015/05/KSEnglishVersion.pdf.

中国科学院数学与系统科学研究院顾基发、唐锡晋研究员提出知识系统的观点，各种数据、信息、模型、专家经验以及智慧等和一般意义上的知识都包括在内。其中,数据、信息和一般意义上的知识都可以看成已经存在的而加以简单整理过的知识;专家经验是有一定动态性以及现场性的知识;模型是将已有数据、信息、一般知识加上专家经验后,用较为逻辑的形式表达出来,而通过加工引出新的知识;智慧则更是创造和活用知识的知识①。他们利用1990年钱学森、于景元和戴汝提出的综合集成系统方法论,将JAIST整体的知识科学框架(图1-9)加以改造,形成图1-10。

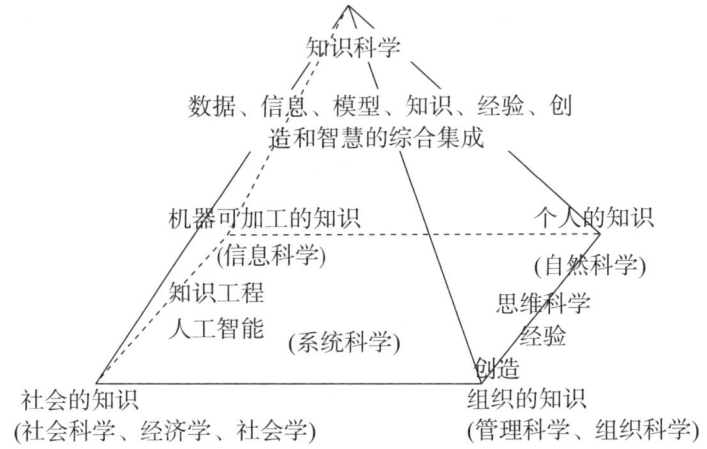

图1-10 顾基发和唐锡晋修正的整体知识科学框架

资料来源:顾基发,唐锡晋.综合集成与知识科学[J].系统工程理论与实践,2002(10):2-7.

后来,他们在国外发表论文②,将修正的整体知识科学框架(图1-10)称之为"Meta-synthetic framework of knowledge science"(知识科学的综合集成框架)。

南开大学信息资源管理系王知津和陈芳芳提出知识科学产生体系(图1-11)。他们认为,知识科学的研究范围包括:社会实践活动中的知识流动、将信息转化为知识的工具的研发、知识集成系统的构建、知识技术、知识用户、知识理论与技术应用等。知识科学可以分为三个层面:一是理论层面(包括认知科学、知识哲学、知识认识论、知识社会学、知识经济学、知识方法论、知识模型等);二是技术层面(包括知识发现、知识获取、知识表示、知识组织、知识挖掘、知识库、知识系统、知识构建等);

---

① 顾基发,唐锡晋.综合集成与知识科学[J].系统工程理论与实践,2002(10):2-7.
② Jifa Gu, Xijin Tang. Meta-synthesis system approach to knowledge science[J]. International Journal of Information Technology & Decision Making,2007,6(3):559-572.

三是应用层面(包括知识传播、知识服务、知识产业、知识共享、知识利用、知识创新等)①。

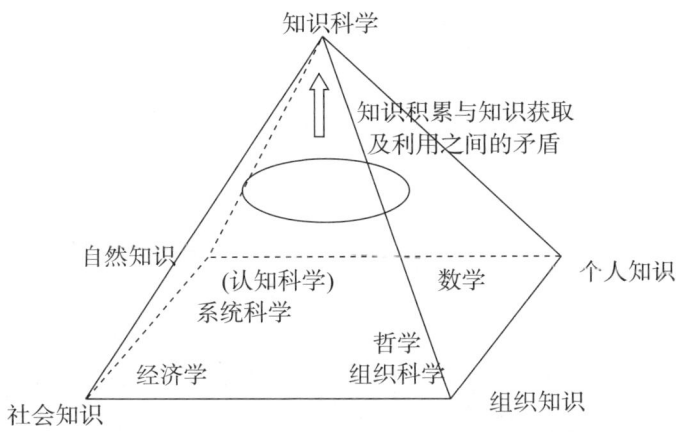

图1-11 王知津和陈芳芳的知识科学产生体系

资料来源:王知津,陈芳芳.从情报科学到知识科学[J].情报科学,2007(9):1281-1286,1292.

1.3.2.4 知识学体系的综合模型

任何一门科学,都有理论和实践两个方面,综合现有关于知识科学体系研究成果,笔者认为,以基本内容来看,知识学不外乎理论与实践两个方面,因此,知识学的体系也可以分为理论与应用两个层面,即理论知识学与应用知识学两大分支。

知识学体系的全部内容都来源于知识学的对象,"知识和知识活动"这一研究对象与"理论和实践"两个方面可以建立起多维交互的联系,从而形成知识学体系新的立体结构(见图1-12)。

图1-12表现了理论知识学和应用知识学两个分支与研究对象、研究内容的关系。

(1)理论知识学

理论知识学主要是解决知识学的基本理论问题,为知识学的应用提供理论依据和理论指导,主要研究领域有:知识哲学、知识学基础理论、知识分类学、知识生态学、知识伦理学、知识学研究方法论、知识史学、知

---

① 王知津,陈芳芳.从情报科学到知识科学[J].情报科学,2007(9):1281-1286,1292.

识学相关学科研究等。

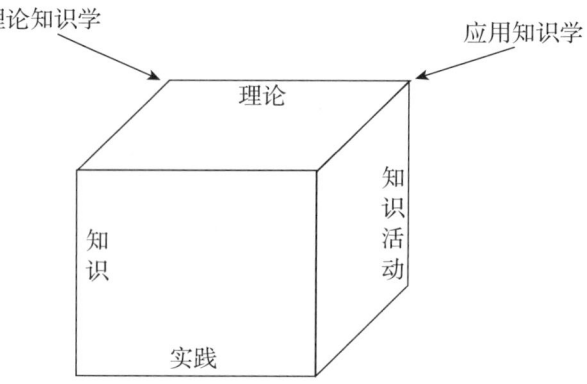

图1-12 知识学体系的综合模型

资料来源:作者整理。

关于理论知识学,需要在深入的探索基础上形成概念体系和理论模型,杨溢对此进行了专门研究。集中讨论了实践域、知识域、智慧域三大模块特征及其关联,分析了贯穿于其中的元知识,构建完成了基于图书情报学的知识科学理论模型总体框架(如图1-13所示)。

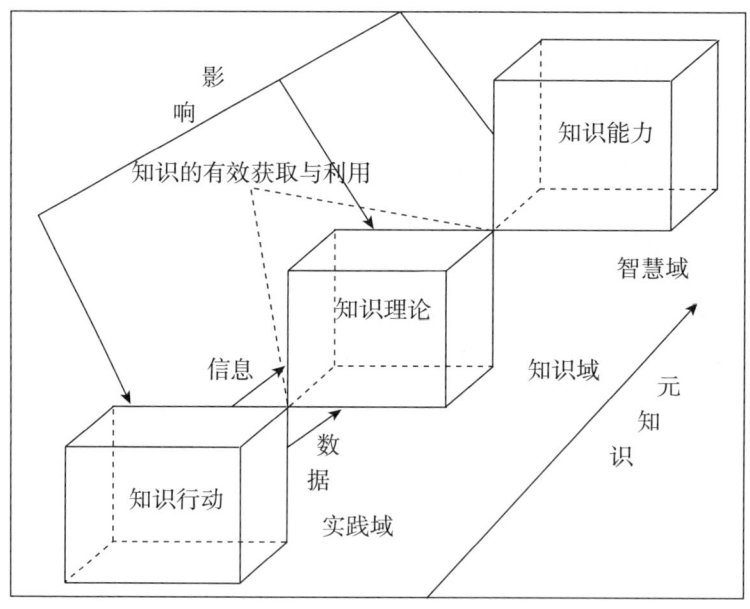

图1-13 杨溢的知识科学理论模型总体框架

资料来源:杨溢.基于图书情报学的知识科学理论模型研究[D].天津:南开大学,2010:172.

这个理论模型有两个突出的优点：其一是提出了知识三分法（实践域、知识域与智慧域），把知识行动、知识理论与知识能力作为知识过程中重要的三种知识存在形态。其二是确立了实践域、知识域与智慧域三者之间的区别与关联。区别在于核心不同，分别是知识行动、知识理论与知识能力，关联在于三大模块通过四种方式实现关联，分别是："数据—信息—知识—智慧"的信息链转化模式实现模块间数据、信息、知识与智慧的关联；借助于元知识实现三大模块内知识的描述性关联；以"知识的有效获取与利用"实现三大模块之间问题导向性关联；以智慧域为中介实现知识域和实践域的关联。

理论知识学需要通过扎实的基础理论研究，建设分支学科。知识哲学、知识史学、知识分类学已形成专门领域；知识生态学经过近几年来的研究，形成一门交叉学科[①]；在多个领域包括教育在内的知识伦理研究[②]的基础上知识伦理学开始产生[③]。分支学科的不断增加，不仅增强理论知识学大厦的巩固，也能促进对应用知识学的指导。

（2）应用知识学

应用知识学是知识学的具体应用，包括知识学的技术方法以及知识学的应用领域：一是有关知识技术方法的分支学科，如知识工程学、知识技术学、知识控制论、知识系统学、知识地图学等。二是有关知识学应用原理的学科，应用相关学科理论与方法，形成知识学的专门领域和重要原理，如知识服务学、知识传播学、知识创新学、知识资源学等。三是有关知识学在各门学科应用的具体学科，如知识社会学、知识经济学、知识管理学、知识法学等。

关于应用知识学，更需要各相关领域进行知识学的实践，也需要进行相应的应用思考与总结。例如，有人从图书馆知识管理出发，提出"图书馆应用知识学"构想[④]。但从其设想的18项内容看，大多是对知识本身的研究，较少与图书馆相结合，有拼凑之嫌。

---

① 百度百科. 知识生态学[EB/OL]. [2014-12-25]. http://baike.baidu.com/link?url=vmE2hopvxNdZvJjBUNg9qckLaUffBOf19tD-f6IAi-ak56VflYIp6ZQlCZzPxD5st12uUhzJP92RfISaXiCrh_.

② 白洋. 80年代以来中国小学语文教科书的知识伦理研究[D]. 西安：陕西师范大学，2015.

③ 颜青山. 知识伦理学的根据[J]. 衡阳师范学院学报（社会科学版），2002（2）：7-11.

④ 张梅，等. 图书馆知识管理学科的构建——"图书馆应用知识学"构想[J]. 图书馆论坛，2011（2）：169-171.

1.3.3 与知识学密切相关的学科群

1.3.3.1 科学学

一般认为,科学学产生于 1925 年,这一年,波兰社会学家 Florian Witold Znaniecki(兹纳涅茨基)首次用波兰文"naukoznawstwo"表示科学学[①],在《知识科学的对象与任务》中专门讨论了科学学建立问题。1927 年,波兰逻辑学家 T. Kotarbinsky(科塔尔宾斯基)提出了"科学的科学"(bauka o nauke)这一名称。英文"Science of Science"首次出现于 1936 年,系将波兰人 M. Ossur Kosovska(M. 奥索夫斯卡)和 S. Ossur Minkowski(S. 奥索夫斯基)夫妇 1935 年的《科学的科学》译成英文发表。而奠定科学学理论基础的是英国物理学家、英国皇家学会会员 J. D. Bernal(贝尔纳)于 1939 年出版的《科学的社会功能》,Bernal 指出:"科学学应该成为真正的、具有某种特点的科学。它应该充分运用观察、估算、试验以及运筹学等手段。"[②]

介于自然科学与社会科学之间,科学学具有软科学的特征。Derek John de Solla Price(德瑞克·约翰·德索拉普赖斯)强调:"科学的科学,如同历史的历史一样,是一门具有头等重要意义的二次科学。"[③]国内将理论科学学和科学学自身的研究称为"科学学元研究",王续琨等(2008)[④]、侯剑华(2012)[⑤]等进行了相关研究成果的统计分析。科学学经历了 80 多年的演化发展,已经建立和正在形成的分支学科超过 30 门[⑥]。

知识学与科学学的密切关系建立在科学与知识的关联上,而且,两者的内容也有较多的交叉重合之处。知识学离不开科学学,科学学也离不开知识学。

随着知识创新的发展,两者的关系更为密切。陆近春认为:"科学学

[①] 王英,黄欣荣. 从科学学、技术学到科学技术学[J]. 中国科技论坛,2005(2):97 – 91. (也有学者认为是 1926 年。见:王续琨. 科学学:过去、现在和未来[J]. 科学学研究,2000(2):19 – 23。
[②] 贝尔纳. 科学的社会功能[M]. 陈体芳,译. 北京:商务印书馆,1986:14.
[③] 普赖斯. 科学的科学[M]//M. 戈德史密斯,A. L. 马凯. 科学的科学:技术时代的社会. 北京:科学出版社,1985:227.
[④] 王续琨,田宇力. 中国科学学元研究成果的统计分析[J]. 科学学研究,2008(3):500 – 505.
[⑤] 侯剑华. 科学学元研究 10 年概述(2001—2010)[J]. 科学学与科学技术管理,2012(4):5 – 12.
[⑥] 王续琨. 科学学:过去、现在和未来[J]. 科学学研究,2000(2):19 – 23.

的本质属于思维认知科学,也就是一门发现科学、创造技术,知识创新(生产)的科学。"[1]刘则渊从科学学的研究传统与范式入手,对中外科学学研究的主要领域、相关学科以及热点问题进行了深入的考察和比较[2],表明以科学、技术、创新以及相关的科学技术政策与管理为内容的科学学应用研究是当前科学学的主流领域。

20世纪90年代以来,我国科学学在应用领域迅速发展,特别是与相邻学科"联姻",产生分支学科。侯海燕等运用知识图谱,总结出1995~2004年国际科学学研究的七大热点领域(科技政策与管理;信息搜索技术;科研指标与评价;科学知识图谱与可视化;科学合作;科学计量学与信息计量学理论;科学知识社会学;信息科学),并发现从2003年开始,最热门的研究已开始让位于新兴的网络计量学、知识管理、科学知识图谱与可视化以及信息计量学理论[3]。李长玲等对我国2001~2009年的科学学研究进展进行分析指出,创新、知识管理、生命周期理论、定量研究和合作等是最重要的研究主题[4]。侯剑华对2001~2010年的科学学元研究进行了总结,认为当前国内学术界对科学学的研究有了较大的进展,产生了大量的研究成果,但是,目前对科学学的研究仍处于初级阶段[5]。侯剑华等对近五年的科学学新研究进展进行了总结,指出:近年来,我国科学学研究稳中求进,研究产出的数量保持稳定,研究的领域和宽度相对集中,科学学研究步入发展的新常态[6]。

可以预见,在今后相当长一个阶段内,科学学元研究和理论科学学研究还有非常大的发展空间,而科学计量学、科学知识图谱和知识可视化等交叉学科与新兴研究领域将进一步加快知识学与科学学的交叉与融合研究。

---

[1] 陆近春.现代科学整体与科学学:也谈真科学,科学究竟是什么[J].科学学研究,2004(S):1-4.
[2] 刘则渊.科学学理论体系建构的思考:基于科学计量学的中外科学学进展研究报告[J].科学学研究,2006,24(1):1-11.
[3] 侯海燕,刘则渊,陈悦,等.当代国际科学学研究热点演进趋势知识图谱[J].科研管理,2006,27(3):90-96.
[4] 李长玲,纪雪梅,支岭,等.2001~2009年我国科学学研究进展——基于关键词的统计分析[J].科技进步与对策,2010(18):22-27.
[5] 侯剑华.科学学元研究10年概述(2001—2010)[J].科学学与科学技术管理,2012(4):5-12.
[6] 侯剑华,郭爽,李放.走向新常态:科学学元研究与理论科学学研究述评(2010—2014)[J].科学与管理,2015(4):3-10.

1.3.3.2 信息科学

长期以来,信息科学被作为计算机专家的领域,既包括计算机科学、通信理论和控制理论等信息技术与信息处理工具方法体系,也包括信息和信息技术在特定领域中具体应用的知识体系。复旦大学计算机科学与工程系朱洪针对台湾将"information"译为"资讯",认为译成"智讯"或"知信"更合适,但现在"信息"一词已用得如此广泛,只能约定俗成采用这一名词,将信息定义为:带有知识(knowledge)或智能(intelligence)内涵的消息(message),将计算机科学定义为:研究智讯(信息、知信即带有知识或智能的消息)的传递和处理(计算也是一种处理)规律的科学,计算机科学应当正名为"智讯科学"或者约定俗成叫"信息科学",现在的名字是把学科研究的对象和研究所使用的工具混为一谈,正如将天文学叫作望远镜科学、将医学叫作显微镜科学一样不妥当[1]。

对于信息科学的理解有三个重要来源:第一个是来自计算机领域的"计算机和信息科学"(computer and information sciences),第二个是将计算机应用于文献检索发展起来的"图书情报学"(library and information sciences),第三个是还建立在 Shannon 的概率信息理论之上的被称为广义信息论[2]的"概率论信息科学"[3]。这就说明,信息科学研究呈现多元化和广泛应用性的特点。20 世纪 80 年代中期,"9 个不同信息研究领域里的 39 位科学家曾言:'信息科学'的名称不应该为一个或某些学科所垄断,这就像量子物理学不能单一垄断物理学的名称、工业经济学不能单一垄断经济学的名称一样,尽管它们各自在自己的大学科中的地位是举足轻重的"[4]。闫学杉因此指出:"现在,每门'信息科学'都存在着,但从公理学的角度上说,都没有建立起令人信服的信息理论,这就是今日信息科学理论在全世界的现状。"[5]

---

[1] 朱洪. 副报告:计算机科学和生物学[C]//陆汝钤. 知识科学与计算科学. 北京:清华大学出版社,2003:311 – 312.
[2] 鲁晨光. 广义信息论[M]. 合肥:中国科学技术大学出版社,1983.
[3] 钟义信. 信息科学原理[M]. 北京:北京邮电大学出版社,1990.
[4] Machlup F, Mansfield U. The study of information: interdisciplinary message[M]. New York: John Wiley & Sons, 1983.
[5] 闫学杉. 关于 21 世纪信息科学发展的一些见解[J]. 科技导报,1999(8):3 – 6.

1.3.3.3 图书情报学

图书馆学和情报学热衷于知识学的研究,以至于彭修义曾提出可以把图书馆学更名为文献知识科学。他认为:"文献知识科学是研究文献形态的哲学知识与科学知识,人们虽然无法研究无限的东西,但却可以将其转化为有限的东西来研究,文献知识科学就是要实现这种研究。"① 马榕庆认为:"知识科学与图书馆学和情报学有着共同的研究对象,都需要研究知识的性质和功能以及知识的利用和转化等问题。知识科学是图书馆学和情报学的重要研究内容和理论基础,其研究成果正在不断地丰富和发展图书馆学和情报学。"②

王知津和陈芳芳认为:"情报科学应该是研究知识与知识活动的科学,它建立在知识基础之上,并以知识为中心。"③王平认为:"'知识科学'与图书情报界关系密切,图书情报界应当在普通知识科学领域深入研究,熟悉知识活动的理论和方法。图书情报界应当在知识科学研究中成为主导力量,关注社会知识需求的发展,创新传统的知识分类、加工的理论和方法;参与知识科学学科体系的研究;发现知识科学的研究趋势,并倡导新的研究方向。"④

1.3.3.4 社会学

知识学和社会学的关系十分密切,两者交叉形成了知识社会学这一新的学科。从 20 世纪 20 年代 Max Scheler(马克斯·舍勒)的《知识社会学问题》(1924)开始,知识社会学在西方发展已有近百年历史。美国学者 R. K. Robert King Merton(罗伯特·金默顿)、英国爱丁堡学派的 David Bloor(大卫·布鲁尔)等人和法国巴黎学派的 Bruno Latour(布鲁诺·拉图尔)等人对于对科学知识社会学进行了系统研究。英国 Michael Mulkay(迈克尔·马尔凯)是当代有影响的科学知识社会学家,其代表作

---

① 彭修义.以文献知识为动力推进图书馆学理论研究与系科革命[J].图书馆,1998(6):7-12.
② 马榕庆.图书馆学研究对象的深入与知识学——再论知识学的研究[J].福建图书馆学刊,1989(4):18-20.
③ 王知津,陈芳芳.从情报科学到知识科学[J].情报科学,2007(9):1281-1286,1292.
④ 王平."知识学"研究倡议与研究纲领[J].图书情报知识,2009(1):46-49.

为《科学与知识社会学》①。

20世纪70年代以来,医学社会学家沿着建构主义理论道路开展经验研究,形成了医学知识社会学(sociology of medical knowledge)这一研究亚领域,取得了许多广泛深入的经验研究成果,发展出"医学历史话语分析""医学争论研究"和"病患叙事研究"等重要研究观点②。

我国在知识社会学领域有较多的成果,如郭强的《现代知识社会学》(中国社会出版社,2000),李刚的《历史与范行:陶行知研究的知识社会学考察》(东北师范大学出版社,2006),徐晞主编的《司法的知识社会学》(厦门大学出版社,2008),林建成的《曼海姆的知识社会学》(河南人民出版社,2011),岳平的《当代中国犯罪学的知识社会学研究》(中国法制出版社,2012),王阳的《捍卫科学理性形象:科学哲学家对科学知识社会学的批判研究》(中国社会科学出版社,2012),黄之栋、黄瑞祺、李正风的《科技与社会:社会寻构论、科学社会学和知识社会学的视角》(台北群学出版有限公司,2012),詹七一的《知识社会学视野中的文学家:以中国现代文学为例》(人民出版社,2015)等。比较重要的博士论文有:《建构论与科学知识的社会建构》(赵万里,南开大学,2000)、《科学知识社会学中的科学和理性问题》(邱慧,浙江大学,2004)、《知识与控制:古代中国科学教育的社会学解读》(李朝晖,华中科技大学,2004)、《科学知识生产方式及其演变》(李正风,清华大学,2005)、《科学知识社会学研究转向的认识论意义》(郭俊立,山西大学,2007)、《科学知识社会学的反思困境及出路》(陈群,华中科技大学,2009)、《爱丁堡学派科学知识社会学研究》(郭启贵,武汉大学,2010)、《法兰克福学派的知识社会学思想研究》(高涵,南开大学,2010)、《学科研究视域中知识社会学的理论整合与范式转换问题研究》(赵超,南开大学,2013)、《科学表征与社会建构之间的张力》(刘翠霞,山东大学,2014)等。

---

① 迈克尔·马尔凯.科学与社会学[M].林聚任,等译.北京:东方出版社,2001.
② 郭燕霞,赵万里.建构主义视角下的医学知识问题研究——国外医学知识社会学研究评析[J].自然辩证法研究,2012(10):53-58.

2 知识学的科学共同体与研究趋势

从上一章知识学的来源可以看到,知识学并不是滋生在某一学科,而是多学科专家从不同学科对知识进行研究,促进知识综合化研究的结果。科学共同体是一门科学发展的重要基础,知识学在发展过程中,能否形成科学共同体,关系到知识学研究的多学科视角能否融合为新的综合,关系到来自不同领域的学科专家是否能具有共同的价值取向。

2.1 知识学的科学共同体

科学共同体(scientific community)这一概念是 1942 年英国哲学家 Michael Polanyi(迈克尔·波兰尼)提出来的,他在一次题为《科学的自治》的演讲中,首次使用了"科学共同体"这个概念[1]。他把全社会的科学家视作有共同信念、共同价值、共同规范的社会群体——科学共同体,以区别于普通社会群体。经过美国社会学家 R. K. Merton(默顿)等人的进一步研究和阐发以及美国科学家 Kuhn(库恩)将这一概念引入科学哲学[2],成为科学界的一个共识和努力的方向。从组织形式来看,科学共同体主要表现为学术组织机构和学术研究团队,本部分主要介绍知识学研究机构及研究专家团队。

2.1.1 国外知识学相关研究机构

2.1.1.1 全球知识协会

1997 年 6 月由世界银行和加拿大国际发展署组织召开了第一届全

---

[1] 博兰尼. 自由的逻辑[M]. 冯银江,等译. 吉林:吉林人民出版社,2002:53.
[2] Kuhn Thomas S. The structure of scientific revolutions. 50th anniversary. Ian Hacking(intro.)(4th ed.)[M]. University of Chicago Press,2012:264.

球知识大会,5 个月后全球知识协会(Global Knowledge Partnership,简称GKP)宣告成立[①]。GKP 由来自 50 多个国家的上百名成员组成(截至 2007 年 6 月 30 日已有 111 个网络成员[②]),成为全球知识问题研究的重要交流组织。

GKP 设有董事会、秘书处、执行董事、名誉受托人、国际顾问,其中董事会负责提出重大决策和议题,主要管理机构为轮执委员会(EXCOMM)及秘书处,秘书处设在马来西亚首都吉隆坡,负责日常业务工作,执行董事负责对重大议题和决策进行审议和实施,名誉受托人主要负责资金的筹措和捐赠、国际顾问负责对 GKP 的运作和发展提供相应的建议。GKP 的愿景是:世界上所有人都有平等获取和使用知识和信息的机会来改善他们的生活。GKP 的使命是:随着不断发展的公开网络、公民社会和商业机构,GKP 通过为其成员提供获得全球知识和创新的能力、组织内和跨区域的联系以及支持其发展能力和机会的资源调动来促进它们的发展。

GKP 是世界上第一个多方利益相关者的合作网络,主要是通过知识及信息接入技术(ICT)的发展创新和进步来促进知识交流。GKP 汇集了公共部门,私营部门和民间社会组织的共同目标,通过发展知识和信息接入技术来分享知识和建立伙伴关系。GKP 主要通过加强知识和技术革新的运用来解决发展问题,主要有获取知识、教育、消除贫困、调动资源四个主题战略。GKP 通过实施本地化项目来强调其发展的理念,其全球活动主要集中在非洲、欧洲、东亚、拉丁美洲和加勒比地区、中东和北非、北美、大洋洲和南亚八个特殊地区。GKP 不定期举办一些大规模、高规格的国际交流会议活动,为政府、国际组织、社会团体、不同领域的公司以及学者和其他从业人员提供知识交流平台,全球知识大会(Global Knowledge Conference)就是其中之一。

2010 年,GKP 轮执委员会决定在西班牙的希洪成立全球知识合作基金会(Global Knowledge Partnership Foundation,简称 GKPF),这被多数

---

① Reza Salim. The Global Knowledge Partnership:building information society action at the community level [EB/OL]. [2015 - 11 - 12]. http://www. baidu. com/link? url = 2-L0ZcPfPT5D_P13yqjj7AqYpvIZ8vpTxct9-B7rmKfCxYeufyvCUqF9jISgAOEjsTEWGjrdGBeqp GfuSWzDca&wd = &eqid = d94e451b000c7b620000000356c1abd4.

② Appropedia. Global Knowledge Partnership [EB/OL]. [2015 - 11 - 12]. http://www. appropedia. org/index. php? title = Global_Knowledge_Partnership&oldid = 95367.

成员认为是能够扩大其影响并加强成员招募和参与以及提高其管理效率的最为关键的一步。2011年3月,GKPF正式完成注册,成为一个法律实体①,与此同时,原来的主体管理机构GKP轮执委员会转变为董事会,其他机构则保持不变。

GKP提出每一个组织的发展都离不开知识的交流及其交流的网络,全球知识协会在这一过程中对于大多数组织主要起到知识经纪人、提供知识交流的渠道、通信和传播以及物流合作伙伴的作用,公司和政府参与全球知识协会发展的使命是创造和维持其发展的机制、贸易路线和市场,并通过上述努力促进人类的可能发展。GKP确保信息的可用性和流动性,也要让使用者在获取可用信息后对其充分利用,其核心宗旨是要确保知识创造方和利用方处于双赢的局面,个人和组织应当参与和支持GKP以确保他们和其组织能够尽可能地获取知识、网络和交流。GKP是国际公认的多方利益相关者的合作网络,它具有一个杰出和公认良好的业绩记录。另外,GKP不仅仅只是一个网络,它还积极地通过创建和实施双赢的局面来应对那些有着特殊需求的成员组织。GKP是存在于现实世界中的,因为它了解全球发展的需要,所以能切实地通过现实世界的解决方案来实现它的发展。

2.1.1.2 国际知识与系统科学学会

国际知识与系统科学学会(International Society for Knowledge and Systems Sciences,简称ISKSS)是一个非盈利专业技术协会,于2003年11月29~30日在中国广州召开的知识和系统科学研讨会上正式成立,成员来自十多个国家和地区。

知识与系统科学会议(KSS)也因ISKSS的成立,从最初仅在中国、日本举办,随后通过由各成员轮流举办而走向更大的舞台。该系列会议不仅使知识科学关注的议题不断扩大并且日益深入(详见表2-1),同时也使KSS社群不断扩大。

---

① GKPT. Global Knowledge Partnership Foundation is the global marketplace for development and innovation[EB/OL].[2015-11-12]. http://gkpfoundation.org/.

表 2-1 历届知识与系统科学会议(KSS)简况

届数	举办时间	举办地点	会议主题	会议分主题
KSS1	2000年9月25~27日	日本富士	知识、系统科学、科学的复杂性	知识科学:知识科学与系统科学之间的关系;系统科学:东西方系统科学方法论的比较;科学的复杂性:知识科学与系统方法论对于科学的复杂性所起到的作用
KSS2	2001年11月25~27日	中国大连	知识科学与管理	知识管理;知识工程;系统科学
KSS3	2002年8月7~8日	中国上海	知识科学与系统科学	知识管理;知识科学方法论;系统科学;定性到定量综合集成法
KSS4	2003年11月29~31日	中国广州	定性到定量综合集成法对于决策支持	专家体系、数据和信息体系;还原论与整合论;人工智能
KSS5	2004年11月10~11日	日本石川	知识科学与系统科学	知识科学;系统科学与工程;知识系统理念
KSS6	2005年8月29~31日	奥地利拉克森堡	知识创造:基于决策支持的集成模型	知识管理:集成和利用隐性知识;知识发现:数据挖掘,文本挖掘,其他统计方法;知识表示:建模与仿真;知识创造:创造力支持,概念支持,知识集成,方法论,计算机系统;应用:尤其是在科研管理、科学地图,环境
KSS7	2006年9月22~25日	中国北京	面向知识的综合与创新	知识科学及其相关技术;综合集成与复杂系统建模;复杂性与系统科学;人工智能;系统方法论;知识管理

续表

届数	举办时间	举办地点	会议主题	会议分主题
KSS8	2007年11月5~7日	日本石川	新的理念：知识转移和协同作用	系统集成和创造知识的方法；根据科学技术创造知识；知识系统工程；复杂系统的建模和分析；科学方法论；跨文化学习系统思考和知识管理；社会网络分析和知识管理；信息科学和决策支持系统；在线学习、电子内容、e知识和知识，电子商务；年检（管理技术）；过渡到新技术；基于主体的建模和行为科学；网络智能工具
KSS9	2008年12月11~12日	中国广州	知识生产、知识转移和知识创新	知识集成系统方法和创造；技术创建基于知识的科学；知识系统工程；复杂系统的建模和分析；方法论；系统思考跨文化学习和知识管理；社会网络分析和知识管理；信息科学和决策支持系统；在线学习、电子内容，e知识和知识，电子商务；年检（管理技术）；过渡到新技术；基于主体的建模和行为科学；网络智能工具
KSS10	2009年12月3~4日	中国香港	知识管理	系统科学视角的服务创新；知识组织和知识管理
KSS11	2010年9月16~18日	中国西安	构建创新的意图：知识集成的协调创新	创建基于主体的社会系统科学；跨文化学习系统思考和知识管理；复杂系统建模和复杂性；决策支持系统；知识创造、创造力支持，意识的支持；知识发现、数据挖掘、文本挖掘、其他统计方法；知识系统工程；方法论和先进的建模；社会网络分析和知识管理；系统集成和创造知识的方法；网络智能工具

续表

届数	举办时间	举办地点	会议主题	会议分主题
KSS12	2011年7月17~22日	英国赫尔	知识科学与系统科学	创建基于主体的社会系统科学;跨文化学习系统思考和知识管理;复杂系统建模和复杂性;决策支持系统;知识创造、创造力支持,意识的支持;知识发现:数据挖掘,文本挖掘,推荐系统和相关Web智能工具;知识系统工程和知识管理;方法论和先进的建模;问题构建方法和系统方法;社会动态网络建模
KSS13	2012年11月18~20日	日本东京	知识科学与系统科学	创建基于主体的社会系统科学;跨文化学习在系统思考和知识管理;复杂系统建模和复杂性;决策支持系统;知识创造、创造力支持,意识的支持等;知识发现:数据挖掘,文本挖掘,推荐系统和相关Web智能工具;知识系统工程和知识管理;方法论和先进的建模;问题构建方法和系统方法;社会动态网络建模
KSS14	2013年10月25~27日	中国宁波	面向应急管理的知识创造	基于主体的社会系统科学的创新;集群智慧;复杂系统模型与复杂性;决策分析与决策支持系统;知识创造、创造力支持,意识的支持等;知识发现:数据挖掘,文本挖掘,推荐系统;知识系统工程与知识管理;综合集成高级模型;问题构建方法和系统方法;服务系统科学;智慧城市;社会动态网络模型;社交媒介与社会管理;Web智能工具

续表

届数	举办时间	举办地点	会议主题	会议分主题
KSS15	2014年10月30日~11月4日	日本札幌	知识、技术和服务管理的方法系统	基于主体的社会系统科学的创新;集群智慧;复杂系统模型与复杂性;决策分析与决策支持系统;知识创造、创造力支持,意识的支持等;知识发现:数据挖掘,文本挖掘,推荐系统;知识系统工程与知识管理;综合集成高级模型;问题构建方法和系统方法;服务系统科学;社会动态网络模型;社交媒介与社会管理;Web智能工具
KSS16	2015年9月24~25日	中国西安	面向互联网+创意经济的知识创新	基于主体的社会系统科学的创新;跨文化学习系统思考和知识管理;复杂系统模型与复杂性;决策支持系统;知识创造、创造力支持,意识的支持等;知识发现:数据挖掘,文本挖掘,推荐系统与相关Web智能工具;知识系统工程与知识管理;综合集成高级模型;问题构建方法和系统方法;社会动态网络模型

资料来源:作者整理。

由表2-1可知,2000年以来的16届KSS会议主题除了知识科学的理论,还涉及众多的应用层面。ISKSS的宗旨是促进科学与系统科学知识协同发展,进一步寻求在各学科和专业、各地区、国家与国际层面的科学家和专业人士间的沟通与合作,有效地利用知识为提高合作竞争优势和国家综合实力,促进科学知识经济的发展。ISKSS认为,在目前阶段,企图严格定义的知识科学可能过于雄心勃勃,但是采取宽容的、基础广泛的、思想开放的方法则是完全可能的,知识科学和系统科学可以被视为方法论和工具被运用进来并相得益彰,在此基础上使ISKSS建立起来并不断发展。

2.1.1.3　日本北陆先端科学技术大学院大学"知识科学研究科"

日本北陆先端科学技术大学院大学(Japan Advanced Institute of Science and Technology,JAIST)1997年组建"知识科学研究科"(School of Knowledge Science,简称KS)①,1998年4月起开始正式接收学生入学。截至2015年4月已连续16年接收博士研究生,连续18年接收硕士研究生申请入读②。提出其使命为培育21世纪知识社会的精英,即保持创造新知识、新价值,并长于与他人合作,有能力发现并解决问题,能设想并识别新技术、组织或社会观念。硕士研究生的培养目标是培养知识创造者,如产品团队领导、战略制定者、研发负责人、产品经理等;博士研究生的培养目标则是构建知识科学框架,培养知识科学家。2000年9月23日至30日,发起召开了以"知识科学与创新"为主题的国际知识科学与系统科学学术会议。知识科学研究科主攻四大研究领域,具体为社会知识领域,如知识管理、科技管理等;知识媒介领域,如知识创造、知识挖掘、知识的呈现与利用等;知识系统领域,如复杂系统与网络、系统科学、决策科学等;三者交集而出的知识服务领域,如服务管理与创新、商业创新等。研究科现有的39位学者正依据上述四大研究领域的区分,设有各自的具体研究室。依托这四大研究领域具体开展研究也有四个研究视角:社会科学视角、信息科学的视角、自然科学视角、系统科学视角③。

2.1.1.4　加拿大卡尔加里大学知识科学研究所

加拿大卡尔加里大学(University of Calgary)1985年成立了知识科学研究所(Knowledge Science Institute,简称KSI),该研究所参与了大量多学科理论研究和实践研究活动,相关研究领域包括:信息技术下的社会和经济发展趋势与路径;社会知识过程开发与运营模型;知识获取、表现和传播技术的创新;以知识过程为主题的科学会议的组织;以知识系统为主要内容的组织间的合作等。该研究所办有《国际人机研究》(*International Journal of Human-Computer Studies*)和《知识获取》(*Knowledge Acquisition*)两份国际

---

① 北陆先端知识科学研究科网址(http://www.jaist.ac.jp/ks/)。
② JAIST School of Knowledge Science. Introduction of School of Knowledge Science[EB/OL].[2015-12-03]. http://www.jaist.ac.jp/ks/wp-content/uploads/2015/05/KSEnglishVersion.pdf.
③ JAIST School of Knowledge Science. 研究科紹介資料[EB/OL].[2015-12-10]. http://www.jaist.ac.jp/ks/about/materials/.

期刊(月刊),前者于 1968 年创刊,后者系 1989 年派生出的姊妹刊。还成立了知识获取工作组(Knowledge Acquisition Workshops,简称 KAW),该工作组是一个来自北美、欧洲、日本和澳大利亚等地区和国家的国际研究人员的网络,主要研究知识获取的方法、工具和技术。该研究所通过数字文献和互联网来支持学者社群的知识进程,智能制造系统(Intelligent Manufacturing Systems,简称 IMS),将竞争情报加工深入产品生命周期的管理中,在竞争开始前既已开始知识支持①。

2.1.1.5 德国柏林工业大学哲学、科学理论与科技史研究所知识研究中心

柏林工业大学(Technische Universität Berlin,英文为 Technical University of Berlin)人文和教育系(Fakultät I-Geistes-und Bildungswissenschaften)的哲学、科学理论与科技史研究所(Institut für Philosophie, Literatur-, Wissenschafts-und Technikgeschichte)下设有知识研究中心(Innovationszentrum Wissensforschung,简称 IZW,英文为 The Center for Knowledge Research)②。IZW 是柏林工业大学的研究重点领域,与一些院系有合作。IZW 的研究目标是探索知识的不同形态、实践和驱动力之间的相互作用,IZW 主要有四个研究领域:①知识的条件(conditions of knowledge);②知识的架构和组织(constructional and organisational knowledge);③科学的知识(knowledge in sciences);④知识的模型化(modelling knowledge)。在这四个领域里,知识形态、实践和驱动力中的核心概念是最为重要的。它是基于哲学研究语境需要迫切得到解决的,这些意味着需要研究科学工作者们如何阐明知识生产的各种背景和语境,以及在特定科学范畴里的研究者们如何获得有价值的研究结果。另外,IZW 的主要工作还集中在解决现代知识型社会的未来生存问题。

2.1.2 国内知识学相关研究机构

2.1.2.1 以"知识科学"命名的研究机构

(1)大连理工大学知识科学与技术研究中心

大连理工大学于 2000 年 9 月由王众托教授着手筹建跨学科的研究

---

① KSI. Knowledge Science Institute[EB/OL].[2015-12-10]. http://ksi.cpsc.ucalgary.ca/KSI/KSI.html.
② 德国柏林工业大学哲学、科学理论与科技史研究所知识研究中心网站(http://www.wissensforschung.tu-berlin.de)。

共同体——知识科学与技术研究中心。同年12月,正式成立由大连理工大学管理学院、电子与信息学院、人文社会科学学院、应用数学系等院系为成员的知识科学与技术研究中心,王众托任中心主任,党延忠任中心副主任。该中心与国内外相关研究机构保持着密切的学术交流,组织多学科专家全方位开展知识科学与技术研究,多次举办学术交流活动。

(2)北京师范大学知识科学与工程研究所

北京师范大学于2002年12月成立知识工程中心(Beijing Normal University-R&D Center for Knowledge Engineering)(以下简称"中心"),依托北师大的教育学、心理学、计算机科学、语言学等学科以及教育技术学国家重点学科的优势,从知识传播与技术支持的角度研究学习问题,并应用于教育软件、E-Learning及知识管理系统的开发中。教育部高等学校教育技术学专业教学指导委员会秘书处、全国教师教育信息化专家委员会秘书处等机构设在中心,中心网站设有"最新消息""科学研究""人才培养""学术交流""网络课程""推荐链接"等专栏,及时报道研究成果和重要信息。2004年,知识工程研究中心、网络教育实验室、教育技术培训中心、Cisco网络技术学院等合并成立知识科学与工程研究所[①],由中心原主任黄荣怀教授担任所长,涉及教育技术学、哲学、认知心理学、计算机科学、语言学、数学建模与数理逻辑等学科和研究领域。其主要研究方向有:知识科学基本理论、智能与教育软件、教育系统仿真、隐性知识与知识管理等。该研究所在实验与实践层面上的工作包括:大学课程与教学、网络教育、信息技术教育、隐性知识与创新、教育技术培训与实验等[②]。该研究机构经常举办学术交流活动,如2015年5月6日举办台湾政治大学教育学院洪煌尧教授学术讲座,主题为"识人知识——理解科学家及他们知识建构的过程"(People knowledge: Understanding scientists and their knowledge building processes)[③]。

(3)天津大学知识科学与工程研究所

天津大学知识科学与工程研究所是在原计算机系语义网课题组、分布式智能代理课题组、中间件课题组和人工智能应用基础课题组的基础

[①] 北京师范大学知识科学与工程研究所原网站(http://ksei.bnu.edu.cn/old/index.htm)。
[②] 北京师范大学知识科学与工程研究所新网站(http://ksei.bnu.edu.cn/old/jianjie.htm)。
[③] KSEI.学术讲座:识人知识——理解科学家及他们知识建构的过程[EB/OL].[2016 – 10 – 01]. http://ksei.bnu.edu.cn/news/loadNews.do? entrance = front&cmd = view&id = 421.

上成立的。该中心的主要研究方向有:知识工程、服务计算、机器学习、软件工程、计算机认知等。近五年来,该中心主要成员承担了省部级和横向科研课题近20项,发表论文近60篇[①]。

2.1.2.2 以"知识工程"命名的研究机构

(1) 清华大学知识工程研究室

清华大学知识工程研究室隶属清华大学计算机系软件研究所,主要研究领域有:semantic web(语义web);semantic web services(语义web服务);information extraction(信息抽取);knowledge discovery and data mining(知识发现与数据挖掘);social network search and mining(社会网络搜索与挖掘)。清华大学知识工程研究室包括以下机构:清华—IT Frontier株式会社(日本)知识工程联合实验室;清华—MIST株式会社(日本)Java技术研究与开发联合试验室;清华—BrainSellers株式会社联合研究组;科研与教学组;技术开发部;国际合作部;办公室;清华—SUN公司Java培训中心[②]。

(2) 上海交通大学精密成形与知识工程研究所

上海交通大学机械与动力工程学院精密成形与知识工程研究所成立于2002年,主要从事机械设计与制造、计算机及信息科学、金属材料加工等多学科交叉渗透的教学与科研工作。知识工程研究方向有:产品设计中知识管理系统开发、产品设计知识建模研究、支持创新设计的知识融合研究、工艺知识获取研究、领域本体关联研究、知识采集系统开发。该研究所承担国家自然基金重点/面上项目、"973"计划、"863"计划重点、上海市重大/重点基础研究、国防科研及国际合作等课题30多项;申请国家发明专利20多项,软件著作权10多项;先后获国家级教学成果二等奖、上海市科技进步一等奖。研究所在机电产品设计与KBE技术相关理论及其在机械设计与制造、材料加工工程、重大工程建设与装备研发等领域中的应用等方面形成优势和特色。研究所有8名在职研究人员,其中教授3人、副教授3人、在站博士后2名,研究生30余

[①] 天津大学计算机科学与技术学院官网(http://cs.tju.edu.cn/yjhzjl/kxyj/kxyjjg/)。
[②] 清华大学计算机软件研究所知识工程研究室官网(http://keg.cs.tsinghua.edu.cn/lab-mainframe.jsp)。

名。研究所所长彭颖红教授凝聚了一支从事理论与应用研究的团队①。

(3) 中国人民大学数据工程与知识工程教育部重点实验室

1986年,中国人民大学成立数据工程与知识工程研究所,2005年1月,学校整合信息学院数据工程与知识工程研究所和信息资源管理学院电子政务研究中心的力量,成立中国人民大学数据工程与知识工程重点实验室。2006年1月,数据工程与知识工程教育部重点实验室(中国人民大学)获准筹建。2008年10月经教育部组织的专家组验收通过,正式开放运行。学术委员会聘请中国科学院数学研究所研究员、我国人工智能领域著名专家陆汝钤院士为学术委员会主任委员,我国数据库领域的领军人物、中国人民大学王珊教授为常务副主任委员。实验室由信息学院杜小勇院长和信息资源管理学院赵国俊院长为主要负责人,并选聘了专职的副处级办公室主任进行日常的行政管理。实验室共有45名固定研究人员,其中包括实验室事业编制专职研究人员8人,有学术带头人9人组成7个研究团队,以团队为单位进行科学研究,重点进行数据库技术与系统、信息资源管理、数据挖掘与互联网知识管理等方面的应用基础研究②。

(4) 四川大学数据库与知识工程研究所

四川大学计算机学院数据库与知识工程研究所(Database and Knowledge Engineering Institute)成立于2004年,是由知名数据库专家唐常杰教授创建,致力于数据库与数据挖掘的理论与技术研究的研究所。研究领域涵盖了数据库与知识工程、数据挖掘、自然语言处理、信息网络等多个领域。在数据挖掘方面是国内最早得到国家自然科学基金资助的两家单位之一,在数据系统软件、时态数据库以及数据挖掘系统等研制方面处于国内领先地位。研究所承担了多项国家科技部、自然科学基金委员会、教育部等立项的纵向项目,相关工作得到同行专家的认可。在国内外知名会议、期刊发表了大量学术论文,完成多个实际应用系统,研究成果获得四川省以及成都市多项奖励。研究所多次承办国内外数据库方面会议,包括 NDBC1991、ADMA2008、NDBR2009、NDBC2015、

---

① 上海交通大学精密成形与知识工程研究所官网(http://kbe.sjtu.edu.cn/ListArticle.aspx? menuID = 182)。

② 数据工程与知识工程教育部重点实验室[EB/OL].[2015 - 12 - 17]. http://deke.ruc.edu.cn/more.php? cid = 18.

WAIM2012。研究所设置有自然语言处理实验室和信息网络实验室[①]。

(5)北京科技大学知识工程研究所

北京科技大学信息工程学院知识工程研究所成立于2001年3月,由博士生导师杨炳儒教授任所长,该研究所在知识发现、智能系统、柔性建模、集成技术等理论与技术研究方面取得了突破性的进展;开拓了基于内在认知机理研究的知识发现新方向;建立了多个研究基地与协作基地;培养出了2名博士后、76名博士、79名硕士、10名外国留学生。该研究所多次承担国家自然科学基金重点项目、"九五"国家重点推广项目、国家教育部重点项目、北京市自然科学基金项目等纵向项目的理论研究与技术方法的实现。同时也承担了如商务部、气象局等重要工程应用项目,并与国内外其他学校建立了广泛的学术联系与协作关系[②]。

(6)中国农业科学院农业信息研究所知识工程研究室

中国农业科学院农业信息研究所知识工程研究室主要开展农业知识管理理论、方法、技术方面的研究与应用,面向政府、农业科研工作者、农业企业和最终用户提供多种类型和形式的深度知识服务。研究室现有研究人员9人,其中研究员2名、副研究员4名,具有博士学位6人、硕士学位2人,外聘研究员2名。该研究室的主要研究方向有:知识组织与服务、智能信息处理和知识分析方法与技术,为农业复杂信息分析、处理和服务领域提供可持续创新的基础理论、方法、技术和工具支持,实现农业科技领域的前沿热点问题追踪与探测、发展趋势的预测等,为农业相关机构提供集成的战略决策支持服务。近年来该研究所获国家及省部级奖9项,《农业本体论研究与应用》一书获国家新闻出版总署"三个一百"原创图书出版工程奖[③]。

2.1.2.3 以"知识论"或"知识管理"命名的研究机构

(1)中国知识论学会

2014年6月27日至29日,由中国现代外国哲学学会、厦门大学知

[①] 四川大学数据库与知识工程研究所. 四川大学数据库与知识工程研究所简介. [EB/OL]. [2016-03-10]. http://dbke.sinaapp.com/?page_id=68.

[②] 北京科技大学. 知识工程研究所[EB/OL]. [2016-03-10]. http://scce.ustb.edu.cn/article.action?categoryId=25&boardaId=136.

[③] 中国农业科学院农业信息研究所. 知识工程研究室[EB/OL]. [2016-03-10]. http://aii.caas.net.cn/bsgk/ywbm/5655.htm.

识论与认知科学研究中心、厦门大学人文学院哲学系共同主办的厦门大学"知识论与认知科学"国际学术研讨会暨中国知识论学会(Chinese Society of Epistemology)成立大会在厦门大学隆重举行。来自中国、美国、英国、芬兰、丹麦、爱尔兰、日本、韩国、新加坡共80多位知识论学者见证了中国知识论学会的成立。中国知识论学会成立大会通过了《中国知识论学会章程》,表决通过了理事会48位成员的名单。厦门大学陈嘉明教授当选为学会会长。北京大学陈波教授、浙江大学徐向东教授、华东师范大学郁振华教授、中山大学朱菁教授当选副会长。秘书长为厦门大学曹剑波教授。学会设在厦门大学。中国知识论学会的宗旨是推动知识论在中国的研究与发展,促进中国学者、学生与国际学界的交流①。

中国知识论学会第二届学术会议于2015年11月21日至22日在广州中山大学哲学系举行。来自中国大陆和台湾地区的40多位知识论专家和学者参加了会议。会议主要对知识论的基本理论(知识的本性、知识的来源、知识确证、怀疑论等)、知识论分支(道德知识论、社会知识论等)、认知科学的知识论基础和实验哲学的认知问题等领域展开了全面而深入的积极研讨,产生了良好的效果。知识论学会会议不仅呈现了当今欧美世界知识论研究最新状况的基本图景,提出了新问题、新思想,还吸引了众多年轻学者,为知识论在中国的长期发展注入了新的活力②。

(2)中国认知科学学会

中国认知科学学会(Chinese Society for Cognitive Science)于2013年1月18日在北京正式登记成立,其上级主管单位是中国科学技术协会,办公地点在中国科学院生物物理研究所,陈霖院士担任学会理事长③。中国认知科学学会第一届学术大会总结会于2014年7月4日至6日在北京举行。大会以"认知科学和脑疾病转化医学"为主题。总结会之前,各专题研讨会已开展了历时半年的学术研讨活动和科研合作。这次大

---

① 厦门大学.厦门大学"知识论与认知科学"国际学术研讨会召开[EB/OL].[2016-03-10]. http://news.xmu.edu.cn/s/13/t/542/52/14/info152084.htm.
② 中国知识论学会.中国知识论学会第二届学术会议于广州中山大学哲学系召开[EB/OL].[2016-03-10]. http://cse.xmu.edu.cn/s/228/t/772/a/170836/info.jspy.
③ 厦门大学.厦门大学知识论与认知科学研究中心简介[EB/OL].[2016-03-10]. http://epistemology.xmu.edu.cn/s/16/t/513/a/135530/info.jspy.

会有关认知科学和脑疾病的专题研讨会有 30 余场①。

(3) 厦门大学知识论与认知科学研究中心

2011 年 6 月,以厦门大学哲学系陈嘉明教授的团队和信息学院周昌乐教授的团队为基础,组建厦门大学知识论与认知科学研究中心。目前两个团队已有 2 位教授、6 位副教授、12 位助理教授,以及一批博士后、博士生。该研究中心现有在研科研课题 22 项,其中国家社科基金项目 1 项、国家自然科学基金 7 项、教育部基金 5 项、省级基金 7 项、博士后基金 2 项,经费总共 690 万元。近 5 年已获得教育部与福建省的科研奖共 10 项。

该研究中心根据自身的状况和条件,着眼于形成与现有国内其他研究机构不同的特色。该中心的研究方向有:①认知科学的知识论基础研究,包括认知的可信赖性过程,证据与信念的确证关系,信息输入与命题输出的认知模式,内在主义、外在主义与认知结构等;②实验哲学问题,包括传统哲学问题的思想实验、哲学与社会问题的计算仿真建模模型,禅悟与审美体验的实验研究等;③仿脑智能系统,包括仿脑计算关键技术及其应用,自治机器人的不确定时空认知能力及其神经—符号实现;④认知问题的逻辑、语言与心理学研究,包括面向智能机器人的时空认知逻辑及其算法实现,时空认知逻辑及其相变实例的算法博弈解,汉语名词性隐喻逻辑释义和评价方法研究,面向汉英机器翻译的汉语名词性隐喻的计算方法研究等。该中心的目标是:在知识论方向上保持国内领先水平,在仿脑智能系统研究等方向上走进国际学术前列,并在国内率先开辟的哲学实验、隐喻逻辑、艺术认知等领域继续保持领先水平②。

(4) 中山大学企业管理研究所知识管理研究中心

中山大学企业管理研究所于 1992 年成立,由吴能全教授担任所长。研究所人员既有中山大学管理学教授 10 余人和博士 50 余人,还有来自企业界的特聘教授、研究员数十人。该研究所培养企业管理和知识管理等方向的硕博士研究生,从行业和功能模块两个方面整合内外部资源,成立相应的研究中心并配套研究团队做系统的前沿研究,从而能更好地

---

① 中国认知科学学会. 中国认知科学学会第一届学术大会总结会在京举行[EB/OL]. [2015 - 12 - 20]. http://www.cogsci.org.cn/news/n016.shtml.
② 厦门大学知识论与认知科学研究中心简介[EB/OL]. [2016 - 03 - 10]. http://epistemology.xmu.edu.cn/s/16/t/513/a/135530/info.jspy.

实现理论和实践的无缝链接并服务我国的本土企业,知识管理研究中心就是其中的一个模块中心①。

(5)上海师范大学知识与价值科学研究所

2000年3月,上海师范大学成立知识与价值科学研究所(Institute of Knowledge Value Sciences,简称SHNU),由上海师范大学学报期刊杂志社社长何云峰担任所长②。2007年4月经过调整后,研究队伍大幅扩增。研究所开展马克思主义文化价值、价值科学、价值观、知识科学、学习型组织、传统文化、学习理论、媒体素养教育、青年理论工作、社会组织与社会发展等领域的专门研究。自成立以来,研究所开展多方面的科学研究,广泛开展国内外学术交流和学术合作,联合举办(承办)各种学术研讨会,如2014年11月15日承办了上海思维科学年会③。

2.1.3 知识学研究专家及其研究成果

知识学研究专家是知识学科学共同体的核心,以下将对我国知识学研究领域中的代表人物及其成果做扼要介绍。

(1)陆汝钤及其知识学研究成果

陆汝钤(1935~),中国科学院数学与系统科学研究院数学研究所研究员、博士生导师,1999年当选为中国科学院院士。2000年任复旦大学计算机学院教授。2002年至2003年任复旦大学智能信息处理开放实验室主任。2004年起任复旦大学上海市智能信息处理重点实验室学术委员会主任④。陆汝钤院士是我国知识工程领域的重要开创者。他于20世纪80年代初设计并主持研制了知识工程语言TUILI和大型专家系统开发环境"天马"。其中TUILI语言对国际上广泛使用的PROLOG语言做了多方面的本质改进。它综合逻辑程序设计和产生式系统两种风范,体现模块化和层次化的启发式控制,可做60种不同策略的推理,技术上有独创性,应用上有独特优势。TUILI系统已应用于多个领域,尤其是在

---

① 中山大学.中山大学企业管理研究所[EB/OL].[2016-03-10].http://www.mp168.org/atDetail.asp?id=203.
② 上海师范大学知识与价值科学研究所网站(http://www.studyplace.net)。
③ 上海师范大学.知识与价值科学研究所[J].上海师范大学学报(哲学社会科学版),2015(4):1-2.
④ 上海市智能信息处理重点实验室.陆汝钤及其知识学研究成果[EB/OL].[2016-03-10].http://www.iipl.fudan.edu.cn/staff/lurq.html.

灾害天气预报中起了重要作用。1985年,他发表的分布式人工智能(DAI)文章,提出了分布式专家联合思想及其总体设计,是国际上第一篇异构型DAI文章,并首次把机器辩论引进人工智能领域。他还设计和主持实现了多个DAI软件系统,包括两个分布式逻辑推理语言和一个基于知识的分布式城市交通管理软件。他还研究出基于类自然语言理解的一套技术,可以在只对书面语言做很少改动的情况下由计算机自动获取并整理隐含于资料中的知识,这为领域知识库的自动生成和自动演化,并最后自动生成所需的应用软件提供了基础①。他发表了系列知识学研究著作和论文,包括《知识科学及其研究前沿》②《世纪之交的知识工程与知识科学》(清华大学出版社,2001)、《知识科学与计算科学》(清华大学出版社,2003)等。

(2)史忠植及其知识学研究成果

史忠植(1941~),中国科学院计算技术研究所智能科学实验室研究员,计算机与智能科学专家。中国人工智能学会副理事长,博士生指导教师。长期从事知识工程研究并取得突出成绩。还积极倡导智能科学的研究,研究方向涉及机器学习、分布式人工智能、神经计算和认知科学,从机理上探索人类自然智能的本质,在人工智能研究中注入新的活力,发展了较完整的智能主体(agent)理论和技术,是我国该领域研究的开拓者之一③。在知识工程研究方面取得了具有创造性和系统性的研究成果,史忠植的代表成果有:《知识工程》(清华大学出版社,1988)、《知识发现》(清华大学出版社,2001)、《智能科学》(清华大学出版社,2005)、《知识发现(第二版)》(清华大学出版社,2011)、《智能科学(第二版)》(清华大学出版社,2013)、《心智计算》(清华大学出版社,2015)等。

(3)王众托及其知识学研究成果

王众托(1928~),系统工程与管理科学专家,大连理工大学教授、博士生导师,2001年当选为中国工程院院士。20世纪50至60年代从事自动化专业建设与自动控制理论及计算机应用方面的引进与研究工作,70年代后期从事系统工程专业与学位建设工作。他是知识学的重要推

---

① 上海市智能信息处理重点实验室.陆汝钤及其知识学研究成果[EB/OL].[2016-03-10]. http://www.iipl.fudan.edu.cn/staff/lurq.html.
② 陆汝钤.知识科学及其研究前沿[J].中国科技奖励.2000,8(4):10-13.
③ 中国科学院计算机技术研究所.史忠植及其知识学研究成果[EB/OL].[2016-03-10]. http://sourcedb.cas.cn/sourcedb_ict_cas/cn/jssrck/ds/200909/t20090917_2496714.html.

动者,致力于知识科学与知识管理的理念、方法、技术与工具的研究与相应的信息系统的开发①。担任大连理工大学知识科学与技术研究中心主任,国际知识与系统科学学会副主席,国际知识与系统科学杂志主编等重要职务。王众托院士先后主持过"信息化与管理变革与信息管理""企业(组织)知识管理的若干科学问题研究"等国家自然科学基金重点项目。发表过的知识学相关的重要论文有:《系统整合创新及其知识整合问题》②《项目管理中的知识管理问题》③《关于知识管理若干问题的探讨》等④。代表性著作有:《知识系统工程》(科学出版社,2004)、《信息与知识管理》(电子工业出版社,2010)等。2014年,王众托教授获得了中国系统工程学界的最高奖项——系统科学与系统工程科学技术奖终身成就奖。

(4)王续琨及其知识学研究成果

王续琨(1943～),科学学与科技管理专家,大连理工大学教授、人文社会科学学院科学学与科学技术管理研究所所长(科学技术学系主任),中国自然辩证法研究会科学技术学委员会副主任委员。20世纪80年代初以来,先后讲授自然辩证法、科学学、公共关系学、集邮学概论等本科生课程,讲授自然辩证法概论、科学学基础、思维科学导论、城市科学概论、领导科学、创造学引论等研究生课程,从而将一系列新兴学科引入大连理工大学课堂。1986年开始先后担任自然辩证法(科学技术哲学)、科学学与科学管理、管理科学与工程(科学学与科学技术管理)、行政管理等专业的硕士研究生指导教师,2004年2月开始担任管理科学与工程(科学学与科学技术管理)专业博士研究生指导教师。

王续琨教授自1979年以来,依据教学活动的基本范围先后从事自然辩证法、科学学、思维科学、创造学、城市科学等新兴边缘学科、交叉学科的学术研究,最终形成了以科学学为基础、以科学体系学和科学学科学为核心的交叉学科研究领域。在关于科学知识体系的研究中,论析了思维科学、心理学、公共关系学、城市科学、收藏科学、行政科学、体育科

---

① 大连理工大学管理与经济学部. 王众托及其知识学研究成果[EB/OL]. [2016-03-10]. http://management.dlut.edu.cn/info/1136/1905.htm.
② Zhongtuo Wang, Innovation by system-integration and its knowledge integration problem[C]// In Proceedings of JAIST Forum 2004, Technology Creation Based on Knowledge Science:Theory and Practice. November 10-12,2004,JAIST,Ishikawa,Japan,pp. 51-55.
③ 王众托. 项目管理中的知识管理问题[J]. 土木工程学报,2003(3):1-6.
④ 王众托. 关于知识管理若干问题的探讨[J]. 管理学报,2004(1):18-24.

学、地名学、公共管理科学、思想教育科学、教育科学、科学学、管理科学、文学学等学科门类或学科的体系结构及其新学科生长点,探讨了自然科学学科体系的进化机制和人文社会科学的发展态势,首倡创建科学研究方法学、科学政治学、比较科学学、城市文化学、城市行政领导学(市长学)、农村科学、环境文化学、研究生教育学、城市社区学、管理思维学等学科或学科门类,提出与众不同的七分法科学部类结构模式和与之对应的图书分类二级类目体系①。王续琨教授的知识学的研究成果主要有:主持大连理工大学知识科学与技术研究中心项目"知识科学的体系结构和发展对策"(2001);《知识科学的兴起和发展》②《知识科学系统开发战略》③《科学、学科和科学知识体系的结构》④《交叉科学结构论》(人民出版社,2015)等。

(5) 黄荣怀及其知识学研究成果

黄荣怀(1965~),教育技术和知识工程专家。北京师范大学教授,教育信息技术协同创新中心副主任,数字学习与教育公共服务教育部知识工程研究中心项目筹建负责人,知识工程研究中心主任。据北京师范大学知识工程研究中心网站介绍,"黄荣怀教授一直积极地探索如何通过开发新的工具和创造性地利用新方法来促进人类学习,特别在协作学习及其支持软件方面富有卓见。他于1988年在北京师范大学数学系获理学硕士学位,2000年在北京师范大学信息科学学院教育技术学专业获理学博士学位。自1988年起,他从事了长达8年的数学课程的教学和计算机软件的开发,后转入教育技术的学习和研究。从1997年开始,黄荣怀教授一直从事教育技术和知识工程方面的研究"⑤。有关知识学的主要成果有《隐性知识论》(湖南师范大学出版社,2007),《移动学习——理论·现状·趋势》(科学出版社,2008)等。

---

① 大连理工大学公共管理与法学学院. 王续琨[EB/OL]. [2016-03-10]. http://spal. dlut. edu. cn/Display. aspx? NewsID = 60.
② 王续琨,初福玲. 知识科学的兴起和发展[J]. 大连理工大学学报(社会科学版),2001(2):15-20.
③ Wang Xu-kun, Chen Yue. System and development strategy of knowledge science[C]. International Symposium on Knowledge and System Science. Kss2001,DUT.
④ 刘则渊,王续琨. 科学·技术·发展——2003年卷中国科学学与科学技术管理研究年鉴[M]. 大连:大连理工大学出版社,2004:35-47.
⑤ 北京师范大学知识工程研究中心. 黄荣怀[EB/OL]. [2016-03-10]. http://ksei. bnu. edu. cn/zh/staff/staff_huangrh. htm.

（6）柯平及其知识学研究成果

柯平（1962~），管理学博士，教育部长江学者特聘教授，南开大学商学院信息资源管理系博士生导师，兼任国务院学位委员会学科评议组成员，中国索引学会副理事长，天津市中文信息研究会理事长等。在研究成果上，2006年，出版了国家社会科学基金项目"基于知识管理的图书馆学创新体系研究"（项目批准号：02BTQ001）的最终成果——《图书馆知识管理研究》（北京图书馆出版社，今国家图书馆出版社）。2007年出版了《知识管理学》（科学出版社）一书，全面论述了知识管理和知识管理学科体系等重要问题，在知识学研究上具有开拓性价值。2005年起在南开大学开设博士生课程"知识学研究"，组织团队进行知识学专题研究。2006~2008年主持完成了天津市政府办公厅"政府管理创新"项目"地方政府知识管理研究"。2006~2011年主持完成了教育部科研项目"创新型国家的国家知识资源战略研究"（06JA870005）。2011~2011年参与中国科协主持的《2011~2012学科发展报告：综合卷》的编制。2013年7月，申报的国家社科基金后期资助项目"知识学研究"获得立项。

（7）何云峰及其知识学研究成果

何云峰（1962~），哲学博士，教授，现为上海师范大学党委宣传部部长，同时兼任跨学科研究中心研究员、知识与价值科学研究所所长。2001年9月前，其学术专长主要在科学哲学和认识论领域，并特别关注社区文化和社会发展问题、公共管理、城市与社区管理问题、心态文化、礼仪文化等的研究。在知识简单性问题、思维效率问题、进化认识论研究、当代城市管理问题研究、社会心态问题等方面有独特的建树，率先提出知识科学和价值科学的概念和建构设想。2001年9月以后，研究兴趣进一步扩展到教育心理学领域，主要对思维风格、高等教育、大学生发展、儿童同伴关系等有一定的研究。关于知识的研究，他认为：认识、知识、真理是三个相互联系但又区别的概念，三者构成特殊的兼容与交叉关系；认识成为知识必须具备客观化、普遍化、公开化、确定性等特征；人类所认识的真知识主要以八种基本类型存在[①]。关于知识学的主要成果有：《关于建构知识科学的问题》[②]《建构知识科学作为一个新的科学门

[①] 何云峰,胡建."知识"与"真知识"概念新探[J].中共杭州市委党校学报,2006(6):81-85.
[②] 何云峰.关于建构知识科学的问题[J].上海师范大学学报(哲学社会科学版),2004(1):8-12.

类》①等。其著作有《思维效率理论与实践》《从普遍进化到知识进化:关于进化认识论的研究》等,先后两次获得上海市马列基金资助②。

(8)陈嘉明及其知识学研究成果

陈嘉明(1952~),博士,教授,博士生导师,厦门大学知识论与认知科学研究中心主任,《厦门大学学报》(哲学社会科学版)编委会主编。担任中国知识论学会会长、中国现代外国哲学学会常务理事;《哲学分析》杂志编委、《清华西方哲学研究》编委、《德国哲学》编委;享受国务院特殊津贴专家。曾受聘为"全国优秀博士学位论文"评审专家、《中国社会科学》杂志外审专家、福建省社会科学咨询专家等。主持过多项有关知识论的国家和教育部社科基金课题,在《中国社会科学》《哲学研究》、*Frontier of Philosophy in China* 等刊物上发表过数十篇有关论文,并被《新华文摘》等多次转载,名列我国哲学学科前20名的"高被引作者榜",被聘为《中国社会科学》的外审专家。其著作《知识与确证》曾被北京大学、香港中文大学等列为唯一的中文参考书。陈嘉明教授曾应邀在同济大学、浙江大学、浙江师范大学、山东大学、广西大学、广西师范大学等进行有关知识论的讲演。主编有《知识论与方法论丛书》(上海人民出版社),并已陆续出版。团队成员曹剑波副教授在知识论领域已崭露头角,发表有论文80篇,其中一级核心刊物的有20篇,并获得多项教育部课题、福建省课题。黄朝阳、郑伟平等在逻辑、知识论研究上也已获得教育部与福建省课题,发表有高质量论文。目前该团队的知识论研究属于国内领先水平③。

2.2 知识学研究的趋势

2.2.1 国外知识学研究的现状与趋势

知识学是一门快速发展的新兴学科,其发展意义重大,前景广阔。日本北陆先端科学技术大学院大学在它的网站上强调了这门科学在未来的

---

① 何云峰.建构知识科学作为一个新的科学门类[J].中共浙江省委党校学报,2004(1):80-83.
② 上海师范大学马克思主义学院.何云峰[EB/OL].[2016-03-10]. http://marx.shnu.edu.cn/Default.aspx? tabid = 10616&ctl = Details&mid = 22586&ItemID = 63980&SkinSrc = [L]Skins/maszy_detail_20131217/maszy_detail_20131217.
③ 厦门大学哲学系.陈嘉明[EB/OL].[2016-03-10]. http://phi.xmu.edu.cn/teacher/ShowArticle.asp? ArticleID = 47.

发展中对于社会与商业、产品与技术不断增强的重要性(见图 2-1)。

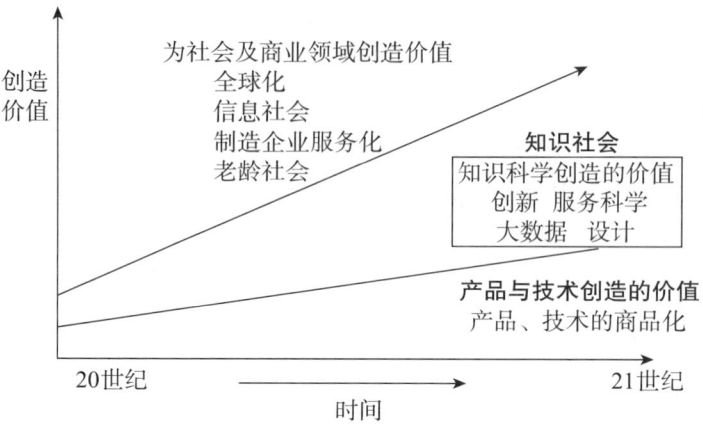

图 2-1 JAIST 知识科学的重要性

资料来源:日本北陆先端科学技術大学院大学知識科学研究科.研究科紹介資料 2015 版[EB/OL].[2015-10-11]. http://www.jaist.ac.jp/ks/wp-content/uploads/2015/05/KSEnglishVersion.pdf.

随着知识经济与知识社会的广泛影响,知识学研究越来越受到社会的重视。笔者研究团队曾对全球知识大会进行研究,三次全球知识大会的主题和重要关键词见表 2-2。

表 2-2 三届全球知识大会主题和重要关键词

届次	时间	地点	参会人数	大会主题	宣读论文重要关键词
GK1	1997 年 6 月 23 ~ 25 日	加拿大多伦多	124 个国家 1200 多人	信息时代利用知识求发展	知识(13);教育(12);战略(7);工具(6);环境(6);信息(5);信息技术(5);学习(5);公共(5);通信(5);创新(4);可持续发展(4);Internet(4);远程教育(4);妇女(4);挑战(4);信息时代(3);科学技术(3);检索(3);网络(3);知识传播(2);合伙(2);合作(2);信息基础设施(2);能力构建(2);电子出版(2);媒体(2)

续表

届次	时间	地点	参会人数	大会主题	宣读论文重要关键词
GK2	2000年3月7~10日	马来西亚吉隆坡	超过120个国家1500多人	构建知识社会	知识(5);知识社会(2);基层(2);授权(2);挑战(2);机遇(2);青年(2);民众(2)
GK3	2007年12月11~13日	马来西亚吉隆坡	2000余人	新兴人类、新兴市场、新兴技术	信息与通信技术(14);知识(10);合伙(5);机遇(5);公共(4);授权(4);多利益相关人(4);信息技术(3);基层(3);学习(3);妇女(3);检索(3);网络(3);创新(2);知识社会(2);工具(2);技术(2);ICT4D(2);战略(2);教育(2);媒体(2);治理(2);电子农业(2);新兴市场(2)

注:括号内的数字为关键词的频数。

资料来源:全球知识协会网站[EB/OL].[2009-06-01]. http://www.globalknowledgepartnership.org/index.cfm;GK3网站[EB/OL].[2009-06-01]. http://www.globalknowledge.org/gk3/index.htm;GK2网站[EB/OL].[2009-06-01]. http://www.globalknowledge.org/gkii/index.htm.

为更好地了解知识学的研究现状与趋势,笔者对国外知识学相关主题进行了引文分析,并利用相关软件制作出不同主题的知识图谱以及研究主题表。

2.2.1.1 知识环境

笔者对2005~2015年间Web of Science数据库中知识环境主题的文献进行了引文分析,得出该领域近10年的研究热点及趋势知识图谱。

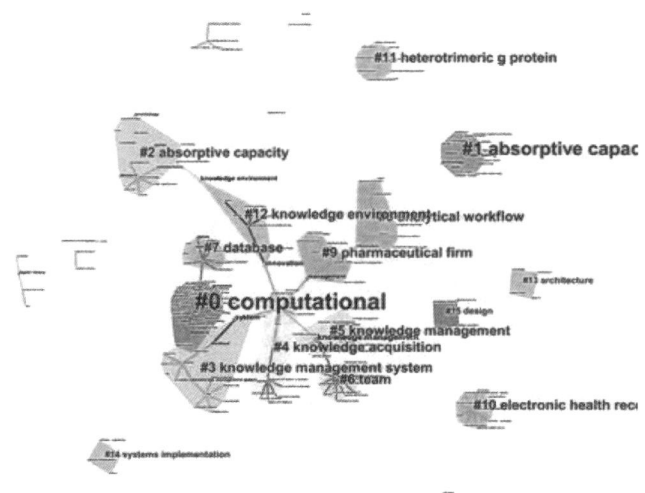

图 2-2　2005~2015 年国外知识环境主题知识图谱

从图 2-2 中可看到，知识环境研究主题共分布在 16 个不同的聚类中，从聚类的分布位置来看，大部分聚类有研究交叉点，但也有少数聚类零星分散在聚类群周围，知识环境的研究主题整体呈现出较为紧密的研究态势。具体聚类详见下表，图 2-2 中的序号对应表 2-3 中的序号。

表 2-3　2005~2015 年国外知识环境研究主题表

序号	文献量	文献紧密度	平均年份	英文主题	中文主题
0	28	0.929	2006	computational; systems biology	计算的; 系统生物
1	16	0.938	2007	absorptive capacity	吸收能力
2	15	0.800	2007	knowledge complexity	知识复杂性
3	15	0.733	2007	knowledge management system	知识管理系统
4	14	0.857	2007	knowledge acquisition	知识获取
5	12	0.639	2007	knowledge management; strategy management	知识管理; 战略管理
6	12	0.917	2006	team; transactive memory	团队; 交互记忆
7	12	0.917	2005	database; graphic visualization	数据库; 图形可视化
8	11	0.719	2007	analytical workflow	分析工作流程
9	10	0.670	2006	pharmaceutical firm	制药企业

续表

序号	文献量	文献紧密度	平均年份	英文主题	中文主题
10	10	0.900	2007	electronic health record	电子健康档案
11	10	0.900	2005	heterotrimeric G protein	异源三聚体G蛋白
12	9	0.595	2005	knowledge intensive business service(kibs)	知识密集型服务业
13	5	0.800	2008	architecture	建筑
14	5	0.800	2009	systems implementation	系统实现
15	5	0.800	2009	design; knowledge integration	设计；知识整合

由表2-3可知，较为突出的聚类为0~2，分别对应计算的、吸收能力、知识复杂性等主题，在图谱中分别对应#0~#2聚类。该表反映的是2005~2015年国外知识环境的研究主题，其中的第二列"文献量"展示的是聚类文献数量，聚类号呈现升序排列，而文献量呈现降序排列，文献量越多，表示研究该聚类的成果越多，从而表示该聚类的热度越高。第三列"文献紧密程度"表示聚类的文献的紧凑程度，数值越接近1，表示越紧密，知识环境研究主题的前三类聚类的紧密程度都较为接近1，表示该类文献较为紧凑。第四列"平均年份"表示该聚类文献的平均发表年份。由表2-3可知，本研究主题排名前三的聚类的成果发表平均年份分别是2006年、2007年、2007年。

2.2.1.2 知识资源

笔者对2005~2015年间Web of Science数据库中知识资源主题的文献进行了引文分析，得出该领域近10年的研究热点及趋势知识图谱。

从图2-3中可看到，知识资源主题共分布在16个不同的聚类中，从聚类的分布位置来看，绝大多数聚类有研究交叉点或连接点，此外，还有大量聚类零星分散在聚类群周围，但这些聚类的文献量都较少，从分析现状与趋势的角度来看，笔者认为这些小的聚类可忽略（但不表示无价值）。知识资源的研究主题整体呈现出较为紧密的研究态势。具体聚类详见表2-4，图2-3中的序号对应表2-4中的序号。

图 2-3 2005~2015 年国外知识资源研究主题知识图谱

表 2-4 2005~2015 年国外知识资源研究主题表

序号	文献量	紧密度	平均年份	英文主题	中文主题
0	20	0.85	2008	knowledge management; business role player	知识管理;业务角色
1	20	0.738	2008	network; innovation; knowledge; collaborative r&d	网络;创新;知识;协同研发
2	19	0.814	2008	knowledge modeling; educational game; mda; inpatient admission	知识建模;教育游戏;药品质量管理;住院次数
3	18	0.722	2006	collaborative norm; knowledge seeking; electronic knowledge repository; social exchange theory	协同准则;知识搜寻;电子知识仓库;社会交换理论
4	17	0.706	2009	knowledge; acquisition; alliance; knowledge based view; biotechnology; research and development; joint venture	知识;获取;联合;知识基础观;生物技术;研发;合资企业

续表

序号	文献量	紧密度	平均年份	英文主题	中文主题
5	17	0.784	2007	knowledge modeling; educational game; mda	知识建模;教育游戏;模型驱动架构
6	14	0.643	2006	comprehensive database; functional genomics; prediction; protein; population; immunomics; vaccine; ontology	综合数据库;功能基因组学;预测;蛋白质;人口;免疫组学;疫苗;本体论
7	14	0.761	2013	information content; domain; sharing knowledge; supply chain; relatedness	信息含量;范围、域、领域;共享知识;供应链;相关性、相关度
8	14	0.754	2008	climate change; sea level rise; coastal impact; coastal zone management	气候变化;海平面;上升;沿海地区的影响;海岸带管理
9	13	0.852	2012	information content; domain; sharing knowledge; supply chain; system	信息含量;范围、域、领域;共享知识;供应链;系统、体系
10	11	0.686	2007	bioinformatics (genome or protein) database; information search and retrieval	生物信息学(基因组或蛋白质)数据库;信息查询与检索
11	10	0.655	2007	animal welfare; captive parrot; captive wildlife; companion animal; pet ownership	动物福利;圈养的鹦鹉;圈养野生动物;伴侣动物;宠物
12	9	0.556	2005	entrepreneur; leadership; knowledge management; project management; knowledge transfer	企业家;领导力、领导风格;知识管理;项目管理;知识转移
13	6	0.833	2006	grid computing; seamless scalable computing; global computing	网格计算;可扩展计算;全球计算
14	6	0.833	2008	DNA microarray; gene expression; clustering; concept analysis	DNA微阵列;基因表达;聚类、聚集、集中;概念分析
15	5	0.6	2013	integrated system; amplitude; seismics; geophysics	集成系统;震幅、振幅;有关地震的;地球物理学

由表2-4可知,较为突出的聚类为0~2,分别对应知识管理、网络、知识建模等主题,在图谱中分别对应#0~#2聚类。该表展现的是2005~2015年国外知识资源的研究主题情况,表中第二列"文献量"是聚类文献数量,文献量采用降序排列,文献量越多,表示研究该聚类的成果越多,从而表示该聚类的热度越高。第三列"文献紧密程度"表示聚类的文献的紧凑程度,数值越接近1,表示越紧密,从表2-4中可知,知识资源研究主题的前三类聚类的紧密程度都较为接近1,表示该类文献较为紧凑。第四列"平均年份"表示该聚类文献的平均发表年份,由表2-4可知,本研究主题排名前三的聚类的成果发表平均年份均为2008年。

2.2.1.3 知识技术与工程

笔者对Web of Science数据库中2005~2015年间知识技术与工程主题的文献进行引文分析,通过Citespace聚类出研究主题知识图谱,并总结出研究主题列表。

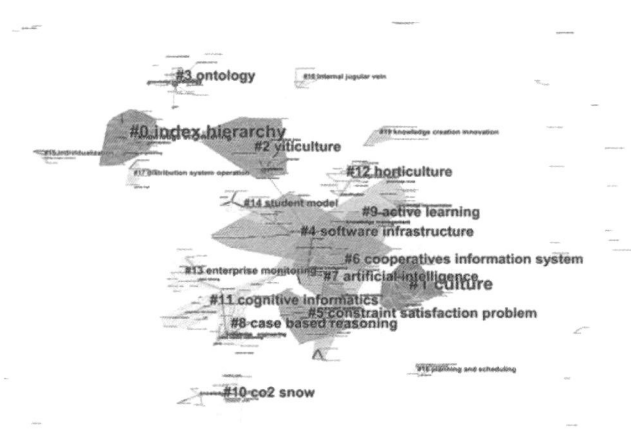

图2-4 2005~2015年国外知识技术与工程研究主题知识图谱

从图2-4中可看到,知识技术与工程研究主题共分布在20个不同的聚类中,从聚类的分布位置来看,绝大多数聚类有研究交叉点或连接点,且聚类间的互相覆盖较为常见。表示该研究主题的各聚类间存在较为深入的交叉研究现象,少量聚类零星分散在聚类群周围。知识技术与工程研究主题整体呈现出较为紧密的研究态势。具体聚类详见表2-5,图2-4中的序号对应表2-5中的序号。

表2-5 2005~2015年国外知识技术与工程主题表

类别	文献量	文献紧密度	平均年份	英文主题词	中文主题词
0	34	0.912	2007	index hierarchy	指标体系
1	26	0.686	2011	culture;belief;emotion simulation	文化;信仰;情绪模拟
2	24	0.616	2009	viticulture;climatic index;multicriteria analysis	葡萄栽培;气候指标;多准则分析
3	23	0.442	2009	ontology;digital ecosystem;social network	本体论;数字生态系统;社会网络
4	23	0.718	2011	software infrastructure	软件架构
5	23	0.767	2010	constraint satisfaction problem;knowledge engineering;modelling and simulation;production system	约束满足问题;知识工程;建模与仿真;生产系统
6	21	0.762	2009	cooperative information system;cooperative activity memory;case-based reasoning	协作信息系统;合作活动记忆;案例推理
7	20	0.589	2009	artificial intelligence;symbol grounding;semantic knowledge base	人工智能;符号接地;语义知识库
8	20	0.54	2009	case based reasoning;cbr;narrative generation;search	案例推理;基于案例的推理;叙事生成;搜寻
9	19	0.689	2009	active learning;cybernetics for informatics;expert & knowledge based system	主动学习;信息控制;专家和知识系统
10	19	0.634	2011	co2 snow;minimum quantity of lubrication;fuzzy modeling;knowledge-based system	co2雪;微量润滑;模糊建模;知识系统
11	16	0.812	2008	cognitive informatics;natural intelligence;cognitive psychology learning	认知信息论;自然智能;认知心理学习
12	16	0.799	2009	horticulture;neurocomputing;evolving system;rule extraction	园艺;神经计算学;包含结构系统;规则提取

续表

类别	文献量	文献紧密度	平均年份	英文主题词	中文主题词
13	14	0.571	2010	enterprise monitoring; crisis preventing; bankruptcy; decision support system	企业监管;危机预防;破产;决策支持系统
14	12	0.75	2006	student model; bayesian inference; graphical model	学生模型;贝叶斯推断;图解模型
15	7	0.714	2006	individualization; adaptive interface; user centered design	个性化;自适应界面;以用户为中心的设计
16	6	0.833	2012	internal jugular vein; blood stream infection; catheter related	内颈静脉;血流感染;导尿管相关
17	6	0.813	2005	distribution system operation; optimization; fuzzy logic	配电网运作;最优化;模糊逻辑
18	6	0.833	2007	planning and scheduling; e-learning; ims standard	计划调度;电子学习;IP多媒体子系统标准
19	5	0.8	2014	knowledge creation innovation; web knowledge based system (web kbs); data and knowledge engineering technology (dket)	知识创造创新;基于网络的系统;数据和知识工程系统

由表2-5可知,较为突出的聚类为0~2,分别对应指标体系、文化、葡萄栽培等主题,在图谱中分别对应#0~#2聚类。该表反映的是2005~2015年国外知识技术与工程的研究主题,表中"文献量"展示的是聚类文献数量,聚类号呈现升序排列,文献量呈现降序排列,文献量越多,表示研究该聚类的成果越多,从而表示该聚类的热度越高。第三列"文献紧密程度"表示聚类的文献的紧凑程度,数值越接近1,表示越紧密。从表2-5中可知,知识技术与工程主题的前三类聚类中,第一类的紧密程度较为接近1,第二、第三类的紧密程度为0.6~0.7之间,虽然没有十分接近1,但仍然大于0.5,表示该二类文献仍然紧凑。第四列"平均年份"表示该聚类文献的平均发表年份,由表2-5可知,本研究主题排名前三的聚类的成果发表平均年份分别是2007年、2011年、2009年。

2.2.1.4 知识组织

笔者对 Web of Science 数据库中 2005～2015 年间知识组织主题的文献进行引文分析,通过 Citespace 聚类出研究主题知识图谱,并总结出研究主题列表。

图 2-5　2005～2015 年国外知识组织研究主题知识图谱

从图 2-5 中可看到,知识组织主题共分布在 17 个不同的聚类中,从聚类的分布位置来看,大部分聚类有研究连接点,且聚类间存在互相覆盖的现象。表示该研究主题的部分各聚类间存在交叉研究的现象,少量聚类零星分散在聚类群周围。知识组织研究主题整体呈现出较为紧密的研究态势。具体聚类详见表 2-6,图 2-5 中的序号对应表 2-6 中的序号。

表 2-6　2005～2015 年国外知识组织研究主题表

序号	文献量	紧密度	平均年份	英文主题	中文主题
0	27	0.784	2008	classification; epistemology; library practice; knowledge organisation	分类;认识论;图书馆实践;知识组织

续表

序号	文献量	紧密度	平均年份	英文主题	中文主题
1	22	0.773	2009	medical decision support system; decision analysis; influence diagram	医疗决策支持系统;决策分析;影像图
2	21	0.698	2008	semantic; heterogeneity; ontology; context	语义异质;本体论;情境
3	20	0.9	2007	semantics; human; brain mapping; cerebral cortex; anatomy; anatomy; physiology	语义学;人类;脑定位;大脑皮层;解剖学;解剖学;生理学
4	19	0.895	2009	knowledge management	知识管理
5	18	0.757	2009	information; digital information	信息;数字信息
6	17	0.735	2008	validity evidence; medical student; uncertainty; context; competence	效度依据;医学生;不确定性;情境;能力
7	16	0.938	2009	young children; conceptual structure; false belief; preschooler; infant; induction	幼儿;概念结构;错误信念;学龄前儿童;婴儿;诱导
8	13	0.923	2007	conflict resolution; focused group discussion; knowledge organization	冲突解决法;焦点小组访谈;知识组织
9	13	0.861	2008	semantic priming; lexical decision; automatic processing	语义启动;词汇识别;自动的加工
10	11	0.727	2006	clinical decision support system; artificial intelligence	临床决策支持系统;人工智能
11	11	0.727	2011	linked data; ko; rdf; sparql; knowledge organization system	连接数据;知识对象;资源描述框架;SQL语言;知识组织系统
12	8	0.611	2010	science; design; art	科学;设计;艺术
13	8	0.75	2007	cognitive informatics; knowledge theory; concept algebra	认知信息论;知识理论;概念代数

续表

序号	文献量	紧密度	平均年份	英文主题	中文主题
14	7	0.857	2011	analytical procedure; knowledge organization; learning; mental model	分析程序；知识组织；学习；心智模型
15	5	0.8	2007	explanation; popular science; lecture; physics education	解释；大众科学；文学；物理教育
16	5	0.8	2010	digital earth; geoheritage; conservation	数字地球；地质遗迹；保护

由表2-6可知,较为突出的聚类为0~2,分别对应分类、医疗决策支持系统、语义异质等主题,在图谱中分别对应#0~#2聚类。该表描述的是2005~2015年国外知识组织的研究主题情况,表中的第二列"文献量"是聚类文献数量,文献量采用降序排列,文献量越多,表示研究该聚类的成果越多,从而表示该聚类的热度越高。第三列"文献紧密程度"表示聚类的文献的紧凑程度,数值越接近1,表示越紧密。从表2-6中可知,知识组织主题的前三类聚类中,其紧密程度为0.6~0.8之间,虽然没有十分接近1,但仍然大于0.5,表示该三类文献仍然紧凑。第四列"平均年份"表示该聚类文献的平均发表年份,由表2-6可知,本研究主题排名前三的聚类的成果发表平均年份分别是2008年、2009年、2008年。

2.2.1.5 知识传播

笔者对2005~2015年间Web of Science数据库中知识传播主题的文献进行了引文分析,得出该领域近10年的研究热点及趋势知识图谱。

从图2-6中可看到,知识传播研究主题共分布在14个不同的聚类中,从聚类的分布位置来看,大部分聚类有研究连接点,且聚类间存在互相覆盖的现象。表示该研究主题的部分各聚类间存在交叉研究的现象,此外,有少量聚类零星分散在聚类群周围,这些聚类中有的文献量较大,从研究趋势与热点的角度看,可忽略这些零星聚类中文献量规模较小的主题(但并不表示没有价值)。知识传播研究主题整体呈现出较为紧密的研究态势。具体聚类详见表2-7,图2-6中的序号对应表2-7中的序号。

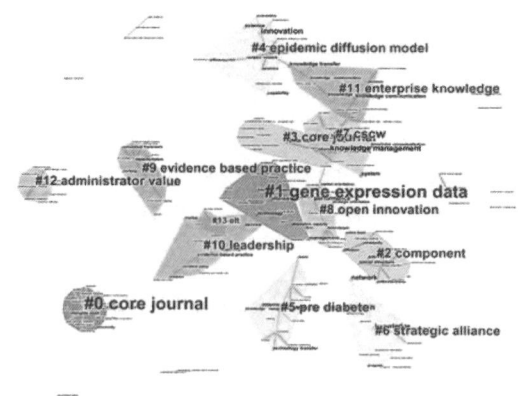

图 2-6　2005~2015 年国外知识传播研究主题知识图谱

表 2-7　2005~2015 年国外知识传播研究主题表

序号	文献量	紧密度	平均年份	英文主题	中文主题
0	19	0.947	2012	core journal; safety science; citation analysis; journal metrics; cocitation analysis	核心期刊;安全科学(也是期刊名);引文分析;期刊指标;共被引分析
1	17	0.647	2010	gene expression data; functional analysis; nomenclature; virus	基因表达数据;功能分析;术语、命名;病毒
2	15	0.707	2010	component; small world netwok; knowledge network; multi agent mod; netlogo simulation; social structure; embeddedness	成分;小世界网络;知识网络;多智能模块(型)、多代理模块(型);Netlo仿真;社会结构;嵌入性
3	15	0.867	2009	core journal; safety science; citation analysis; journal metrics; cocitation analysis	核心期刊;安全科学(也是期刊名);引文分析;期刊指标;共被引分析
4	15	0.6	2009	epidemic diffusion model; knowledge transfer; network analysis; tourism destination; scale free network	传染(病)扩散模型;知识转移;网络分析;旅游目的地;无标度网络

续表

序号	文献量	紧密度	平均年份	英文主题	中文主题
5	14	0.857	2009	pre diabete; informatics research; public health and communityinformatic	糖尿病前期;情报学研究;公共卫生和社群信息
6	13	0.769	2011	strategic alliance; systems biology; biotechnology; knowledge; cooperation; network; genomics	战略联盟;系统生物学;生物科技;知识;合作、协作(调);网络;基因组(学)
7	13	0.769	2008	cscw; knowledge management; mobile computing; distributed collaboration; social network	计算机支持协同工作;知识管理;移动计算;分布协同;社会网络
8	13	0.852	2010	open innovation; internal knowledge network; external knowledge network; knowledge source; knowledge management; performance	开放式创新;内部知识网络;外部知识网络;知识资源;知识管理;绩效
9	12	0.833	2009	evidence based practice; journal club; knowledge translation; nursing	循证实践;杂志沙龙(一种教学方法);知识转化;护理
10	12	0.559	2009	leadership; clinical teaching; delegation; evidence-based practice; baccalaureate nursing	领导力、领导风格;临床教学;授权;循证实践;护理本科生
11	10	0.756	2010	enterprise knowledge; knowledge sharing; knowledge communication	企业知识;知识共享;知识传播
12	9	0.889	2009	administrator value; substance abuse; criminal justice; evidence based practice	管理员价值;物质滥用;刑事司法;循证实践
13	5	0.8	2008	elt; ag. cmp method; knowledge acquisition; wisdom; culture; development	一种建立数据仓库的技术方法(E:数据抽取;T:数据转换 L:数据加载);cmp 方法;知识获取;智慧;智能;文化;发展

由表2-7可知,较为突出的聚类为0~2,分别对应核心期刊、基因表达数据、成分等主题,在图谱中分别对应#0~#2聚类。表2-7反映的是2005~2015年国外知识传播的研究主题,表中"文献量"展示的是聚类文献数量,聚类号呈现升序排列,文献量呈现降序排列,文献量越多,表示研究该聚类的成果越多,从而表示该聚类的热度越高。第三列"文献紧密程度"表示聚类的文献的紧凑程度,数值越接近1,表示越紧密。从表2-7中可知,知识传播主题的前三类聚类中,其紧密程度为0.6~0.9之间,虽然没有十分接近1,但仍然大于0.5,表示该三类文献仍然紧凑。第四列"平均年份"表示该聚类文献的平均发表年份,由表2-7可知,本研究主题排名前三的聚类的成果发表平均年份分别是2012年、2010年、2010年。

2.2.1.6 知识管理

笔者对2005~2015年间Web of Science数据库中知识管理主题的文献进行了引文分析,得出该领域近10年的研究热点及趋势知识图谱。

图2-7 2005~2015年国外知识管理研究主题知识图谱

从图2-7中可看到,知识管理研究主题共分布在14个不同的聚类中,从聚类的分布位置来看,大部分聚类有研究连接点,且聚类间存在大量互相覆盖的现象。表示该研究主题的部分各聚类间存在深度的交叉研究现象,此外,有少量聚类零星分散在聚类群周围,从研究趋势与热点的角度看,可忽略这些零星聚类主题(但并不表示没有价值)。知识管理研究主题整体呈现出较为紧密的研究态势。具体聚类详见表 2-8, 图 2-7 中的序号对应表 2-8 中的序号。

表 2-8　2005~2015 年国外知识管理研究主题知识图谱

序号	文献量	紧密度	平均年份	英文主题	中文主题
0	18	0.634	2007	manufacturing strategy; operation; knowledge management; knowledge management strategy; information	制造战略;运作;知识管理;知识管理战略;信息
1	18	0.611	2006	knowledge management; knowledge based system; knowledge management infinancial industry	知识管理;知识系统;金融行业知识管理
2	18	0.5	2008	knowledge management practice; knowledge sharing; romanian university; unikm consortium; competitive advantage	知识管理实践;知识共享;罗马尼亚大学;大学知识联盟;竞争优势
3	17	0.606	2008	bangladesh; complexity theory; flood management; interdisciplinary; science; sediment; ganges brahmaputra river	孟加拉国;复杂性理论;洪水管理;跨学科;科学;沉积物;恒河布拉马普特拉河
4	15	0.544	2007	sentence vector space model; ontology; cbr; case knowledge base; casebased reasoning cubical model; knowledge management	句子向量空间模型;本体;案例推理;案例知识库;案例推理立体模型;知识管理
5	15	0.764	2009	knowledge intensity; knowledge intensive business service; knowledge asset; kib; intellectual capita	知识密集;知识密集型服务业;知识资产;知识密集型企业;智力资本
6	15	0.8	2007	productivity; performance; implementation; crm; change; erp; erp ii; strategy; critical success factor	生产率;绩效;实施;客户关系;变更;企业资源计划;制造资源计划;战略;关键成功因素

续表

序号	文献量	紧密度	平均年份	英文主题	中文主题
7	14	0.781	2009	decision agent; intelligent system; directive decision device; decision-making; financial application; automation	决策主体;智能系统;指挥决策装备;决策;财务运用;自动化
8	14	0.714	2007	database; evidence based medicine; epilepsy; absence seizure	数据库;循证医学;癫痫;失神小发作
9	13	0.615	2008	knowledge; human resource; function	知识;人力资源;功能
10	11	0.681	2011	knowledge management; knn; derivative; risk management; topsis; group decision making	知识管理;领近算法;衍生工具;理想点法;风险管理;群体决策
11	11	0.471	2007	innovation; innovation framework; knowledge management; organizational knowledge creation	创新;创新框架;知识管理;组织知识创造;
12	11	0.727	2007	intelligent agent; multi agent system; architecture; healthcare knowledge management	智能agent;多agent系统;体系结构;卫生保健知识管理
13	9	0.722	2006	agility; it diffusion; clockspeed; new product development; knowledge management system	敏捷性;扩散;脉动速度;新产品研发;知识管理系统

由表 2-8 可知,较为突出的聚类为 0~2,分别对应制造战略、知识管理、知识管理实践等主题,在图谱中分别对应#0~#2 聚类。表 2-8 是 2005~2015 年国外知识管理的研究主题,表中"文献量"展示的是聚类文献数量,聚类号呈现升序排列,文献量呈现降序排列,文献量越多,表示研究该聚类的成果越多,从而表示该聚类的热度越高。第三列"文献紧密程度"表示聚类的文献的紧凑程度,数值越接近 1,表示越紧密。从表 2-9 中可知,知识管理主题的前三类聚类中,其紧密程度为 0.5~0.7 之间,虽然没有十分接近 1,但仍然大于 0.5,表示该三类文献仍然紧凑。第四列

"平均年份"表示该聚类文献的平均发表年份,由表 2-8 可知,本研究主题排名前三的聚类的成果发表平均年份分别是 2007 年、2006 年、2008 年。

2.2.1.7 知识服务

笔者对 Web of Science 数据库中 2005~2015 年间知识服务主题的文献进行引文分析,通过 Citespace 聚类出研究主题知识图谱,并总结出研究主题列表。

从图 2-8 中可看到,知识服务研究主题共分布在 14 个不同的聚类中,从聚类的分布位置来看,大部分聚类有研究连接点,且聚类间存在互相覆盖的现象。表示该研究主题的部分各聚类间存在交叉研究现象,此外,有少量聚类零星分散在聚类群周围,从研究趋势与热点的角度看,可忽略这些零星聚类主题(但并不表示没有价值)。知识服务研究主题整体呈现出较为紧密的研究态势。具体聚类详见表 2-9,图 2-8 中的序号对应表 2-9 中的序号。

图 2-8 2005~2015 年国外知识服务研究主题知识图谱

由表 2-9 可知,较为突出的聚类为 0~2,分别对应循证医学、电子化学习、知识增值等主题,在图谱中分别对应#0~#2 聚类。表 2-9 描述的是 2005~2015 年国外知识服务的研究主题情况,表中第二列"文献量"表示聚类的文献数量,文献量采用降序排列,文献量越多,表示研究该聚类的成果越多,从而表示该聚类的热度越高。第三列"文献紧密程度"表示聚类的文献的紧凑程度,数值越接近 1,表示越紧密。从表 2-10 中可知,知识服务主题的前三类聚类中,其紧密程度为 0.6~0.8 之间,虽然没有十分接近1,但仍然大于0.5,表示该三类文献仍然紧凑。第四列"平均年份"表示该聚类文献的平均发表年份,由表2-9可知,本研究主题排名前三的聚类的成果发表平均年份分别是2007年、2005年、2007年。

表2-9 2005~2015年国外知识服务研究主题表

序号	文献量	紧密度	平均年份	英文主题	中文主题
0	27	0.712	2007	evidence based medicine; evidence based decision making; medicalinformation retrieval	循证医学;循证决策;医学信息检索
1	20	0.681	2005	e-learning; knowledge supply chain; knowledge intensive service; fuzzylogic; content-based filtering; recommendation	电子化学习;知识供应链;知识密集型服务;模糊逻辑;内容过滤;建议
2	19	0.664	2007	knowledge increment; team study; knowledge service system; learning behavior	知识增值;团队学习;知识服务系统;学习行为
3	15	0.8	2008	electronic media; consumer behaviour; user study; academic library; China; information seeking	电子媒体;消费者行为;用户研究;高校图书馆;中国;信息搜寻
4	15	0.733	2010	attitude; genetics; health knowledge; information dissemination; practice; primary health care	态度;遗传学;保健知识;信息传播;实践;初级卫生保健
5	13	0.846	2007	knowledge management; knowledge push; ECA; multi agent	知识管理;知识推送;ECA;多智能体
6	13	0.615	2008	semantic knowledge service; key phrase extraction; document summarization; text mining	语义知识服务;关键词抽取;文档摘要;文本挖掘

续表

序号	文献量	紧密度	平均年份	英文主题	中文主题
7	13	0.692	2007	college library; knowledge service; knowledge development domain specific modeling; knowledge service engineering; product lifecycle management	大学图书馆;知识服务;知识开发领域特定模型;知识服务工程;产品生命周期管理
8	11	0.776	2008	knowledge management(km); knowledge flow; bilateral integrative; medgrid; ehr; ontology; tcm	知识管理;知识流;整合式;医学网;电子病历;本体论;中医
9	10	0.7	2007	new energy; low carbon economy; knowledge service; cloud platform; datamining	新能源;低碳经济;知识服务;云平台;数据挖掘
10	5	0.8	2006	incubator; knowledge service; knowledge deployment; knowledge network	孵化器;知识服务;知识配置;知识网络
11	5	0.8	2007	metadata schema registry; heterogeneous information resource; knowledge service; legacy system	元数据注册;异构信息源;知识服务;遗产系统
12	5	0.8	2008	a resource based theory; e-crm performance; human resource servicecapability	资源决定论;客户关系管理绩效;人力资源服务能力
13	5	0.8	2007	personalized recommendation; user interest model; intelligent tutor system(its); graduation design; data mining	个性化推荐;用户兴趣模型;职能导师系统;毕业设计;数据挖掘

2.2.1.8 知识创新

笔者对 Web of Science 数据库中 2005~2015 年间知识创新主题的文献进行引文分析,通过 Citespace 聚类出研究主题知识图谱,并总结出研究主题列表。

从图2-9中可看到,知识创新研究主题共分布在14个不同的聚类中,从聚类的分布位置来看,大部分聚类有研究连接点,且聚类间存在互相覆盖的现象。表示该研究主题的部分各聚类间存在交叉研究现象,此外,有少量聚类零星分散在聚类群周围,从研究趋势与热点的角度看,可忽略这些零星聚类主题(但并不表示没有价值)。知识创新研究主题整体呈现出较为紧密的研究态势。具体聚类详见表2-10,图2-9中的序号对应表2-10中的序号。

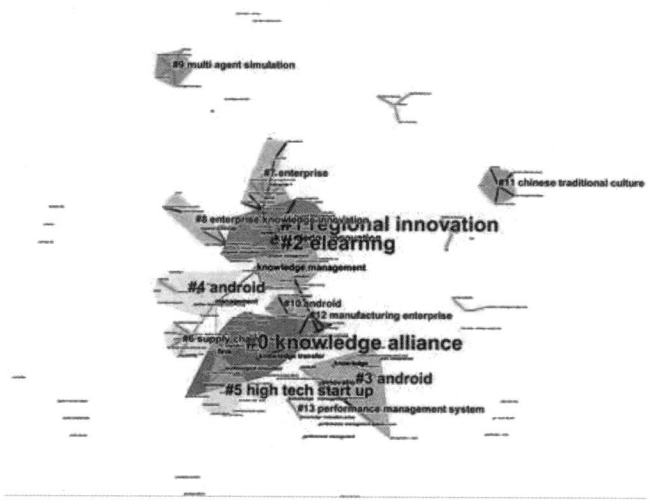

图2-9 2005~2015年国外知识创新研究主题知识图谱

表2-10 2005~2015年国外知识创新研究主题表

序号	文献量	紧密度	平均年份	英文主题	中文主题
0	19	0.842	2007	knowledge alliance; technological innovation; knowledge transfer; five stage model (acaaa model)	知识联盟;技术创新;知识转移;五阶段模型
1	18	0.682	2007	regional innovation; knowledge innovation; integration innovation; technical innovation	区域创新;知识创新;整合创新;技术创新

续表

序号	文献量	紧密度	平均年份	英文主题	中文主题
2	18	0.639	2008	e-learnng; knowledge management; learning organization; literature review and conceptual context; system	电子化学习;知识管理;学习型组织;文献综述与概念语境;系统
3	12	0.5	2008	android; education; research; disaster resilience; inter disciplinary	安卓;教育;研究;灾害恢复力;跨学科
4	11	0.818	2006	android; education; research; disaster resilience; inter disciplinary	安卓;教育;研究;灾害恢复力;跨学科
5	9	0.72	2009	high tech start up; pioneering incubator system; innovation relaycenter; dynamic alliance	高科技创业;创业孵化器体系;创新驿站;动态联盟
6	8	0.822	2008	supply chain; knowledge transfer stickiness(kts); cooperative innovation performance(cip)	供应链;知识转移粘性;合作创新绩效
7	7	0.714	2005	enterprise; knowledge innovation; knowledge innovation content	企业;知识创新;知识创新含量
8	7	0.571	2005	enterprise knowledge innovation; implicit knowledge; explicit knowledge; vision	企业知识创新;隐性知识;显性知识;使命
9	6	0.833	2009	multi agent simulation; research team; knowledge innovation activity; swarm; collaboration; diversity	多主体仿真;科研团队;知识创新活动;swarm;协作;多样性

续表

序号	文献量	紧密度	平均年份	英文主题	中文主题
10	6	0.833	2005	android; education; research; disaster resilience; inter disciplinary	安卓;教育;研究;灾害恢复力;跨学科
11	6	0.833	2005	Chinese traditional culture; internet economy; new managerial paradigm; obstacle; paradigm; route	中国传统文化;网络经济;新的管理范式;障碍;范式;路径
12	5	0.78	2005	manufacturing enterprise; km; km strategy; strategy; creation; organizational knowledge	制造企业;知识管理;知识管理战略;战略;创新;组织知识
13	5	0.4	2008	performance management system; knowledge innovation process	绩效管理体系;知识创新过程

由表 2-10 可知,较为突出的聚类为 0~2,分别对应知识联盟、区域创新、电子化学习等主题,在图谱中分别对应 #0~#2 聚类。表 2-10 反映的是 2005~2015 年国外知识创新的研究主题,表中"文献量"展示的是聚类文献数量,聚类号呈现升序排列,文献量呈现降序排列,文献量越多,表示研究该聚类的成果越多,从而表示该聚类的热度越高。第三列"文献紧密程度"表示聚类的文献的紧凑程度,数值越接近1,表示越紧密。从表 2-10 中可知,知识创新主题的前三类聚类中,其紧密程度为 0.6~0.9 之间,表示该三类文献较为紧凑。第四列"平均年份"表示该聚类文献的平均发表年份,由表 2-10 可知,本研究主题排名前三的聚类的成果发表平均年份分别是 2007 年、2007 年、2008 年。

综合 GKI 与上述知识图谱的分析,国外知识学的研究呈现的趋势是朝多样化、复合化、技术化、人文化与至用化的方向转移。多样化的原因是由于知识研究涉及众多学科和领域,对知识基本问题和研究以及关于知识基础理论的探讨来源于各个学科领域,既有大量的不同视角和不同理解形成的不同理论,也有一些带有共性的问题与解释,在某些点上趋于统一;复合化的表现是在知识学研究多样化发展的同时,知识学研究也趋向于复合化,知识学不只是孤立地看待知识,而是结合相关主题进行研究。知识学的发展表现出技术化的趋势,也表明信息技术和知识技术是未来知识学的重要支撑。知识研究多以可操作化为目的,各领域的研究成果都需要借助于技术手段转化为社会成果。人文化是指知识学的发展一方面在技术的影响下表现出鲜明的技术化特征,另一方面,又在社会的影响下表现出鲜明的人文化特征。

2.2.2 国内知识学研究的现状与趋势

2.2.2.1 国内知识学研究现状

笔者通过对2005~2015年间CNKI数据库中知识学相关主题进行检索后,以Citespace软件为工具,聚类出相关研究的主题,可从表2-11中一窥近10年主要中文期刊中有关知识学的研究主题。

表2-11 2005~2015年国内知识学研究主题表

类别	文献数量	紧密程度	平均年份	研究主题
0	21	0.628	2011	"农村小学";"创设情境";"课堂氛围";"探索创新"
1	20	0.492	2009	"语文";"教学";"现状";"对策";"实验";"教学"
2	20	0.75	2010	"语文教学过程";"新《大纲》";"教学目的"
3	19	0.737	2012	"生物课程";"生物课堂教学";"学科特色"
4	19	0.546	2010	"数学应用题";"数学基础知识";"应用题教学"
5	17	0.68	2006	"教育哲学";"当下教育";"教育现实";"教育实践"
6	16	0.625	2008	"课文内容";"观察生活";"兴趣点";"意识倾向"
7	15	0.439	2009	"余虹";"海德格尔诗学";"现代性"
8	15	0.835	2008	"创新";"创造";"思维训练";"发散性思维"
9	15	0.733	2012	"课堂教学";"学校教育";"国家课程标准"
10	14	0.857	2008	"中国现代文学史";"中国现代文学研究"
11	13	0.585	2011	"费希特";"使命";"大学教师";"学术自由"

续表

类别	文献数量	紧密程度	平均年份	研究主题
12	13	0.529	2010	"启蒙阶段";"教学效果";"综合素养";"生活之路"
13	11	0.818	2009	"费希特";"科学院哲学所";"存在者"
14	9	0.889	2010	"跨学科";"货币";"诗歌";"绘画";"音乐";"舞蹈"
15	9	0.778	2006	"音量控制";"视频聊天";"我在";"左右声道"
16	8	0.875	2011	"元浩";"兽药安全";"兽药行业";"周年纪念"
17	7	0.714	2011	"文学理论";"文学创作论";"儒家诗教"
18	6	0.833	2007	"生活语言";"生活现象";"吃黄连";"不识好歹"
19	6	0.833	2006	"外显知识";"学习教材";"发明与创新"

由表2-11可知，较为突出的聚类为0~2，分别对应农村小学、语文、语文教学过程等主题。表2-11是2005~2015年国内知识学研究相关主题，表中展示出不同主题的聚类文献数量，文献量越多，表示研究该聚类的成果越多，一定程度展示主题热度。第三列"文献紧密程度"表示聚类的文献的紧凑程度，数值越接近1，表示越紧密。从该表中可知，国内知识学主题的前三类聚类中，其紧密程度为0.4~0.8之间，表示该三类文献中有的较为紧凑，有的不紧凑，之所以出现不紧凑的现象，笔者认为是由于国内对知识学的研究尚未成熟，且尚未达成较能被学者们公认的方向而造成的。第四列"平均年份"表示该聚类文献的平均发表年份，由表2-11可知，本研究主题排名前三的聚类的成果发表平均年份分别是2011年、2009年、2010年。

2.2.2.2 国内知识学研究机构

笔者对2005~2015年间CNKI数据库中的知识学研究的机构进行分析，得出相关知识图谱。

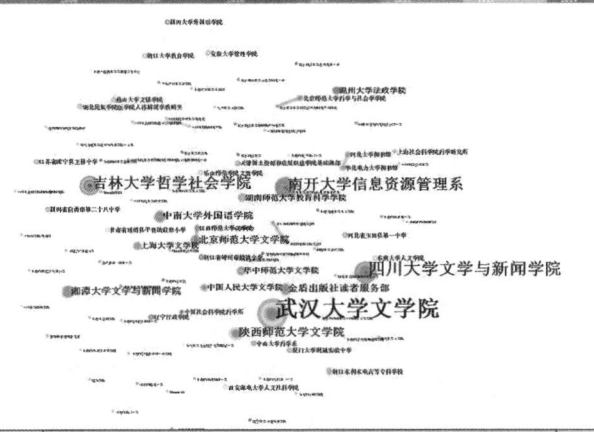

图 2–10　2005~2015 年国内知识学研究机构知识图谱

从图 2–10 中可看到,国内知识学研究机构主要分布在武汉大学文学院、四川大学文学与新闻学院、吉林大学哲学社会学院、南开大学商学院信息资源管理系、湘潭大学文学与新闻学院、北京师范大学文学院等机构。在图谱中,文字的大小反映了成果发表机构的成果数量的多少,图谱中节点的年轮大小反映了该节点的影响力的大小,年轮越大,表示该节点机构的影响力越大。节点间的连线表示节点之间存在合作的情况。

2.2.2.3　国内知识学研究者

笔者对 2005~2015 年间 CNKI 数据库中的知识学研究者进行分析,得出相关知识图谱。

从图 2–11 中可看到,与研究机构图谱类似,国内知识学的主要者为冯黎明、王列生、许祖华、柯平、张梅、方德志、刘圣鹏、楚天虎、叶立文、王芳等。在图谱中,文字的大小反映了研究者成果数量的多少,图谱中节点的年轮大小反映了该节点的影响力的大小,年轮越大,表示该节点研究者的影响力越大。节点间的连线表示节点之间存在合作的情况。

从国内知识学研究的知识图谱以及相关主题列表可知,国内知识学研究一方面呈现出理论研究逐渐加强的趋势,另一方面,呈现出同其他学科交叉融合的趋势,例如与知识创新、知识资源、知识技术的融合。知识学与其他学科研究逐渐紧密联系,例如图书情报研究中用户行为研究、知识主题研究、知识管理等都可以成为知识学研究的重要研究支撑理论。

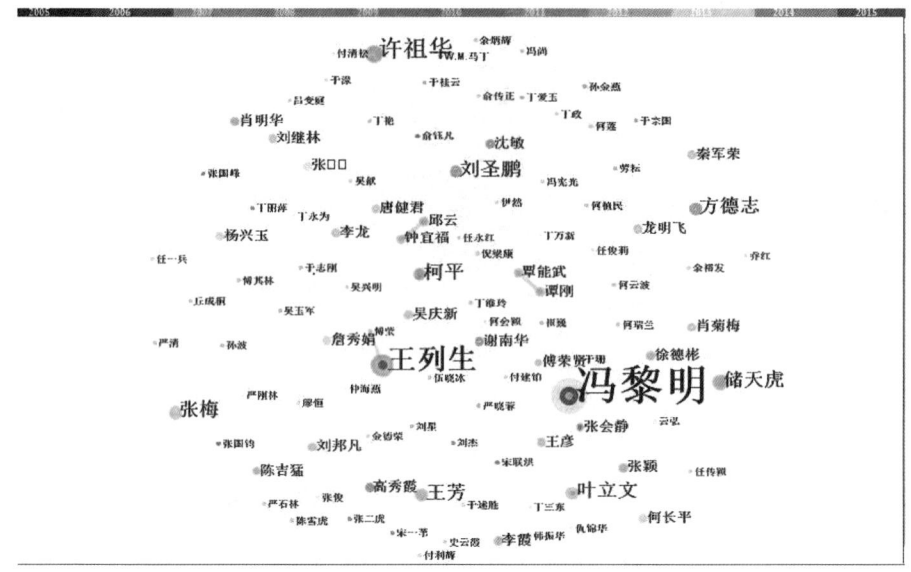

图 2-11　2005~2015 年国内知识学研究者知识图谱

3 关于知识的系统研究

由于知识学研究的多学科特点以及知识本身的复杂性,知识研究是知识学中的一个分歧最大也是最困难的一个问题。因此,必须厘清各家学说,从知识学的角度提出知识的研究思路和关于知识问题的基本判断。

3.1 哲学的知识研究

3.1.1 传统知识论

有学者认为,"知识论的起源可以追溯到公元前6世纪之后,特别是公元前5世纪至前4世纪以雅典为中心的城邦"[1]。爱利亚学派哲学家Parmenides of Elea(巴门尼德)把知识分成两部分:"真理之道"和"意见之道"。受其影响,年轻的Scorates(苏格拉底)向已垂暮之年的Parmenides of Elea 求教[2]。Scorates 强调:"正确的意见与知识之间存在着区别,对我来说完全不是一种猜测,而是我明确知道的,我要特别强调这一点。对很多事情我都不会这样说,但对这一点,无论如何,我要归入我所知识的范围里。"这种将意见与知识严格区分的观点,"在西方哲学史上具有划时代的意义,它导致了现象与实在的二元论。知识指对可知世界的认识,意见指对可感世界的认识"[3]。

从《泰阿泰德篇》中Scorates首先提出"什么是知识"的问题开始,知

---

[1] 林杰.西方知识论传统与学术自由[M].北京:北京师范大学出版社,2010:18.
[2] 林杰.西方知识论传统与学术自由[M].北京:北京师范大学出版社,2010:50.
[3] 见于Plato(柏拉图)的对话《美诺篇》.转引自:林杰.西方知识论传统与学术自由[M].北京:北京师范大学出版社,2010:19.

识成为哲学的重要问题,学者们对此开展了持续地探讨。在 Scorates 的自我认识和自我发展观看来,"结果"是内在的。而他的反对者 Pythagoras(毕达哥拉斯)则认为,"结果"是知道说什么和说得更好的能力。Pythagoras 的知识概念统治西方关于学问和定义的知识长达两千年之久①。

Plato(柏拉图)在《泰阿泰德篇》中提到了知识的三种定义:①知识即感觉或知觉;②知识是真实的论断;③知识是带理解的真实意念②。第一种定义是 Protagora(普罗泰戈拉)的观点,Scorates 分析了关于感觉就是知识的观点,并对智者自身活动的合法性发出质疑,认为在感觉中不可能求得知识;对第二个定义,Scorates 把考察转向了另一个方面,即虚假判断是否可能?如果可能又如何可能?对话中,Scorates 对虚假判断的分析考察,由不可能到可能再到不可能,没有能走出封闭的圈子。Scorates 说虚假判断的问题一直困惑着他;对第三个定义,Scorates 认为,一方面,虚假判断的问题还有待解决,那么真实的判断也就尚成问题;另一方面,每个人都有自己的不同的解释,因此,知识仍在未确定之中③。

如果说 Plato 是哲学家,那么其学生 Aristotle(亚里士多德)更像是科学家,他承认客观存在的真实性,却没有贬低自然科学的真理性。在处理人伦事物上,Aristotle 重视实际知识超过理论知识,他对经验和常识有着强烈的偏好。他认为 Scorates "知识即美德"的观点是混同了知与行,否认了知与行的区别与矛盾。知识同一说对于理论知识而言是可以的,而对于实践知识来讲则好比痴人说梦④。

希腊哲学从整体上说是认识论的,其核心是知识问题。在哲学界,将从古希腊哲学家 Thales(泰勒斯)到德国哲学家 Georg Wilhelm Friedrich Hegel(格奥尔格·威廉·弗里德里希·黑格尔)的学说称之为"传统知识论",与后来发展的以 Arthur Schopenhauer(亚瑟·叔本华)为代表的唯意志主义、以 Karl Heinrich Marx(卡尔·海因里希·马克思)为代表的历史唯物主义、以 William James(威廉·詹姆士)为代表的实用主义和以 Martin Heidegger(马丁·海德格尔)为代表的存在主义等相关的

---

① 达尔·尼夫.知识经济[M].樊春良,冷民,等译.珠海:珠海出版社,1998:60-61.
② 柏拉图.泰阿泰德·智术之师[M].严群,译.北京:商务印书馆,1963:103-116.
③ 陈乔见.德性、知识与信仰——试析柏拉图道德哲学的特质[C]//华东师范大学中国现代思想文化研究所,杨国荣.思想与文化(第12辑):道德·知识·语言.上海:华东师范大学出版社,2012:67.
④ 林杰.西方知识论传统与学术自由[M].北京:北京师范大学出版社,2010:64-65.

思潮统称为"生存实践论"相对应。

俞吾金认为,传统知识论有三个基本的特征:一是直截了当地把求知理解为人类的本性,未深入反思人类求知的动因究竟是什么;二是把求知理解为人类对外部世界的静观,未深入探究人类求知的实际过程;三是把真理性的知识理解为主观认识与客观对象相符合的结果,未深入追问知识的本质及其他何以可能的真实的前提①。

自从 Plato 定义"知识就是证实了的真信念(Knowledge is justified true belief)",成为西方传统哲学的主流观点,但知识如何证实的问题,传统西方哲学学者又提出经验论、唯理论与批判论;而知识的真假判断问题,又有符合论、融贯论与实用论等不同观点。在西方哲学中,知识通常分为两种:先验知识(priori knowledge)与后验知识(posteriori knowledge),前者不依赖于经验,后者也被称为经验性知识。在西方哲学史上,关于知识与信念的关系,从最初的知识包含信念(古代至近代,以 Plato 为代表)发展到知识与信念分离,David Hume(大卫·休谟)从因果知识理论的角度研究信念问题,把心灵的全部知觉分为印象和观念两类,将信念看作是心灵对观念的某种强烈活泼的想象,并将其定义为"和现前一个印象关联着的或联结着的一个生动的观念"②。到了现代哲学,出现了知识与信念合一认识以及作为人类复杂心理现象的信念与知识关系的深入研究③。

后现代主义哲学者则对传统知识论研究提出质疑,Paul Feyerabend(保罗·费耶阿本德)认为,传统知识论设定了它自身的任务,就是找到我们所有知识的基础。一直试图借助知识源泉来束缚对想象的追逐。所有这些都是无益的,所需要的是一个完全新的开始,或者是对爱奥尼亚自然哲学者创建的自由理论的正确重现④。

我国哲学界过去只有金岳霖等少数学者明确开展过知识论研究。金岳霖的哲学认识论著作《知识论》(商务印书馆,1983)承认认识对象的独立存在和知识的客观性,认为"被知的不随知识的存在而存在""被

---

① 俞吾金.从传统知识论到生存实践论[J].文史哲,2004(2):12-14.
② 休谟.人性论[M].关文运,译.北京:商务印书馆,1980:114.
③ 雷红霞.西方哲学中知识与信念关系探析[J].哲学研究,2004(1):49-52.
④ 保罗·费耶阿本德.无根基的知识——知识、科学与相对主义[M].陈健,等译.南京:江苏人民出版社,2006:59,66.

知底性质不是知识所创造的"①。进入 21 世纪以后,知识论又开始受到一些哲学研究人员的重视,以厦门大学知识论与认知科学研究中心为代表,凝聚了国内外学者,并于 2014 年成立了中国知识论学会。

3.1.2 费希特的知识学

1794 年 32 岁的 Johann Gottlieb Fichte(约翰·戈特利布·费希特②)在耶拿大学讲授知识学,开始了《全部知识学基础》(*Grundlage der gesammten Wissenschaftslehre*)的写作,并于 1802 年两次再版。Fichte 对知识学做了全面系统的研究,出版了系列著作,将知识学作为他的终生任务③。

Fichte 在创立知识学时,既以 Immanuel Kant(伊曼努尔·康德)的实践理性至上原则为指导,又有意识地去克服 Kant 哲学那种非体系的局限性,将科学构建成统一和完整的体系,而知识学是各门具体科学的基础,是一般科学的科学④。Fichte 的《知识学基础》一书有三个部分:"全部知识学的基本原理"(内容关于三条最基本的原理);"理论知识的基础"(主要讲一条原理,原书说是第一定理);"实践知识的基础"(内容包括一条原理和其他一些命题)。其知识学所阐述的三条基本原理如下:第一条原理是"绝对无条件的原理",基于"一切知识的基础是自我",Fichte 以 A = A 这个同一命题为代表来说明自己规定自己的自我。第二条原理是"在内容方面有条件的原理"(意味着在形式上无条件的)。用逻辑命题表示就是:差异或矛盾命题:"- A ≠ A"。第三条原理是"在形式上有条件的原理"(在内容上无条件的)。与前两条形式上绝对无条件不同,无须找寻"A = A"和"- A ≠ A"这样的命题,而可以直接从第一第二两原理开始推演,一直推演到不能再行推演,到那时候,再求助于无条件的理性命令。

如果说第一原理"自我设定自我"是实在性范畴,表现知识中的同一原理,那么,第二原理"自我设定非我"是否定性范畴,表现知识中的矛盾原理,第三条原理"自我设定自我与自我相互规定",是限制性范畴,Fichte 认为是知识中的"根据原理",它有两种:"自我的一部分是非我,

---

① 高清海.文史哲百科辞典[M].长春:吉林大学出版社,1988:479.
② 贺麟和王太庆译《哲学史讲演录第四卷》308 页译为"约翰·哥特里布·费希特"。
③ 王玖兴.费希特的《全部知识学基础》[J].世界哲学,2005(3):12 - 31.
④ 郭大为.知识学的创立与辩证法的复兴[J].中国社会科学院研究生院学报,1995(6):11 - 16.

同一中有对立,区别根据"和"非我的一部分是自我,这就是,对立中有统一,联系根据"①。

对于 Fichte 的知识学评价,学术界根据其推论不同,得出的结论也不同。马克思称 Fichte 哲学为创造哲学,Fichte 是典型的主观唯心主义者。但在黑格尔看来,"费希特的哲学是形式在自身内的发展(是理性在自身内得到综合,是概念和现实性的综合),特别是康德哲学的一贯的发挥。它没有超出康德哲学的基本内容,他特别称他的哲学为知识学"②"像康德提出认识那样,Fichte 提出知识'作为考察的对象'。Fichte 宣称哲学的任务是研究关于知识的学说。意识能认知事物,认知就是意识的本性。哲学的认识就是对于这种知识的知识。对于整个世界的知识的范围(凡不是为我们,对我们而存在的东西,都与我们不相干)那必须发展出来。而且这种知识还必须是范畴'或规定'按照'逻辑'次序的发展。哲学的对象是知识;它同样是出发点、普遍的知识。普遍的知识就是自我。自我就是意识。自我是根据、出发点。不过 Fichte 没有把这个原则理解为理念,而仍然把它理解为我们在寻求知识的活动中的意识,因此他仍然停留在'自我第一原则的'主观性形式上"③。也有很多学者根据其"绝对自我"的客观性而认定其是客观唯心主义者。Fichte 知识学的基础和核心是"自我",他对自我积极实践性的颂扬反映了时代的呼声,肯定了实践的作用,尽管其强调实践是认识领域内的实践,但还是为哲学发展起了推动作用④。

3.1.3 哲学讨论的知识及相关问题

哲学关心的是知识的本质。"人类知识和人类权力归于一"⑤。"一切知识只是凭借其形式而成为知识;知识通过它的形式来陈述所知的实况……形式的本质只在于知识"(M. Schlck,希克)⑥。有人因此认为"知识即形式。除去形式,便没有知识。这就是知识的本质"⑦。

---

① 王玖兴.费希特的《全部知识学基础》[J].世界哲学,2005(3):12-31.
② 黑格尔.哲学史讲演录(第四卷)[M].贺麟,王太庆,译.北京:商务印书馆,1978:309.
③ 黑格尔.哲学史讲演录(第四卷)[M].贺麟,王太庆,译.北京:商务印书馆,1978:311-312.
④ 荆文凤.浅谈费希特知识学[J].鸡西大学学报,2005(2):24-25.
⑤ 培根.新工具[M].北京:商务印书馆,1984:8.
⑥ 洪谦.逻辑经验主义(上卷)[M].北京:商务印书馆,1982:7-8.
⑦ 刘春田.知识财产权解析[J].中国社会科学,2003(4):109-121.

哲学将知识区别为社会知识与个人知识。Bertrand Russell(伯特兰·罗素)认为:"整个社会的知识和单独个人的知识比起来,一方面可以说多,另一方面也可以说少。就整个社会所搜集的知识量来说,社会的知识包括百科全书的全部内容和学术团体的全部文献,但个人知识却是社会知识存量的很大一片空白。"①

历史主义科学哲学家 Thomas Samuel Kuhn(托马斯·萨缪尔·库恩)1959 年在《必要的张力》(Essential Tension)中引入"paradigm"(范式)一词,1962 年在《科学革命的结构》(The Structure of Scientific Revolution)中将它作为科学哲学的中心概念。但他在《对批评的答复》一文中说"范式的中心是它的哲学方面"②,主要指一种看问题的方式,是科学家集团的共有信念。Kuhn 在 1985 年《关于范式的再思考》(Second Thoughts on Paradigms)中,进一步明确将范式解释为一种研究模式(a pattern of research)或一种学科模型(a disciplinary matrix),由普适象征(symbolic generalizations)、模型(models)和范例(exemplifications)构成。Kuhn 推崇 Polanyi 的隐性知识学说,论述了隐性知识与直觉的关系,在谈到隐含在刺激—感觉途径中的关于自然界的经验和知识时指出:"或许'知识'是个错误的词语,但是我们有理由使用它。那些隐含在把刺激转化为感觉的神经过程中的东西,具有下述特征:它通过教育来传递;在一个团体当前的环境中,经过试验,发现它比其以前的竞争者更有效;最后,通过进一步的教育,发现它不适应环境时,它也会发生变化。这些都是知识的特征,也解释了我为什么要用这个词。"③在他的范式研究中,强调了科学知识的重要性。在科技哲学领域,技术知识成为国内外技术哲学一个主题④,相关探讨如技术认识与科学知识的区别⑤、技术知识与创新组织⑥、技术知识难言性⑦等。

---

① 罗素.人类的知识[M].北京:商务印书馆,1983:9.
② 拉卡托斯,马斯格雷夫.批评与知识的增长[M].周寄中,译.北京:华夏出版社,1987:315.
③ T.S.库恩..科学革命的结构(第四版)[M].金吾伦,胡新和,译.北京:北京大学出版社,2012:164.
④ 陈凡,朱春艳,邢怀滨,等.技术知识:国外技术认识论研究的新进展——荷兰"技术知识:哲学的反思"国际技术哲学会议述评[J].自然辩证法通讯,2002(5):91-94.
⑤ 潘天群.技术知识论[J].科学技术与辩证法,1999(6):32-36.
⑥ 王大洲,关士续.技术知识与创新组织[J].自然辩证法通讯,1998(1):31-39.
⑦ 王大洲.论技术知识的难言性[J].科学技术与辩证法,2002(1):42-45.

实用主义哲学家更加关注知识与信念的关系研究。Charles Sanders Santiago Peirce(查尔斯·桑德斯·皮尔士)在《信念的确立》一文中认为思维的唯一功能是确立信念,信念的确立有四种方法。他说:"你无论如何不能不相信的东西,严格说来不是错误的信念。换言之,对你来说它是绝对真理。"①这里,真理就是主观信念,Peirce 把知识与信念、真理等同起来,而且真理、知识与信念完全合而为一。新实用主义者 Willard Van Orman Quine(威拉德·冯·奥曼·蒯因)把 Peirce 整体论知识看作一张信念网,网内的各个信念只有彼此能取得一致,才能算是合理的知识。整体系统内信念的一致性成为评判知识合理性的标准,信念在知识中的作用愈益明显②。

传统哲学把知识与道德、行动等联系起来,从整体上认识知识。关于德智关系,宋明理学主张对德性与知识加以区分,重德轻智。张君劢提出"由新理智以达新道德"的命题,主张道德与知识并重并行。虽然张先生曾试图融贯道德与知识,但由于未能超越 Kant 哲学的理论弊端,所以最终也没有打通道德与知识之间的道路③。梁漱溟先生基于东西方文化的比较,视直觉为本体与发用的统一,并诠解出了直觉作为"德性之知"和"情意之知"的意涵,将直觉置于理智的对立面,晚年则意识到直觉的局限,因此弃直觉而转向儒家的理性。梁漱溟从直觉转变到理智和由理智上升到理性,是对德性与知识的贯通的有益探索④。熊十力则强调了致良知与格物致知的统一。牟宗三强调智穷见德,由内圣开出新外王,并经过良知自我坎陷形成知识,并提出儒家有德性之知与闻见之知的区分,其中闻见之知即是知识⑤。关于知行关系,主要有知行合一论,从王阳明的"知是行之始,行是知之成"到陶行知的"行是知之始,知是行之成"(1927),争论一直围绕着知与行谁先谁后的问题。知行关系研究,应该包括两个方面,一是知行是分离还是合一的问题,另一个是两者的先后问题。知行关系的研究,反映了认识发展的历史性过程,也反映

---

① 刘放桐.实用主义述评[M].天津:天津人民出版社,1983:127.
② 雷红霞.西方哲学中知识与信念关系探析[J].哲学研究,2004(1):49-52.
③ 赵卫东.由生命哲学到康德——张君劢先生道德与知识关系思想的演变[J].理论导刊,2005(12):38-42.
④ 陈永杰.从"直觉"到"理性"——梁漱溟哲学方法论的转向考察[J].江南大学学报(人文社会科学版),2014(4):5-9.
⑤ 赵卫东.分判与融通——当代新儒家德性与知识关系研究[M].济南:齐鲁书社,2006:180-200.

了知识与行动关系的复杂性。

现代哲学在讨论知识问题时,涉及与信息、智慧等的关系。王国伟认为"信息是一个具有普遍意义的哲学认识论范畴,信息与人们知识的生成有着必然的关联"①。安希孟认为,"知识是对于可见事务与事实的描述与解释,表现为外在和客观的;而智慧不是一种能力,是对价值与意义的洞见与直观,表现为内在的和主观的;从本体论来说,智慧是本,知识是末,智慧是体,知识是用;从认识论来说,知识是后天逐渐自我积累的,智慧是先验的,天赋的;智慧是物我两忘,主客不分,强调与自然的契合;知识则意味着占有对象,拥有对象;智慧是精神的一种状态,一种关联,是精神同精神,精神同自然,人与神的关系状态"②。张志永把知识、理论和思索作为智慧产生的基础和前提③。而焦国成则提出智慧的四种境界,分别是:崇尚聪明与知识的境界,崇尚权谋与技巧的境界,崇尚道德正义的境界,崇尚本真与超越的境界,其中,知识是智慧的初级境界④。

3.2 不同学科的知识研究

知识学存在多个学科研究视角。在日本北陆先端科学技术大学院大学(JAIST)曾提出知识科学的四个研究视角:社会科学视角、信息科学视角、自然科学视角、系统科学视角⑤,反映出知识研究涉及科学的各主要门类。

我国学者从不同学科的视角展开对知识学的研究,取得了丰硕的成果。如陆汝钤、史忠植等从计算机科学的视角,王众托等从管理学视角,王续琨等从科学学视角,柯平等从图书情报学视角,何云峰等从哲学的视角,郭强等从社会学视角等。这些不同视角的研究反映了知识学的跨学科综合的属性。我国关于知识学研究的多学科视角可以从表 3 – 1 中反映出来。

---

① 王国伟.信息本质的哲学探讨[J].辽宁大学学报,1985(6):43 – 45.
② 安希孟.智慧与知识[J].现代哲学,1999(3):38 – 41.
③ 张志永.智慧新论[J].南昌大学学报(人社版),1999(4):5 – 10.
④ 焦国成.智慧四境界说[J].晋中学院学报,2010(4):46 – 48.
⑤ 顾基发,唐锡晋.综合集成与知识科学[J].系统工程理论与实践,2002(10):2 – 7.

表 3-1 关于知识学视角的重要观点

学科视角	代表人物	主要观点
计算机科学	陆汝钤	把知识工程的概念上升到知识科学①
	史忠植	研究以知识为对象的基本问题,包括知识的数学理论、逻辑基础、知识模型、知识挖掘、知识共享等②
管理学	王众托	涉及哲学层次、基础科学层次、技术科学层次和应用科学层次四个层次,其中,在基础科学层次,希望有像"知识科学"这样的综合学科的建立和发展起来③
科学学	王续琨	知识科学正在走向整体性建构的新的发展阶段;以科学学和管理科学为基础,吸纳多学科知识,建构知识科学④
图书情报学	柯平	关于知识与知识活动的综合性科学;关于知识的综合研究,既包括从多学科视角运用多种方法对知识进行的全方位研究,也包括对知识发生、知识创新、知识管理、知识应用等系列过程的研究,是知识理论、知识技术与知识应用的综合研究⑤
	王知津	情报科学知识化趋势;情报科学正迈向一个新的里程碑——知识科学阶段;情报科学经历了"文献中心论""信息中心论"和"知识中心论"三个主要发展阶段⑥
	杨溢	将知识科学理论研究视角分为八种:哲学理论视角;知识社会学理论视角;知识工程学理论视角;科学学理论视角;生态学理论视角;图书馆学理论视角;情报学理论视角;综合的理论视角。进一步将这八种理论视角归纳为人文科学理论视角、社会科学理论视角和自然科学理论视角⑦

---

① 陆汝钤.知识科学及其研究前沿[J].中国科技奖励,2000(4):10-13.
② 史忠植.知识科学[EB/OL].[2008-05-20].http://www.intsci.ac.cn/research/knowledgescience.html.
③ 王众托.知识系统工程[M].北京:科学出版社,2004:37.
④ 王续琨,初福玲.知识科学的兴起和发展[J].大连理工大学学报,2001(2):15-20.
⑤ 柯平.21世纪知识学研究的目标和任务[J].图书情报知识,2009(1):40-45.
⑥ 王知津,陈芳芳.从情报科学到知识科学[J].情报科学,2007(9):1281-1286,1292.
⑦ 杨溢,鞠巍.基于图书情报学的知识科学理论模型[M].北京:知识产权出版社,2015:27-28.

续表

学科视角	代表人物	主要观点
	王平	统一称为"知识学",作为大学科门类名称,即宏观意义上的知识学。在跨学科发展的领域中,图书情报应占有重要地位①
哲学	何云峰	从科学的角度重新思考自然、社会、思维和知识四个"世界"间的关系;主张把整个科学划分为自然科学、社会科学、思维科学(包括心理学)和知识科学等若干大的领域②
社会学	郭强	对知识问题进行系统地现代化研究,从而建立马克思主义现代知识学③

资料来源:作者整理。

3.2.1 经济管理学的知识研究

3.2.1.1 知识的经济学价值

在 David Ricardo(大卫·李嘉图)时代的农业经济中,土地和劳动才是关键性的要素。19世纪工业经济的发展,导致资本取代了土地成为财富形成的关键条件。伴随着知识在能源结构中的作用凸显,到20世纪末期,在所有产业范围内,知识都已成为国家财富的决定性要素,被视为新一代的权力象征。

古典经济学早就对知识有了认识,Adam Smith(亚当·斯密,1776)"提到了新的专家阶层所创造的知识对经济的贡献,其分工理论更为后来研究知识与经济发展的关系提供了思想源流"④。在新古典经济学中,限于一般均衡理论中的完全知识假定,排斥了知识的要素及其价值,只有 Alfred Marshall(阿尔弗雷德·马歇尔)强调过知识的重要性:"知识是我们最有力的生产动力""知识和组织的公有和私有的区别,具有很大的和日益增长的重要性;在某些方面,甚至比有形东西的公有和私有的区

---

① 王平. "知识学"研究倡议与研究纲领[J]. 图书情报知识,2009(1):46-49.
② 何云峰. 关于构建知识科学的问题[J]. 上海师范大学学报,2003(1):8-12.
③ 石倬英,郭强. 现代知识学探微[J]. 宁夏大学学报(社会科学版),1989(2):20-26.
④ 宁军明. 知识溢出与区域经济增长[M]. 北京:经济科学出版社,2008:53.

别更为重要"①。直到 Knight(奈特,1921)的不确定性理论、Coase(科斯,1937)的交易成本理论、Hayek(哈耶克,1945)的社会中可用知识远大于个人所知、Simon(西蒙,1957)的有限理性假设以及 Stigler(斯蒂格勒,1961)和 Akerlof(阿克洛夫,1970)等的信息不完全(不对称)理论,对于新古典经济学的完全知识假设是一个彻底的否定,知识由此正式进入了经济学的主流范畴。经济学将知识赋予了新的价值,认为知识具有局部性、累积性、不可逆性、互补性、非竞争性与部分排他性②。

在以往对劳动者、劳动资料、劳动对象基本要素的研究中,并没有考虑与知识的关系。随着科技和知识在社会和经济各个领域的重要性日益凸显,知识与生产力的内在联系得到了认同,经济学和相关研究成果证明了知识的生产力价值。刘启春在博士论文《知识生产力的哲学思考》中认为,知识正在成为最重要的生产力,知识生产力正在逐渐形成③。

由于经济学家 Paul Romer(保罗·罗默)的知识溢出模型和知识驱动模型④⑤以及 Robert Lucas(罗伯特·卢卡斯)的人力资本模型⑥的突出贡献,"把知识内生于增长模型中,知识是经济增长的引擎观点逐渐被广泛接受"⑦。虽然 Romer 强调把知识添加到由资本和劳动构成的新古典生产函数中,将有关生产性知识的一个衡量指标嵌入人力资本之中从而得到需要研究的四个要素:资本、非技术性劳动、人力资本以及创意,但未处理已经嵌入资本之中的知识,Maurice Scott(莫里斯·司各特)说,Romer 把知识纳入现有的新古典生产函数中去的尝试是站不住脚的⑧。

在知识作为经济发展关键要素的过程中,新创造的知识只在有限程度上被占有,知识溢出成为一种重要的经济现象,经过 MacDougall(1960,研究技术溢出效应)、Griliches(1979,研究租金溢出与知识溢

---

① 马歇尔. 经济学原理(上册)[M]. 北京:商务印书馆,1964:157-158.
② 宁军明. 知识溢出与区域经济增长[M]. 北京:经济科学出版社,2008:54-57.
③ 刘启春. 知识生产力的哲学思考[D]. 武汉:华中师范大学,2012:1.
④ Romer P. Increasing returns and long-run growth[J]. Journal of Political Economy,1986,94(5):1002-1037.
⑤ Romer P. Endogenous technological change[J]. Journal of Political Economy,1990,98(5),Part2:S71-S102.
⑥ Lucas R. E. On the mechanics of economic development[J]. Journal of Monetary Economics,1988,22(1):3-42.
⑦ 宁军明. 知识溢出与区域经济增长[M]. 北京:经济科学出版社,2008:55.
⑧ 博伊索特. 知识资产:在信息经济中赢得竞争优势[M]. 张群群,陈北,译. 上海:上海世纪出版集团,2005:30-31.

出)、Bernstein 和 Nadiri(1988,区分纵向溢出与横向溢出)等的研究,丰富了新增长理论。宁军明对国内外各种知识溢出假设进行了梳理,将知识溢出与区域经济增长整合到一个分析框架中,发现知识溢出是产业集聚的高级决定因素,提出了区域增长的动态演化机理①。

事实上,工业经济初期诞生的"劳动价值论"(labor theory of value)到了信息社会开始被"知识价值论"(knowledge theory of value)所取代。1982 年诺贝尔经济学奖得主、著名信息经济学家 J. Stigler(斯蒂格勒)1961 年在美国《政治经济学》杂志上发表《信息经济学》一文中首次提出"信息经济学"(economy of information)的概念②,并把知识定义为经过加工的信息③。"在信息社会里,价值的增长是通过知识实现的,知识是一种完全不同类型的劳动"④。管理学大师 Peter F. Drucker(彼得·德鲁克)在《巨变时代的管理》(Managing in a Time of Great Change)中指出:"知识已经成为关键的经济资源,而且是竞争优势的主导性来源,甚至可能是唯一的来源。"⑤

3.2.1.2 知识产业研究

经济学家 Fritz Machlup(弗里兹·马克卢普)将知识引入经济学领域并做了深入的研究。在他看来,信息是一种过程,一系列的信息为人们提供满足某种需求的作用;知识是一种状态或感知,一种人们逐渐积累的信息贮备。他同时指出,在任何情况下知识和信息都属于同一范畴⑥。Machlup 关于知识的定义"知识就是根据已认识的事物所做的客观解释"(《美国的知识生产与分配》)显然存在逻辑错误:"事实或思想""已认识的"难道不具有知识因素吗?不具有知识的内涵吗?使用含有"知识"意义概念定义知识是不是算得上科学的符合逻辑的定义呢?显然是算不上的。但是,这样对知识定义的优点之一就是,认为知识是一种必须经过理性思维(主要是逻辑)才能呈现的。

---

① 宁军明. 知识溢出与区域经济增长[M]. 北京:经济科学出版社,2008:22.
② 靖继鹏. 应用信息经济学[M]. 北京:科学出版社,2002:9.
③ 宁军明. 知识溢出与区域经济增长[M]. 北京:经济科学出版社,2008:10.
④ 约翰·奈斯比特. 大趋势——改变我们生活的十个新方向[M]. 梅艳,译. 北京:中国社会科学出版社,1984:16.
⑤ 德鲁克. 巨变时代的管理[M]. 周文祥,慕心,译. 北京:中天出版社,1998.
⑥ Machlup Fritz. Semantic quirks in the study of information[M]//In The Study of Information: Interdisciplinary Messages. ed. Fritz Machlup and Una Mansfield. New York:Wiley,1983:644.

配合 Machlup 首次提出"知识产业"(knowledge industry),新制度学派经济学家 John K. Galbraith(约翰·加尔布雷思)强调技术知识作为生产要素的重要性,"权力已经转移给任何在探求新事物时可以有理由称作的新生产要素,这就是一批拥有现代工业技术和计划所要求的各种技术知识经验或其他才能的人"①。此后知识资本理论②成为管理知识的重要理论之一,得到了普遍重视和迅速发展。

3.2.1.3 知识与企业研究

在阐述知识与企业的关系时,由 J. H. Ahn 等人提出的 KP^3(knowledge, product, process, performance)方法揭示了知识与产品、流程和绩效之间的关系。如图 3-1 显示,财务绩效和组织绩效两方面构成了企业绩效。其中,产品或服务的相关知识决定了知识产品矩阵以及产品或服务的知识绩效矩阵的构建,从而成为提高财务绩效的决定因素之一;而产品生产流程知识通过构建知识流程矩阵和流程绩效矩阵对组织绩效产生重要影响。

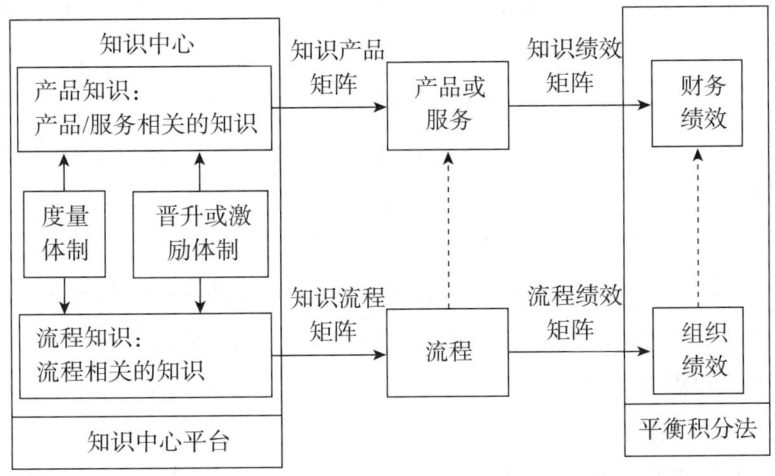

图 3-1 KP^3 方法框架

资料来源:Ahn J. H. Valuation of knowledge:a business performance-oriented methodology[C]. Proceedings of the 35th Hawaii International Conference on Systems Scienc. Hawaii,USA,2002.

---

① 加尔布雷思. 新工业国[M]. 谭天,译. 台北:智库公司,1997:58.
② Editoral, Overview. The Epistemological challenge:managing knowledge and intellectual capital[J], European Management,1996,14(1).

3.2.1.4 知识发展模式

波兰学者 Witold Kwasnicki(维托德·瓦斯尼基)在考察知识发展与经济学发展的基础上,提出了知识发展模式,称为知识分类学,特别强调认知技法和范式之上的类别,即经济的形象、社会的形象、世界的形象和外成性规范,对科学和技术发展的重要性。

Kwasnicki 将知识分为六个类别:一是外成性规范(epigenetic paragons),包括:一些空间和时间的先验类别(Kant);语言结构的天生类别(Chomsky);分裂性思维即在相反类别中的思维(Lorenz);一些表达形式如邀请、告别、争吵、恐怖、害怕、高兴、殷勤(Irenäus Eibl-Eibesfeldt);通过类比思考和寻求相似性;分类能力和认识不同物体的共同特点;对紧急事件的预料和建立我们行动的心智模型。二是世界的形象,相关的主要规范类别有:存在性类别;审美性类别;宇宙演化和宇宙哲学类别;知觉类别。三是社会的形象,是由与社会活动的安排和社会的制度性组织——使共同体生活和谐和亲和的规范组成的。形成社会形象的规范的主要类别有:主观性(subjective)类别、概念性(notional)类别、治理性(governing)类别。四是经济的形象,与满足社会成员物质需要的方式有关,主要的规范类别有:需要性类别;管理性(组织性)类别;关系性类别。五是认知技法(epistechne),将来自于希腊语的 episteme(认知:知识、获得、理解)和 techne(技法:艺术、技艺、熟练、精明)以及关于认知研究和实践知识整合起来,包括两类研究活动即科学和技术。六是范式(paradigm)。这里的范式概念并不完全等同于 Kuhn 的范式定义。新的假设、理论和新的技术,是由个人在他们所接受的范式内提出来的[1]。

这种知识发展模式提供了许多新的视角和思考。例如,经过对西欧和北美 350 年科学和技术发展历程的研究,将认知发展看作一个周期性过程,每个周期由替代阶段和准均衡阶段这两个阶段组成,从而形成认知的 6 个周期(1620 年到 1677 年;1677 年到 1787 年;1787 年到 1859 年;1859 年到 1912 年;1912 年到 20 世纪 80 年代;20 世纪 80 年代)。而技法的周期性发展,通常称为 Kondratieff Cycle(康德拉季耶夫周期),每个周期长约 50 到 60 年,第一个周期"产业革命"从 18 世纪 70 年代持续

---

[1] 维托德·瓦斯尼基. 知识、创新和经济:一种演化论的探索[M]. 南昌:江西教育出版社,1999:41-97.

到19世纪30年代;第二个周期"维多利亚时代的繁荣"从19世纪30年代持续到19世纪80年代;第三个周期"高雅风流年代(Belle epoque)"从19世纪80年代持续到20世纪30年代;第四个周期"增长和凯恩斯充分就业的黄金年代"从20世纪30年代到20世纪80年代;第五个周期开始于20世纪80年代,以计算机、信息和电信技术的革命性发展为特征。在20世纪的前几十年,有六个基本研究模式共存,出现了四种认知方式(笛卡尔式、培根式、历史式、比较式)和两种技法(产业式和综合式)。

3.2.2 信息科学的知识研究

信息科学在对于数据转化为信息的过程中,逐步感受到要向更高的知识层次迈进,而信息转化为知识具有相当的困难,这就成为信息科学面临的巨大挑战。美国信息研究所(Institute for Information Studies)认为:"拥有了信息之后,我们还必须将之升华到知识和理解层次,最后我们的目标才是获得智慧,这被称为对信息的正确的有效判断能力。"[1]

在信息科学领域,一个重要的问题是解决信息与知识的关系。国家信息中心乌家培将20世纪90年代关于信息与知识关系的讨论归纳为五种:并列关系、转化关系、包含关系、分立关系、替代关系。认为前一半(包括第一、二种关系和第三种关系的前一半)是可以接受的、正确的,而后一半(包括第三种关系的后一半和第四种关系)则为错误的、不能苟同的[2]。钟义信认为,任何知识都由相应的形态性知识、内容性知识、效用性知识构成,即知识的三位一体[3]。他从智能角度探讨了"信息、知识、智能"的转换理论,是智能科学技术研究的核心问题[4];知识理论将大大突破"知识工程",信息获取理论、全信息理论、知识理论、综合智能理论及控制理论之间相互贯通,构成了"信息—知识—策略—行为的转换与

---

[1] 美国信息研究所.知识经济:21世纪的信息本质[M].南昌:江西教育出版社,1999:17.
[2] 这一观点载①乌家培.正确认识信息与知识及其相关问题的关系[J].浙江经济,1998(11):4-6.②乌家培.正确认识信息与知识及其相互关系[J].重庆大学学报(社会科学版),1999(1):15-18.③乌家培.正确认识信息与知识及其相关问题的关系[J].情报理论与实践,1999(1):1-4.④乌家培.正确认识信息与知识及其相关问题的关系[J].党政干部刊,1999(3):14-17.此后,这一观点被广泛引用。
[3] 钟义信.知识论框架——通向信息-知识-智能统一的理论[J].中国工程科学,2000(9):50-64.
[4] 钟义信.论"信息-知识-智能转换规律"[J].北京邮电大学学报,2007(1):1-8.

统一理论",构成了智能科学的核心和梢髓①。

总体来看,国内外关于信息与知识关系主要有四种观点:第一种为包含关系说,或信息包含知识,用信息定义知识,如"知识是信息的一个特殊的子集"②;或知识包含信息,以知识定义信息。第二种是并列关系说,"从人工智能观点来看,知识是对事实的合理推理的结果""信息和知识的关系,简言之,信息是回答'when/where/who/what'的问题,而知识是回答'how/why'的问题"③。加拿大学者 W. Thorngate(桑盖特)认为:"心理学家将信息区别于知识,信息是存在于我们意识之外的东西,它存在于自然界、印刷品、硬盘以及空气之中,而知识存在于我们的大脑之中,它是与不确定性相伴而生的,我们一般用知识而不是信息来减少不确定性"④。第三种是转化关系说,信息是组织或结构化的数据,而知识是信息的应用。法国学者 Leon Brillouin(利昂·布里渊)认为:"信息是原材料,是由纯粹的数据集合构成的,而知识意味着一种确定程度的思想,以及通过比较和分类讨论、组织这些数据。"⑤第四种是层次关系,这种层级关系可表现为生命周期或金字塔结构。

实际上,信息与知识密切相关,这一点学术界没有异议。因此,寻找知识与信息的差异更为重要。Richard McDermott(理查德·麦克德莫特)指出了知识不同于信息的六大特色:知识是人的行动;知识是思考的结果;知识是现时创造的;知识属于社会;知识以多种方式在社会流通;新知识创造是在人与信息系统唯一结合的旧知识之上⑥。Ikujiro Nonaka(野中郁次郎)和 Hirotaka Takeuchi(竹内广孝)认为有三个事实是已经明确的:"第一,与信息不同,知识与信念和投入密切相关,知识所反映的是一种特定的立场、视角或意图;第二,与信息不同,知识是关于行动的概念,知识总是'为了某种目的'而存在的;第三,知识与信息均与含意

---

① 钟义信.关于"信息-知识-智能转换规律"的研究[J].电子学报,2004(4):601-605.
② 董焱.信息文化论——数字化生存状态冷思考[M].北京:北京图书馆出版社(今国家图书馆出版社),2003:19.
③ 谭建荣,等.制造企业知识工程理论、方法与工具[M].北京:科学出版社,2008:4.
④ Stone M. B. Information: A plea for clarity of meaning[J]. International Forum on Information and Documentation,1995,20(3):3-8.
⑤ Brillouin Leon. Science and information theory[M]. New York: Academic Press Inc,1956: Ⅲ.
⑥ McDermott R. Why information technology inspired but cannot deliver knowledge management[J]. California Management Review 41(Summer,1999):105.

(meaning)有关,知识具有依照特定情境而定的特征,而且显示有关联的属性。"①他们强调知识的实质是"经过验证的信念",将知识定义为"是人际间个人信念朝'真实'的方向实现验证的动态过程"(a dynamic human process of justifying personal beliefs toward the "truth")②。在我国,刘春田认为:"所谓知识,是人类对认识的描述。""信息是事物的本体,是自在之'物'。知识是对信息的描述,是人为的形式。信息是抽象的,知识则是具体的。它们既非属和种,亦非整体与部分,而是'标'与'本'的关系。二者毫无共同之处,是根本不同的两种事物。"其具体表现为四个方面:①信息是客观实在,知识是人的创造"物";②信息无限,知识有限;③信息是客观实在,无真伪之分,不能造假,知识是认识的产物,有正误之别,可以假造;④信息不具有传递性,知识则可以传递③。这些区别是客观存在的,信息与知识既相互联系又相互区别,在网络发展和数字化环境下由于载体和传播的变化,使其关系更加复杂了。

3.2.3 图书情报学的知识研究

图书馆学情报学将文献、信息、知识作为其工作对象与研究范畴,较早涉及知识的研究,一方面是解决基本问题如文献与知识、图书馆与知识、情报与知识的关系问题,建立起包括知识在内的概念体系。中国古代图书馆学"在阐释文献含义、文献价值及具体的文献组织与整理活动中呈现出一定的知识论取向,与现代图书馆学的知识论多有契合"④。情报学界将"情报"介入到信息链或知识链中,梁战平提出"信息链"(information chain)由"事实""数据""信息""知识""情报"五个链环组成。其中,"信息"是一个中心链环,既有物理属性也有认知属性,它的上游是面向认知属性的,它的下游是面向物理属性的。还以 Popper 三个世界理论为基础,阐明了情报、知识、信息三者的关系,包括包含关系、转化关系、并列关系和层次关系⑤。

另一方面是解决知识的应用问题,与知识相关的载体、工具、传播与利用等。20 世纪 60 年代,美国情报学家 Don R. Swanson(唐·斯旺森)

---

①② 竹内弘高,野中郁次郎.知识创造的螺旋——知识管理理论与案例研究[M].北京:知识产权出版社,2006:47.
③ 刘春田.知识财产权解析[J].中国社会科学,2003(4):109-121.
④ 李明杰.中国古代图书馆学的知识论取向[J].中国图书馆学报,2010(1):27-34.
⑤ 梁战平.情报学若干问题辨析[J].情报理论与实践,2003(3):193-198.

教授对科学知识碎片理论提出新的看法:①客观知识总量与人类吸收能力存在巨大的差距;②跨学科的信息传递变得更加困难;③跨学科间存在潜在未被发现的关联。他首次提出并验证了利用文献间存在知识碎片的推理发现新知识的方法①。

根据杨溢对于国内外图书情报学期刊论文、学位论文、研究项目和研究专著的关键词统计与分析,图书情报学对于知识的研究主题众多,比较突出的集中在图书情报工作的知识本质分析、知识管理、知识组织、知识服务、知识产权这五个知识域,其中,"图书情报工作的知识本质分析是图书情报学知识问题的理论基础,知识组织、知识管理、知识服务是图书情报工作环环相扣的三个重要环节,知识产权则贯穿于知识组织、知识管理和知识服务之中"②。

图书情报学从对文献的研究发展到知识的研究。在我国,自从彭修义提出知识学,图书情报学界开始了知识学的讨论。近十年来,柯平、王知津、杨溢、王平等关于知识学的研究比较突出,得到较广泛的认可。知识研究作为图书馆学的重要方向成为共识,"知识这一概念将成为图书馆学基本概念中的核心概念""当代图书馆学的核心概念应转向知识"③"图书馆学转向'知识域'将成为今后的发展趋势"④(王子舟)。

知识的研究也在改变情报学的学科结构与发展方向。《中国情报学百科全书》(中国大百科全书出版社)2010年版首次列入了"知识科学"词条。以色列巴伊兰大学 Chaim Zins(钱姆·津斯)于2006年提出了从情报科学(information science)到知识科学(knowledge science)的设想,认为"知识科学主要关注人类知识的元知识方面,尤其是知识的技术问题和协调作用,通过研究各种有利于知识存取的现象、物体和条件,建立人类的知识,从而引领人们获取所需的知识。准确地说,知识科学是建构人类知识的元知识基础的领域群中的一员"⑤。我国情报科学学者王知津也于2007年进行了从情报科学到知识科学的论证⑥。程鹏从当前图

---

① 温有奎.基于碎片重组的动态数字出版模型研究[J].数字图书馆论坛,2014(4):2-8.
② 杨溢,鞠巍.基于图书情报学的知识科学理论模型[M].北京:知识产权出版社,2015:72,79.
③ 王子舟.图书馆学的基本概念与核心概念[J].中国图书馆学报,2001(3):7-11.
④ 王子舟.面向知识的图书馆学发展趋势[J].中国图书馆学报,2007(1):5-11.
⑤ Chaim Z. Redefining information science: from "information science" to "knowledge science" [J]. Journal of Documentation, 2006, 62(4):447-461.
⑥ 王知津,陈芳芳.从情报科学到知识科学[J].情报科学,2007(9):1281-1286,1292.

书情报学科体系建设方面存在的问题和知识科学发展的状况出发,提出重构图书情报学科体系,在高校"信息管理学院(系)"基础上组建"知识科学学院(系)"①。可见知识研究已成为21世纪图书情报学科建设与发展的重要方向。

3.2.4 教育科学的知识研究

教育科学学者认为,不同的知识观会影响不同的教育观。"我们一直在从笛卡儿的心智观、联想主义的学习观和绝对主义的知识观,向所谓'有机的'心智观、'相互影响的'学习观和'构建主义的'知识观前进"②。教育学界一直重视知识与教学之间的互动机制,围绕知识对教育、教学的影响,有较多相关研究成果。如"教育中的知识价值取向"③"知识观对教学理论构建的影响"④"知识视域中的教学革新"⑤等。

教育科学学者比较重视学科知识的研究。英国苏塞克斯大学(University of Sussex)教育学教授Tony Becher(托尼·比彻)和英国兰开斯特大学(Lancaster University)教育学高级讲师Paul R. Trowler(保罗·特罗勒尔)在讨论学科知识特点时,在Becher(1994)⑥研究的基础上,确定了总体分类框架,形成了纯硬科学(纯科学,如物理学)、纯软科学(人文学科,如历史;纯社会科学,如人类学)、应用硬科学(技术,如机械工程学、临床医学)与应用软科学(应用社会科学,如教育学、法学、行政管理学)四个领域的划分⑦。

Becher和Trowler认为,由于知识分类体系没有有序、规则的分类框架,硬科学/软科学知识领域间,纯科学/应用科学知识领域间的界限,都无法非常精确地进行界定。即使界限已经标出,许多已经建立的学科按

---

① 程鹏.知识科学发展与图书情报学科体系重构——关于高校在"信息管理学院(系)"基础上组建"知识科学学院(系)"的思考[J].科技进步与对策,2007(1)67-70.
② 索尔蒂斯.教育与知识的概念[C]//教育学文集(智育).北京:人民教育出版社,1989:61.
③ 肖凤翔.教育中的知识价值取向[J].南京师大学报(社会科学版),1996(4):77-80.
④ 季诚钧.试论知识观对教学理论构建的影响[J].集美大学学报,2002(1):7-11.
⑤ 潘洪建.知识视域中的教学革新[D].兰州:西北师范大学,2003.
⑥ Becher T. The significance of disciplinary differences[J]. Studies in Higher Education,1994. 19(2):151-61.
⑦ 托尼·比彻,保罗·特罗勒尔.学术部落及其领地[M].唐跃勤,等译.北京:北京大学出版社,2008:38-39.

此进行归类也并不是十分适当①。

　　针对教育科学面临的困境,知识学研究发现,教育学的学科危机主要来自教育学知识的困境,出路在于"走向教育学形态研究"②。通过知识研究改变教学科学的路向,西北师范大学王兆璟基于知识科学和教育学理论,认为教学理论具有严密的知识科学的充要条件。考察教学理论的形成史可以看到"知识"作为原点在其中的主线存在,同理,以知识作为元要素来进入教学理论研究,进而考察教学理论研究问题之所在也是合理的,从"知识"出发同样可以对教学理论进行人文化理解③。通过知识的研究,来解决教育的问题,不仅找到了教育学的新路径,也丰富了知识学的内容。

3.3　知识学的知识观

3.3.1　综合吸收各门学科关于知识的合理要素

　　尽管《辞海》《辞源》《中文大字典》《汉语大词典》及各种语言词典上都有"知识"的解释,但这些都是语言学的解释,对于术语学缺乏参考价值。"知识"一词,英语为 knowledge,法语为 connaissance④,德语为 Wissen,日语为知識,俄语为 знание,西班牙语为 conocimiento,在文献情报术语词典中的解释是"(1) 一个人的各种'概念'与概念关系的全部集合;(2)人所认识的各种'概念'和概念关系的全部集合"⑤。然而,具有术语学价值的著名《不列颠百科全书》《美国百科全书》等都没有"知识"的专门词条,或者是因为知识的复杂性难以说得清,或者是因为辞书学家从来没有想过要给知识以界定。

---

① 托尼·比彻,保罗·特罗勒尔.学术部落及其领地[M].唐跃勤,等译.北京:北京大学出版社,2008:42.
② 童想文.再论教育学的困境与出路:知识学的视角[J].教育发展研究,2012(Z1):31-38.
③ 王兆璟.论作为一门知识科学的教学理论[J].当代教育与文化,2009(1):86-90.
④ 此处据韦尔西 G. 和内韦林 U. 著《文献与情报工作词典》。另据法语相关词典:商务印书馆辞书研究中心编译《罗贝尔法汉词典》(商务印书馆,2003)P242 的"connaissance"和 P1118 的"savoir"有"知识"的意义。
⑤ 韦尔西 G.内韦林 U. 文献与情报工作词典[M].周智佑,等编译.北京:科学技术文献出版社,1982:9.

由于有了另一个相关术语"intellectual"(译为"知识"或"智慧"),形成了"intellectual property""intellectual capital"等专门研究领域。最早将一切来自知识活动领域的权利概括为"propriété intellectuale"(知识产权)的,是17世纪中叶的法国学者卡普佐夫,后来为比利时著名法学家皮卡第所发展①。德国在18世纪产生了术语"Geistiges Eigentum"(知识产权),到20世纪初,由于感到"Eigentum(Property)"易于与有形的"财产"相混淆,反倒不大使用"知识产权",转而使用"无形产权"概念,直到1967年世界知识产权组织出现以后,包括德国在内,不再坚持"无形产权"概念,而广泛使用"知识产权"②③。英语"intellectual property"被译为"知识产权",也有译作"智慧财产权"。我国学者曾长期采用"智力成果权"的说法,最早正式使用"知识产权"概念的是1986年颁布的《中华人民共和国民法通则》。我国香港地区使用"智力财产权",台湾地区则使用"智慧财产权"④。

我国大百科全书设有"知识"条目,将知识定义为"人类认识的成果"和"是在实践的基础上产生,又经过实践检验的对客观实际的反映"⑤。这一界定与《辞海》等的解释基本相同,与1980年苏联百科全书出版社出版的单卷本综合性百科工具书《苏联百科词典》关于知识"准确地反映在人们思维中的、被实践检验了的对客观实际的认识"⑥的解释也有相似之处。

从国内外文献现状,关于"知识"的术语学研究是缺乏的。综合各门学科的研究,值得整合的有三个方面:

3.3.1.1 知识的来源

我国古代墨家学派的"墨辩"逻辑体系是世界三大逻辑体系之一,《墨经》被誉为我国古代的百科全书。墨家学派将知识归纳为"闻""说"

---

① 吴汉东,等.知识产权基本问题研究[M].北京:中国人民大学出版社,2005:3.
② 郑成思.再论知识产权的概念[M]//郑成思.知识产权研究(第2卷).北京:中国方正出版社,1996:1-29.
③ 郑成思.知识产权法[M].北京:法律出版社,1997:3.
④ 李春华,董文晶.知识产权法[M].北京:法律出版社,2014:3.
⑤ 中国大百科全书编纂委员会.中国大百科全书(第二版)[M].北京:中国大百科全书出版社,2009:28-326.
⑥ 苏联百科词典译审委员会.苏联百科词典[M].北京:中国大百科全书出版社,1986:1590.

"亲"三种来源,《墨子·经上》载:"知:闻、说、亲"①,"闻知"是指通过别人传授获得的知识;"说知"又称作"不?"②是指通过思维推理获得的知识;"亲知"是指通过亲身观察和体验所获得的知识③。由此可知,知识不仅可以通过他人传授("闻知")和自己推理("说知")获得,还可以通过实践("亲知")获得。

在西方,"培根一直被赞扬为指出知识的真正来源是经验的人,被安放在经验主义认识论的顶峰"④,"依据经验的知识,依据经验的推理,是与依据概念、依据思辨的知识对立的"⑤,"经验并不是单纯的看、听、摸等,并非只是对于个别事物的知觉,主要是由此出发,找出类、共相、规律来"⑥。这种观点一直影响着后来人们对知识来源的认识。Lewis Hassell(刘易斯·哈赛尔)认为:"经验之外是不可能存在知识的。知识不是存贮在人脑中,而是存在于人的精神中,如果不能建立真正的社区,那么所谓的知识管理也只能是知识放养(knowledge herding)。"⑦

关于知识发生和发展的研究,经历了几个不同的时期。20世纪70年代以前,研究的内容几乎全部集中在适用于一切知识领域的一般知识范畴;从70年代后半期起,研究的重点开始向不同特定领域的知识转移;80年代后半期以来将分析的焦点又转移到出生后不久的乳儿、婴儿对个别物体和对象的知识上。这种知识获得理论的论证从一般知识观,经过特定领域的知识观向个别事物的知识观的转移顺序,与儿童个体获得知识的顺序恰恰是相反的。

在知识的发生和发展的理论中,遗传和环境或内因说(中心起源说)和外因说(外围起源说)之争大体经历三个时期的演化:20世纪初,是"环境决定论"和"遗传决定论"两者非此即彼的论争;20世纪中叶的"会合论"(the principle of convergence)认为,知识的发生、发展是由遗传和环境两个因素共同决定的,是"内在本性和外在条件辐合的结果";发展到现代,由于科学研究的进展,探索的问题深入到内在因素与外部条件

---

① 谭戒甫.墨辩发微[M].武汉:武汉大学出版社,2006:80.
② 《经说上》:"方(界域)不库(障),说也"不受时间和地域的限制。
③ 张岱年.中国哲学大辞典[M].上海:上海辞书出版社,2010:138.
④ 黑格尔.哲学史讲演录(第四卷)[M].贺麟,王太庆,译.北京:商务印书馆,1978:18.
⑤ 黑格尔.哲学史讲演录(第四卷)[M].贺麟,王太庆,译.北京:商务印书馆,1978:20.
⑥ 黑格尔.哲学史讲演录(第四卷)[M].贺麟,王太庆,译.北京:商务印书馆,1978:21.
⑦ Lewis H. A continental philosophy perspective on knowledge management[J]. Information Systems Journal,2007(17):185-195.

两者的相互关系,进入到相互作用论时期。其中,Jean Piaget(让·皮亚杰)和 Lev Vygotsky(利维·维果斯基)等代表人物由于研究的侧重不同,强调的方面仍然各异。Piaget 认为,"知识在本源上既不是从客体发生的,也不是从主体发生的,而是从主体和客体之间——一开始就纠缠得不可分的——相互作用中发生的"(1969)。他将人的知识区分为物理知识(广义的)和逻辑——数学知识。"前者是通过主体的单个动作对客体固有特性的经验抽象,是外源性知识;后者最重要的特点是主体对自身的一系列动作的协调的反省,是通过反身抽象而获得的。知识就是通过外在的内化和内在的外化,双向建构的结果"[1]。

今天的知识概念早已突破了哲学的认识论范畴。李子卿认为知识已进入到实践、社会、创造和经济更多的范畴之中,"其一,从广义知识论来看,认识论的知识定义仅仅将知识外延定位在经验与认识领域;其二,从狭义知识论来看,认识论的知识定义仅仅将知识内涵定位在哲学认识论的层次上,因此,已不能深刻地反映出当代知识现象的科学内涵;其三,从特定的知识论来看,认识论的知识定义未能反映出人类社会世界的长足发展和革命性飞跃、革命性变革"[2]。

3.3.1.2 知识的隐喻

把知识比喻为光。"知识就好像是光。没有重量和形状,它能够轻易地漫游世界,照耀身处各地的人们的生活。然而数以亿计的人民仍然生活在贫困的阴影中,这是完全没有必要的"[3]。另外两种比喻是,将知识比喻为一幅风景画,或者描述为一件无缝的斗篷。"两种比喻都有着连贯性和一致性的含义,而与现在人们对知识的理解相比,(这些比喻)并不充分。就那些从事于知识的创造的人的观点而言,知识更像是缝制粗劣的补丁被子。被子的有些拼缀小块只是松散地缝在一起,而有些小块则毫无规则地相互重叠,还有一些似乎由于疏忽而没有缝上,使被子

---

[1] 李文馥,陈永明. 知识的发生和发展[M]//21 世纪初科学发展趋势课题组. 21 世纪初科学发展趋势. 北京:科学出版社,1996:316-318.
[2] 李子卿. 知识经济学简明教程[M]. 广州:花城出版社,1999:1-2.
[3] KFD. Knowledge for development[R]. World Development Report,Washington:World Bank, 1998:1.

上留下大片形状怪异的缺口"①。

著名诗人 Thomas Stearns Eliot(托马斯·斯特尔那斯·艾略特)在1934年的作品 The Rock(《岩石》)中这样形容对知识与智慧的期盼:"我们在生活中失去的生命在哪里? 我们在知识中失去的智慧在哪里? 我们在信息中失去的知识在哪里?"②

哈佛大学昆虫学和动物学的教授 Edward O. Wilson(爱德华·威尔逊)在《论契合:知识的统合》中说:"我们现在是信息有余,智慧不足。"③

隐喻的背后是理性的思考。中国科学院研究生院李醒民提出要转变我们的科学观,即从经典的、传统的知识科学观转向当代的、新型的智慧科学观。主要依据是 N. Maxwell(N·麦克斯韦)对知识哲学和智慧哲学的研究,"知识哲学是极其简单的:科学探究以与人的生活脱离的方式,致力于达到改进知识的理智目的,并运用这样获得的知识作为工具,帮助我们解决面临的实际问题"④,而"智慧哲学把这种基本的、简单的观念作为有害的、不合理性的东西加以拒绝。取而代之的是,它坚持认为,为了探究是合理性的,为了探究给我们提供实现具有价值的东西的合理性帮助,探究必须把绝对的理智优先给予我们的生活及其问题,给予具有价值的东西如何实现的问题"⑤。这里,虽然表达了智慧超越知识的意义,但他所说的知识科学观并非我们今天建构的知识科学。

知识的隐喻毕竟不是科学,对知识的认识必须建立在科学的分析之上。

3.3.1.3 知识的同心圆说

我国图书情报界习惯将信息、知识与情报、文献相关联,1981年,肖自力专门探讨信息、知识和情报三者的关系,认为这三者的关系可以用三个同心圆表示:外圈是信息,中圈是知识,内圈是情报(见图3-2)。

---

① 托尼·比彻,保罗·特罗勒尔.学术部落及其领地[M].唐跃勤,等,译.北京:北京大学出版社,2008:31.
② 柯平.知识管理学[M].北京:科学出版社,2007:iii.
③④ 李醒民.从知识科学观转向智慧科学观[J].民主与科学,2008(5):50-52.
⑤ Maxwell N. From Knowledge to Wisdom, A revolution in the aims and methods of science [M]. England, New York: Basil Blackwell, 1984:65-66.

3 关于知识的系统研究

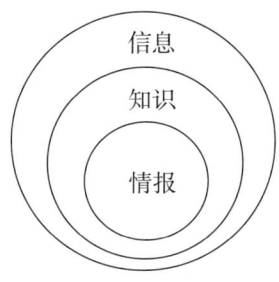

图 3-2　信息、知识和情报三者的关系

资料来源：肖自力.信息　知识　情报[J].情报科学,1981(3):2-10.

肖自力通过图 3-2,强调知识和情报都属于信息这个大的范畴,同时说明这三者都可以记录、存储、编码、传递,并在一定条件下相互转化。在1983 年武汉大学严怡民的《情报学概论》一书中认为,知识与信息的联系与区别也适合于情报与信息,并将信息、知识与情报这三者之间的逻辑关系为:信息⊃知识⊃情报,这种关系可用文氏图表示(见图 3-3)。

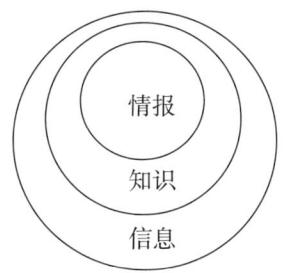

图 3-3　信息、知识和情报的逻辑关系

资料来源：严怡民.情报学概论[M].武汉:武汉大学出版社,1983:12.

图 3-3 与图 3-2 基本相同,都是表现三个概念之间的包含关系,只是情报的位置发生了变化。

此后,图书情报界都在引申这一观点,如"知识就是在特定时空系统中的信息,知识和信息的区别只是前者具有系统化、有序化的特征""任何信息和知识本身都潜藏有情报价值,具有成为情报的可能"(周胜强)[①];"信息是情报的原料或半成品,而知识则是信息向情报实现过程中的中介物"(王知津等)[②];"数据是信息最基本的构成要素,信息是数

---

① 周胜强.信息、知识、情报新论[J].情报学刊,1993(3):238-240.
② 王知津,粟莉.信息、知识、情报——再认识[J].情报科学,2001(7):673-676.

据的关联和知识的原料,知识是信息的系统化和智慧的基础,情报是知识的应用与增值,智能是知识的升华与行动,文献则是记录、存储与传播知识的工具"(龚蛟腾)①。

国外有一种类同心圆的表示,J. David Johnson 认为,知识与数据、信息、智慧相关联,其关系如图 3-4 所示。

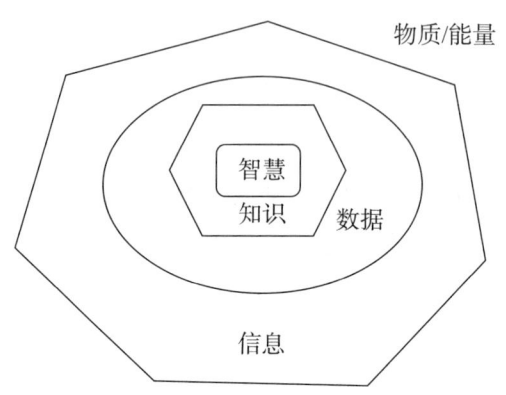

图 3-4 知识与相关术语的区别

资料来源:Johnson J. David. Managing knowledge networks[M]. Cambridge:Cambridge University Press,2009:12.

图 3-4 中,数据在信息和知识之间,这一关系表述与数据包括信息的观点有所不同。

知识的同心圆说实际是信息与知识包含关系说的直观表现和进一步发展的结果。其局限性在于这种包含关系排除了知识与信息、数据等概念之间的交叉、融合等各种复杂的联系。

3.3.1.4 知识的生命周期说

关于数据、信息与知识三个概念的关系,美国学者 Forest Horton(福雷斯特·霍顿)在《事实的生命循环》(*Life Cycle of Fact*)中指出"原始数据总是与新生事物联系在一起的,对原始数据的评价产生了信息,成熟的信息构成知识,而事实的最终'死亡'形成了相关的知识库。相对而言,信息要比数据重要,而知识比信息重要"②。美国信息系统 A. Debons

---

① 龚蛟腾. 图书馆知识管理范式研究[M]. 北京:知识产权出版社,2013:31.
② Horton Forest W. Jr. Information resource management:concept and cases[M]. Cleveland. Ohio:Association for Systems Management,1979:53.

(德本斯)等提出"从人的整个认知过程的动态连续体中理解信息,将认知过程表达为:事件→符号→数据→信息→知识→智慧"[①]。这里,在"数据"之前又增加了"事件"和"符号"两个概念。

我国台湾元智大学管理学院已故院长尤克强博士建立了一个"数据→信息→知识→价值"的链条[②],认为:"数据"是对观察到的事件所做的记录(data = perceived facts);"信息"是经过处理后具有意义的数据(information = meaningful data);"知识"是人类思考信息的能力(knowledge = conceptualization of information);"价值"是知识创造的行动(value = knowledge-driven actions)。

总的来说,生命周期说反映了知识在生命周期中的地位,也是知识成长的一种方式,但这种观点仍然是将知识与相关概念之间的关系简单化了。

3.3.1.5 知识的金字塔模型

除了用生命周期的方法,还有一些学者运用金字塔或梯级要素描述信息水平或知识水平的结构。美国学者 A. N. Smith(史密斯)和 D. B. Medley(梅德利)将数据、信息、知识三者的关系用金字塔模型来表示(见图3-5),成为计算机领域的常见表述。

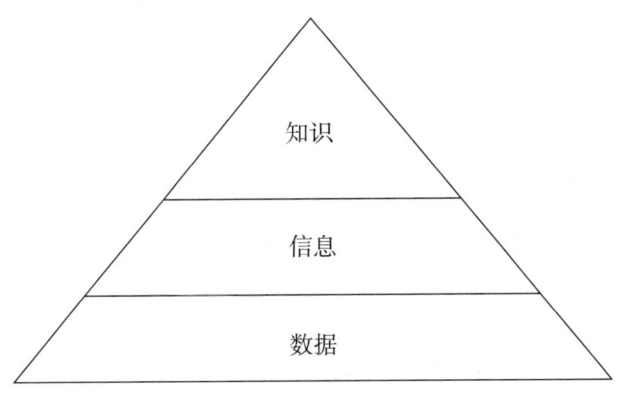

图3-5 信息、数据与知识的关系

资料来源:Smith A. N, Medley, D. B. Information resources management[M]. Cincinati:South-Western Publishing Co. ,1987.

Nicolas Jequier(尼古拉斯·杰奎)的"信息水平的金字塔"四阶段理论强调,数据、信息、知识和智能是逐步深化的,数据是塔底,智能是塔

---

① 邬锦雯,白雪天. 信息本质的变化[J]. 情报科学,2000(11):982-984.
② 尤克强. 知识管理与企业创新[M]. 北京:清华大学出版社,2003:43.

尖,是经过提炼、净化和完善的过程①。长期以来,"知识"与"智慧"被区别开来②。迪布拉·艾米顿用"知识梯级要素"③(见图3-6)表现了"数据—信息"和"知识—智慧"的两类划分,前者易于编码,相对简单,后者需要学习,相对复杂。

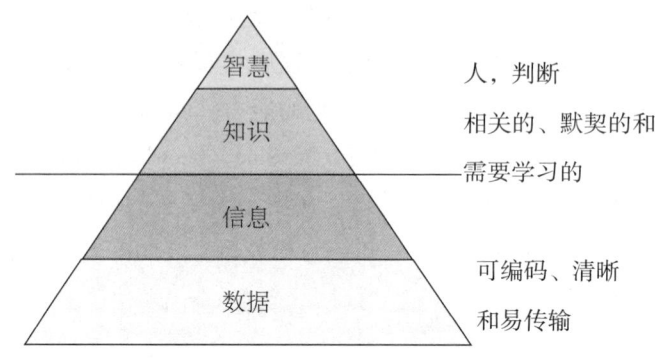

图3-6 知识的梯级要素

资料来源:斯卡姆.知识网络——明天的工具.沈阳:辽宁画报出版社,2001:60.

1993年,IBM公司高级商业学院S. H. Haeckel(斯蒂芬·H·赫克尔)在美国信息研究所的第五期年度报告中,提出了分析信息结构的一般等级划分(见图3-7)。

图3-7虽然表现的是信息等级,实际上也是知识的金字塔结构。其中,事实(fact)是"在一种真理价值观下得到的观察资料",关联(context)是"关于事实的事实",信息(information)是"关联中的事实",推理(inference)是"运用思考、理解能力的过程",智能(intelligence)是"对信息进行的推理",确证(certitude)是"既建立在主观基础上,也建立在客观基础上",知识(knowledge)是"对智能的确证",综合(synthesis)是"各种不同类型知识的合成",智慧(wisdom)是"综合了的知识"④。

---

① Jequier N. Intelligence requirements and information management for developing countries in information, economics and power: the North-South dimension[M]. ed. Rita Cruise O, Brien, London, Hodder and Stoughton, 1983:122-140.
② 柏拉图将"智慧和知识"列为理想国的四种美德之首,见:[德]黑格尔著;贺麟,王太庆译.哲学史讲演录(第二卷)[M].北京:商务印书馆,1960:254.
③ 斯卡姆.知识网络——明天的工具[M].王若光,译.沈阳:辽宁画报出版社,2001:60-61.
④ 美国信息研究所.知识经济:21世纪的信息本质[M].南昌:江西教育出版社,1999:25-27.

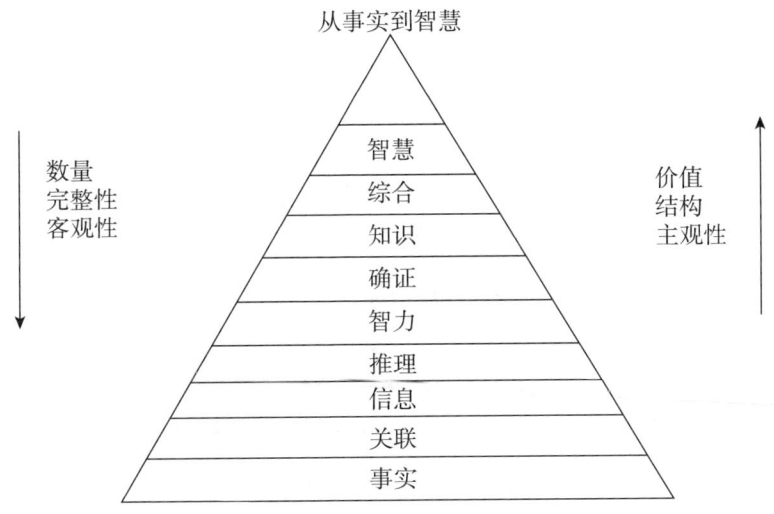

图 3-7 Haeckel 的信息等级

资料来源:美国信息研究所.知识经济:21世纪的信息本质[M].江西教育出版社 1999:26.

知识的金字塔在信息、经济、管理、教育、图书情报等各个领域均有应用。然而,金字塔结构也有明显的局限性,即从低级到高级的排列这种给知识赋予的等级观并不是客观存在的,而是一种人为的假定。

3.3.1.6 知识的转化模型

这里的转化不是知识管理中知识与知识之间的转化,而是知识与相关概念之间的转化。知识与信息、智能、智慧等之间的关系比较复杂,有人又在概念链中增加了"理解"一词,使关系变得更为复杂。Russell Ackoff(罗素·艾可夫)把人类的知识分为五类:数据、信息、知识、理解、智慧,在知识与智慧之间增加了"理解"(understanding),以回答"为什么"的问题。前四类都是处理过去相关的已知内容,只有第五类用于将来,因为它包含着先见和设计[①]。

Gene Bellinger(吉恩·贝林格)等学者认为,理解(understanding)支撑着数据到信息和知识的转换,理解并不是一个独立的层次。知识与信息、数据、智慧等形成了知识的金字塔,即"数据—信息—知识—智慧"(DIKW)的逻辑递进关系(a data-information-knowledge-wisdom hierarchy or pyramid),"理解"

---

① Ackoff R. L. From data to wisdom[J]. Journal of Applies Systems Analysis,1989(16):3-9.

在这个递进关系的不同层次中表现是不同的(如图3-8所示)①。

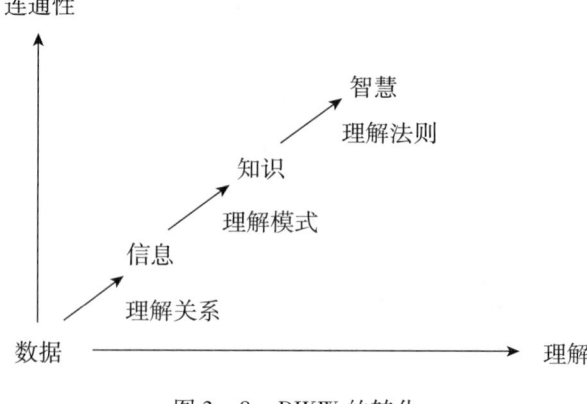

图3-8 DIKW 的转化

资料来源:Gene Bellinger, Durval Castro, Anthony Mills. Data, Information, Knowledge, and Wisdom[DB/OL].[2015-12-20]. http://www.systems-thinking.org/dikw/dikw.htm,2004.

Bellinger 的观点得到了很多学者的认同。实际上,"数据—信息—知识—智慧"这一概念链中,所有的转换都离不开理解。

笔者在《知识管理学》一书中认为,在知识管理中,重要的是知识及其相关要素的转化,既包括信息转化为知识,也包括知识转化为信息,表现为信息—知识—智慧的新逻辑结构,如图3-9。

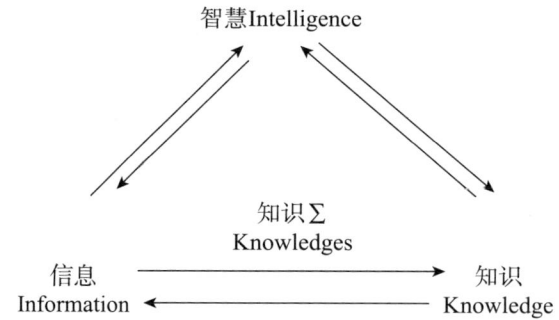

图3-9 信息、知识与智慧的逻辑结构

资料来源:柯平.知识管理学[M].北京:科学出版社,2007:69.

---

① Gene B, Durval Castro, Anthony Mills. Data, information, knowledge, and wisdom[DB/OL].[2015-12-20]. http://www.systems-thinking.org/dikw/dikw.htm.2004.

这一结构打破了以往的知识结构,将梯级结构或金金字塔结构转变为表现知识来源的转化结构:一是信息与知识的相互转化;二是智慧与信息的相互转化;三是知识与智慧的相互转化。但是,这一结构中并没有反映数据的位置。从知识学角度,将数据作为知识逻辑结构的起点,则可以用图3-10表示。

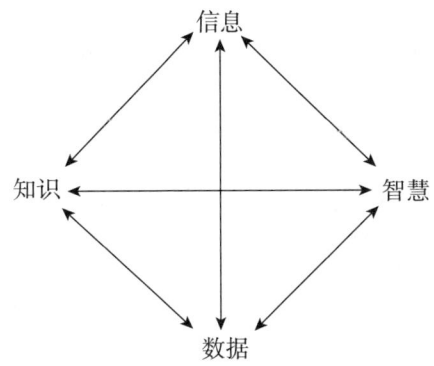

图3-10 知识与数据、信息、智慧的逻辑结构

资料来源:作者整理。

图3-10形成的新结构增加了数据概念后,形成了纵横两条线,纵线为"数据—信息",横线为"知识—智慧",这两组概念属于不同的概念范畴,前者主要与客观世界相关,可编码,后者主要与主观世界相关,难以编码。它们之间相互联系,形成了知识学中与知识相关的六种转化,其中"数据与信息之间的相互转化""知识与智慧的相互转化"这两种转化是基本形式,而"信息与知识的相互转化""信息与智慧的相互转化""数据与知识的相互转化""数据与智慧的相互转化"这四种是非基本形式。一般而言,基本形式由于是同类之间的转化,比较常见,且相对易于实现;而非基本形式则是非同类之间的转化,需要进行跨越、飞跃或者说质变,相对难于实现。

从数据到信息的转化易于理解,而从信息到知识的转化就不是一件简单的事,L. Marshall(露西·马沙)这样解释信息和知识的相互转化,"当一个人阅读、了解、解释和应用信息于特殊工作时,信息就转换成知识,一个人的知识可能是另一个人的信息"[①]。如果说从信息到知识的转

---

① Marshall L. Facilitating knowledge management and knowledge sharing: new opportunities for information professionals[J]. Online(Sep./Oct. 1997):93.

化比较困难,那么,从信息到智慧的转化就更难了,至于从数据到知识的转化、从数据到智慧的转化,是更大的跨越和飞跃,也是更高级的形式,以前无法想象,但在 E 环境、泛在知识环境和大数据时代,这种跨越和飞跃是可以实现的。

3.3.1.7 知识的相关概念辨析

从上面的分析可见,数据、信息、智慧是与知识最为密切相关的三个概念。而对于知识、数据、信息和智慧这四个概念,不同的学者和学术机构有不同的解释,详见表 3-2。

表 3-2 关于数据、信息、知识和智慧的代表性定义

	数据 Data	信息 Information	知识 Knowledge	智慧 Wisdom
世界银行 1998年出版的《世界发展报告》	经组织的数字、词语、声音、图像	以有意义的形式加以排列和处理的数据	用于生产的有价值的信息	
Forest Woody Horton[1]	原始数据与新生事物联系在一起	对原始数据的评价	成熟的信息	
J. Maglitta[2]	原始的数字和事实	经过处理的数据	可发挥作用的信息	
Stephen Abram[3]	raw facts	organized data, tangible representation of data	Information in context of individual's role, learning behavior, and experience	

---

[1] Martin W. J. The information society[M]. London: Aslib, the Association for Information Management, Information House, 1988: 9.
[2] Maglitta J. Smarten up![J]. Computerworld, 1995, 29(32): 84-86.
[3] Abram S. Post information age positioning for special librarians: is knowledge management the answer? -knowledge and special libraries-Chapter 12[J]. Knowledge & Special Libraries, 1999: 185-193.

续表

	数据 Data	信息 Information	知识 Knowledge	智慧 Wisdom
Annie Brooking	由一些事实、图片和数字构成，没有特定的环境	编制好的数据，是数据的组合，有一定的环境	有一定环境、起作用的信息	
Debra M. Amidon①	事实和数字	特定条件下的数据	有意义的信息	富有洞察力的知识
Russell Ackoff②	符号	有用的数据，回答"谁""是什么""在哪里""什么时候"这类问题	数据和信息的应用，回答"怎么做"的问题	对理解的评估

资料来源：作者整理。

表3-2中的第四个概念"智慧"，也有用"智能"的。在表3-2的四个概念中，人们更关注信息和知识两个概念的讨论，据不完全统计，信息的定义有100多种③。Diener（丹尼）认为，从哲学的认识水平看，数据是被人们感知和理解的，而信息和知识是更概念化的④。William Martin（威廉·马丁）认为，目前，大众化的信息概念和专业化的信息概念之间的区别的确存在，而关于知识的定义却没有多大的差异，"在普通认识和特殊理论与实践领域，知识是一种比信息概念更为广泛和直接的概念"⑤，"信息和知识之间的区别比信息和数据之间的区别要明显得多"⑥。实际并非如此，从表3-3可以看出定义的较大差异。Karl Wiig（卡尔·维格）这样论述知识与信息的区别："知识包括真理与信念、角度与概念、判

---

① 斯卡姆. 知识网络——明天的工具[M]. 王若光,译. 沈阳:辽宁画报出版社,2001:60.
② Ackoff R. L. From data to wisdom[J]. Journal of Applies Systems Analysis,1989(16):3-9.
③ 孟广均,霍国庆,罗曼,等. 信息资源管理导论(第二版)[M]. 北京:科学出版社,2003:4.
④⑥ W. J. 马丁. 信息社会[M]. 胡昌平,译. 武昌:武汉大学出版社,1992:12.
⑤ Zunde Pranas,John Gehl. Empirical foundations of information science[C]//Annual Review of Information Science and Technology. ed. M. E. Williams. White Plains. New York:Knowledge Industry Publications. vol. 14,1979:71.

断与期待、方法与专业技能。知识是积累起来的,经过组织和综合,能被较长时间用于应付具体的情况和问题。信息包括被组织在一起描述某一特定情况或问题的事实和数据"[①]。

这样的比较虽然有一定的意义,但难以最终解决问题,是因为这四个概念并不在同一个范畴。正如所说的"问题表现为等级的假定上,从数据到信息再到知识,这三者在语境、有用性和可解释性等不同的维度上都具有差异"[②]。从这一点考虑,应当将上述四个概念分为两组:"数据—信息"和"知识—智慧",前者属于客观世界的范畴,后者属于主观世界的范畴。

3.3.2 知识认识论的立体化趋势

3.3.2.1 从哲学的知识观到组织的知识观

在知识经济背景下,知识在组织的重要性突显出来。知识从哲学的认识发展到组织的认识,于是学者们对组织知识(organizational knowledge)开展研究,主要观点如表3-3。

表3-3 组织知识的定义

观点	代表人物	定义
信息说	Buckley and Carter(2000)	不具备简单信息特征的"结构化的信息"
	Galup et al. (2002)	不可分割的信息环境
	Leonard and Sensiper(1998)	相关的、可操作的和基于某些经验的信息
	Mahlitta(1996)	行动的信息
	Tiwana(2002)	商业环境中仅指可操作信息
信念说	Lin and Wu(2005)	当信息成为被个人解释,赋予一个语境,并被固定到个人的信仰和承诺时,信息就成为知识
	Nonaka and Takeuchi(1995)	证明个人信念接近真理的动态人类进程
	Plato(1992)	经过证明了的真实信念

[①] 布鲁金,安妮.第三资源——智力资本及其管理[M].赵洁平,译.大连:东北财经大学出版社,1998:150.

[②] Alavi Maryam, Leidner Dorothy E. Knowledge management systems: issues, challenges and benefits[A]. Stuart Barnes. Kowledge Management Systems: Theory and Practice[M]. Thomson Learning, 2002:15-31.

续表

观点	代表人物	定义
价值说	Bourdeau and Couillard(1999)	行动的驱动力和对专业人士的影响范围
	Davenport, Prusak(1998)①	结构化经验、价值观、语境信息和专家见解的非固定混合体,为评估和整合新的经验与信息提供一种框架
	Kanter(1999)	供决策与执行的力量
	Polanyi(1962,1966)	被更好地描述为知的进程的活动
	Tsoukas and Vladimirou (2001)	嵌入公司的共同理解,这使它能够将其资源用于特定用途
	Vail(1999)	组织的增值工具

资料来源:作者整理自:Jasimuddin Sajjad M. Knowledge management: an interdisciplinary perspective[M]. New Jersey: World Scientific Publishing Co. Pte. Ltd, 2012.

由表3-3可知,对组织知识的认识不尽相同,主要有信息说、信念说、价值说三种。信息说强调组织知识与信息的联系,信念说主要来自哲学的知识观,而价值说则从组织行为和组织特征出发,强调知识对于组织的作用,这种对知识的理解较为实用。

3.3.2.2 从单一的知识观到复合的知识观

Beckman认为:"知识是人类对数据及信息的一种逻辑思维,它可以提升人类的工作、决策、问题解决及学习的绩效。"②Thomas Davenport(托马斯·达文波特)指出知识有六大构成要素:"经验、有根据的事实、复杂性、判断、经验法则与直觉、价值观与信念。"③我国国家科技领导小组办公室《关于知识经济与国家知识基础设施的研究报告》给知识的定义是"经过人的思维整理过的信息、数据、形象、意象、价值标准以及社会的其他符号化产物,不仅包括科学技术知识——知识中最重要的部分,还包括人文社会科学的知识,商业活动、日常生活和工作中的经验和知识,人

---

① Davenport, Prusak. Working knowledge: how organizations manage what they know[M]. Boston: Harvard Business School Press. 1998.
② Beckman T. Implementing the knowledge organization in government[C]. Paper and Presentation, 10th National Conference on Federal Quality, 1997.
③ 邱汇川. 知识管理汇编(一)[EB/OL]. [2016-02-19]. http://www.cko.com.cn/web/experts/qhc/20050803/119.1712.0.html.

们获取、运用和创造知识的知识,以及面临问题做出判断和提出解决方法的知识"①。

3.3.2.3 从静态的知识观到动态的知识观

静态的知识观是一种结果的知识观。美国社会学家 Daniel Bell(丹尼尔·贝尔)对知识的定义是:"知识是对事实或思想的一套有系统的阐述所提出的合理性的判断或经验性的结果,它通过某种交流手段,以某种系统的方式传播给其他人。"②这一知识观发展为动态的知识观,强调知识是一个过程。1998 年 Verna Allee(维娜·艾莉)根据量子物理中的"波粒二相性"原理提出了知识的"波粒二相性"③,描述知识的"实体"和"过程"双重特性。

对知识"实体"和"过程"双重特性的认识,与作为知识先决条件的信息具有"对象"(object)与"过程"(process)双重特性④的认识有某种一致和关联性,反映出信息与知识认知的复杂性,不能简单地看待信息与知识。

还有人认为,"知识"既是一种事物(knowledge is a thing),又是一种流程(knowledge is a flow),还是一种体验(knowledge is an experience)⑤。

基于以上的讨论,可以有以下结论:

第一,知识是一个相对的概念,它相对于信息、数据、智慧等相关概念,属于金字塔中的一个部分,属于知识学概念体系中的一个子集。与数据、信息相比较可知,知识的作用和地位更为重要,被誉为"人类进步的阶梯"。知识是相关概念链中的一个中间概念,之前有数据、信息,之后有智能或智慧,对于前者,知识并不是简单地对其加工整理,需要经过思维、理解和转化的过程;对于后者,知识并不是严格与智能或智慧相区别,因为离不开人脑和认识,它们之间并不呈现直接转化的关系,有时表

---

① 转引自王众托.信息与知识管理[M].电子工业出版社,2010:12.
② 贝尔·丹尼尔.后工业社会的来临:对社会预测的一项探索[M].北京:商务印书馆,1984:195.
③ 艾莉.知识的进化[M].刘民慧,等,译.珠海:珠海出版社,1998:89 – 91.
④ Ibekwe-SanJuan, Fidelia, Dousa Thomas M. Theories of information, communication and knowledge: a multidisciplinary approach[EB/OL]. [2016 – 02 – 19]. http://www.springer.com/cn/book/9789400769724.
⑤ Norris D., et al. Transforming eKowledge[EB/OL]. [2016 – 02 – 19]. http://www.transformingeknowledge.info/.

现为相互转化。从这一角度,金字塔结构并不适用于知识与智能或智慧的关系。而知识管理中,隐性知识有时包含了智能或智慧。

第二,知识具有多维特性,既是单一的概念又是复合的概念,既是实体的概念也是过程的概念,既是静态的概念也是动态的概念。知识被人类创造、积累和传播,又被人类反复利用,作为人类的重要工具和手段,用以解决人类生产与社会生活的各种问题。知识可以被独占,又可以被分享。

第三,给知识下定义是极其困难的,但又不能回避。已有的知识定义主要有两种方式:一种是用"信息"解释"知识",如上述的 Stigler(斯蒂格勒)、世界银行、Annie Brooking(安妮·布鲁金)、Stephen Abram(史蒂芬·艾布拉姆)、Debra M. Amidon(迪布拉·艾米顿)等的定义(见表3-2)。另一种是用某种"结果"或"总和"定义知识,如上述 Thomas Davenport(托马斯·达文波特)和 Laurence Prusak(劳伦斯·普鲁萨克)、Daniel Bell(丹尼尔·贝尔)等的定义。前者体现了知识与信息的关系,后者体现了知识的性质。从知识的复杂性看,后者更符合知识的定义方式。从已有的知识定义中可以抽取出一些共性的特征:①知识与思维、认识有关,是思维的结果或结晶,是认识的描述;②知识与信息、数据、智慧、智力相关,但不是信息、数据、智慧和智力本身;③知识是多种要素的混合体或综合体,反映物质和精神成果。这些特征可以作为给知识下定义的参考。

笔者曾在《知识管理学》一书中给出过知识的定义:"知识是人们对自然、社会的现象与规律的认识,包括经验的积累与归纳,信息的加工或理解,学问或科学等。知识是在人类长期实践活动过程中,在反映人类客观世界的基础上由人类创造的物质和精神成果。从本质上说,知识属于认识的范畴,随着人类社会的实践活动而不断发展变化,它已经渗透到人类社会实践活动的各个环节。"[①]今天从知识学的研究角度看,这一定义显然是不全面的。知识不仅属于认识的范畴,知识是一个涉及多范畴的科学概念。狭义的知识是认识论范畴的知识或仅仅指客观知识,而知识学所研究的知识是广义的。这里,把先前的知识定义进一步修改补充,形成新的知识界定:知识是在人们对自然、社会的现象与规律的认识以及在此基础上形成的人类精神财富的总和。

---

① 柯平. 知识管理学[M]. 北京:科学出版社,2007:52-53.

4 知识环境研究

科学的环境对科学发展以极大的影响,这是毫无疑问的。然而,这里的知识环境研究不是知识学的学科环境问题,而是将知识环境作为知识学的一个研究领域,因为知识环境影响着知识学的其他内容。

4.1 知识的经济、社会与生态环境

4.1.1 知识经济学

20世纪90年代,知识经济成为全球关注的热点,知识的生产、分配与使用上升到经济领域,成为经济增长的新型动力,并由此引发了科学技术、知识产业、服务产业的快速发展。世界经济合作与发展组织(OECD)1996年发表的《以知识为基础的经济》(*Knowledge-based Economy*)报告提出从"知识投入""知识存量""知识网络""知识和学习"四个方面测度知识经济[①]。

知识经济(knowledge economy)曾被称之为新经济。所谓新经济,是以知识为基础的后工业时代经济,其突出的标志是知识在新经济中成为首要的生产要素(Quinn,1992;Drucker,1993;Burton-Jones,2000),无形资产比有形资产更重要(Stewart,1997;Edvinsson和Malone,1997)[②]。新经济是网络化、数字化和虚拟化的结果。

首先,新经济是网络经济。从早期的"信息经济"或"后工业经济"

[①] Organization for Economic Co-operation and Development. The knowledge-based economy [EB/OL]. [2016-03-10]. http://www.oecd.org/sti/sci-tech/1913021.pdf. Paris, 1996.

[②] 顾基发,张玲玲. 知识管理[M]. 北京:科学出版社,2009:9.

而来,以区别于"工业经济"。通信媒介的数字化使得组织内和组织间的合作大大扩大(Castells,1999),随之而来的是正式组织的衰落。

其次,新经济是数字经济,也有称之为"e 经济"(electronic economy)。美国著名的数字未来学家 Don Tapscott(唐·泰普史考特)在谈到当前的时代特征时曾把它称为"沙粒时代",因为数字化技术的核心元件——硅片和光缆,都是基于沙粒的。

再次,新经济是虚拟经济,随着虚拟货币、虚拟交易、虚拟社区以及虚拟组织的出现,现实世界和虚拟世界之间的界限正被打破,正如未来学家 Watts Wacker(华兹·瓦克尔)等人所指出的:"我们正在进入一个'只要想得到,就能做得到'的时代。"[1]新经济的重要征是"快"(经济变化快、技术更新快、创新速度快、创新成果扩散快)。

网络的快速发展及其对经济的影响催生了数字时代与知识经济。网络不仅改变了生产方式,也改变了经济结构模式,使产品与服务、供与求、时间与空间等界线都变得模糊。第一个经济潮流是"网络经济"将成为主流,第二个经济潮流是"知识经济"将成为清流,第三个经济潮流是"顾客经济"的激流,这三个经济潮流加上"个人主义"的洪流和"社区主义"的暗流,被称为网络大未来的"三经两义"[2],反映了知识经济时代的特质。

Don Tapscott 在其 1996 年《数字化经济》(*The Digital Economy*,又译作《数位化经济时代》)一书中归纳了知识化、数字化、虚拟化、分子化、整合/跨网络式、中介者的去除、聚合化、创新化、生产消费合一、即时性、全球化、矛盾冲突性 12 项新经济时代的特征[3]。这 12 项特征中,最基本的是知识化和数字化,知识化产生了知识型员工、知识工作者,引发创新和分子化等,数字化与虚拟化紧密相连,产生虚拟对象和虚拟市场等,并加速了全球化及即时性等。

在新经济中,数字技术的影响首当其冲。Larry Downes(拉里·唐纳)和 Chunka Mui(昆卡·穆伊)在 1998 年合著的《Killer App:12 步打造数字企业》一书中,描述了数字技术如何改变原有的游戏规则,指出数字技术按 3 个定律发生作用,第一个是摩尔定律(Moore's Law)"每 18 个月,

---

[1] 查尔斯·德普雷,丹尼尔·肖维尔. 知识管理的现在与未来[M]. 刘庆林,译. 北京:人民邮电出版社,2004:35.
[2] 尤克强. 知识管理与企业创新[M]. 北京:清华大学出版社,2003:53-55.
[3] 唐·泰普史考特. 数位化经济时代:全球网路生活新模式[M]. 卓秀娟,陈佳伶,译. 台北:美商麦格罗·希尔国际股份有限公司,1997:84-117.

芯片(处理器)的密度(等于运算能力)将翻一番,但成本不变",所有与数字技术相关的商品都愈来愈快、愈来愈小,也愈来愈便宜;第二个是梅特卡夫定律(Metcalf's Law)"网络的效用将与使用者数目的平方成正比",从而将传统经济的"报酬递减定律"(Law of Diminishing Returns)颠覆为"报酬递增定律"(Law of Increasing Returns)。他们在这两个定律的基础上提出了第三定律即社会体制与科技鸿沟冲突的"扰乱定律"(Law of Disruption)。

知识经济学的相关著作不仅揭示了新经济的背景,而且提出了知识经济的新观点。美国教授 Colin Turner(科林·透纳)的《信息经济:数字时代的商业竞争战略》(*The Information E-conomy: Business Strategies for Competing in the Digital Age*)阐述数字技术对企业战略的影响,指出知识经济的潜力在于数字技术对经济三项活动(产业、商业和市场)的全面影响。由多位世界知名学者论述结集出版的《知识对经济的影响》(*The Economic Impact of Knowledge*)从经济视角探讨了知识在企业竞争中的作用,揭示出知识买方的动机是社会学的问题,而知识卖方的诱因是政治学的问题,知识市场的驱力则属于经济学的范畴。获得英国首相布莱尔推荐的 Charles Leadbeater(查尔斯·李德彼特)的《新经济大趋势》(*Living on Thin Air: the New Economy*)通过分析欧美及亚洲各国发生的重大事例,总结出三种主要力量改变世界经济:金融资本主义、知识资本主义、社会资本主义。

4.1.2　知识社会学

(1)社会的数字不平等问题

2000 年 7 月 22 日,八国首脑发布《全球信息社会冲绳宪章》,"其核心有两点:数字机遇与数字鸿沟"①。数字鸿沟(digital divide)加速了发达国家内部,以及发达国家和发展中国家之间的贫富分化,从而导致了社会"马太效应"问题。

数字鸿沟是在信息领域一系列差距与困难的表现,包括在获取信息上,存在着由于通信技术差距导致的信息获得困难,以及由于信息能力差距导致的信息获得障碍;在使用信息上,存在着由于通信技术差距导

---

① 曾虎,王大军.光明日报.八国首脑发表《全球信息社会冲绳宪章》[EB/OL].[2016 – 03 – 10].http://www.gmw.cn/01gmrb/2000-07/23/GB/07%5E18490%5E0%5EGMA3-215.htm.

致的信息使用困难;由于实际应用差距和使用效果差距导致的信息不能发挥效用等。在2012年6月第30届国际行政科学大会上,有学者认为数字鸿沟有三种不同情形:"一是发达工业化国家与发展中国家之间的全球化数字鸿沟;二是在发达工业国家,信息富有者与信息贫穷者之间的数字鸿沟;三是在政治生活中,使用网络参与公共管理活动与不使用网络的社会公众间的民主化数字鸿沟。"①

(2)知识贫困问题

按照1998年诺贝尔经济学奖得主Amartya Sen(阿马蒂亚·森)对于"贫困"的界定②,"贫困不仅仅指收入低下"③,而且指人类基本能力和权利的剥夺。知识贫困(knowledge poverty)是进入知识社会的重要形式,包括传统意义上识字能力、接收教育的不平等以及教育水平的低下,也包括现代意义上知识获取和知识吸收的条件与能力不足,还包括在知识社会中通过知识获得生存与发展空间的机会与水平差距,缺乏知识生产与创新能力直接影响着个人的生活与工作诸方面,带来新的更大的贫困。

清华大学胡鞍钢等将知识贫困作为一类新型的贫困与传统的收入贫困(income poverty)和人类贫困(human poverty)相对应④,总结出我国知识贫困的四个特点:"第一,尚有面广量大的人口处于知识贫困状态,表现为受教育水平低或根本未受过教育,没有机会和能力利用报纸、图书、电话、互联网等手段获取和交流信息。第二,知识贫困状况存在严重的地区差异,西部地区和少数民族地区是知识贫困的重灾区,处于严重的知识能力不足状态。第三,知识贫困状况存在严重的城乡差异,农村地区的知识贫困比城市严重得多。第四,知识贫困还存在严重的性别差异,与男性相比,女性处于更为严重的知识贫困之中"⑤。

---

① 乔立娜.电子政务发展与公众信任——国际行政科学学会(IIAS)第30届大会"电子政务平台,加强公众信任"分议题观点综述[J].电子政务,2012(12):81-87.
② Amartya Sen. Development as freedom[M]. Oxford:Oxford University Press,1999.
③ 2015年10月4日,世界银行宣布,按照购买力平价计算,将国际贫困线标准从此前的一人一天1.25美元上调至1.9美元。来源:新华网.世界银行上调国际贫困线标准[EB/OL].[2016-03-10]. http://news.xinhuanet.com/world/2015-10/05/c_1116739916.htm.
④ 胡鞍钢,李春波.新世纪的新贫困——知识贫困[M]//胡鞍钢.知识与发展:21世纪新追赶战略.北京:北京大学出版社,2001:224.
⑤ 胡鞍钢,李春波.新世纪的新贫困——知识贫困[M]//胡鞍钢.知识与发展:21世纪新追赶战略.北京:北京大学出版社,2001:224-237.

(3)过度知识所有权侵占公共利益的问题

资深记者 Seth Shulman(赛斯·舒曼)女士的《知识的战争》(Owning the Future)详细描述了当今"知识所有权管理制度"(即专利系统)如何以"财产"为基本概念,不当地把人类社会导向歧途,许多企业或是个人更把原应属于"公众知识"的资产转成私有的"智力财产",从而伤害到大众的福利①。由此作者呼吁"保护公众知识"比"获得经济利益"更为重要。

4.1.3 知识生态学

知识生态学是运用生态学(ecology)的原理,研究生物与环境关系及相互作用并服务于知识社会的专门学问。1866 年,德国生物学家 Ernst Heinrich Haeckel(恩斯特·海因里希·海克尔)第一次正式提出生态学的概念,并把生态学"定义为'研究动物与其有机及无机环境之间相互关系的',特别是动物与其他生物之间的有益和有害关系"②。1975 年,加拿大渥太华大学哲学系教授 J. A. Wojciechowski(沃杰霍夫斯基)创立"知识生态学"(ecology of knowledge),认为是"讨论人类知识及其影响的学科,是研究人类与知识体(body of knowledge)之间存在的关系的学科"③。1991 年,荷兰学者 George Por(乔治·波尔)借用自然生态系统的概念研究"知识生态学"(knowledge ecology),指出"知识生态学是一门管理理论与实践的学科,着重从关系角度和社会角度来研究知识的创造和应用,其目标是开发并培育信息、思想和灵感彼此交融并相互滋养的知识生态系统"④。他开发出一系列方法,为企业提供了一个认识复杂的知识运动过程的新视角。从一开始,虽然都是借用生态的概念,但产生了研究目标路向以及着眼点的分野。

知识生态学涉及生态学、管理科学、认知科学和人工智能等学科领域,综合了信息科学、管理科学及其他社会科学和自然科学的相关理论与方法,具有跨学科特征。知识生态学是从知识的角度看待生态,还是

---

① Seth Shulman. Owning the future[M]. Houghton Mifflin Company,1999.
② 霍凤元.生态学知识[M].上海:上海教育出版社,1989:3.
③ Wojciechowski J A. Ecology of knowledge[EB/OL].[2015 - 11 - 12]. http://www.crvp.org/book /Series01/ I - 23.
④ Por G, Molloyn J. Nurturing systemic wisdom through knowledge ecology[J]. The Systems Thinker,2000(8):1 - 5.

从生态的角度看待知识,或者两者兼而有之,这涉及对知识生态学的不同理解。尽管环境污染、资源危机、核战威胁、人口增长、文明滞差(culture-civilization lag)、时间加速等环境与社会问题都是生态学和社会学关注的重点,但在知识生态学看来,这些都是知识直接间接引起的后果①。因此,一个组织或一个社会维持知识生态关系及其组织与社会的发展,比人的生存环境的生态更为重要。

在广义的生态系统中应该存在一个知识系统,特别要考虑知识与自然、社会的关系问题。Wojciechowski 的生态系统有知识系统(Knowledge System,简称 KS)、文明系统(Culture System,简称 CS)、人类生存系统(Existential System of Man,简称 ESM)三个层次。他强调:知识体尽管是由人所建构的,但它有着自己相对独立的实体存在,而不同于建构知识体的人类主体。这与 Popper 的关于"第三世界"或"客观知识"(objective knowledge)的"客观性和自主性"的论述基本一致②。

知识生态系统是"以人为节点、以协作交流为链、以知识流为内容的系统,其实质是一个知识共享、交流和创新的系统"③。B. Bowonder(波旺德)认为"知识系统与生态系统具有许多相似的特点,知识系统也有所谓知识金字塔,也存在进化现象,也存在知识的演替"④。知识生态系统具有复杂性、开放性、动态性、自组织、自调控等特征。"复杂性是知识生态系统的最主要的特点,具体表现为:多样性、非线性、非对称性、层次性、智能性等"⑤。

4.2 E 环境

随着信息通信技术(Information and Communication Technology,ICT)的发展、集成和成熟,"E-Revolution"正在改变着人们的生活,也改变社

---

① Brown J. Sustaining the ecology of knowledge[J]. Leader to Leader. 1999(Spring):31-36.
② 牛龙菲,张一凯. 知识生态学:对人类与知识实体关系的新探索[J]. 兰州大学学报, 1990(1):13-17.
③ 李涛,李敏. 知识、技术与人的互动:知识生态学的新视角[J]. 科学学与科学技术管理, 2001(9):27-29.
④ B. Bowonder,T. Miyake,Technology management:a knowledge ecology perspective[J]. International Journal of Technology Management,2000,19(7-8):662-684.
⑤ 孙振领,李后卿. 关于知识生态系统的理论研究[J]. 图书与情报,2008(5):22-27,58.

会的各个方面。对经济的巨大冲击,改变了传统商业模式的许多方面,促进了内外部管理方式的重大变革,提高了虚拟生产阶段和操作的效率,扩展了顾客联系渠道。

自从盖茨在《未来时速》中提出"数字神经系统"概念之后,Microsoft将数字化、知识管理和电子商务列为关注的三大主题[①]。

4.2.1 E-Learning

E-Learning 即 Electronic Learning,被译为"数字(化)学习""电子(化)学习""网络(化)学习"或"在线学习"等,我国台湾译作"数位学习"[②],是深刻影响全球教育的一种全新的学习理念、学习方式和学习环境。

E-Learning 是一种全新的学习理念,主要是提升学习者的学习动机和能力,强调个性化教育。E-Learning 也是一种全新的学习方式,体现为开放式学习、在学习平台学习、通过网络学习等,有别于传统教育的封闭性学习形式,传统学习中,教师是主体占主导地位,学生被动地接受教师给予的知识;传统学习强调一门学科一本教材的对应关系,暴露出学习内容单调、学习材料单一和班级集体教学的局限性。E-Learning 还是一种全新的学习环境,传统的教室物理学习环境替代为以网络技术为核心的虚拟学习平台;传统的班级学习环境替代为以网上学习社区为中心的交互式学习环境;传统的教具、教材和参考书学习条件替代为以多媒体资源和网络资源为中心的学习条件。

E-Learning 以新的学习理论为依据。"建构主义提倡一种更加开放的学习。对每个个体来说,这种开放的学习在学习方法和学习结果上都可能是不同的"[③]。按照建构主义理论,学习不再是将外部知识输入大脑记忆的单向简单过程,也不是在他人引导下简单被动地接受知识的过程,而是一个以学习者为中心,由学习者个人自己决定的如何获得外部知识并建构新知识的多维复杂过程。这种学习对学习者有更高的要求,体现了学习者的主动性与知识社会性的统一,也体现个人学习与合作式

---

① 胡洁,彭颖红. 企业信息化与知识工程[M]. 上海:上海交通大学出版社,2009:291.
② 陈奕帆. 资讯教育和数位学习[EB/OL]. [2012 - 11 - 04]. http://www.nhu.edu.tw/~society/e-j/69/69-13.htm.
③ 冀新花. 应用知识分类理论进行 E-Learning 课程设计[J]. 中国远程教育,2007(3):44 - 47.

学习的统一,还体现了学习情景与学习工具的统一。

E-Learning 有多种形式,可划分为自主独立式学习、非同步互动学习和同步学习三大类①。这里,依照发展过程,将 E-Learning 实践活动归纳为三种模式:自主型、交互型、混合型。

(1) 自主型 E-Learning

主要指 E-Learning 的初期形成阶段,主要表现是计算机辅助教学,将传统教学资源数字化利用网络技术,实现资源的远程共享,例如国家精品课程。这种基于网络的虚拟学习活动,打破了传统课堂教学活动对时间和空间的限制,使得学习者可以随时随地依照自己的偏好选择学习资源、相对自由地安排学习进度,实现了学习资源的边际效用最大化,也充分发挥了学习者自主选择的灵活性。但是,随着技术的进一步发展,迈入 Web2.0 时代的人们对个性化、多样化和实时交互式虚拟学习活动的需求不断增多,在一定程度上助推了 E-Learning2.0 时代的到来②。

(2) 交互型 E-Learning

主要指 E-Learning 的发展阶段,是教育活动与先进技术的深度融合,不但重视学习资源的数字化建设和网络化传播,而且将研究和实践的重点由学习资源转移到学习活动上,开始关注学习过程的交互、E-Tutors 的支持以及 E-Learning 的质量(Quality in E-Learning from a Learner's Perspective)等有关教育活动的核心问题。根据交流的进程分为异步互动学习和同步互动学习两类。无线网络技术的发展和智能手机等手持移动终端的普及应用,有关 M-Learning(Mobile Learning)的讨论开始增多,虚拟学习平台日臻完善以及 E-Learning 活动的成熟发展,出现了一种将传统学习与 E-Learning 相结合的趋势。

(3) 混合型 E-Learning

有人称 B-Learning(Blended Learning)主要指 E-Learning 的未来发展阶段,实现传统教学与 E-Learning 的优势互补。教与学过程中的面对面交流,有利于教育者根据具体情境引导、启发、辅助学习者,并可以监控学习过程与学习进度;教与学过程中的虚拟学习环节,学习者拥有最大的自由度,可以充分调动学习者的积极性、主动性,有效提高学习效率。

---

① 陈奕帆.资讯教育和数位学习[EB/OL].[2012-11-04].http://www.nhu.edu.tw/~society/e-j/69/69-13.htm.
② 胡翠红.Web2.0、Library2.0 与 E-Learning2.0[J].现代情报,2009(11):35-38,42.

值得注意的是,混合型 E-Learning 绝不是课堂教学与网络教学的简单交替,它是 E-Learning 的高级发展阶段,关系着一整套课程体系的科学设计与有效实施问题。这其中,技术因素很重要,关系着 E-Learning 平台的设计与维护、学习资源的开发与使用、学习者之间以及与教育者的互动交流等问题,但是更为重要的核心问题是,传统教育活动与 E-Learning 如何有机融合,构建一个高效低耗的、可持续发展的学习生态系统。

无论是哪种模式,E-Learning 环境依赖于数字化学习平台的建立。国外已有较多的数字化学习平台,兹举其要(见表4–1)。

表4–1 国外主要数字化学习平台比较

开发机构	平台名称	平台模块	对课程监控的比较
WBT Systems 公司	Top Class[①]	证书/文凭及课程选择模块;信息发送模块;讨论板模块;课堂公告模块;图书馆支持模块;考试模块;作业模块	教师和学生都可以查看课程状态与过程[②]
Bristol 大学	Blackboard[③]	内容资源管理模块;在线交流功能模块;考核管理功能模块;系统管理功能模块	教师可以根据学生提交作业的形式创建作业项目;教师可以跟踪学生作业进度并从下载班级全部作业;教师可以给作业打分并给每位学生提供在线反馈[④]
Lotus 机构	Learning Space[⑤]	工作流及自动注册管理模块;多课程日录模块;多课程管理模块;学生跟踪模块;集中学生档案与Domino 服务器平台集成模块	支持课程监控,跟踪每个学生的每次考试得分,显示平均得分和等级[⑥]

[①] 柯平,曾伟忠.试论面向数字书目控制和数字资源控制的数字目录学[J].图书情报知识,2007(5):34–41.

[②④⑤⑥] 潘海燕,王三红.网络课程开发工具的比较与分析[J].现代教育技术,2007(12):75–77,65.

[③] 中国教育和科研计算机网.Blackboard 产品概述[EB/OL].[2016–03–11]. http://www.eol.cn/article/20050225/3129529.shtml.

续表

开发机构	平台名称	平台模块	对课程监控的比较
Staffordshire 大学	COSE①	选择课程模块;学习任务和课程内容模块;学习进程监视模块;电子邮件和聊天室模块;学习自测模块;评价测试模块	学生学习后可创建各种文件,很多方面需要辅导教师提示②
Columbia 大学	Web CT③	开发工具模块;自定义的CGI脚本模块;综合的工具套件模块	学生学习过程跟踪,监控在线测试,显示进度和实时情况,自动将等级输入管理系统,站点管理显示资源使用情况④

资料来源:作者整理。

表4-1中,美国 Bristol 大学的 Blackboard 在全球有广泛的影响力,其全球大学用户超过2800所⑤。爱尔兰 WBT Systems 公司开发的 Top Class 在全球使用,世界上任何一个地方的用户只要通过认证都可以进入虚拟学习⑥。其他如 Lotus 机构的 Learning Space,Staffordshire 大学的 COSE 系统,Columbia 大学的 Web CT 等,都有较大的影响。

除针对 E-Learning 的基本概念和基本问题研究外,E-Learning 应用研究成为关注的重点。一部分关注教育问题,特别是计算机辅助的远程教育、开放式教育等问题,重点研究学习过程中的互动与协同创新。例如胡昌平(2011)认为 E-Learning 实际上就是一种典型的交互式信息服务,其服务目标即是强调用户利用 E-Learning 平台根据各自需求进行同步或者异步的远程教学互动,进而系统分析了在 E-Learning 环境下用户协同知识创新的相关问题⑦。Naomi Augar 等(2004)结合案例研究了如

---

①② 钱小龙,邹霞. 虚拟学习环境在高等特殊教育教学领域的应用之 COSE 系统简介[J]. 中国特殊教育,2006(7):56-61.
③④ 潘海燕,王三红. 网络课程开发工具的比较与分析[J]. 现代教育技术,2007(12):75-77,65.
⑤ Blackboard. About Blackboard[EB/OL]. [2007-01-27]. http://www.blackboard.com/us/index.aspx.
⑥ WBT Systems. Introduction[EB/OL]. [2007-01-27]. https://www.wbtsystems.com/.
⑦ 胡昌平,严炜炜. E-Learning 环境下用户交互学习中的协同知识创新[J]. 图书馆论坛,2011(12):45-50.

何在 E-Learning 环境中利用 wikis 来加强在线教学活动[①]。Kopp 和 Mandl(2011)从理论和实践的视角研究如何支持虚拟协作学习[②]。在国外的相关研究中,还有少部分关于 E-Touring 以及 E-Tutor 和 E-Learner 的研究。比如 Goold、Coldwell 和 Craig(2010)研究了 E-Tutor 的作用和影响,认为 E-Tutor 的主要作用就是监督和支持学习者,而且有经验的 E-Tutor 在课程中的贡献更大[③]。E-Touring 则包括了 E-Tutor 的所有活动,即建设性地并积极地构建学习环境来支持学习者的全部活动。

还有一部分 E-Learning 研究企业员工培训,也叫作 E-Training,它是一种全新的企业培训方式。依照公司规模和实力,可以采用公司内培训,也可以采用外包的方式,或者两种方式相结合,利用 Internet、Intranet 和无线网络实现员工与丰富的学习资源、员工与 E-Tutor 以及员工之间的互动学习活动。与传统的企业培训相比,E-Learning 具有明显的比较优势:培训成本显著降低;培训方式灵活便捷;培训方案个性化强;学习过程互动协作;进程管理的电子化[④]。

值得注意的是,E-Learning 既有优点也有其局限性。其优点包括:课程内容可以在工作中或家里完成;为校外学生减去了花在路途上的时间和金钱;学生有权选择符合他们的知识水平和兴趣的学习内容;学生可以在任何能使用电脑和网络链接的地方学习;学生可以自主设定学习进度;可灵活地参与讨论或在聊天室里远程访问同学和指导教师。指导教师和学员都认为 E-Learning 相比大课堂教学,更有利于培养师生之间的互动。E-Learning 可以容纳不同的学习风格,通过各种活动来促进学习。促进了网络和计算机技能知识的发展,这些知识对学习者的生活和工作能给予持续的帮助。成功地完成在线和基于计算机的课程可以增强学生的自我认知和自信心,鼓励学生自主学习。学习者可以跳过已经掌

---

① Augar N, Raitman R, Zhou W. Teaching and learning online with Wikis[C]//R. Atkinson, C. McBeath, D. Jonas-Dwyer & R. Phillips. Beyond the Comfort Zone: Proceedings of the 21st ASCILITE Conference(pp. 95 - 104). Perth, 2004, 5 - 8 December.
② Kopp B, Mandl H. Supporting virtual collaborative learning using collaboration scripts and content schemes[C]//F. Pozzi, & D. Persico. Techniques for Fostering Collaboration in Online Learning Communities: Theoretical and Practical Perspectives. Hershey(NY): IGI Global, 2011:15 - 32.
③ Goold A, Coldwell J, Craig A. An examination of the role of the E-Tutor[J]. Australasian Journal of Educational Technology, 2010, 26(5), 704 - 716.
④ 张扬,古业凡. E-Learning 环境下的企业知识管理模式研究[J]. 青海社会科学,2011(4):36 - 38.

的内容,将精力集中在该领域中所包含的新的信息和技术。E-Learning的局限性包括:学习积极性不高或者学习习惯不好的学习者可能会落后;没有传统课的例行框架,学生们也许会迷失或对课程活动和最后期限产生困惑;学生可能会感到与教师和同学们相隔离;当学生们学习时或需要帮助时可能得不到教师的及时帮助;网速慢或者机器陈旧都会使访问课程资源过程令人沮丧;管理计算机文件和在线学习软件,对于具有初级计算机技能的学生来说似乎有些复杂;动手实践或实验室操作很难在虚拟课堂中模仿[①]。

针对 E-Learning 的发展,是否可以打破数字鸿沟、实现教育均等化的问题时,Jozef Hvorecky 等(2012)提出了四个障碍:一是语言障碍(全球有几千种语言,对于低年级的学生来说,语言是一大障碍);二是缺少先决条件(缺少好老师、好的学习资源);三是技术障碍(落后地方其技术越落后);四是翻译的困难[②]。

其实,E-Learning 的应用不只是教育领域,它对各个行业乃至整个社会都有影响。E-Learning 环境对于知识和知识活动的影响是很大的,它不仅改变了传统的知识学习模式,也改变了知识的获取,对知识生产、加工、传播、利用等各种知识活动都以不同程度的影响。因此,E-Learning 环境既是知识学的研究内容,又是知识学发展的重要环境。

4.2.2 E-Science

E-Science 一词由英国学者 John Taylor(约翰·泰勒)于 1999 年提出,译为"数字科研",也称之为"科学研究信息化",是科学研究在信息化和网络化背景下的产物。2003 年,英国联合信息系统委员会(JISC)发布《E-Science 管理报告》(*E-Science Curation Report*)。美国印第安纳大学 Geoffrey Fox 发表论文《E-Science 差距分析》(*E-Science Gap Analysis*),论述了 E-Science 和 E-Business、E-Government 和 E-Services 等的区别和联系[③]。目前 E-Science 在英国、美国、法国、日本和韩国迅速发展,美国

---

① Advantages and Disadvantages of eLearning[EB/OL]. [2012-12-14]. http://www.dso.iastate.edu/asc/academic/elearner/advantage.html.

② Jozef Hvorecky. Can E-Learning Break the Digital Divide? [EB/OL]. [2012-11-04]. http://www.eurodl.org/? p=archives&year=2004&&article=143.

③ Geoffrey Fox. e-Science gap analysis[EB/OL]. [2015-12-09]. http://www.grid2002.org/ukescience/gapresources/GapAnalysis30June03.pdf.

的 TeraGrid、IPG、PPDG、GriPhyN，欧盟的 Europran、DataGrid、EGEE，日本的 ITBL 都是与此相关的项目。

E-Science 代表着科学研究的一种新环境，一方面表现为技术环境，科学研究更加依赖于网络技术和信息技术条件，或者说，网络环境和信息环境对科学研究发挥更为重要的作用。另一方面表现为开放环境，网络技术将不同地区的实验室连接起来，将不同地址的科研仪器仪表、计算设备、存储设备等连接起来，将各种科研资源集成在一起，为科研人员提供了更加开放、便捷、高效的环境与条件。"这种建立在先进网络技术基础之上的数字化科研新环境，突破了时间、空间的束缚，使得科研人员不必考虑资源的存储地和提供者，就可自由使用分布在其他远程计算机上的科学数据资源，组织研究者协同开展科学研究"①。

E-Science 追求高性质科技设备和高质量科研软件，万维天文望远镜（World Wide Telescope，简称 WWT）开启了天文望远镜的新天地②。以网格生成软件为例，美国 PDC 公司为 NASA 开发的 GridPro 可应用到航天、航空、汽车、医药、化工等领域的研究。我国已于 2008 年 10 月引进了该项技术，基于 GridPro 的计算机仿真飞机部件网格和宇宙飞船网格参见图 4-1。

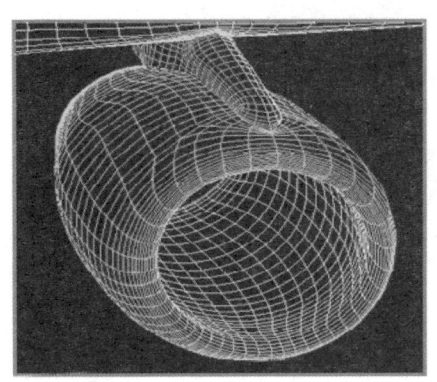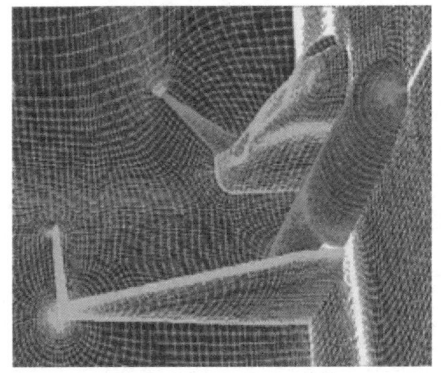

图 4-1　基于 GridPro 的计算机仿真飞机部件网格和宇宙飞船网格

资料来源：GridPro. GridPro 网格案例和模型[EB/OL].[2016-01-08]. http://www.gridpro.cn/industries/28.htm.

E-Science 标志着科学研究进入到一个新阶段——科学研究的信息化阶段，是现代化科研生产方式的体现。在信息化的科学研究环境下，

---

① 孙坦，黄国斌，张智雄，等. 数字化科研：e-Science 研究[M]. 北京：电子工业出版社，2009：1-5.
② 虞骏. 专访微软副总裁：eScience，科学研究革命[J]. 环球科学，2008(12)：12-15.

科学研究活动更为活跃,体现出科研数据共享、数据开放和数据管理信息化的特征,有效利用虚拟科研和实验环境,有利于远程科学研究、合作科学研究等,有利于在一个地区乃至全球范围内的科研协同创新。

伴随着 E-Science 的发展,产生了"Grid""Semantic grid""Web services"等许多新概念,如"E-Research""Cloud computing""Big data"等,表明这些领域已成为当前 E-Science 新的热点和方向[1]。E-Science 在发展中面临着一系列的变化与挑战,一是来自技术环境的变化,大数据、云计算、"互联网+"等不断改变着科研环境,要求科研人员主动适应并做出调整,淘汰落后、陈旧的科研手段和方式方法。二是来自科研组织的变化,科研数据管理成为突出的矛盾与问题,"在 E-Science 环境下,科学数据面临着存取、传输和数据管理三个方面的挑战"[2]。科研机构在 E-Science 环境下需要重新定义,科研评价在 E-Science 环境下要求构建新的指标体系和评价机制。

4.2.3 E-Government

E-Government 起始于 20 世纪 70、80 年代的办公自动化(Office Automation,简称 OA)。80 年代以后,政府部门广泛采用管理信息系统(MIS)用于事务处理和信息管理,开启了政府信息化进程,90 年代随着 Internet 的快速发展与广泛应用,产生了 Internet 与政府管理相对合的新概念——E-Government。发达国家开始启动国家 E-Government 工程,并对发展中国家产生深刻影响。

在我国,E-Government 始于 20 世纪 90 年代的政府上网工程[3]。此后,学术界开始了相关主题的研究,主要研究主题有政府信息化、计算机化政府、电子政府、网络政府、数字政府、政府与公民电子商务、政府与企业电子商务、政府信息管理、政府知识管理、知识型政府等。

继 2012 年 12 月国家信息中心网络政府研究中心发布《中国政府网站发展数据报告 2012》[4]、2014 年 3 月国家信息中心网络政府研究中心和中国信息协会电子政务专业委员会联合发布《中国政府网站发展数据

---

[1] 阳广元. 国际 E-Science 研究的可视化分析[J]. 科技管理研究,2014(22):237-244.
[2] 孙坦,黄国斌,张智雄,等. 数字化科研:E-Science 研究[M]. 北京:电子工业出版社,2009:178.
[3] 柯平,高洁. 信息管理概论(第二版)[M]. 北京:科学出版社,2007:367.
[4] 《中国政府网站发展数据报告》面世[J]. 青年记者,2013(9):3.

报告(2013)》①之后,中国社会科学院信息化研究中心、国脉互联政府网站评测研究中心组织专业咨询研究队伍进行国内外政府网站的发展趋势研究、指标设计、数据采集、计算和评估等工作,总共历时8个多月,于2014年11月发布《2014年中国政府网站发展研究报告》。该报告指出,"政府网站作为开放政府资源的第一平台、提供政务服务的首要窗口、回应公众关切的重要渠道,'政府网站+'在新技术、新需求的双轮驱动下,将承担起更为重要的角色,向着'一体化的顶层架构、平台化的服务模式、社会化的服务渠道、数据化的科学决策'方向发展。'政府网站+'将从'一体两翼'模式向'一体多翼'的模式发展,社交元素与其他应用的融合成为常态。2014年中国政府网站绩效评估紧抓时代趋势,更加注重政府网站的社会化、移动化、开放化的考评,同时对政府网站的智能化程度、影响力程度和安全性也做相应引导"②。从这些分析看,我国 E-Government 主要以政府网站为抓手,推动传统政务向电子政务转变,传统政府文件管理向政府信息化转化。

  政府网站仅仅是 E-Government 的一个入门级基础性工程,E-Government 的重点是基于信息化管理环境与平台的电子政务和电子政府的实现,从本质上涉及政府管理的变革,涉及民众与政府关系的改善,被认为是"使用 IC2T(information computer and communication technology)使居民和组织更为便利的访问政府服务,实现政府之间、政府与居民之间以及政府与公司之间的交互"③。William D. Eggers(威廉姆·爱格斯)于2007年提出"Government 2.0"(政府2.0)的概念,"主张如何加强与公众的互动及部门之间的沟通,其中包括六点改变政府与公众关系的方法:以公民的需要为中心再造政府;提供有选择性服务,达到更可行的方案;提供中立信息,帮助市民做出重要选择;制定政府与公民之间的服务及互动;允许公民随时随地以各种设备完成与政府之间的交互;降低政府成本"④。目的在于利用信息技术建设"无边界政府"(government with-

---

① 国家信息中心.中国政府网站发展数据报告(2013)全新发布[EB/OL].[2015-10-11]. http://www.sic.gov.cn/News/250/2282.htm.
② 中国社会科学院信息化研究心、国脉互联政府网站评测研究中心.2014年中国政府网站发展研究报告[R].北京国脉互联信息顾问有限公司,2014:XI.
③ Turban E, King D, Lee J, Viehland D. Electronic commerce[M]. Upper Saddle River, NJ: Prentice Hall, 2004.
④ 孟庆国.政府2.0——电子政务服务创新的趋势[J].电子政务,2012(11):2-7.

out wall)。

随着 20 世纪 90 年代以来的新公共服务改革和网络治理的新概念,促进政府管理朝着新的目标发展,即从"管理"(management)转向"治理"(governance),从"善政"(good administration)转向"善治"(good governance)。联合国"E-Government Survey2008:From E-Government to Connected Governance"提出"互联治理"新概念,这是 E-Government 发展国际化和加强政府服务效能的趋势,也是电子政务发展到新阶段的一个标志。

随着无线网络技术的不断发展,智能手机、PDA 等移动终端设备的广泛普及,政府职能定位也在发生着转变,创建服务型政府、智慧型政府的需求,催生了移动政务(M-Government)的研究。移动政务不仅打破了传统政务对时间和空间的局限,还冲破了电子政务对于网线的依赖,将服务从有线物理网络扩展到无线网络空间而成为电子政务发展的新趋势。

4.3 泛在知识环境

4.3.1 赛百基础结构与泛在知识环境的提出

2003 年 1 月,由美国密歇根大学教授 Daniel Atkins(丹尼尔·阿特金斯)带领的"蓝带委员会"(Blue Ribbon Advisory Panel)向美国国家科学基金会(National Science Foundation)提交《赛百基础结构实现科学与工程的革命》(*Revolutionizing Science and Engineering Through Cyberinfrastructure*)的报告,提出了对于美国具有战略意义的新型基础设施——Cyber infrastructure,用于支持科学研究与合作,并建议 NSF 实施"先进赛百基础结构计划"(ACP-Advanced Cyber infrastructure Program)以支持全球合作[1]。同年 6 月,NSF 召开了"未来的浪潮:国家科学基金会后数字图书馆的未来"(Wave of the Future:NSF Post Digital Library Futures Work-

---

[1] Atkins Daniel E, et. al. Revolutionizing science and engineering through cyberinfrastructure:Report of the National Science Foundation Blue Ribbon Advisory Panel on cyberinfrastructure, Jan. 2003[EB/OL]. [2006 - 01 - 30]. http://www.communitytechnology.org/nsf_ci_report/.

shop)研讨会,会后发布著名的《知识在信息中迷失》(*Knowledge Lost in Information*)趋势研究报告,提出了"泛在知识环境"(*Ubiquitous Knowledge Environment*,简称 UKE)的新概念。

UKE 是一种新的信息环境,对于数字图书馆来说,与"信息以太"(information ether)相关,指信息犹如"ether"(太空、气氛、大气之意)一样,无处不有、无所不在的一种状态。UKE 不仅将普遍关注的信息问题提升到知识问题,更重要的是,要通过新型知识化设施条件建构有利于知识存取的新环境,真正实现知识共享。知识的泛在(Ubiquitous)环境具有超越时间和空间的意义,有利于冲破信息障碍和信息迷雾,消除数字鸿沟,支持创新与社会发展。

4.3.2 泛在知识环境的知识链

近几年来,与 E-Learning 相关的一个转型概念 U-Learning(泛在学习)成为普适计算环境下未来的学习方式。泛在学习具有五个典型特征:其一是持续性,学习者的学习过程是连续的、无缝的,可以一直保持学习状态;其二是可访问性,学习者在泛在学习环境下,可以及时访问到文字、图片、视频、音频等在内的各种格式的资料;其三是直接性,学习者在任何地方都可以直接从网上或数据库中获取所需要的知识;其四是交互性,学习者可以在网上开展讨论知识问题,交流信息与学习心得,实现互动学习;其五是主动性,当新的用户进入时,服务器会主动发送服务内容供用户选择。因此,这种学习是"以人为中心,以学习任务本身为焦点"的学习[①]。总的来说,泛在学习可归纳为 6A(Anyone, Anytime, Anywhere, Anyinformation, Anyknowledge, Anydevice)式学习,实现任何人、任何时间、任何地方都可以自主学习,同时也是任何信息、任何知识、任何方式的无障碍学习。

知识产生与应用的具体背景与环境被称为知识情境(Knowledge Scenario,简称 KS),知识载体、内容和情境的建模方法主要是对知识载体(Knowledge Carrier,简称 KC)、知识内容信息(Knowledge Content Information,简称 KI)和知识情境的建模,用三元组 KM 表示为:KM =(KC,KI,KS),其中,KM 表示知识(名称),KC 表示知识载体,KI 表示知识内容信

---

① 王磊,吴传刚.泛在学习范式的多维探析[J].牡丹江师范学院学报(哲社版),2012(2):131-132.

息,KS 表示知识情境①。

任何一个知识过程都离不开"内容"(content)、"应用环境"(context)、"应用群体"(community)②这三个方面及其相互交互。David B. Harris(戴维·哈里斯)认为,知识是信息、环境与经验的结合体,环境是个人观察生活的框架,它包括影响如社会价值、宗教、传统、社会性别。经验是先前获得的知识,当知识从一个人转移给另一个人时,知识就被吸收到接收者的环境与经验中(Bohm,1994;Gick & Holyoak,1987),而新知识根据接收者的环境与经验来解释。如果接收者没有恰当的背景用于解释新知识,那么新知识就不会被正确的解释,而且知识变少或没有价值。例如,一个学生没有经验解释课文,这个学生就不能从书本学到知识(Brooks & Dansereau,1987)。知识的多种特性影响着知识的使用,知识并不依赖于对原始信息的取得。一个符号可以创造来表达原始信息(Stehr,1994),这意味着知识可以从一个人转移到另一个人而无须转移全部信息。Harris 还认为,信息技术组织将成为知识中心,他们将从根本上做出从消除问题向获取知识的改变,问题解决过程、决策过程和流通过程都将改变以促进知识转移和获取,技术将应用到创建知识仓库③。

在泛在知识环境中,人与资源呈现出一体化趋势,由此产生了"知识网络"概念。知识网络研究始于 20 世纪 90 年代中期,Beckmann 最早提出这一概念,将其界定为"进行科学知识生产和传播的机构和活动"④。从知识管理的角度,它"指的是一批人、资源和他们之间的关系,为了知识的积累和利用,通过知识创造、知识转移,促进新的知识利用"⑤。实际上除了组织中的知识网络,社会层面的知识网络概念更为重要,这涉及整个知识领域,将不同地区的知识群体、将不同领域的知识工作者,以及各种知识资源连成一个整体,形成有利于组织内外部知识交流、有利于知识的自由获取、有利于知识的创造和传播的社会网络。

---

① 谭建荣,等. 制造企业知识工程理论、方法与工具[M]. 北京:科学出版社,2008:180.
② Malhotra Y. Information ecology and knowledge management[EB/OL]. [2015-11-10]. http://www.brint.org/KMEcology.pdf.
③ David B. Harris. Creating a knowledge centric information technology environment. September 15,1996[EB/OL]. [2015-11-10]. http://www.htcs.com/ckc.htm.
④ Beckmann M J. Economic models of knowledge networks[M]. Networks in Action. Springer Berlin Heidelberg,1995:159-174.
⑤ 刘绿茵. 基于知识网络的虚拟参考咨询[J]. 图书情报工作,2004(1):23-26.

4.4 大数据环境

21世纪的环境是信息环境和知识环境,表现为信息为王和知识为王。中国工程院院士邬贺铨称当今时代为"大智移云",即以"大数据""智慧城市""移动互联网"和"云计算"为特征的时代[①]。正在开启的大数据时代,是云计算热之后的又一热潮,成为数据为王、"数据驱动的智慧时代"[②]。

4.4.1 云计算

云计算(cloud computing),尽管人们对于云计算有各种不同的认识和界定,但"作为一种新兴的共享基础架构的方法,云计算是分布式处理(distributed computing)、并行处理(parallel computing)和网格计算(grid computing)的发展,较为普遍的观点认为,云计算是基于互联网的商业计算模型,利用高速互联网的传输能力,将数据的处理过程从个人计算机或服务器移到互联网上的服务器集群中"[③]。简言之,云计算是一种能够将动态、易扩展的虚拟化运算资源和数据通过互联网提供给用户的计算方式,具有服务的泛在性、虚拟化、动态性、高可靠性等特征[④]。

从资源上看,由计算服务器、存储服务器、宽带资源等各种大型服务器集群组成的虚拟计算资源或计算任务分布给大量计算机构成的计算资源池,被称为"云",它能够根据需要获取计算资源和各种服务,实现自我维护和管理。云计算的资源具有"云"一样巨大规模、边界模糊、动态变化等特征。从理论上说,云计算的"云"存储空间是无限的。

从技术发展路径看,"云计算的演进经历了网格计算、公用计算(20世纪90年代末推出)、将软件作为服务(2001年推出)和云计算的发展历程,以云计算为重要支撑的云服务将对互联网的运作和服务模式产生深刻影响"[⑤]。云计算的技术优势主要表现为虚拟化技术、虚拟化设备和虚拟化平台。云计算具有超强的计算能力、存储能力和服务能力。在

---

① 网易科技.邬贺铨:互联网进入了大智移云的时代[EB/OL].[2015-12-02].http://tech.163.com/15/0131/10/AH9HKU7700094P3F.html.
② 陈超.图书馆如何迎接大数据时代[J].图书馆杂志,2014(1):4-7.
③⑤ 孙坦,黄国彬.基于云服务的图书馆建设与服务策略[J].图书馆建设,2009(9):1-6.
④ 柯平.信息检索与信息素养概论(第二版)[M].北京:高等教育出版社,2015:91.

保障数据安全的前提下,云计算比使用本地计算更为优越,保障了计算的高安全性和服务的高可靠性。

云计算不仅为云服务提供了技术支撑,而且为大数据应用提供了基本保障,云计算和大数据相互支持相互依赖。一方面,没有云计算,大数据挖掘难以实现,没有云计算的能力,大数据的信息不会增值,云计算技术为大数据挖掘提供了更好的条件,满足了大数据处理的技术要求,降低了管理与服务成本;另一方面,如果没有大数据的出现,云计算就不会有用武之地,没有大数据的丰富"矿藏",云计算的开采能力失效,大数据为云计算找出了更多样化的应用空间和平台,大数据处理为云计算指明了发展的重要方向。

云计算为知识领域提供了新的环境,如何将 SaaS(软件即服务)、PaaS(平台即服务)、IaaS(基础设施即服务)、DaaS(数据即服务)应用到知识传播、知识管理和知识服务等知识领域中,是值得考虑的问题。信息和知识是动态的,"云"也是动态的,知识与云的结合,会不会产生"知识云"?云服务提高效率和降低成本,与知识创新的目标是一致的,会不会产生"创新云"?云计算能给知识自组织这一难题提供解决路径吗?这些问题都有待深入探索。

4.4.2 大数据

当未来学家 Alvin Toffler(阿尔文·托夫勒)最早在《第三次浪潮》中提出"大数据"这个名词时,因为只是针对现象感性且模糊性的一种描述,并未引起人们的注意。直到互联网的快速发展和信息量爆炸式的增长,"大数据"(big data)这一名词才又重新被提出并被赋予新的意义。从目前众多对于"大数据"的论述来看,所谓"大数据"并不是一种新的数据类型或者数据结构,只是一个相对的概念,随着计算机技术的不断发展,尤其是网络技术的不断发展,数据处理能力的不断增强,人们对其定义也会发生改变。据 Frank J. Ohlhorst 的《大数据分析:点"数"成金》(*Big Data Analytics: Turning Big Data into Big Money*),大数据概念的四个维度统称为 4V:Volume(海量性)、Variety(多样性)、Veracity(精确性)、Velocity(时效性)[1]。被广泛接受的大数据特征可概括为 5V:大量(Volume)、高速(Velocity)、多样(Variety)、真实性(Veracity)、价值(Value)。

---

[1] 奥尔霍斯特.大数据分析:点"数"成金[M].王伟军,刘凯,杨光,译.北京:人民邮电出版社,2013:3

大数据环境对知识学的影响首先表现在思维方面。"大数据的三个思维变化是:不是随机样本,而是全数据;不是精准性的,而是具有混杂性,尤其是大数据的简单算法比小数据的复杂算法有效;不是因果关系,而是相关关系"①。思维的改变对于信息研究和知识研究是有启示的。

大数据直接影响知识的存储。大数据的存储首先是需要巨量的存储空间,数据存储经历了 GB、TB 时代,目前正处于 PB 时代,EB 时代即将到来。据 IBM 公司的报道,全球每天产生 2.5 亿亿(2.5×10^{18})字节的数据,当今世界 90% 的数据都是近两年产生的。另据 IDC Digital Universe Study 预测,2009 年至 2020 年数字化信息将会翻 44 倍,年增长 35ZB②。因此在存储空间上,大数据的存储并不存在问题。然而,仅仅有了巨大的容量并不是大数据存储的充分必要条件,只是大数据存储的一个必要条件,大数据的存储还需要具有快速的吞吐能力、优化的存储结构和可靠的存储环境。因此在物理层面和数据存储方式两方面来设计针对大数据的有效存储方案成为必要,这对于知识存储来说,无疑是新的机遇和发展方向。

大数据时代知识挖掘成为应用、管理、生产与服务创新的重要源泉,运用大数据技术进行知识的深度开发与利用,成为大数据知识研究的重要课题。今天,在海量数据和巨大的信息海洋中提取最有价值的新知识,按照传统的采样方法或小样本模式,难以实现或者说几乎不可能,大数据技术由于能够对所有数据进行分析,使之成为可能。值得注意的是,大数据时代,数据量大并不一定表明知识价值的增加,因此,在无效数据增多的同时,如何发掘具有价值的新知识显得特别重要。

大数据时代的数据量大、信息量大、类型庞杂,信息和知识的管理变得更加困难。传统的手工方法早已失效,而现代信息检索、文本聚类、文本分类、自动摘要等常见技术与方法也无法解决大数据时代的知识复杂性问题。因此,新环境下知识组织与管理面临着严峻的考验。

---

① 维克托·迈尔·舍恩伯格,肯尼思·库克耶. 大数据时代:生活、工作、思维的大变革[M]. 盛杨燕,周涛,译. 杭州:浙江人民出版社,2013:29 – 59.
② 奥尔霍斯特. 大数据分析:点"数"成金[M]. 王伟军,刘凯,杨光,译. 北京:人民邮电出版社,2013:2,39.

5 知识技术与知识工程

从科学界倡导知识科学中,不难看出知识学与知识技术、知识工程研究的关联。从某种意义上说,知识学是知识工程发展到一个新阶段的标志。但是,将知识技术和知识工程纳入知识学的体系,进一步加强了知识技术和知识工程的理论性。

5.1 知识技术

5.1.1 知识技术的演变与内涵

研究知识技术的演变与内涵,这是准确把握知识技术与知识工程的前提和基础。我们可以从第 11~14 届知识管理与知识技术国际会议的议题以及高校设置知识技术专业的情况来把握知识技术的演变。

从国际知识管理与知识技术会议的主题来看,第 11 届知识管理与知识技术国际会议的议题中涉及的知识技术包括:数据分析、可视化分析、知识发现、语义商业技术、文本挖掘与信息检索、Web 科学与社会媒体、科学 2.0 中的知识共享[①];第 12 届国际会议涉及的知识技术包括:知识组织、知识发现、知识可视化、知识演变与知识语境[②];第 13 届国际会议聚焦在知识域数据分析、社会与移动计算、产业和科学中的知识管理等各方面,特别提及了知识技术在智能医疗中的应用;第 14 届会议主要聚焦的知识技术包括:知识发现、社会网络计算、无所不在的个人计算、

---

① Coverpages organization. Knowledge Technologies Conference 2002. March10 – 13,Seattle[EB/OL]. [2015 – 12 – 01]http://xml.coverpages.org/KnowledgeTechnologiesConference2002Program.html.

② Acm organization. Proceedings of the 12th International Conference on Knowledge Management and Knowledge Technologies[EB/OL].[2016 – 03 – 08]. http://dl.acm.org/citation.cfm?id = 2362456.

机器学习算法、科学2.0、语义网络、语义可视化、可视化分析方法、可视对象建模、基于云的互操作等①。从连续四年的国际会议主题的演变,可以看出,知识管理从数据分析、文本挖掘信息检索,逐渐向知识可视化、移动计算、科学2.0、社会网络技术等方面发展。

从高校设置知识技术专业的情况来看,我国高校一般在图书馆学、情报学等专业下开始相关课程或研究方向,目前还没有专门的知识技术专业,国外的一些高校敏锐把握了时代前沿,有的开设了知识技术系,有的则建立了知识技术学院和大学。如斯洛文尼亚约瑟夫·斯蒂芬学院(The Jožef Stefan Institute)已成立了知识技术系,主要开展跨学科知识技术研究与应用等领域的研究与教学,研究领域包括数据挖掘、机器学习、文本Web挖掘、决策支持、人类语言技术以及其他支持知识和数据获取、管理、建模和利用的相关技术等。其研究成果已经应用到解决具体问题,如地震预测、国家住房基金贷款对象的筛选、英国交通事故分析、医学诊断、斯洛文尼亚公共医疗系统等方面②。奥地利格拉茨技术大学(Graz University of Technology)2006年成立了知识技术学院(The Knowledge Technologies Institute),主要从事技术驱动的心理学研究,大数据机器学习、社会网络理论与语义,应用社会语义网技术的科学2.0等③。可以看出知识技术专业的设置起源于计算机科学,融入了其他应用学科的研究,是一种跨学科的研究与应用技术。

关于知识技术(knowledge technology)的内涵,学术界有不同的表述,主要有两种观点。一种认为知识技术是一种综合技术,英国"高级知识技术"(AKT)对知识技术的定义是:"知识技术用于组织从知识资产中创建、管理、抽取价值,并把这些技术组合成为创建知识生命周期完整方法的下一代信息技术。"④欧盟第六期研究架构计划(FP6)认为:"知识技术是一门与知识管理相关、跨协同计算、知识工程、自然语言处理、传统信

---

① Acm organization. 2014 by the Association for Computing Machinery[EB/OL]. [2016 - 03 - 08]. http://portalparts. acm. org/2640000/2637748/fm/frontmatter. pdf? ip = 218. 69. 114. 245&CFID = 733408237&CFTOKEN = 67673493.
② Department of knowledge technologies, Jozef Stefan institute. KT home[EB/OL]. [2016 - 03 - 08]. http://kt. ijs. si/.
③ The Knowledge Technologies Institute. About KTI[EB/OL]. [2016 - 03 - 08]. http://kti. tugraz. at/about-kti/.
④ Kieron O'Hara, Nigel Shadbolt, Simon Buckingham Shum. The AKT Manifesto[EB/OL]. 2001. http://core. ac. uk/download/pdf/1505820. pdf.

息技术系统、万维网信息检索的综合技术。"[1]和金生认为,知识技术是"能够协助人们生产、分享、应用,以及创新知识的基于计算机的现代信息技术,并不特指某一项技术,而是一个整合的技术体系"[2]。另一种观点强调知识技术是信息技术新的发展,互联网语义网创始人 Tim Berners-lee(蒂姆·伯纳斯·李)认为:"知识技术的技术核心是语义网。"[3]曾民族在《知识技术及其应用》一书中认为:"知识技术是信息技术的延伸和扩展,是增强了处理知识能力的新一代信息技术;是用于知识采集、模型化、重用、检索、提供和维护整个知识生命周期的技术;是实现语义网为核心的互联网第三次革命的关键技术。"[4]

知识技术是信息技术的延伸和扩充,是包含了各种跨学科的应用技术在内的多种增强处理知识能力的新一代信息技术的体系。既包括传统和现代的知识处理与管理技术如文献检索技术、文献管理系统、自然语言处理、多语言实时自然语言处理、面向知识的系统以及知识共享技术、知识发现技术等,也包括知识平台技术如互联网技术、语义网技术、超文本、概念本体、虚拟协同和联合、分布式人工智能、互联网推理服务、泛在计算基础设施、网格计算、知识计算、云计算技术、知识可视化技术,还包括知识技术在特定领域的应用、有关知识生命周期的技术以及起源于计算机科学在医疗、心理、社会网络等多个领域应用的跨学科技术等。

5.1.2　知识技术的种类

5.1.2.1　知识技术的分类

知识技术的种类很多(见表 5 - 1),但它们都是围绕着知识的转化和知识的共享两个用途展开的,可以把知识技术按照用途分为三大类。

---

[1] The Publications Office of the European Union. EU law[EB/OL]. [2016 - 03 - 08]. http://publications.europa.eu/en/publication-detail/-/publication/ffe7ea62-4fff-4fc8-bc0c-bda59be3fbdb/language-en/format-PDF/source-5052659.
[2] 和金生.知识经济与知识发酵[J].科学学与科学技术管理,2002(3):63 - 65.
[3] Berners-Lee T, Hendler J, O Lassila. The semantic Web[J]. Scientific American, 2001, 284(5):34 - 43.
[4] 曾民族.知识技术及其应用[M].北京:科学技术文献出版社,2005:27.

表 5-1 知识技术的分类

序号	类型	知识技术
描述类	知识标识	URI 方法（URN 统一资源名称、URC 统一资源属性、URL 统一资源定位符）；数字对象唯一标识符方法（Handle、DOI、SICI）；元数据技术（都柏林核心元数据 DC、机读目录 MARC、学习对象 LOM、在线信息交换 ONIX）
	知识表示	RDF；XML；面向对象技术；主题地图；OWL
	知识组织	分类方法；主题词表；后控词表；规范文档；本体；SKOS；Z 39.19 标准；主题图；OWL；信息构建技术（导航技术体系、分类体系、搜索体系；标记体系）
	知识可视化	离散点图；平行坐标；多角巡视；饱和刷技术
转化类	知识挖掘	人工神经网络技术；决策树；粗糙集技术；OLAP 方法；数据可视化方法；最邻近技术；规则归纳；正例排斥反例法；贝叶斯方法；KDD
	知识发现	XML；数据分类技术；Multiagent 技术；软件组件技术；可视化技术
	知识过滤	数据分析技术；智能代理技术；机器学习技术；用户模型建立和匹配技术
	知识分析	EXCEL 统计分析技术、系统动力学习软件；层次分析法软件
	知识提取	命名实体技术；实体联系技术；模板脚本技术；共指技术；模板合并技术；中文信息提取技术
	知识推理	神经网络技术
	知识集成	Web Services 技术；SOA 技术；RSS 技术；CAX 技术；群件技术；分布式处理技术；知识门户
传递类	知识获取	仿真技术、搜索技术、网格技术、RSS 技术
	知识检索	定性检索技术；搜索引擎技术；相关性排序技术；元搜索技术；自然语言检索；跨语言检索；相关检索；内容检索技术；可视化检索技术
	知识存取	文件技术；数据库技术；内容管理技术；RSS 技术；OAI 技术；OpenURL 和 SFX 技术；ZING 和 SRU/SRW 技术；数据仓储

续表

序号	类型	知识技术
传递类	知识共享与转移	博客；知识管理系统；可视化技术；视频技术；微信；移动互联网技术
	知识重用	知识工程（KBE）技术；BuddySpace；Compendium；Knowledge broker；Muskrat-II；Internet 推理器
	中心化的知识管理技术	知识发现系统；电子知识库；在线论坛；知识地图；基于 Agent 的信息处理系统；知识分类技术；企业知识搜索引擎；电子合作工具；专家系统；企业知识门户
	个性化的知识管理技术	社会网络软件（如博客、wiki 等）；VoIP 技术（如 Skype）；P2P 计算技术；即时通信软件（如 MSN）

资料来源：作者整理自：①朝乐门. 知识技术的综合集成视角研究[J]. 图书情报工作，2008(10)：37-40. ②张兮. 交换意识、知识共享能见度和知识管理技术[D]. 合肥：中国科学技术大学，2009. ③Abar S., Abe T., Kinoshita K. A next generation knowledge management system architecture. Proceedings of the 18th International Conference on Advanced Information Networking and Application[C]，2004：1-5. ④Tsui, E. technologies or personal and peer-to-Peer (P2P) knowledge management[R]. CSC Leading Edge Forum Technology Grant Report. 2002. ⑤Tsui E. The role of IT in KM：Where are We Now and Where are We Heading？[J]. Journal of Knowledge Management. 2005，1(1)：3-6. ⑥Cayzer S. Semantic blogging and decentralized knowledge management[J]. Communications of the Acm，2004，47(12)：47-52. ⑦Ives B. Using blogs for personal KM and community building：Refining the global knowledge marketplace[J]. Knowledge Management Review. 2005，8(3)：12-15. ⑧Kosonen M., Kianto A. Applying Wikis to managing knowledge-a socio-technical approach[J]. Knowledge and Process Management. 2009，16(1)：23-29. ⑨Wang W., Xiong R., Sun J. Design of a web 2.0-based knowledge management platform[M]. IFIP，Springer，Boston，2008：237-245.

第一类是知识描述类技术。知识必须科学地描述才能发挥重要作用，该类技术包括对知识内容的描述，也包括对元知识的描述。

第二类是知识转化类技术。该类知识技术的重点是将各种异构的多样化形态的信息转化为知识，必须以语义网络（semantic web）为基础，让计算机可以理解信息的语义。在知识转化技术把信息转化成知识的过程是一个复杂的过程，单一的技术不能发挥作用，可将多种技术融合，涉及知识逻辑推理技术、知识规范化描述的相关技术、从自然语言中抽取信息的知识系统等①。

第三类是知识传递类技术。这类技术主要是知识服务技术,为了知识在组织中的共享以及知识在社会中的传递,通过知识的识别、知识的发布和分布式知识共享,包括讨论空间、远程交流系统或异步会议系统等,实现时空上的分布、异步合作和交流智能化。通过知识本体,使组织成员能够利用与自然语言接近的语言提出请求②。

5.1.2.2 知识技术的相关概念

探讨知识技术与相关重要概念的关系,可以进一步认识知识技术与多种技术交合的特征。知识技术离不开数据处理(data processing),后者是对数据的采集、存储、检索、加工、变换和传输③,涉及文字化(contextualize)即数据的描述或定义;分类(categorize)即数据的类别与单位;计算(calculate)即数据的统计与分析;校正(correct)即数据的验证与修改;提炼(condense)即数据的整理与提要④。

知识网格(knowledge grid)是 2001 年美国信息学家 Fran Berman(弗兰·伯曼)在主持 TeraGrid 网格研究项目中提出的一个新概念,指出"知识网格的任务就是利用网格,通过数据挖掘、推理等技术,从大量在线数据集中抽取、合成知识,使搜索引擎能够智能地进行推理和回答问题,并从大量数据中得出结论"⑤。

知识发现(knowledge discovery)的核心技术是数据挖掘(data mining),是从数据中提取隐含的、潜在有用的信息和知识的过程⑥。知识发现研究的两大分支是数据库中知识发现(know ledge discovery in databases,简称 KDD)和基于文献的知识发现⑦,前者主要针对结构化数据,包括了数据清理、数据集成、数据选择、数据变换、数据挖掘、模式评估、知识表

---

① O'Hara K,Shadbolt N. Knowledge technologies and the semantic Web[M]. Trust and Crime in Information Societies. Edward Elgar,2005:113 - 164.
② 李大玲. 学术机构知识库构建模式研究[M]. 上海:上海交通大学出版社,2009:9.
③ 方陆明. 信息管理概论[M]. 杭州:浙江科学技术出版社,2005:42.
④ 尤克强. 知识管理与企业创新[M]. 北京:清华大学出版社,2003:40.
⑤ Berman F. Viewpoint: From TeraGrid to knowledge grid[J]. Communications of the Acm,2001,44(44):27 - 28.
⑥ 周宁,张芳芳,余肖生. 可视化技术在知识管理领域的发展[J]. 图书情报工作,2006(11):68 - 71.
⑦ 史忠植. 知识发现[M]. 北京:清华大学出版社,2002:7 - 12.

示等环节;后者主要针对非结构化数据,按文献的相关性分为基于相关文献的知识发现、基于非相关文献的知识发现和基于全文献的知识发现①。

知识表示(knowledge representation)或称为"知识表征",一般指与知识呈现相关的技术方法。图 5-1 表现了知识表示在认知心理学、人工智能等领域的不同含义。

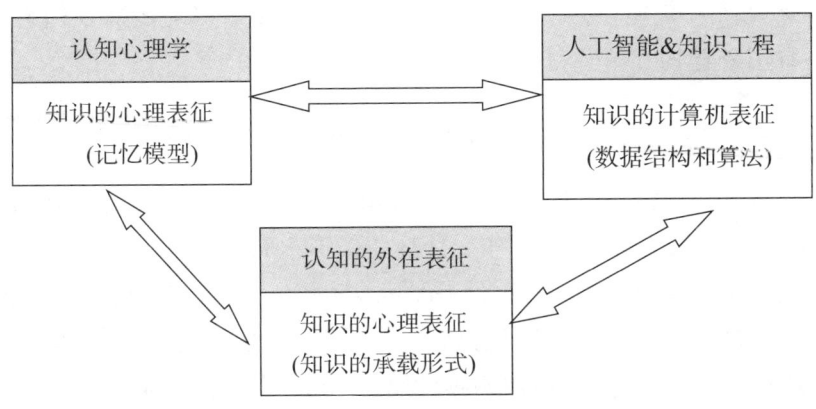

图 5-1　知识表征在相关领域的含义

资料来源:赵国庆,黄荣怀,陆志坚.知识可视化的理论与方法[J].开放教育研究,2005(1):23-27.

知识获取(knowledge acquistion)是将用于问题求解的各种专门知识从知识源中抽取与提炼出来,转换成计算机可执行代码的形式化过程。关于知识获取技术,Feigenbaum 说过:"知识获取是人工智能研究里最重要的中心问题,是人工智能研究中的关键。"知识获取就是从纷繁的信息当中发现、提取和挖掘知识。知识获取可以分为人工获取、机器辅助的人工获取、机器自动获取三种类型②。

5.1.3　知识可视化

5.1.3.1　知识可视化概念

知识可视化概念最早源于 2004 年 7 月 Martin J. Eppler(马丁·埃普尔)和 Remo A. Burkhard(雷默·伯克哈特)所编的文档,研究视觉表征

---

① 张树良,冷伏海.基于文献的知识发现的应用进展研究[J].情报学报,2006(6):700-712.
② 胡舜耕,王克宏.知识管理与知识共享[J].计算机科学,2003(5):55-58.

在改善两个或两个以上人之间知识创造和传递中的应用,"知识可视化是所有可以用来建构和传递复杂见解的图解手段"①。对这一定义,北京师范大学赵国庆给出了一种修正的表述:"知识可视化是研究如何应用视觉表征改进两个或两个以上人之间复杂知识创造与传递的学科。知识可视化是在科学计算可视化、数据可视化、信息可视化基础上发展起来的新兴研究领域,应用视觉表征手段促进群体知识的传播和创新,包括所有用来建构和传达复杂知识的图解手段"②。

5.1.3.2 知识可视化的相关概念

美国国家科学基金会(NSF)最早提出了科学可视化的概念,早在1986年就发起了首倡计划,在1987年2月召开的专题研讨会上给出了"科学计算可视化"(visualization in scientific computing)的定义、覆盖的领域以及发展方向,其基本含义是指运用计算机图形学或者一般图形学的原理和方法,将科学与工程计算等产生的大规模数据转换为图形、图像,以直观的形式表示出来③。1990年召开了首届IEEE可视化大会(Visualization Conference)④。

数据可视化(data visualization)概念首先来自科学计算可视化,科学家们不仅需要通过图形图像分析计算机算出的数据,而且需要了解计算过程中数据的变化。数据可视化技术指的是运用计算机图形学和图像处理技术,将数据转换为图形或图像在屏幕上显示出来,并进行交互处理的理论、方法和技术。它涉及计算机图形学、图像处理、计算机辅助设计、计算机视觉及人机交互技术等多个领域。

信息可视化(information visualization)是由Stuart K. Card(斯图尔特·卡德)、Jock D. Mackinlay(约克·麦金利)和George G. Robertson(乔治·罗伯逊)于1989年创造出来的⑤。信息可视化是指非空间数据的可视化。Card等将这一概念定义为:"使用计算机支持的、交互性的视觉表示法,对抽象数据进行表示,以增强认知"。他们建立的可视化模型由数

---

① Eppler M. J., Burkard R. A. Knowledge visualization:towards a new discipline and its fields of application[M]. ICAWorking Paper #2/2004, University of Lugano, Lugano. 2004
② 赵国庆. 知识可视化2004定义的分析与修订[J]. 电化教育研究. 2009(3):15-18.
③ 潘云鹤. 计算机图形学——原理、方法及应用[M]. 北京:高等教育出版社,2001.
④ Stuart K. Card, Jock D. Mackinlay, Ben Shneiderman. Readings in information visualization:using vision to think[M]. Morgan Kaufmann Publishers. 1999,6-8.
⑤ Stuart K. Card, Jock D. Mackinlay, Ben Shneiderman. Readings in information visualization:using vision to think[M]. Morgan Kaufmann Publishers. 1999:8.

据转换(data transformations)、可视制图(visual mappings)、视图转移(view transformations)和人机互动(human interaction)几个阶段组成(见图5-2)。信息可视化研究起步较早,国际信息可视化协会等国际组织主办每年一届的国际信息可视化会议,至今已举办了20届,2016年在葡萄牙里斯本召开了第20届会议①。

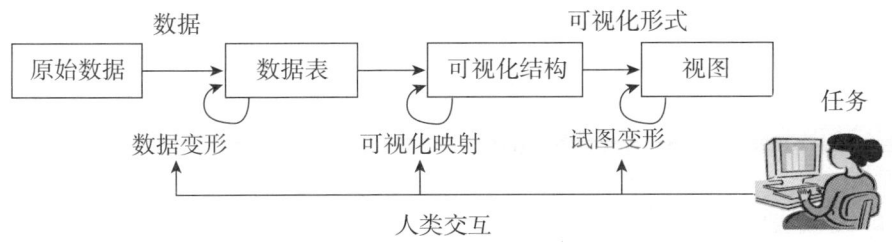

图5-2 Card等建立的可视化参考模型

资料来源:Tomi Heimonen. Information visualization on small display devices[EB/OL].[2015-12-11]. http://www.cs.uta.fi/research/theses/masters/Heimonen_Tomi.pdf.

关于知识可视化与信息可视化的关系,Eppler和Burkard认为:"虽然知识可视化和信息可视化都是利用人能够有效处理视觉表征的固有本领,但在各自领域应用这些能力的方式却不一样。信息可视化的目标在于从大量的抽象数据中发现一些新的信息,或者简单地使存储的数据更容易被访问;而知识可视化则是通过提供更丰富的知识视觉表征的方式,以提高人们之间的知识创造和传递。"②

知识可视化、数据可视化和科学计算可视化存在着较大的区别,见表5-2。

表5-2 知识可视化、数据可视化和科学计算可视化三者比较

	数据可视化	信息可视化	知识可视化
可视化对象	空间数据	非空间数据	人类的知识
可视化目的	将抽象数据以直观的方式表示出来	从大量抽象数据中发现一些新的信息	促进群体知识的传播和创新

---

① Information Visualisation Society. 20th International Conference Information Visualisation[EB/OL].[2016-01-04]. http://www.graphicslink.co.uk/IV2016/.

② Eppler M. J., Burkard R. A. Knowledge visuaization:towards a new discipline and its fields of application[M]. ICAWorking Paper #2/2004, University of Lugano, Lugano,2004.

续表

	数据可视化	信息可视化	知识可视化
可视化方式	计算机图形、图像	计算机图形、图像	绘制的草图、知识图表、视觉隐喻等
交互类型	人—机交互	人—机交互	人—人交互

资料来源:赵国庆,黄荣怀,陆志坚.知识可视化的理论与方法[J].开放教育研究,2005(1):23-27.

5.1.3.3 知识可视化的研究角度

为了通过可视化来促进知识的有效传输和创新,至少需要从知识类型(What?)、可视化目的(Why?)、可视化形式(How?)三个角度来考虑,赵国庆等认为应当将双重编码理论作为知识可视化的理论基础[①]。

在实施过程中,构建理论上的模型与相应的算法是相对复杂的一步。构建理论模型与算法应当做到:①明确知识可视化的目的;②选取科学有效的知识分类法;③对各种知识类型是否适合可视化展开科学分析;④选择合适的知识可视化方法;⑤为各种图解形式寻求对应的计算机知识表示法,即建立相应的数据结构(含逻辑结构和物理结构)和算法。在开发实现理论模型的软件中,则应当依据软件工程思想,按照需求分析、设计、编码和测试等科学流程展开。最后一个环节的核心是检验所构建的系统,遇到问题,则要回到第一步,不断完善和改进,为进入下一个迭代做准备。

王朝云等认为,知识可视化理论基础与其说是"双重编码"理论,倒不如说是戴尔"经验之塔"来得更贴切些[②]。这里的"经验之塔"是指1946年E. Dale(戴尔)发表的《经验之塔》(Cone of Experience),Dale依据学习经验的抽象程度分为做的经验(doing)、观察的经验(observing)、抽象的经验(symbolizing)三大类[③]。后来有学者在Dale"经验之塔"中增加了"虚拟现实"和"计算机动画",形成了新的经验之塔(见图5-3)。

---

① 赵国庆,黄荣怀,陆志坚.知识可视化的理论与方法[J].开放教育研究,2005(1):23-27.
② 王朝云,王玉龙.知识可视化理论与应用[J].现代教育技术,2007(6):18-20,17.
③ Dale E. A truncated section of the cone of experience[J]. Theory Into Practice,1970,9(2):96-100.

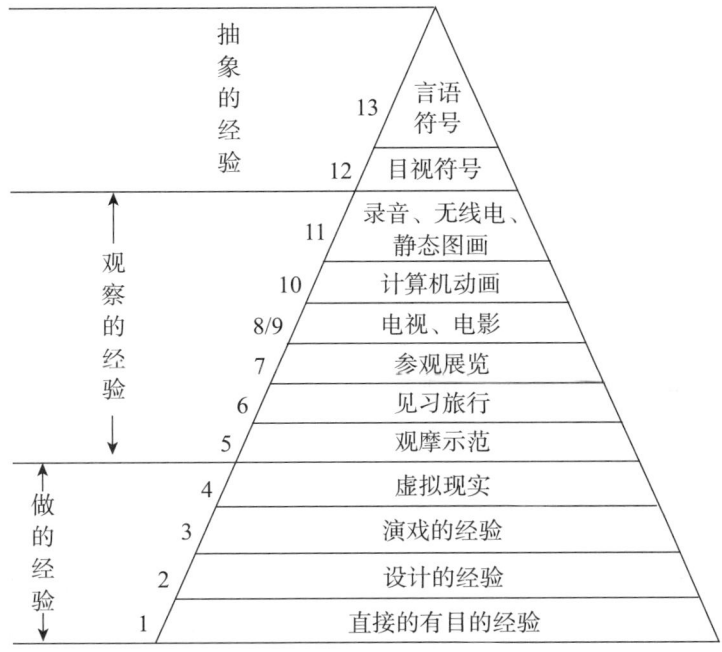

图 5-3　新的经验之塔

资料来源：王朝云，王玉龙. 知识可视化理论与应用[J]. 现代教育技术，2007(6)：18-20，17.

Burkhard 认为，当前的知识可视化存在着三个方面的问题："第一，可视化研究没能和传播学有效整合，对受众的研究还不够。在知识传播的实践中，受众扮演着十分重要的角色，他们的认知背景是成功可视化的重要依据；第二，可视化研究没能和知识管理的研究有效整合，目前的可视化研究主要集中于一种知识类型上（信息、事实）的研究，而知识管理则对不同的知识类型进行了区分并展开深入分析，没能和知识管理研究有效整合起来，这是当前可视化研究的一个重要瓶颈；第三，可视化研究缺少一个一般的框架，在知识可视化领域中，各个相关研究领域包括信息可视化、认知艺术、知识管理、传播学、信息架构、学习心理学、认知心理学等，都是不同的、各自独立的研究领域，如果缺少一个一般性框架，这些领域的可视化研究就难以成为一个整体。"[①]

---

① Burkhard, R. Learning from architects: the difference between knowledge visualization and information visualization [C]//Eight International Conference on Information Visualization (IV4), London, 2004-07.

知识可视化主要包括知识发现、知识表示和知识组织三个维度的可视化[①]。知识发现的可视化可以是静态的关联、聚类和分类知识,也可以是反映系统演化规律的知识,常用方法有:离散点图、离散点矩阵、平行坐标法、多角度巡视、数据管理技术等[②]。知识表示的可视化方法包括规则的可视化表示如早期的平行坐标法;分类的可视化表示如维恩图(venn diagram)、树图(tree map)、椎型树(cone tree)、Windows 中的目录结构等;聚类、孤立点可视化,有各种映射技术,多维数据投影(Multi dimensional data projection)的可视化方法有广泛应用;知识库中知识的可视化等。知识组织的可视化主要方法有概念地图、认知地图、思维导图等。

5.1.3.4　知识域可视化

产生于信息检索领域的知识域可视化(knowledge domain visualization,简称 KDViz)是知识可视化的一个新领域,曾被称为领域可视化(domain visualization)、主题领域可视化(subject domain visualization)、可视化知识域(visualizing knowledge domains)[③]。

知识域可视化就是使用可视化技术用直觉的方式表示领域知识结构关系及其发展进程的方法,其目的在于通过使用多种可视化思维(visual thinking)、可视化发现(visual discovery)、可视化探索(visual exploration)和可视化分析技术(visual analysis)来揭示一个知识域的动态发展,并从中发现模式。知识域可视化是对基于领域内容的结构进行可视化。KDViz 的对象是某一知识集合,即知识域。它可以用一个词的集合来限定。它将科学知识的复杂领域、学科前沿和新生长点以二维图像、三维图像或动画等形式直观地表达出来,极大地便利了科学知识的组织与检索,为科研人员选择研究课题、探索科学发展规律提供了重要的工具,同时也为科技管理部门进行科学的科技管理定位与布局提供了新的方法

[①] 周宁,张芳芳,余肖生.可视化技术在知识管理领域的发展[J].图书情报工作,2006(11):68-71.
[②] Zhou N, Zhang F F. On Web mining model for electronic commerce[C]//Frank G. Duserick ed. The 4th Wuhan International Conferencee on E-Business Proceedings. Wuhan:CICEB,2005:1730-1736.
[③] Borner K., Chen C., Boyack K W. Visualizing knowledge domains[J]. Annual Review of Information Science and Technology,2003,37(1):179-255.

和手段①。

20世纪90年代初,人们开始把可视化技术应用于科学知识的表示、组织、检索和管理。例如,曾于1958年创办ISI的Eugene Garfield(尤金·加菲尔德)进行了科学制图(scientography)研究。Garfield在1994年引入了纵向绘图(longitudinal mapping)的概念②。在纵向绘图中一系列按照年代顺序排列的学科结构图被用来洞察科学知识的发展本质。使用这些纵向绘图,可以预测一个学科领域的发展趋势。周宁等认为,知识域可视化并不等同于绘制科学地图,科学地图将全部科学看成整体,而知识域可视化更趋向关注一个科学领域或学科,以便能将该科学学科作为一个有机系统探索其动态③。

陈超美在这一领域确立了标志性成果,2002年出版《科学前沿图谱》(*Mapping Scientific Frontier*),书中详细介绍了知识域可视化的相关理论和方法,从理论和实践角度详细论述了如何在共引分析的基础上,使用可视化技术揭示科学知识结构。2004年又出版专著 *Information Visualization:Beyond the Horizon* 专门介绍了知识域可视化,因而知识域可视化被看作是信息可视化的一个分支。

2002年以后,知识域可视化向多领域拓展。在美国,由Rasmussen(拉斯马森)等学者在65届美国情报科学技术学会(American Society for Information Science and Technology)上发表可视化知识域论文,首次将知识图谱引入图书情报学科。美国科学院2003年举办了知识图谱学术研讨会,来自不同领域的学者介绍有关知识图谱的最新研究成果并发表20多篇学术论文④。IEEE于2002年在英国伦敦召开了首届知识域可视化国际研讨会(The International Symposium on Knowledge Domain Visualization,KDViz2002),此后每年一届,后成为信息可视化会议(Information Visualization Conference,IV)并行召开的论坛,至2015年KDViz7届IV19届⑤。

根据可视化对象的不同,知识域可视化方法可以分为基于作者共引

---

① 杨峰.知识域可视化研究[J].情报杂志,2007(6):82-84.
② Garfield E. Scientography:Mapping the tracks of science. current contents[J]. Social & Behavioral Sciences,1994,7(45):5-10.
③ 周宁,张李义.信息资源可视化模型方法[M].北京:科学出版社,2008:245.
④ 曹树金等.知识图谱研究的脉络、流派与趋势——基于SSCI与CSSCI期刊论文的计量与可视化[J].中国图书馆学报,2015(5):16-34.
⑤ Graphicslink company. KDViz. iV2015 - 19th International Conference Information. Visualisation[EB/OL]. [2015-12-11]. http://www.graphicslink.co.uk/IV2015/KDViz.htm.

分析、基于文献共引分析、基于期刊共引分析和基于共词分析的可视化等。陈超美等提出了一种新的可视化方法——潜在知识域可视化（Latent Knowledge Domain Visualization，L-KDViz）方法，认为通过一定的挖掘可以在一个可视化框架中，同时容纳潜在领域知识和主流领域知识。其目标在于发现一个知识域中引用率低但相关性高的潜在知识，并在一个可视化框架中展现知识域的整体结构[①]。

以科学知识为对象的知识图谱将文献计量与科学计量相结合，通过文献知识单元的描述分析对科学知识的结构、关系、演化以及学科发展进程等进行可视化。早在1997年，White等人将文献计量可视化的步骤归纳为五点[②]。随后，针对新环境下的知识可视化，Brner（2003）等人将其分为六部分：提取数据、定义分析单元、选择方法、计算相似度、布局知识单元、解释分析结果。Cobo（2011）等人则将其分为七部分：数据检索、处理、网络提取、标准化、作图、分析、可视化[③]。杨思洛和韩瑞珍提出知识图谱绘制过程可由八部分组成：样本数据获取、样本数据清洗、选择知识单元、构建单元关系、数据标准化、样本数据简化、知识可视化、图谱结果解读[④]。

知识图谱绘制工具一般分通用软件（如 SPSS，Ucinet，Pajek 等）和专用软件两类，参考 Cobo（2011）的研究，常用绘制的软件有 VOSviewer、Citespace、Bibexcel、CoPalRed、IN-SPIRE、Leydesdorff、Network Workbench Tools、Science of Science Tool、VanagePoint 九种[⑤]。这里对其中主要的三种进行比较（见表 5-3）。

---

① Chen C., Kuljis J., Paul R J. Visualizing latent domain knowledge[J]. IEEE Transactions on Systems, Man, and Cybernetics-Part C: Applications and Reviews, 2001, 31(4):518-529.
② White H D, McCain K W. Visualization of literatures. Annual Review of Information Science and Technology, 1997, 32:99-168.
③ Cobo M. J., López-Herrea A. G., Herrera-Viedma E. Science mapping software tools: review, analysis, and cooperative study among tools[J]. Journal of the Amercican Society for Information Science and Technology, 2011, 62(7):1382-1402.
④⑤ 杨思洛, 韩瑞珍. 国外知识图谱绘制的方法与工具分析[J]. 图书情报知识, 2012(6): 101-109.

表5-3 三种知识图谱绘制软件特征对比

项目	Citespace	VOSviewer	Bibexcel
研制者	美国Drexel大学教授、大连理工大学陈超美开发	荷兰莱顿大学CWTS资助开发的科学知识图谱绘制工具	瑞典Person开发的科学计量分析软件
功能基本描述	作者、机构、国家、术语(来自文献标题和摘要)和关键词(来自文献主题词和标引词)的共现分析;引文、作者和期刊的共被引分析;文献耦合分析;爆发词或爆发文献探测	作者或期刊的共引关系图,关键词共现关系图	引文分析、共引分析、引文耦合分析和聚类分析
预处理	分时间段,数据、网络简化		数据和网络简化
网络构建	DBCA、ACAA、CCAA、ICAA、ACA、DCA、JCA、CWA等		DBCA、ACAA、CCAA、ICAA、ACA、DCA、JCA、CWA等
标准与简化	Cosine、Dice、Jaccard	Association Strength	Cosine、Jaccard、Vladutz、Cook
图谱解读	突变检测、地理空间、社会网络、历时分析	社会网络	社会网络
优点	使用简单,可直接导入Web of Science和arXiv数据库中的数据,进行可视化分析,并自带格式转换程序,可将Derwent、CSSCI、CNKI等数据库导出的数据进行格式转换后,进行可视化分析;功能强大,可绘制各类知识图谱;提供聚类、时间序列和时区三种图谱布局;可视化效果好,易于解读	与Citespace Ⅱ类似,在理论算法和图谱显示效果上有所不同,数据量处理较大	功能强大,内在消耗低

续表

项目	Citespace	VOSviewer	Bibexcel
缺点	内存消耗大;各节点字体大小一样,不能随着节点频次或中心度的增大面增大;在数据量较大情况下软件常会进入无反应状态	需输入规定格式数据,无法处理中文数据	需对数据进行处理,构建特定格式数据,比较复杂,且不能处理中文数据;可视化效果差

注:ABCA——作者耦合;DBCA——文献耦合;JBCA——期刊耦合;ACAA——作者合作;CCAA——国家合作;ICAA——机构合作;ACA——作者共引;DCA——文献共引;JCA——期刊共引;CWA——共词分析;DL——直接引证网

资料来源:作者整理自:杨思洛,韩瑞珍.国外知识图谱绘制的方法与工具分析[J].图书情报知识,2012(6):101-109.胡泽文,等.国内知识图谱应用研究综述[J].图书情报工作,2013(3):131-137.

据曹树金等对1998~2014年国内外知识图谱的计量分析,国外SSCI论文295篇,最早论文出现于2002年,2012年达到高峰,论文分布在39个学科类别,最多的是图书情报学、计算机科学与信息系统、教育学、管理学,形成通过开发可视化工具和算法分析科学成果的技术学派,以及利用科学计量学理论及相关方法、知识图谱软件等对关键词共现网络、作者合作网络、Co-use网络等进行分析研究的应用学派。我国CSSCI论文389篇,最早一篇出现于2005年,2012年达到高潮,论文分布于17个学科,最多的是图书馆、情报与文献学,管理学和教育学,经济学、体育学和新闻传播学,形成利用可视化方法研究科学学与管理学、科学技术合作等领域的科学计量学学派和知识图谱应用学派[①]。

5.1.3.5 知识可视化重要工具

(1)思维导图

思维导图(mind map)是英国人Tony Buzan(托尼·布赞)于20世纪60年代创造的一种笔记方法,是一种非常有用的图形技术。思维导图可应用于个人,也可应用于家庭、教育和企业等,"它成功地帮助全世界

---

① 曹树金,等.知识图谱研究的脉络、流派与趋势——基于SSCI与CSSCI期刊论文的计量与可视化[J].中国图书馆学报,2015(5):16-34.

2.5 亿人改变了生活,被誉为世纪全球性的思维工具"①。图 5-4 是"个人知识管理"实施方法思维导图。

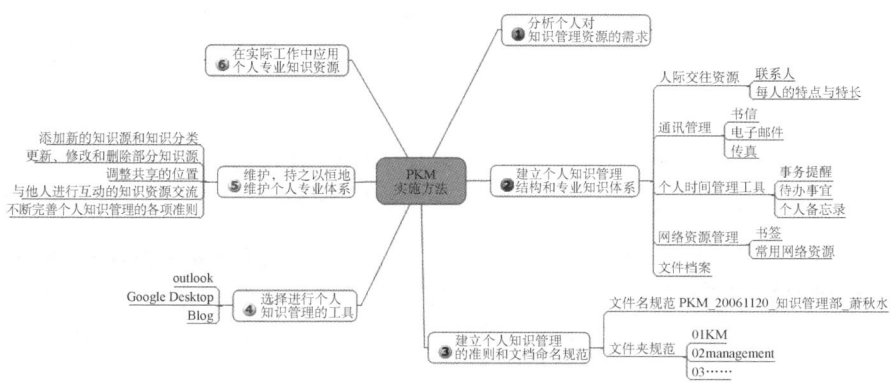

图 5-4 思维导图举例

资料来源:知识管理理论与实践[EB/OL].[2016-05-08].畅享圈子网:http://group.vsharing.com/Article.aspx? aid=417974

(2)概念图

概念图(concept map)又称为概念构图、概念地图,最初是由美国康奈尔大学的 Novak(诺瓦克)博士等提出的一种教学技术。其最大的优点是:通过图形方式把知识的体系结构、概念与概念之间的关系表达出来,使知识体系的层次结构及相互关系一目了然。因此,概念图也是优秀的结构化知识评估工具,美国 CREST(Center for Research on Evaluation, Standards and Student Testing)还在概念图基础上提出了知识地图(knowledge maps)的概念。Friedman(弗里德曼)和 Smiraglia(斯米拉利亚)(2013)"通过分析 334 个概念图发现,大多数概念图由来自美国、德国、法国或加拿大的学者们创建,大多数包含符号内容,其中 Peirceian 符号占据了多数;Saussurian 概念图更具实践上的意义,而 Peirceian 概念图更具理论上的意义"②。

(3)认知地图

由 Ackerman(阿克曼)和 Eden(艾登)提出的认知地图(cognitive map)又称因果图(causal maps),其理论基础是个体建构理论(personal construct theory)。认知地图可视为一个认知过程,是用于把握和理解周

---

① 王朝云,刘玉龙.知识可视化的理论与应用[J].现代教育技术,2007(6):18-20,17.
② Friedman A, Smiraglia R P. Nodes and arcs:concept map, semiotics, and knowledge organization[J]. Journal of Documentation, 2013, 69(1):27-48.

围世界的方法。Gould(古尔德)和White(怀特)认为,认知地图是一个由一系列心理因素转换所形成的过程,通过它人们可以获取、编码、储存、提取、编译那些与日常的空间环境有关的现象的相对位置和性质的信息和知识。认知地图可用于帮助人们规划工作,促进小组的决策。

(4)思维地图

思维地图(thinking map)是1988年由David Hyerle博士开发的一种由八个思维过程地图合成的工具。这八个思维过程分别是:类推,内容/参考资料的构成,描述性质,比较和对比,分类,整体和部分,序列,原因和结果。这个可视化工具的工具箱综合了大脑风暴网络促成的创造性思维、图像组织者的组织结构,以及思维过程地图内在的元认知能力,例如概念图和系统图①。

(5)鱼眼视图

鱼眼视图(fisheye view)源于1986年美国密歇根大学信息学院教授George Furnas(乔治·福纳斯)采用的模仿鱼眼的技术。1993年,Sarkar(萨卡)和Brown(布朗)利用一张美国城市地图展示鱼眼视图技术②。鱼眼视图显示了134个美国城市以及一些城市间338条道路其中顶点的重要权值与相应城市的人口对数成比例。图5-5显示应用了鱼眼视图的同一幅地图,它放大了重要定点,缩小了不重要定点。

(6)透视墙视图

1991年,Mackinlay等人提出了在计算机屏幕上以平行线条方式显示信息的透视墙视图(perspective wall)的方法③。1993年,Leung(梁)和Mark-Apperley(马克·阿伯利)发表了扩展透视墙的论文④。透视墙方法使用的原理是线条视觉原理,最宽的是中间线条最宽,通过周围线条收缩以同时显示所有线条。当用户选择其中一个线条时,该线条便向中心移动,并显示其实际大小。透视墙由中间面板和两个侧面板组成,用户正在聚焦的信息显示在中间面板,上下文信息则出现在两个侧面板,用户根据需要将两个侧面板信息拉到中间面板。

---

① 科斯塔(Costa,A. L.).思维习惯[M].李添,译.北京:中国轻工业出版社,2006:129.
② Sarkar M,Brown M H. Graphical fisheye views[J]. Comm Acm,1993,37(12):73-84.
③ Mackinlay J D,Robertson G G,Card S K. The perspective wall:detail and context smoothly integrated.[C]. Proc. ACM CHI'91 Conference on Human Factors in Computing Systems and Graphics Interface, ACM SIGCHI. ACM-Press,1991:173-176.
④ Leung Y. K.,Apperley M. D.. Extending the perspective wall[C]//Computer Human Interaction Special Interest Group of the Ergonomics Society of Australia,(OZCHI'93).1993.

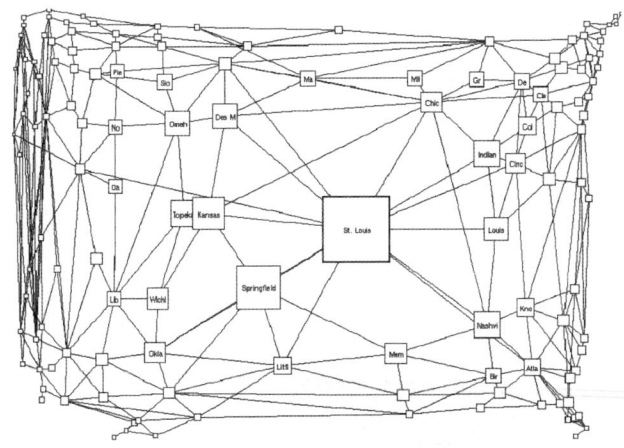

图 5-5　由 Sarkar 和 Brown 完成的鱼眼视图

资料来源：Manojit Sarkar and Marc H. Brown. Graphical Fisheye Views of Graphs[EB/OL].[2014-12-09]. http://bitsavers.trailing-edge.com/pdf/dec/tech_reports/SRC-RR-84A.pdf.

（7）双曲视图

由 John Lamping（约翰·兰平）和 Ramana Rao（拉玛纳·拉奥）（1996）最早提出的双曲树（hyperbolic tree）技术①（见图 5-6）是在双曲平面上建立一个树结构，采用焦点加细节的优化技术。

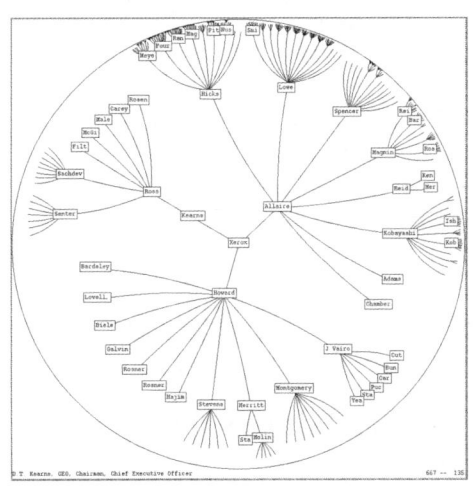

图 5-6　由 Lamping 和 Rao 建立的双曲树浏览器

资料来源：増井俊之. 情報視覚化[EB/OL].[2015-02-09]. https://iv.xight.org/.

---

① Lamping J.,Rao R. Laying out and visualizing large trees using a hyperbolic space[Z]. In Proc. UIST'94,California,1994:13-14.

双曲视图是显示巨大层次信息结构的较新的可视化技术(如图5-6),由Xerox PARC(施乐公司)研制,它是建立在双曲空间数学模型基础之上的技术。该数学模型适合显示超大型非均衡层次化结构。1998年,Tamara Munzner(塔玛拉·芒兹纳)在此基础上提出了双曲三维视图(Hyperbolic 3D viewer,H3),把双曲空间映射到一个球体上,这是对双曲视图的重要扩展(如图5-7)[①]。

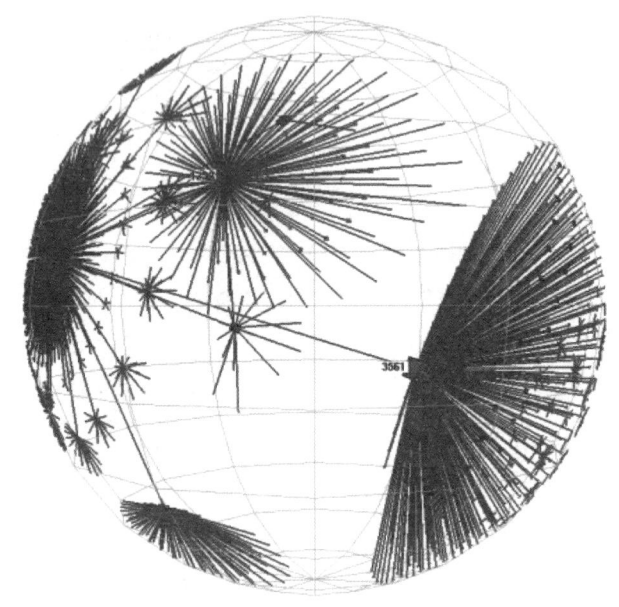

图5-7 双曲三维视图

资料来源:Tamara Munzner. Exploring Large Graphs in 3D Hyperbolic Space[EB/OL].[2015-02-09]. http://www.cs.kent.edu/~jmaletic/cs63903/papers/Munzner98.pdf.

H3把一般网络结构整合到一个显示信息骨架的生成树上,并且把圆锥树嵌入到双曲空间。最终,双曲空间映射到了一个三维欧氏空间的球体上。

后来,互联网数据分析应用中心(CAIDA)的Young Hyun(勇贤),基于Munzner的工作实现了Walrus工具提供球状双曲显示。Walrus的展示(如图5-8,该图含有535102个节点601678个链接)可在网络上获取包含的图片和动画。

---

① Munzner T. Exploring large graphs in 3D hyperbolic space[J]. IEEE Computer Graphics,1998,18(4):18-23.

5 知识技术与知识工程

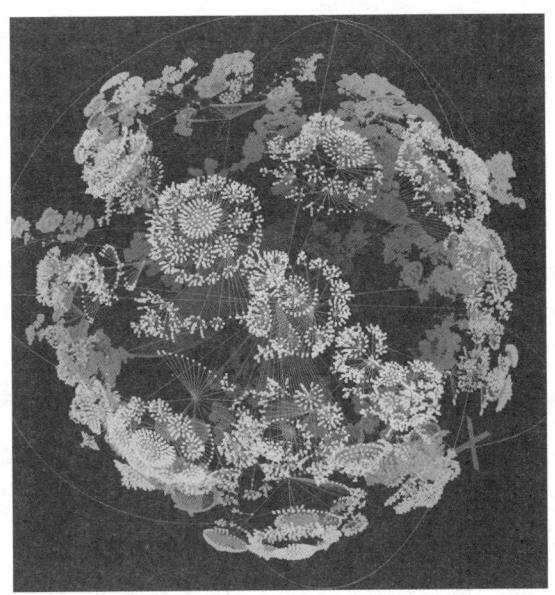

图 5-8　Walrus 网络可视化实例

资料来源：Conter for Applied Internet Data Analysis. Walrus-Gallery：Visualization & Navigation ［EB/OL］.［2015－04－03］. http：//www. caida. org/tools/visualization/walrus/gallery1/lhr-old. png.

　　Walrus 基于 Java3D 技术实现了数据界面的缩放、旋转和视图功能，而能使缩放用户界面允许用户根据不同层次的细节，轻松自由地放大和缩小，典型代表是 Pad++多比例显示工具，是由包括纽约大学（New York University）和马里兰大学（Maryland University）等多个大学联合开发的，Hightower（海托华）等对这一工具做了详细说明①。

5.2　知识工程

5.2.1　知识工程的概念

5.2.1.1　知识工程的定义

　　"知识工程"（Knowledge Engineering，简称 KE）又称为"基于知识的

---

① Hightower R R, Ring L T, Helfman J I, et al. PadPrints：graphical multiscale Web histories［C］. User Interface Software and Technology, 1998：121-122.

工程"(Knowledge Based Engineering, KBE),最初由斯坦福大学教授 Edward A. Feigenbaum(爱德华·费根鲍姆)在1977年第五届人工智能国际会议的演讲中提出的,认为"知识工程是人工智能的原理和方法"。知识工程学的一个重要应用是专家系统①。Feigenbaum 在《第五代计算机:人工智能和日本计算机对世界的挑战》中说,在日本,由于工程技术人员的地位较高,所以倾向于使用术语"知识工程",而在英国,则倾向使用术语"专家系统"。

关于知识工程概念,至今还没有严格的定义,主要有以下理解:

其一,认为知识工程是一个研究领域。Feigenbaum 认为,"知识工程是人们积极利用经验知识以解决问题作为前提并与人工智能应用有关的一个研究领域"②。

其二,认为知识工程是一种技术方法。欧洲 MOKA 联盟指出,"KBE 是一种将面向对象方法、人工智能和 CAD 技术三者集成的工程方法,能够提供设计过程客户化、变量化和自动化的解决方案"③。瑞典吕勒奥理工大学(Luleå University of Technology)的 Sundqvist Fredrik(松德奎斯特·弗雷德里克)等人认为:"KBE 是实现设计、制造、销售等相关活动自动化和集成化的一种软件技术。"④英国考文垂大学(Coventry University)KBE 中心认为,"KBE 系统是一种存储并处理与产品模型有关的知识,并基于产品模型的计算机系统,是目前促进工程化、实用化产品开发的最值得研究的软件方法。"⑤上海交通大学模具 CAD 国家工程研究中心提出:"KBE 是通过知识驱动和繁衍,对工程问题和任务提供最佳解决方案的计算机集成处理技术。"⑥

其三,认为知识工程是一种系统。英国克兰菲尔德大学(Cranfield

---

① 施赖伯,G. 著. 知识工程和知识管理[M]. 史忠植,梁永全,吴斌,等译. 北京:机械工业出版社,2003:4.
② 上野晴树. 知识工程学入门[M]. 李东,译. 北京:科学出版社,1989:I.
③ MOKA Consortium. MOKA-mechodology & software tools oriented to knowledge based engineering applications[J]. CEC ESPRINT Proposal EP25418,1997.
④ Robert H S. Computational model for conceptual design based on extended function logic[J]. Artificail Intelligent for Engineering Design Analysis and Manufacturing,1996(10):255-274.
⑤ Sainter P, Oldham K, Larkin K. et al. Product knowledge management within knowledge based engineering systems[C]//DETC 00, ASME 2000 Design Engineering Technical Conference and Computers and Information in Engineering Conference, Maryland, 2000, DETC00/DAC14501.
⑥ 赵震,彭颖红. KBE 在冲压工艺设计中的应用[J]. 模具技术,2001(4):59-61,64.

University)的 Huihua Li(李辉华)博士认为:"KBE 是一种特殊类型的基于知识的系统,它专注于工程设计以及后继的制造、销售等活动。"①美国福特汽车公司的 J. A. Penoyer(彭诺耶)、G. Burnett(伯内特)和 S. Y. Liou(莱留)等人认为:"KBE 是运用特意积累和存储的知识完成工程任务的计算机系统。"②

其四,认为知识工程是一种活动。有人认为,"知识工程研究使用计算机模拟人类的智能活动"③。也有人认为,"知识工程指依信息技术和知识管理技术,把知识作为一种智力资产来管理和利用,在使用中提升其价值,以此促进技术创新和管理创新,进一步推动企业持续发展的全部相关活动"④。

其五,认为知识工程是一门学科。将知识工程作为一门学科来理解。美国 UGS 公司认为:"KBE 是获取智能对象或人造物(如零件)的生命周期内实质的方法学。"⑤美国 Washington State University 机械工程系教授 Dale E. Calkins(戴尔·卡尔金斯)认为:"KBE 是一种设计方法学,将与下一代 CAD 技术紧密结合。"⑥还有一种观点,"知识工程是设计和实现知识库系统及知识库应用系统的理论、方法和技术,是研究知识获取、知识表示、知识管理和知识利用的一门学科"⑦。知识工程还被称为"知识处理学"⑧。

由上述五种观点可知,知识工程无论是一个领域、一种活动或一门学科,都离不开知识技术的应用,也离不开建立专门的知识系统,是知识技术与人工智能、专家系统等综合的产物。

5.2.1.2 知识工程的发展

知识工程的发展经历了三个时期:一是实验性系统时期(1965 至 1974 年),以专家系统 DENDRAL 系统为标志。二是 MYCIN 时期(1975

---

①⑤ 赵震,彭颖红. KBE 在冲压工艺设计中的应用[J]. 模具技术,2001(4):59-61,64.
② Umeda Y. Supporting conceptual design based on FBS modeler[J]. Artificial Intelligent for Engineering Design Analysis and Manufacturing,1996(10):275-284.
③ 曹立明,陈石麟,周强. 知识工程原理[M]. 北京:中国矿业大学出版社,1995:1.
④ 谭建荣,等. 制造企业知识工程理论、方法与工具[M]. 北京:科学出版社,2008:9.
⑥ Yoshikawa H. Design theory for CAD/CAM integration[J]. Annals of CIRP,1985,34(1):173-178.
⑦ 阳炳儒. 知识工程与知识发现[M]. 北京:冶金工业出版社,2000:394-399.
⑧ 胡洁. 企业信息化与知识工程[M]. 上海:上海交通大学出版社,2009:173.

至1980年),新的专家系统MYCIN发挥作用,知识工程成为新兴学科,到20世纪70年代后期,由构建专家系统、基于知识的系统和知识密集型的信息系统技术发展为知识系统①。三是1980年以来,是知识工程的"产品"在产业部门开始应用的时期。KBE技术被认为是20世纪80年代提出的一种新型的智能型工程设计方法。1984年,史忠植在全国第五代计算机专家研讨会上提出:"知识工程是研究知识信息处理的学科,提供开发智能系统的技术,是人工智能、数据库技术、数理逻辑、认知科学、心理学等学科交叉发展的结果。"②2003年史忠植等翻译出版了荷兰Schreiber(施赖伯)等著的《知识工程和知识管理》。上海交通大学模具CAD国家工程研究中心在知识工程领域进行了产品设计与工艺设计等多方面的应用研究,出版了《KBE技术及其在产品设计中的应用》(彭颖红,胡洁;上海交通大学出版社,2007)、《企业信息化与知识工程》(胡洁,彭颖红;上海交通大学出版社,2009)等系列著作。

5.2.1.3　知识工程与人工智能的关系

知识工程既可以视为人工智能的一个分支,又可以视作人工智能应用的结果。虽然科学家围绕人工智能进行了大量的理论研究和技术探索,但是,人工智能的许多关键技术没有突破,又由于知识库的局限性导致人工智能系统的低效率,人工智能始终未能从理论真正实现实际应用,从而寄希望于知识工程的发展。实际上,没有人工智能技术的解决,知识工程也会受到突破技术瓶颈的挑战。

我国计算机科学和人工智能等相关领域的科学家一直致力于知识工程的发展,如在知识科学领域和知识发现领域做出开拓性贡献的有中国科学院的陆汝钤研究员③和史忠植研究员④,从逻辑的角度探索知识工程的有北京科技大学教授杨炳儒⑤,研究形象思维、语义知识与图形图

---

① 胡运发.数据与知识工程导论[M].北京:清华大学出版社,2003:3.
② 智能科学与人工智能.知识工程[EB/OL].[2015-11-04].http://www.intsci.ac.cn/ai/ke.html.
③ 陆汝钤.知识科学及其研究前沿[J].中国科技奖励,2000(4):10-13.
④ 史忠植.逻辑—对象知识模型LOKM[J].计算机学报,1990(10):787-791.
⑤ 杨炳儒,刘发升.数据发掘与数据库中知识发现[J].北京科技大学学报,1999(2):202-205.

像之间转换的有浙江大学教授潘云鹤[①]等。这些研究在知识工程发展中都有重要价值,但是,知识工程并非仅仅解决技术问题那样简单,还涉及组织等更多因素。

5.2.1.4 知识工程与知识技术

一方面,知识工程在很大程度上依赖于知识技术,没有知识技术,不可能有知识工程;另一方面,仅仅有知识技术是不够的,知识工程不可能离开知识技术而自动实现。

人工智能技术发展过程中存在着许多困难,从而影响了知识工程的发展,而知识技术的产生与发展,为知识工程提供了新的路径,从而促进知识工程的发展。而知识工程在发展过程中提出新的问题与要求,需要知识技术提供工具和解决方法,又促进了知识技术的进步。

实际上,知识技术和知识工程有着共同的目标,知识技术超越了信息技术,知识工程超越了信息工程,它们都融入了知识要素,知识工程和知识技术都是要解决知识的表示、推理、获取和发布,实现机器自动识别,实现智能推理、智能获取以及智能发布,从而实现知识价值的最大化。

5.2.1.5 知识工程与知识管理、信息化

从企业视角出发,有人将知识工程研究归结为三种方法与思路:"美式"(过程性的、技术角度)、"欧洲大陆式"(正式的、模型驱动的)和"东方式"(协同的、过程为核心的)(Jarke,2002)。谭建荣等《制造企业知识工程理论、方法与工具》所研究的知识工程将传统的知识工程、知识管理、信息化等组合在一起,形成一个完整的系统工程。认为"知识工程是两种活动的集成:一是信息的智能处理;二是面向知识共享和创新的管理"[②]。如图 5-9 和图 5-10 所示。

[①] 潘云鹤.基于影像动画设计的知识表达模型[J].计算机辅助设计与图形学学报,1998(4):367-376.
[②] 谭建荣,等.制造企业知识工程理论、方法与工具[M].北京:科学出版社,2008:9.

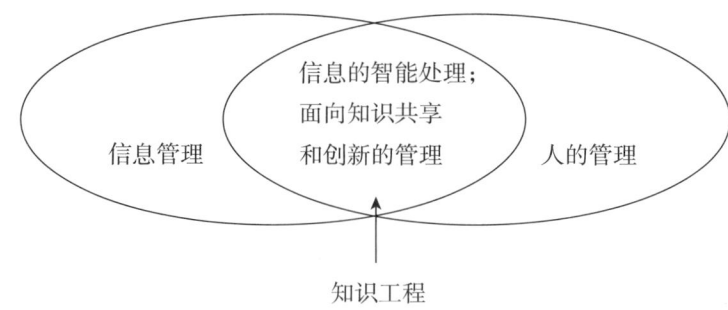

图 5-9 知识工程的一种定义（人的管理和信息管理的高级阶段）

资料来源：谭建荣，等.制造企业知识工程理论、方法与工具[M].北京：科学出版社，2008：10.

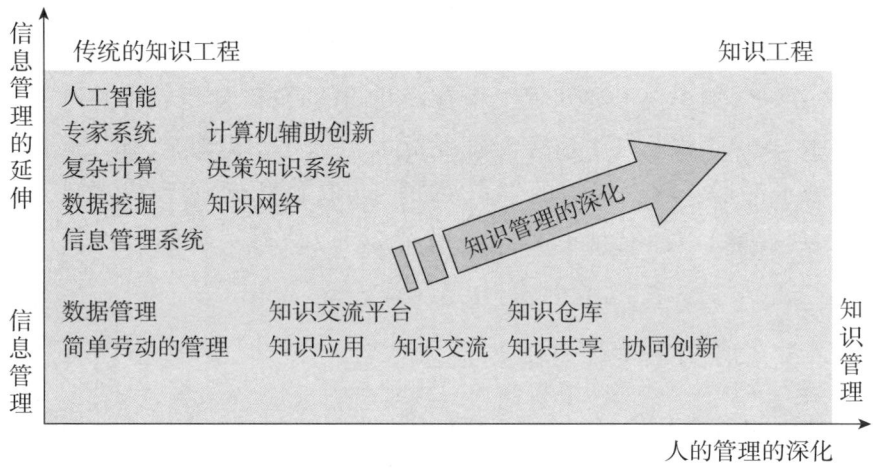

图 5-10 对知识工程定义的另一种示意（渐进）

资料来源：谭建荣，等.制造企业知识工程理论、方法与工具[M].北京：科学出版社，2008：10.

他们强调,知识工程只是手段,绝非目的。知识工程的主要作用和目的包括:①增加企业知识的存量和价值;②形成有利于知识创新的企业文化;③提升获取知识的效率;④提高知识学习能力;⑤促进知识流通;⑥提高工作效率;⑦提高知识应用水平;⑧利用知识为企业创造更多财富;⑨有效发挥组织成员的知识创新潜能;⑩促进协同知识创新。这些都是从企业应用知识工程角度的作用与目的出发。

5.2.2 关于知识工程的研究内容

谭建荣等将知识工程分为群化、外化、整合、内化、应用和创新六个主要环节①。这六个环节实际上是在 Nonaka 和 Takeuchi 四个转化的基础上,加上了应用和创新两个环节。关于知识工程的研究内容,有三大领域:

一是知识获取。知识获取一般分为机器学习知识、非自动知识获取、知识抽取三种方式。第一种方式依赖于机器的视觉、听觉等感知外部信息,从中获取知识,这种方式难度最大。第二种方式借助于工程师的作用,获取原始知识并进行分析加工整理,这种方式的效率一般较低。而第三种方式是对文本中的知识点进行识别和格式化,从中抽取知识并存入知识库。这是三种方式中最有效的一种方式。

二是知识表示。知识表示是在知识工程中,继知识获取之后的重要环节,根据知识类型的不同采用不同的方法。主要方法有以下几种:框架表示法、介谓词逻辑表示法(谓词表示法)、语义网络表示法、产生式表示法、过程表示法、脚本表示法、面向对象表示法、基于范例表示法、Petri 网表示法(基于 Rough Set 表示法)、基于知识体表示法、基于语言场表示法等,这些方法各有特点,可根据需要选择运用或综合运用其中多种方法。

三是知识利用或知识运用。知识工程最终是为了知识的应用,因此强调运用知识有其复杂的过程与多样化的方法。比较重要的方法有:知识识别方法、知识整理方法、知识检索方法、知识推理方法、知识评价方法等。知识利用一方面要运用技术手段和工具,成为知识工程的重要内容,另一方面,依靠人工智能,不能完全脱离人脑的作用。

在知识工程研究中,涉及许多专门的技术,模式识别主要研究计算机模拟人类的听觉和视觉等感觉功能,自动识别声音、图像、景物和文字等;自动程序识别主要研究使用计算机完成程序的验证和综合实现程序设计的自动化;自然语言理解主要研究如何让计算机理解人类的自然语言;智能机器人研究具有感觉识别和决策功能的机器人。知识工程研究还需要建立各种专门系统,专家系统研究主要解决计算机模拟问题求解过程,解决那些只有专家才能解决的专门问题;知识库系统研究主要解决计算机对人类的知识进行存贮、加工与管理,实现知识处理和应用;决策支持系统研究主要解决利用模型和知识进行模拟和推理,为决策提供支持。

---

① 谭建荣,等.制造企业知识工程理论、方法与工具[M].北京:科学出版社,2008:9.

5.2.3 知识工程与知识技术相互作用

知识技术不能脱离开知识工程而发展。知识技术与知识工程相互依存,互相促进。其发展可以带来巨大的市场前景。国际数据公司(International Data Corporation,简称 IDC)在 2003 年发布的一份研究报告显示,82% 的中小企业对知识工程软件兴趣深厚①。2015 年,IDC 研究预测,研发产品工程服务的市场呈相当强劲的增长势头,作为技术产品客户继续增加他们对长期产品开发外包合同,工程与对外包供应商的创新工作的关注。IDC 估算,这些服务的市场规模在 2018 年将达到 709 亿美元②。

5.2.3.1 语义网的研究和发展为知识工程的研究带来了前所未有的机遇

语义网(semantic web)是知识技术发展的基础,也是万维网的替代。随着 Web 上信息量的激增,Web 的链接机制要实现信息的全面链接面临的压力越来越大,因为现在 Web 上的信息是没有经过结构化的信息资源。语义网利用元数据、知识本体和实现对网络信息资源的结构化和表示,从而实现网络信息的智能导航和语义互操作,也可以实现个性化的网络内容。Tim Berners-Lee(蒂姆·伯纳斯·李)提出的语义网的结构共有七个层次,这七个层次之间是互相支持的,语义网的结构图中每一个层次都能够"理解"并支持它下面一层的含义。在语义网的结构中,XML 告诉计算机通用资源标识符(URIs)和统一数据编码(unicode data encoding)所指向的对象;RDF 定义资源的描述框架,告诉计算机资源的相关关系;知识本体说明概念和概念之间的关系,形成一个概念网络,并使计算机可以理解;逻辑(logic)为推理提供规则;Proof 为逻辑推理规则提供校验,从而保证推理的有效性;从 RDF 层到 Proof 层通过数字签名来维持各层之间的信任机制。通过这个形式化体系和结构,语义网可以为计算机智能处理提供环境。

---

① 刘金霞.亚太中小企业 IT 支出增势强劲[N].经济时报,2003 – 05 – 13.
② IDC. Worldwide and U. S. Research and development/product engineering services 2015 – 2018 Forecast[EB/OL]. [2016 – 03 – 08]. http://www.idc.com/getdoc.jsp? containerId = 254056.

5 知识技术与知识工程

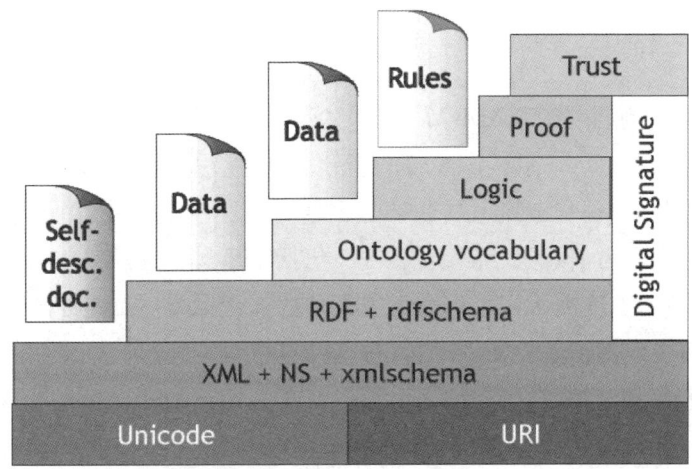

图5-11 语义网的层次结构

资料来源:Tim Berners-Lee. Architecture[EB/OL].[2015-03-01]. http://www.w3.org/2000/Talks/1206-xml2k-tbl/slide10-0.html.

从语义网的7层结构(图5-11)可以看出,语义网不仅是知识技术的发展环境,也为知识识别技术等各种技术提供了强有力的支持。为克服以往知识表示的局限性,将知识本体作为语义网框架结构中的中间层,通过语义网结构中的最底层(Unicode、URI)和XML + NS + xmlschema层、RDF + rdfschema、Ontology Vocabulary共同保证知识的表示与识别;通过Ontology Vocabulary层、Proof层和Logic层以支持知识的推理。由此可见,语义网的发展为知识工程的研究带来了前所未有的机遇。

虽然学术界对于语义网和知识本体做了较多的理论研究,提出了一些理论框架,但是许多根本性的问题并没有得到很好地解决。李大玲针对知识技术和知识工程的发展提出五个研究重点和方向:"一是在语义网环境中知识工程中知识的表示方法的研究;二是知识本体、元数据和注释库在知识工程知识表示和获取方面的应用;三是在现有的信息系统和知识表示之间进行语义映射的方法;四是支持语义网应用的基于知识的工具和技术的研究;五是语义网的方法在知识工程中应用算法研究。"[1]除了这五个发展方向之外,大数据和移动互联网的知识技术也将是知识工程技术的重要研究内容之一。

---

[1] 李大玲.知识技术的发展对知识工程的影响[J].图书情报工作,2006(4):6-10.

5.2.3.2 知识技术与知识工程的结合,产生了知识融合新领域。

20世纪60年代DENDRAL的产生标志着知识工程中融入知识技术,一个知识融合(knowledge fusion)的新领域产生。从此,知识融合研究有两个发展方向,一是基于物理层获得数据转化为信息的信息融合衍化而来,将知识融合作为信息融合的高级阶段,包括军事科学、医学、工程科学等学科的相关研究,这类研究可称为工程视角的知识融合。二是基于文献知识库和网络文本知识库的知识融合,包括计算机科学、管理学、图书情报学等学科的相关研究,这类研究称之为知识科学视角下的知识融合。

知识融合是一个发展的概念,具有多学科研究的特征。早期的知识融合代表性项目如KRAFT,在众多分布式、异构的网络资源中抽取知识,通过加工处理形成新的知识资源。"知识科学视角下的知识融合则是指通过对分布式数据库、知识库和数据仓库进行智能化处理,对知识进行转化、集成和融合,以获得新的知识"[①]。

这些研究,在理论上解决新的路径与方法,在应用上,应用于各学科领域,在促进知识创新和知识服务领域发挥重要作用。

据邱均平等的研究,从Web of Science近15年的数据来看,工程科学领域的知识融合研究仍然占据主导地位,但是知识科学视角下知识融合研究逐渐兴起,总量占到20%以上。既有理论研究,也有实证研究、系统开发、应用研究等实践研究,并且不同学者的研究往往自成体系[②]。

在我国,知识融合研究快速发展,图书情报学的研究占重要地位。据党洪莉对我国1990~2015年知识融合研究相关文献梳理发现:知识融合研究主要集中在框架研究、算法研究和系统研究[③]。2016年3月8日,北京大学召开了国家社会科学基金重大项目"大数据时代知识融合的体系架构、实现模式及实证研究"开题会[④],该项目从大数据、情报学、信息管理等多学科视角解决知识融合的理论与实践问题。

[①②] 邱均平,余厚强.知识科学视角下国际知识融合研究进展与趋势[J].图书情报工作,2015(8):126-131,148.

[③] 党洪莉.知识科学视角下我国知识融合研究现状解析[J].情报杂志,2015(8):158-162.

[④] 北京大学新闻中心.李广建教授主持的2015年度国家社科基金重大项目开题论证会顺利召开[EB/OL].[2016-04-01]. http://pkunews.pku.edu.cn/xwzh/2016-03/11/content_293015.htm.

6 知识组织论

知识组织既是揭示知识因子和知识关联等的一种方法,也是对知识客体进行加工、整理、揭示、控制等的一个过程。知识组织论作为一种理论,不仅是图书馆学和情报学的重要领域,也是知识学的重要内容。

6.1 知识组织的基本问题

6.1.1 知识组织的产生与发展

知识组织(knowledge organization)最早是1929年由英国著名分类法专家 Henry Erelin Bliss(亨利·布利斯)在《知识的组织和科学的体系》中提出的。1933年他又发表《图书馆中的知识组织与图书的主题查找》,进一步阐述了以文献分类为基础的知识组织理论。

20世纪60年代中期,美国图书馆学家 Jesse Hawk Shera(杰西·谢拉)出版《图书馆与知识组织》(1965)、《文献与知识组织》(1966),对知识组织在图书馆活动中的重要作用与方法进行了详细论述。

随着知识的发展以及计算机科学、哲学、语言学、教育学等学科的关注,知识组织成为多学科交叉研究领域。1989年,国际知识组织学会(International Society for Knowledge Organization,简称ISKO)成立,秘书处设在德国的法兰克福,1997年迁往丹麦哥本哈根皇家图书馆学院。

1993年,*International Classification* 杂志更名为 *Knowledge Organization* 杂志①。ISKO每两年举办一次会议。其会议情况见表6-1。

表6-1 ISKO历届会议情况

届次	时间	地点	主题
1	1990年8月	德国达姆塔特	知识组织和人机界面的工具②
2	1992年8月	印度马德拉斯	知识组织与认知范式③
3	1994年6月	丹麦哥本哈根	知识组织与质量控制④
4	1996年7月	美国华盛顿	知识组织与变革⑤
5	1998年8月	法国里尔	知识组织的结构与联系⑥
6	2000年7月	加拿大多伦多	知识组织的动态性和稳定⑦
7	2002年7月	西班牙格兰纳达	21世纪知识描述与组织的挑战⑧

---

① 据 http://www.isko.org/ko.html: Knowledge Organization (ISSN 0943-7444) is the official bi-monthly journal of ISKO. It was founded in 1973 by Dr. Ingetraut Dahlberg, the first President of ISKO, with a consulting board of editors representing the world's regions, the special classification fields, and the subject areas involved. The journal began publication in 1974 with the title International Classification; in 1989, it became the official organ of ISKO; and in 1993 (Volume 20), the title was changed to its present form. From 1974 to 1980 it was published by K. G. Saur Verlag of München; from 1981 to 1997 by Indeks Verlag of Frankfurt; and since 1998 by Ergon Verlag of Würzburg.

② ISKO. Tools for knowledge organization and the human interface [EB/OL]. [2015-12-01]. http://www.ergon-verlag.de/bibliotheks—informationswissenschaft/advances-in-knowledge-organization/band-1.php.

③ ISKO. Second International ISKO Conference Madras, India, August 26-28, 1992 [EB/OL]. [2015-12-01]. http://www.isko.org/events.html.

④ ISKO. Knowledge organization and quality management [EB/OL]. [2015-12-01]. http://www.ergon-verlag.de/bibliotheks—informationswissenschaft/advances-in-knowledge-organization/band-4.php.

⑤ ISKO. Knowledge organization and change [EB/OL]. [2015-12-01]. http://www.ergon-verlag.de/bibliotheks—informationswissenschaft/advances-in-knowledge-organization/band-5.php.

⑥ ISKO. Structures and relations in knowledge organization [EB/OL]. [2015-12-01]. http://www.ergon-verlag.de/bibliotheks—informationswissenschaft/advances-in-knowledge-organization/band-6.php.

⑦ ISKO. Dynamism and Stability in Knowledge Organization: Proceedings of the Sixth International ISKO Conference, 10-13 July 2000 Toronto, Canada [EB/OL]. [2015-12-01]. http://www.ergon-verlag.de/bibliotheks—informationswissenschaft/advances-in-knowledge-organization/band-7.php.

⑧ ISKO. Challenges in knowledge representation and organization for the 21st Century. Integration of Knowledge across Boundaries: Proceedings of the Seventh International ISKO Conference, 10-13 July 2002 Granada, Spain [EB/OL]. [2015-12-01]. http://www.ergon-verlag.de/bibliotheks—informationswissenschaft/advances-in-knowledge-organization/band-8.php.

续表

届次	时间	地点	主题
8	2004年7月	英国伦敦	知识组织与信息社会的全球化①
9	2006年7月	奥地利维也纳	全球学习社会下的知识组织②
10	2008年8月	加拿大蒙特利尔	知识组织中的文化与身份③
11	2010年2月	意大利罗马	知识组织的范式与概念体系④
12	2012年8月	印度迈索尔	知识组织中的类别、关联和上下文⑤
13	2014年5月	波兰克拉科夫	21世纪的知识组织:在历史模式与未来展望之间⑥
14	2016年9月	巴西里约热内卢	为世界可持续的知识组织:在一个连接的社会中文化、科学和技术共享的挑战与展望⑦

资料来源:作者整理自:http://www.isko.org/events.html.

从1990—2016年14届会议讨论的主题看,知识组织的研究已经从其本身的方法技术层面扩展到其应用,特别是与社会多个领域的结合,从而使知识组织发挥更重要的社会作用。

在我国情报界,1964年袁翰青在《现代文献工作基本概念》一文中最早使用"知识组织"概念,1985年刘迅首次将"知识的组织"作为图书情报学研究的一个内容提出。在图书情报界,对知识组织较早进行系统

---

① ISKO. Knowledge organization and the global information society:proceedings of the Eighth International ISKO Conference,13 – 16 July 2004 London,UK[EB/OL].[2015 – 12 – 01]. http://www.ergon-verlag.de/bibliotheks—informationswissenschaft/advances-in-knowledge-organization/band-9.php.

② ISKO. Knowledge organization for a global learning society:proceedings of the ninth International ISKO Conference 4 – 7 July 2006 Vienna,Austria[EB/OL].[2015 – 12 – 01]. http://www.ergon-verlag.de/bibliotheks—informationswissenschaft/advances-in-knowledge-organization/band-10.php.

③ ISKO. 10th International ISKO Conference[EB/OL].[2015 – 12 – 01]. http://www.ebsi.umontreal.ca/recherche/colloques-congres-journees-d-etude/isko2008/.

④ ISKO. ISKO 2010 Conference[EB/OL].[2015 – 12 – 01]. http://mate.unipv.it/biblio-isko/ocs/index.php/int/rome2010

⑤ ISKO. 12th International ISKO Conference:Categories,Relations and Contexts in Knowledge Organization[EB/OL].[2015 – 12 – 01]. http://www.isibang.ac.in/~isko/.

⑥ ISKO. 13th International Conference(ISKO 2014)in Krakow,Poland,May 19th-22nd 2014 [EB/OL].[2015 – 12 – 01]. http://www.isko2014.confer.uj.edu.pl/en_GB/-start.

⑦ ISKO. 14th International ISKO Conference[EB/OL].[2015 – 12 – 01]. http://isko-brasil.org.br/?page_id=711.

研究的是刘洪波,他先后在 1991、1992 年先后发表数篇论文讨论知识组织理论问题。此后有南开大学教授王知津、黑龙江大学教授蒋永福等。王知津于 1998 年开始先后发表了《从情报组织到知识组织》《文献演化及其级别划分——从知识组织的角度进行探讨》《知识组织的研究范围与发展策略》《知识组织的目标与任务》和《知识空间:知识组织的概念基础》等论文,并出版《知识组织理论与方法》著作,对知识组织理论进行了系统探讨。蒋永福从 1999 年开始也先后发表了《图书馆与知识组织——从知识组织的角度理解图书馆学》《知识组织论:图书情报学的理论基础》《论知识聚类》和《论知识组织》等文,对知识组织理论进行深入研究。王知津、蒋永福等著名学者对于知识组织的深入研究有突出贡献。

6.1.2　知识组织研究重点

知识组织的理论基础是知识论。Birger Hjerland 对知识组织的理论——知识论(theories of knowledge)进行了研究,指出知识组织必须考虑不同的理论/观点以及他们的基础。书目分类取决于学科知识和相关学科及学术分类的理论,有些分类是基于逻辑上的区别,有的是基于实证检验,有些是基于同源的映射或基于建立功能标准。研究总是或多或少基于某种特定的认识论理念(例如经验主义、理性主义、历史主义或实用主义),因此评价一个分类便要将自己置于产生了给定分类的研究中去。知识组织相关研究多是基于不同方法和传统,诸如基于用户方法、认知观点、层面分析观点、数值分类方法、文献计量学、领域分析方法等,其中只有领域分析观点是完全根据学科知识和大量的学术理论来探索知识组织的[①]。

在知识组织研究中,方法技术研究特别重要,分类和主题研究一直是知识组织方法技术研究热点之一。而关于 MARC 变革和 FRBR(基于书目记录的功能需求模型)、FRAD(基于规范数据的功能需求模型)研究及多种方法的结合,成为方法研究的重点。如 MARC 的 FRBR 化[②]、

---

① Hjerland,Birger. Theories of knowledge organization—theories of knowledge[J]. Knowledge Organization,2013,40(3):169 - 181.
② Aalberg T,Žume M. The value of MARC data, or, challenges of frbrisation[J]. Journal of Documentation,2013,69(6):851 - 872.

FRBR 与 FRAD 的整合①等。技术方面,语义网研究目的是采用基于本体的更严格结构使信息在机器中更可用。

知识组织的应用范围非常广泛,如半导体企业的知识组织方式、信息系统中的知识表示研究等,这方面的研究还有待进一步开拓。

知识组织系统(KOS)这一术语涵盖了所有组织信息和促进知识管理的工具,是知识组织的载体,也是知识组织的重要方向。KOS 呈现出网络化、互操作、集成化、可视化等一系列特征。网络知识组织系统(NKOS)是网络环境下 KOS 的电子化描述,其知识表示、互操作与标准化等问题,为知识组织开辟新的领域。自 2012 年数字图书馆理论与实践国际会议(TPDL)的 NKOS 分会上提出 MCD(Meaningful Concept Display,有意义的概念展示),MCD 已成为 KOS 可视化的新模式和新构想②。为克服传统知识组织方法的不足,特别是克服不同词表之间及其词表与本体之间产生映射难、互操作性差、共享性差等问题,简化知识组织系统(Simple Knowledge Organization System,SKOS)成为万维网联盟(W3C)公布的知识组织系统概念框架表示的推荐标准,国外相关研究呈现出跨学科、跨语言和注重实践的特点③。可以看出,KOS 在大数据时代表现出多维度建设与共享应用双向发展的趋势。

知识组织研究深入到语义结构与知识结构研究,产生新的理论。Pattuelli 等研究 Dbpedia 的语义结构与传统知识组织的差异④。Smiraglia 和 Heuvel 讨论了知识交互理论的基本要素⑤。

知识组织研究涉及多种学科的交叉性理论研究,相关学科的研究成果对本领域的研究有着重要的促进和理论支持作用。知识组织目前的核心是网络化资源的信息组织,以及如何从信息中挖掘出知识,由此应用了多种信息技术如语义网、可视化、数据仓库与挖掘等。研究领域继

---

① Taniguchi S. Event-aware FRBR and FRAD models: are they useful? [J]. Journal of Documentation,2013,69(3):452－472.
② 马费成,姜愿,赵一鸣. 服务视角下的知识组织系统研究新进展[J]. 情报杂志,2015(7):165－172,152.
③ 刘磊,等. 简单知识组织系统(SKOS)模型及其应用研究进展[J]. 图书情报工作,2015(4):137－145.
④ Pattuelli C,Rubinow S. The knowledge organization of DBpedia: a case study[J]. Journal of Documentation,2013,69(6):762－772.
⑤ Smiraglia R,Van den Heuvel C. Classifications and concepts: towards an elementary theory of knowledge interaction[J]. Journal of Documentation,2013,69(3):360－383.

续拓宽,研究的广度和深度也继续拓展。

6.1.3 知识元和元知识

知识元是知识的最小单位,是知识组织的细胞。从知识链的角度,链中逻辑排序的一个个独立知识元素称为知识元,是构造知识结构的基元。"知识元链接通过知识元的对象性质实现,信息导航的转换表示为:K(S) + N(K(E) + K(S)) = K(S + △S),式中,K(S)表示知识结构,K(E)表示知识元,N表示信息导航链接。这里,突出了知识元的独立性、信息导航的链接性和知识结构完善性"①(详见图6-1)。

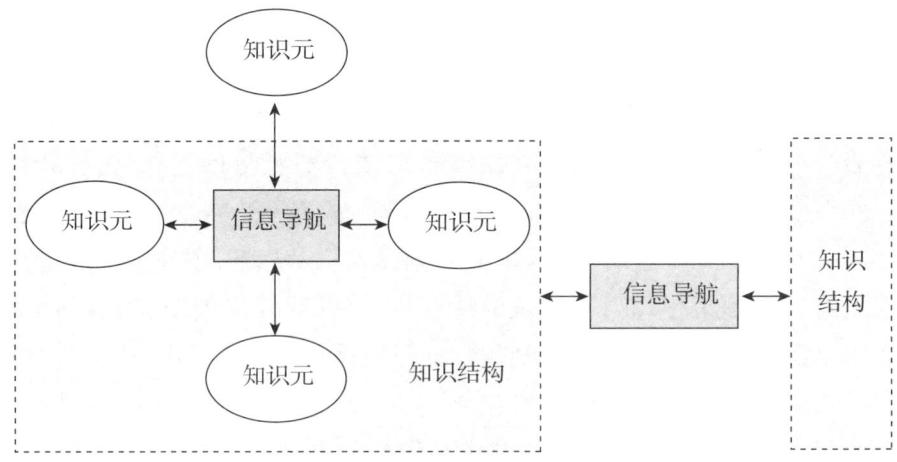

图6-1 知识元链接示意图

资料来源:谭建荣,等.制造企业知识工程理论、方法与工具[M].北京:科学出版社,2008:258.

从知识学习的角度,知识元是知识学习的基本元素,知识元的不同组织形成不同的知识单元,由知识元形成单元,由知识单元的组合形成科目知识结构。知识元、知识单元、知识结构都是知识学习的要素。

元知识(meta-knowledge)最早是从专家系统中提出的一个概念。大型专家系统中,编程人员设计程序时就经常把知识分为两个层次:一个是知识集;另一个是控制知识集(知识的知识),后者也称为"元知识",它不属于知识集本身,而是一种操作、控制与选择知识的工具或程序。钟义信认为元知识具有一种主动性,"控制策略本身可以看作是一种知

---

① 谭建荣,等.制造企业知识工程理论、方法与工具[M].北京:科学出版社,2008:258.

识,是一种利用知识的知识,组织知识和调度知识的知识,或称为'元知识'"①。

杨溢认为,"元知识既是一种元理论,也是一种分析工具,作为分析工具可分为描述性元知识和管理型元知识。在分析工具层面,元知识可按照功能分为描述型元知识与管理型元知识。描述型元知识元素包括基本的元知识元素与辅助的元知识元素两大类,其中基本元素包括题名、主题、学科、内容类型、应用领域这些内部属性描述类元素和创作者、出版者、其他参与者、权限管理、日期、表示这些外部属性描述类元素,辅助元素包括生产方式、位置、存储载体、发展历史、可视化、知识基点、创新点、相关知识与情境嵌入性"②。由此可见,元知识是与图书情报学知识组织以及目录学中的元数据概念密切相关,构成知识学新的内容。

6.2 知识分类的历史问题

关于知识分类的起源是一个复杂的问题。Aristotle(亚里士多德)是否是知识分类的第一人值得讨论,因为在 Aristotle 之前,Plato 就有知识分类的思想。我国有学者认为"事实上,我国有记载的知识分类要比西方要早得多"③,其主要依据是《尚书·洪范》中就有"九畴"(天文、地理、农事、国政、人伦日用等)的划分,可以算作知识划分的最早形式。到了殷周时期,产生了"六艺"(礼、乐、射、书、御、数)知识分类。实际上,这里讲的我国早期一般知识分类与 Plato、Aristotle 的学科知识分类不在一个范畴。从一般意义上,对于事物、现象的知识分类起源很早,在人类社会伴随着文化和文明的产生而产生,而作为知识学意义上的知识分类,是人类知识与知识活动发展到一定阶段的产物,是人们对各种知识进行现象归纳和理论抽象的结果。

6.2.1 柏拉图和亚里士多德的知识分类

早在古希腊时期,自然哲学家就探讨过知识的分类。古希腊三大哲

---

① 钟义信. 知识论框架——通向信息—知识—智能统一的理论[J]. 中国工程科学,2000(9):50-64.
② 杨溢. 基于图书情报学的知识科学理论模型研究[D]. 天津:南开大学,2010.
③ 陈洪澜. 论知识分类的十大方式[J]. 科学学研究,2007(1):26-31.

学家 Scorates(苏格拉底)、Plato(柏拉图)与 Aristotle(亚里士多德)共同奠定了西方文化的哲学基础。Plato 是 Scorates 的学生,他最早给知识下定义,成为著名的"泰阿泰德问题",即 Scorates 和智者朋友泰阿泰德关于知识的讨论。Scorates"用诘问法对泰阿泰德的每个知识定义进行不断的反驳,以求满足知识构成的条件"①。Scorates 将"必须是信念""必须是真""必须得以证实"作为知识的三个必备条件,据此得出著名的"知识是经过证实的真信念"这一经典定义。

Plato 强调理念根本和理念至上,只有理念才是充分的存在与实在,人类所有的知识不过是理念的"影子"或"摹本"②。其"理念论"的哲学体系将知识分为辩证法、物理知识和伦理学说三大类(见图 6 - 2)。

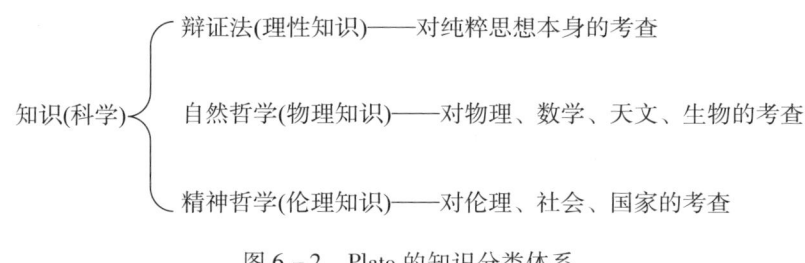

图 6 - 2 Plato 的知识分类体系

资料来源:姜振寰.科学分类的历史沿革及当代交叉科学体系[J].科学学研究,1988(3):12 - 23.

Plato 的学生 Aristotle 是西方思想史上实在论哲学学派的最杰出的代表,是古代知识的集大成者,开创了逻辑学、伦理学、政治学和生物学等学科最早的独立研究。他继承和发展了 Plato 的思想,扬弃了 Plato 的唯心主义理念论,从经验主义的观点出发,把属于理智方面的知识称为哲学,属于情感方面的知识称为文学,属于客观方面的知识称为历史,又改造了 Plato 的知识分类,建立从人类的实践活动出发的知识体系,将自然哲学分类体系分类三大类:一是理论哲学(theoretical sciences),主要论及数学、物理学及形而上学;第二类是实践哲学(practical disciplines),研究人们的行为的学问,主要是政治、经济和伦理学;第三类是创造哲学(productive disciplines),包括诗歌、艺术讲演等③。由此可以得知,Aris-

---

① 陈洪澜.知识分类与知识资源认识论[M].北京:人民出版社,2008:17.
② 何亚平,张钢.文化的基频:科技文化史论稿[M].北京:东方出版社,1996:26.
③ 有人将这三类知识分别译为"思辨科学""实践科学"和"创制科学"。详见:林杰.西方知识论传统与学术自由[M].北京:北京师范大学出版社,2010:66.

totle 将知识分为"理论的、实际的、应用的"三类,这三类知识也被称为"纯粹理性、实践理性和技艺"①,或被翻译为"理论知识、实践知识、创制知识"②。由此可以归纳出 Aristotle 的知识分类体系(见图 6-3)

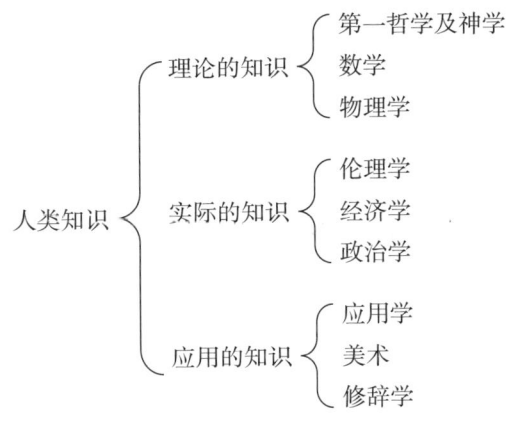

图 6-3 Aristotle 的知识分类体系

资料来源:作者整理。

Aristotle 在《诗学》艺术分类时应用了这一体系,将艺术归入创造性科学。在艺术大类以"模仿"为标准进行了细分,将具有审美价值的称为"模仿的艺术"类,其下再按模仿媒介区分为音乐、诗歌、绘画等小类,其下再按模仿方式细分,如诗歌区分为抒情诗、史诗、戏剧诗等种类,从而形成"创造性科学→艺术→模仿艺术(音乐、诗歌、绘画)→诗歌(抒情诗、史诗、戏剧诗等)"五级分类序列。

Aristotle 可以称得上是古代知识分类大师,丹皮尔称赞了"他在科学方面和知识分类方面的劳绩"③。他的分类思想及其体系对后代知识的划分产生了重大影响,以至于到 Kant 时代时,Kant 著名的三大批判仍然可以看出 Aristotle 知识分类的影响④。

在希腊化时代有一个有极有影响的斯多葛学派(the Stoics),被认为是自然法理论的真正奠基者,其创始人芝诺(Zeno)讲学的地方是在公共建筑下面的柱廊(stoa),希腊人称之为斯多葛(Stoic)。Stoics 把智慧看作人的事物及神的事物的知识,想要产生这种知识的艺术实践就是哲

---

①④ 苏力.知识的分类[J].读书,1998(3):96.
② 黄顺基.历史上的科学分类及现代科学技术的新特点[J].辽东学院学报(社会科学版),2009(5):1-8.
③ 丹皮尔 W.C.科学史[M].李珩,译.北京:商务印书馆,1975:69.

学,所有艺术的最高境界便是美德,"有三种美德附属于总的理性:物理的、伦理的与逻辑的。因此哲学也有三部分:物理学、伦理学与逻辑学"①。

这些分类成为中世纪的知识基础,"在中世纪,认知由所谓古典体系的学院'三学科'(trvium)(语法、逻辑、修辞)和大学'四高级学科'(quadrivium)(美术、几何、天文和音乐)。在中世纪的知识体系中,把智力和思想实验看作真理的唯一源泉"②。

早期的知识分类与科学分类融为一体,由于科学的产生与分化,科学分类发展起来,知识分类与科学分类既有交叉,也有区分。长期以来,科学与技术是分离的,"直到17世纪,认知和技法的研究领域几乎完全是分离的"③。

6.2.2 培根的"智力球"

Francis Bacon(弗兰西斯·培根)是近代第一个对知识分类做专门研究的著名学者,也是"整个现代实验科学的真正始祖"④(马克思)以及"英国所谓哲学的首领和代表"⑤(Hegel)。在 Hegel 看来,Bacon 以两部著作驰名,他的功绩首先在于《增进科学论》(*De Augmentis Scientiarum*)里提出了一部有系统的科学百科全书,另一个显著的方面就是他在第二部著作《新工具》中力求详尽地宣扬一种新的认识方法⑥。

Bacon 的科学分类是《增进科学论》中的重要内容⑦。在 Bacon 看来,科学是人类的理性活动,科学就是要通过这一活动创造出符合世界本来面貌的模型。依据人类理性能力的差别,人的学问起源于理解力的

---

① 北京大学哲学系.古希腊罗马哲学[M].北京:商务印书馆,1961:371.
②③ 维托德·瓦斯尼基.知识、创新和经济:一种演化论的探索[M].仲继银,等译.南昌:江西教育出版社,1999:70.
④ 马克思恩格斯全集:第2卷[M].北京:人民出版社,1965:163.
⑤ 黑格尔.哲学史讲演录(第四卷)[M].贺麟,王太庆,译.北京:商务印书馆,1978:18.
⑥ 黑格尔.哲学史讲演录(第四卷)[M].贺麟,王太庆,译.北京:商务印书馆,1978:22-23.
⑦ 黑格尔说:"科学的分类是《增进科学论》这部著作中最不重要的部分。其中最有价值的、产生影响的部分是他的批判和很多有教益的言论,像这样的内容,在当时的各类知识和学科中是根本没有的,这主要是由于前此的研究方法有缺点,不合乎目的,把理智编织出来的经院亚里士多德概念当成实在的东西。"(黑格尔.哲学史讲演录(第四卷)[M].贺麟,王太庆,译.北京:商务印书馆,1978:22-23.)这显然是低估了培根科学分类思想的贡献。

三种官能,相应地,可以分出三类科学,由记忆的官能产生记忆的科学——历史;由想象的官能产生想象的科学——诗歌;由理性的官能产生悟性的科学——哲学。但是 Bacon 又认为科学源头不仅在于人的理性,而在于事物的性质,由此将科学划分为自然科学(研究自然界的存在和运动)和人的哲学(人类学、逻辑学、伦理学和政治学,研究人和人类社会)。

Bacon 的知识分类体系可表述为图 6-4。人未被分类在自然之下,神秘的第一哲学或智慧被假定处理"事物的最高阶段"即神的和人的阶段。Bacon 作为这种智慧的样本给出的公理,并未真正暗示这个迄今缺少的科学分支所期望的东西;它们或者是逻辑公理,或者是自然神学、物理学和道德之间的怪诞类比。Bacon 写道"知识的划分不像以一个角度相交的几条线,而更像在一个树干上交叉的树枝"。然而,Hegel 对 Bacon 的三大类划分不以为然,"这种分法是不能令人满意的。属于历史的,有关于神的著作:神圣的历史,先知的历史,教会的历史;以及关于人的著作:历史,文学史;然后是关于自然的著作等等"①。抛开这种从哲学视角的分类苛责,Bacon 科学分类思想具有重要的历史地位是不可否认的。

"Bacon 知识体系图表"就是按 Bacon 的分类思想扩展而成的。法国数学家、哲学家 Dalembert(Jean le Rond,达兰贝尔)受到 Bacon 分类的影响,基于想象能力比判断能力更复杂的认识,将 Bacon 三分法调整为历史、哲学(科学)和艺术,而各门学科的细分照搬了 Bacon 的方法。这一思想后来又影响到 DAlembert 的学生 Saint-Simon。

William Yorrey Harris(威廉·哈里斯)是受 Bacon 思想影响的一位美国教育家,他为圣路易斯公立图书馆制定了图书分类法。美国著名图书馆学家 Melvil Dewey(麦尔威·杜威)就是在这一分类法基础上于 1873 年完成了"杜威十进分类法"(DDC)。DDC 按照十进制进行人类全部知识的分类,配给 100 个数码,在十个大类下再分十子类,每一子类又再分十个小类,依此类推,这样所有图书都可以归入相应的类中,这种分类号层次整齐,定位准确,易于识别且记忆方便,受到大多数图书馆的欢迎,成为长期以来世界许多大型图书馆用于图书分类的一种最优化选择。

---

① 黑格尔.哲学史讲演录(第四卷)[M].贺麟,王太庆,译.北京:商务印书馆,1978:22.

人的学术	理性哲学或科学	自然哲学	第一哲学或睿智			
			人	公民哲学（在……中权利的标准）		交际
						商业
						政府
				人性哲学（人类学）	身体	医学、体育等
					灵魂	逻辑
						伦理学
			自然	思辨的	物理学（质料和第一因）	具体的
						抽象的
					形而上学（形式和第二因）	具体
						抽象的
				操作的	力学	数学
					纯化的魔法	
			上帝	自然神学，天使和精灵的本性		
		神性	启示			
	想象诗	叙事的或史诗的				
		戏剧的				
		比喻的（寓言）				
	记忆历史	公民的	政治的（严格意义的公民史）		编年史	
					古代史	
					通史	
			文学的		学术	
					艺术	
			教会的			
		自然的	结合物（由人控制的）	技艺	力学的	
					实验的	
			自然的	超发生的（怪物）		
			自由（规范法则）	发生	天体物理学　物理地理学	
					物质物理学　有机物种	

图6-4　Bacon的知识分类体系

资料来源：卡尔·皮尔逊.科学的规范［M］.李醒民，译.北京：商务印书馆，2012：379.

6.2.3　孔德和斯宾塞的分类

August Comte(奥古斯特·孔德)是19世纪法国著名的哲学家。他最先提出并使用了"社会学"的名称,建立起社会学的框架和构想,被称为社会学之父。他最早在社会学领域倡导并运用实证科学,其实证主义学说是西方哲学由近代转入现代的重要标志之一,被称为实证主义创始人。

Comte的知识分类思想根源于他的社会学和实证主义学说,他提出关于人类知识进步和社会发展的三阶段法则即神学阶段、形而上学阶段、实证阶段三个理论阶段,与三阶段法则相联系,他认为科学是一个等级体系。据此,在《实证哲学教程》中提出为了达到实证的综合,首先必须进行科学分类。"按照Comte的观点,存在着六种基本的科学:数学、天文学、物理学、化学、生物学、社会学,在第七种或最后的道德科学达到顶点。'整个科学结构的综合界标'在最高的道德科学。这样假设的科学等级制度以十分模糊的陈述方式足以在细分每一个特殊学科中指导实证论者。"[①]按照Comte的分类逻辑,道德科学依赖于社会学,社会学依赖于生物学,生物学从属于化学,化学从属于物理学,物理学从属于天文学,天文学从属于数学,形成了相互依存的一个分类序列。在Comte的科学分类的体系中,从自然科学到社会科学的各门科学之间有先后顺序(从一般到特殊)、有位置高低(从简单到复杂)。他把物理学(地球物理学)看作所有科学的模式与榜样,还在早期著作中把未来关于社会的科学视为一门"社会物理学"。

Comte的同时代人Antoine Augustin Cournot(安东尼·奥古斯丁·库尔诺)不仅是一位数学家,对概率论做出了重要贡献,而且是一位哲学家、经济学家,还是数理经济学的奠基人。Comte坚决反对概率和统计学成为社会科学或科学的钥匙和关键。而与Comte不同的是,Cournot的认识论是以盖然论为特点的。

Cournot关于科学的分类,提出了一个双向度的模式(矩阵),称之为"复式簿记"表,表现为"数学科学→物理和宇宙论科学→生物和自然科学→精神论的和符号论的科学→政治的和历史的科学"分类系列,与Comte从自然科学到社会科学的顺序比较相似,只不过比Comte分类增

[①] 卡尔·皮尔逊.科学的规范[M].李醒民,译.北京:商务印书馆,2012:357.

加了"精神论的和符号论的科学"。在《论我们知识的基础》(1851)这部著作中,"Cournot 并没有明确说这个纵的排列代表一种历史的序列,尽管这个排列包含着逻辑上的从属和依赖关系,它要求某些科学在时间上是在其他科学之先的"①。

在英国,著名哲学家 Herbert Spencer(赫伯特·斯宾塞)被称为"社会达尔文主义之父",1852 年发表论文《进化的假说》,首次提出社会进化论思想。他研究了各门学科的性质,据此进行科学分类(见图 6-5)。图 6-5 中,第一类抽象科学(abstract science)是关于形式规律的,第二类抽象具体科学(abstract-concrete science)是关于要素规律的,第三类具体科学(concrete science)是关于结果规律的。总体看来,这种分类以研究对象为标准,同时根据数学与逻辑学在研究方法上的相似划成与自然科学相并列的一类。Spencer 的分类虽然力图揭示各学科间的联系,然而将学科划分为抽象、抽象具体的和具体的,这三类含义并不十分明确,在归类上也比较混乱。

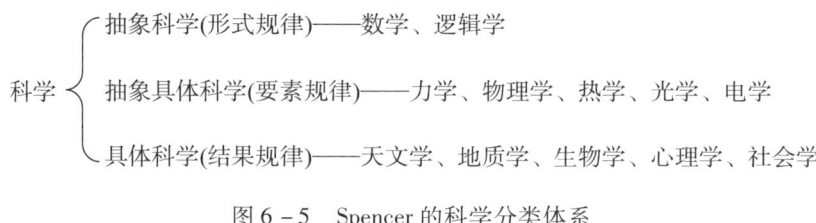

图 6-5　Spencer 的科学分类体系

资料来源:姜振寰. 科学分类的历史沿革及当代交叉科学体系[J]. 科学学研究,1988(3):12-23.

Spencer 采纳了 Bacon 一个本质的观念即科学源于一个根,它与 Comte 按系列或阶梯排列科学的观点针锋相对。

英国数理统计学家、哲学家 Karl Pearson(卡尔·皮尔逊)以其博大的科学知识视野和关于科学史的深入研究,于 19 世纪末提出了一个新的分类体系(见图 6-6)。

这一分类体系由关于知识方法的学问——抽象科学和关于科学内容的学问——具体科学两大类组成,其间由应用数学相统一。具体科学又分成物理性科学(研究无机现象)和生物性科学(研究有机现象和社

---

① 科恩. 科学中的革命[M]. 鲁旭东,赵培杰,宋振山,译. 北京:商务印书馆,1998:422-423.

会现象)两类。其中,研究人类群体心理生活的一门学问——社会学相当于今天的社会科学,包括伦理学、政治学、法律等学科。Pearson 的分类体系注意到了研究对象间的关联,并力图使各门学科形成统一整体,但由于对当时已经发展起来的社会科学门类缺乏分析,将社会科学划归为生物性科学也缺乏道理,没有真正反映出各学科间相互联系的必然性。

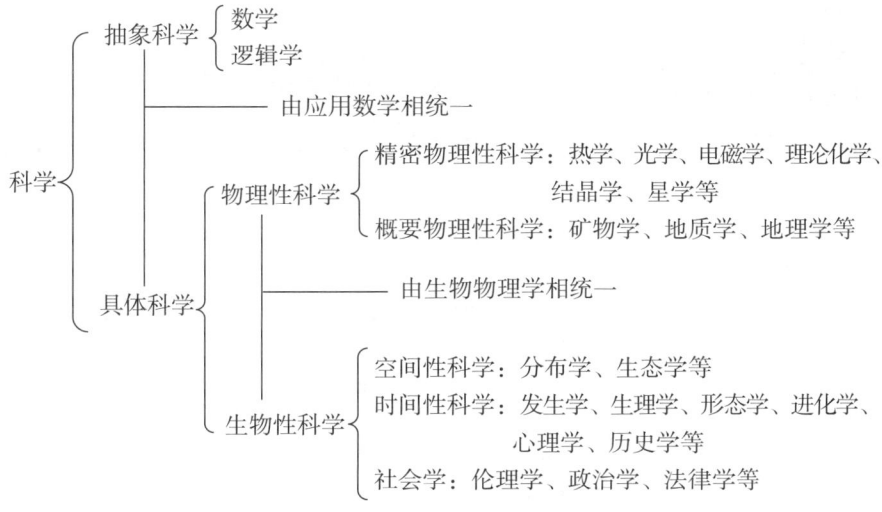

图 6-6　Pearson 的科学分类体系

资料来源:姜振寰.科学分类的历史沿革及当代交叉科学体系[J].科学学研究,1988(3):12-23.

6.2.4　从黑格尔到恩格斯

19 世纪德国古典哲学家、辩证法大师 Georg Wilhelm Friedrich Hegel (格奥尔格·威廉·弗里德里希·黑格尔)是哲学发展史上第一个系统地阐述唯心主义辩证法的集大成者。1805 年开始写《精神现象学》,于 1807 年 3 月出版。它标志着由 Kant 开始的德国哲学革命进入了新的阶段,也标志着 Hegel 已经成为一位成熟的和独树一帜的哲学家。这部著作将人类意识发展史分为意识、自我意识、理性、精神(即客观精神)、绝对精神 5 个阶段,是从主观精神(前 3 个阶段属于主观精神)向客观精神再向绝对精神的发展。Hegel 的整体观和伟大的历史感,均体现在这部意识发展史中。

Hegel 揭示了认识与知识的关系,"任何现实展开的主客体关系都不是静态的,而是动态的。主客体动态关系表现为认识活动。知识与认识是统一过程的两个不同方面。认识是认识着的认识,知识是认识了的认识,他们的本质是一致的"。

与 Hegel 把近代德国哲学发展到了顶峰一致的是,他"第一次将辩证发展的思想观念引进科学分类"①。恩格斯说:"黑格尔第一次——这是他的巨大功绩——把整个自然的、历史的和精神的世界描写为一个过程,即把它描写为处在不断的运动、变化、转变和发展中,并企图揭示这种运动和发展的内在联系。"② Hegel 认为整个科学是"研究理念他在或外在化的科学"③,在《自然哲学》中依据自然界的发展过程对自然科学进行了分类(见图 6-7)。

绝对观念的发展	存在 ——— 本质 ——— 概念		
自然界的运动	质量的运动 ——	分子(原子)的运动 ——	生物的运动
自然科学的分类	机械论 ———	化学论 ———	有机论
	天体力学	物理学	植物学
	地球上的力学	化学	动物学

图 6-7 Hegel 的自然科学分类

资料来源:黄顺基.历史上的科学分类及现代科学技术的新特点[J].辽东学院学报:社会科学版,2009(5):138-142.

由于 Hegel 的哲学是唯心主义哲学,其整个分类体系体现了唯心主义统一于"绝对精神(理念)"的总体框架。所谓"绝对精神(理念)"也就是由思维的最抽象要素所形成的理念,是一独立主体,是万事万物的本原与基础,其辩证发展经历了逻辑、自然、精神三个阶段。他的哲学是对三个阶段的描述,因而相应地由逻辑学、自然哲学和精神哲学三个部分组成。逻辑学是"研究观念(理念)自在自为的科学",将质量互变、对立统一、否定之否定当作思维的规律加以阐明,在概念的辩证法中,他猜测到了客观事物本身的辩证法。自然哲学是"研究观念他在或外在化的

---

① 姜振寰.科学分类的历史沿革及当代交叉科学体系[J].科学学研究,1988(3):12-23.
② 马克思,恩格斯.马克思恩格斯选集(第3卷)[M].北京:人民出版社,1972:63.
③ 黑格尔.自然哲学[M].北京:商务印书馆,1986:19.

科学",他以幻想代替事实,发表了一些错误理论,但他也提出了合理的思想。精神哲学是"研究观念由他在回复到自身的科学",他提出了社会政治、伦理、历史、美学等方面的观点和主张,并试图找出贯穿在历史各方面的发展线索。在这三大学科之下又按三段论式构成结构严谨的九大子门类(见图 6-8),使 Hegel 的分类体系成为一个自我完善的和谐体。

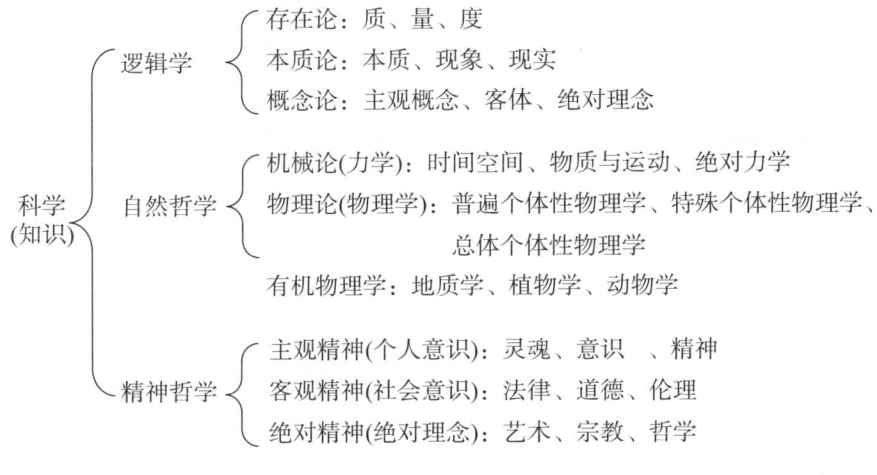

图 6-8 Hegel 的科学(知识)分类体系

资料来源:姜振寰. 科学分类的历史沿革及当代交叉科学体系[J]. 科学学研究,1988(3): 12-23.

德国哲学家、心理学家 Wilhelm Wundt(威廉·冯特)是构造主义心理学的代表人物,其《生理心理学原理》是近代心理学史上第一部最重要的著作。他将实验方法引入心理学科,是第一个心理学实验室的创立者,甚至他的实验室成为半个世纪里心理学实验室的典范。

Wundt 的科学分类是以实证主义为基础的(见图 6-9)。这一分类体系按照"研究方法—研究对象"标准,区分主体和客体,使之具有多维划分的价值,有一定的合理性,但将"现象性的、发生性的、体系性的"统一到自然科学和精神科学的划分,为追求对应而不顾其差别,显然是牵强附会的,因而引发了哲学界对这种分类的不少批评。

19 世纪末 Kant 哲学在德国唯心主义的强势下淡入背景,由此出现了一场针对在古典唯心主义浪潮消退后科学领域泛滥的唯物主义思潮的反对运动——新康德主义(德文 Neukantianismus,英文 Neo-Kantianism),产生了马堡学派(die Marburger Schule)和西南学派(Südwestdeutschen Schule,又称海德堡学派)。新康德主义西南学派创始人、德国哲学家 Wilhelm Windelband（威廉·文德尔班）对 Kant 学说的主要兴趣在价值方面，认为哲学问题就是价值问题，一切以价值为标准，甚至提出社会历史科学也不外是关于价值世界的科学，著有《序论》《哲学导论》等。他根据世界的二元划分来区分两类知识，由"事实世界"产生"事实知识"，由"价值世界"产生"价值知识"。在此基础上，Windelband 改造了 Wundt 的分类系统，分为"法则确立学"和"个性记述学"两大类①。Windelband 认为自然科学的目的是规定普遍法则，可称为"法则确立学"，而历史科学的目的是个别的记述，也称为"个性记述学"，认为 Wundt 将心理学、历史学、法律学同属于精神科学不合理，因为它们并不是同类研究方法，心理学应归属于法则确立学，而历史学应当从精神科学中独立出来成为一类。

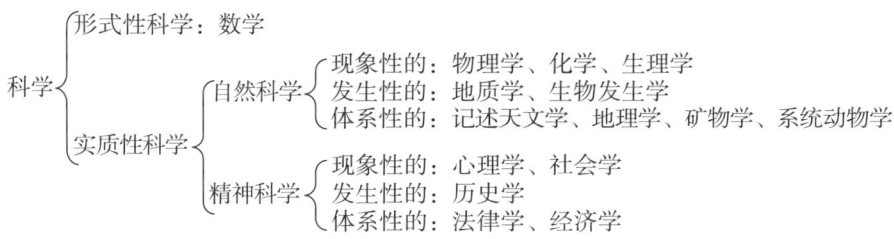

图 6-9　Wundt 的科学分类体系

资料来源：姜振寰.科学分类的历史沿革及当代交叉科学体系[J].科学学研究，1988（3）：12-23.

Windelband 的学生、新康德主义西南学派的代表人物 Heinvich Rickert（海因里希·李凯尔特）继承和发展了 Windelband 的知识分类思想。他把价值作为区分自然和文化的依据，没有价值的是自然，有价值的才是文化，认为"与自然科学相对应的不是精神科学而是以记述具有文化价值的特殊事实为目的的，采用历史方法进行研究的文化科学"②。这种在科学分类上把自然科学与文化科学（社会科学）相对立的形而上学观点，与他自己的价值哲学相统一。

由于科学技术在 19 世纪中期取得前所未有的进步，特别是物理学、化学、生物学、天文学、地质学等的重大突破，引起哲学家们的高度重视

---

① 姜振寰.科学分类的历史沿革及当代交叉科学体系[J].科学学研究，1988（3）：12-23.
② 李凯尔特.文化科学和自然科学[M].北京：商务印书馆，1986.转引自：姜振寰.科学分类的历史沿革及当代交叉科学体系[J].科学学研究，1988（3）：12-23.

并从哲学角度对科学进行了新的认识和分类。德国思想家、哲学家、革命家 Friedrich Von Engels(弗里德里希·冯·恩格斯)以其哲学的睿智和博大的学识,科学总结了当时伟大科学成就的历史意义①,建立起唯物辩证法的科学史观和科学分类体系。

在科学分类史上,恩格斯第一次提出辩证唯物主义的科学分类思想。他在《自然辩证法》这部未完成的手稿中指出:"科学分类,每一门科学都是分析某一个别的运动形式或一系列相互关联和相互转化的运动形式的,因此,科学分类就是这些运动形式本身依据其内部所固有的次序的分类和排列。"②并根据当时科学发展情况,把物质运动从低级到高级分为机械运动、物理运动、化学运动、生物运动和社会运动五种基本形式,把科学对应于基本运动形式分为力学、物理学、化学、生物学和社会科学五大部类。在《自然辩证法》的总计划草案中,将各门科学及其辩证内容简要叙述如下:

  数学:辩证的辅助工具和表现形式。——数学的无限出现在现实中。
  天体力学——现在被看作一个过程。——力学:出发点是惯性,而惯性只是运动不灭亡的反面表现。
  物理学——分子运动的相互转化。克劳胥斯和劳施米特。
  化学:理论。能量。
  生物学。达尔文主义。必然性和偶然性③。

马克思、恩格斯在批判地继承前人科学成果的基础上,对科学技术发展进行总结研究,终于形成了由马克思主义哲学、自然科学、社会科学、思维科学组成的马克思主义科学体系。

6.3 当代知识分类的标准问题

6.3.1 关于知识分类标准的讨论

知识分类标准是一个直接影响分类科学性的问题,关于知识不同的

---

① 恩格斯.自然辩证法[M].于光远,等译.北京:人民出版社,1984:15.
② 恩格斯.自然辩证法[M].北京:人民出版社,1970:227.
③ 马克思,恩格斯.马克思恩格斯选集(第3卷)[M].北京:人民出版社,1972:521.

分类是由不同的标准决定的。知识的可获得性是一个标准,按这个标准,国外学者 Collins(1993)分为四类知识——符号类型知识(symbol-type knowledge)、体化知识(embodied knowledge)、心智化知识(embrained knowledge)、嵌入文化的知识(encultured knowledge)①。另一个标准是知识学习的标准,如 Eveland、Marton 和 Seo(2004)将知识分为三类:陈述性知识(declarative knowledge)、程序性知识(procedural knowledge)和结构性知识(structural knowledge)②。而 Liebowitz 和 Beckman(1998)按照两个标准划分,一是按知识成熟度分为结构化的知识、半结构化的知识和非结构化的知识;二是按知识内容与作用分为程序性知识(procedural knowledge)、陈述性知识(declarative knowledge)、情节性知识(episodic knowledge)、启发式知识(heuristic knowledge)和元知识(meta-knowledge)③。

我国学者提出以更多的标准来进行分类,如郭睦庚提出五个标准来划分:一是显性知识和隐性知识的划分;二是内部知识和外部知识的划分;三是个人知识和组织知识的划分;四是实体知识和过程知识的划分;五是核心知识和非核心知识的划分④。这五个标准都是根据知识管理和企业的经营目标做出的。陈洪澜提出十个划分标准:①知识的效用;②研究对象;③知识属性;④知识形态;⑤事物运动形式;⑥思维特征;⑦自然现象和社会现象;⑧知识研究方法;⑨知识的内在联系;⑩学科发展趋势⑤。这里的①③④⑨是从知识本身出发,而其他标准是按研究问题出发,未能概括所有的划分视角与维度。

在人类知识活动及知识组织管理的条件下,下列标准划分是比较重要的。

(1)事物分类

对事物的认识与区分是人类社会在长期的生产与社会实践上形成的知识分类。早在春秋战国时期,著名哲学家荀况在《正名篇》中说:

---

① Collins H M. The Structure of knowledge. social research[M]. New York,1993,Spring;Vol. 60,95 – 116.
② Johnson J D. Managing knowledge networks[M]. Cambridge:Cambridge University Press, 2009:15.
③ Liebowitz J,Beckman T. Knowledge organizations:what every manager should know[M]. Boca Raton,FL.:CRC Press,1998.
④ 郭睦庚. 知识的分类及其管理[J]. 决策借鉴,2001(2):11 – 14.
⑤ 陈洪澜. 论知识分类的十大方式[J]. 科学学研究,2007(1):26 – 31.

"故万物虽众,有时而欲遍举之,故谓之物。物也者,大共名也。推而共之,共则有共,至于无共而后止。有时而欲偏举之,故谓之鸟兽。鸟兽也者,大别名也。推而别之,别则有别,至于无别然后止。"

事物分类在中国古代类书中尤为详尽。如宋《太平御览》55部内分了近5000个子目,开首的天部,从元气、太初、日、月、星、云到风、雨、雷、电等共有35个子目;地部则从土、壤、山、石、丘、陵、林麓、江、河、湖、海到薮、泽、渠、渎等共有155个子目,里面还包括432座名山、117道大水。至于人事万物,则有帝王、皇亲、封建、职官、服用、饮食以及鸟兽、虫鱼、竹木、药材等部[①],古代事物,应有尽有。

(2)科学知识分类

关于知识的硬与软的划分长期存在于科学领域。一般科学分类将科学知识划分为人文科学、社会科学、自然科学、工程技术四大领域。科学分类可以根据科学的特点进行学科细分。例如,关于社会科学的分类,就有众多划分。Barues(巴纳斯)划分为:历史学、人文地理学、人生生物学、社会心理学、文化人类学、社会学、经济学、政治学、法律学、伦理学(The History and Prospects of Social Science,1924)。Seligman(塞力格曼)划分为:政治学、经济学、历史学、法律学(上为较老科学);人类学、刑罚学、社会学(上为新起纯社会科学);伦理学、教育学、哲学、心理学(上为半社会科学);生物学、地理学、医学、言语学、艺术(上与社会科学有密切关系)(Encyclopaedia of The Social Science,1936)。Stuart Chase(司徒蔡司)曾调查许多社会学专家对社会科学的意见,一致承认主要的社会科学有五种:文化人类学、社会心理学、社会学、经济学及政治学,主张法律学、教育学、社会工作、人口学、人类地理学及公共卫生学的占少数(见龙寇海:社会学讲话,页十四,中央)。Atteerry(阿特伯雷)划分为:历史学、人类学、经济学、政治学、社会学(上为主要);社会心理学、人文地理学(生态学)(上为次要);教育学、社会工作、社会治疗学、决策与行政、社会工程(都市设计之类)(上为实用)(Introduction to Social Science,1950)[②]。

美国Nebraska-Lincoln(内布拉斯加州大学林肯分校)教授R. Audi(奥迪)把知识划分为技术知识、科学知识和日常知识,这里,将科学与技

---

① 来新夏,柯平.目录学读本[M].上海:上海交通大学出版社,2014:125.
② 林逸著.社会科学概论[M].台北:五南图书出版公司,1977:4.

术分开,以分清技术知识的内外关系,以及技术中的知识与关于技术的知识的关系①。关于技术知识的分类,荷兰埃因霍温理工大学技术哲学与伦理学系主任 A. Meijers(梅耶尔斯)教授和代尔夫特大学哲学系主任 P. Kroes(克罗斯)教授在《拓展知识理论的视野》进行了详细讨论,依据载体的不同进行划分,以信仰作为区分,如基于信仰的知识有叙述性知识,基于非信仰的知识有约定的知识、直觉的知识、以行为为基础的知识、工具基础上的知识和绘图基础上的知识等类型②。

(3)学术流派分类

在学术研究中,对于学派的形成与发展,经常会采用分类方法。例如,《庄子天下篇》将学术分为七家,荀子《非十二子》将学术分为六大派别③。汉代的《七略》将诸子分为儒、道、阴阳、法、名、墨、纵横、杂、农、小说十家。《明儒学案》将明代学术分浙中、江右、南中、楚中、北方、粤闽、泰州七派。论清代朴学,杨东莼的《中国学术史讲话》分为启蒙时期(代表人物有昆山顾炎武、太原阎若璩、德清胡谓),成熟时期(分为吴派,以吴县惠栋为首,子弟最著者有吴县江声、吴县余肖客;皖派鼻祖为休宁戴震,后学有金坛段玉裁、高邮王念孙),衰落时期(德清俞樾、瑞安孙诒让)④。这些分类不仅是学术研究的成果,也是知识分类的贡献。

(4)组织知识分类

从组织的角度来看,可将公有和私有知识⑤加以区分。公有知识(public knowledge)指组织中所用成员可用的信息。这些知识包括组织过程、产品、服务和其他用于工作的必需品。如果没有某种程度的公有知识,组织也不可能存在,因而这些公有知识也称为"common knowledge"。公有知识可被视为组织的各种成分的整合机制。相比之下,私有知识(private knowledge)是被实体所独特拥有的信息,不能被公有、共用。在组织的背景下,一般关心的是组织的专属知识以及不公开于市场和组织所在行业的知识⑥。这里所说的私有知识并不包括组织中员工的

---

①② 陈凡,朱春艳,邢怀滨,等. 技术知识:国外技术认识论研究的新进展——荷兰"技术知识:哲学的反思"国际技术哲学会议述评[J]. 自然辩证法通讯,2002(5):91-94.
③ 柯平. 文献目录学[M]. 开封:河南大学出版社,1998:349.
④ 杨东莼. 中国学术史讲话[M]. 长沙:岳麓书社,1986:248-265.
⑤ 为区别后面的"公共知识"与"个人知识",这里译为"公有知识"和"私有知识"。
⑥ Desouza K C, Awazu Y. Engaged knowledge management[M]. New York:Palgrave Macmilan. 2005:17-19.

个人知识(隐性知识)。

美国 Bechtel 公司把知识与经验看作企业的重要资产投入资金加强管理。企业的知识可划分为易学型知识、普及型知识、复合型知识和一次性知识。知识的其他分类标准有:"接受者;适用性;传递性;内容的丰富程度;时效性;可信度等"①。

(5) 文献分类

文献分类是在人类文献积累到一定时期达到相关数量而产生的、从学科知识或内容组织等角度对文献进行组织的专门方法。文献分类的基本工具是文献分类法,依据科学分类编制。著名的 DDC(《杜威十进分类法》)用传统的学科来分类,DDC 以十个主要大类(main classes)来涵盖所有的知识体系,每个大类下细分十个中类(divisions),每个中类再分成十小类(sections),其十个主要大类(main classes)分别是:000 Computers, information & general reference 计算机、信息及总类;100 Philosophy & psychology 哲学及心理学;200 Religion 宗教学;300 Social sciences 社会科学;400 Language 语言学;500 Sciences 科学;600 Technology 科技;700 Arts & recreation 艺术及娱乐;800 Literature 文学;900 History & geography 历史及地理学。

DDC 在分类上历史悠久,其影响之大、采用之多是前所未有的,被称为"世界现代文献分类法史上的一个重要里程碑"②。美国国会图书馆编目、英美两国 CIP 数据,12 个国家的机读目录和 10 个国家的国家书目也都采用了 DDC③。DDC 印刷版自 1894 年首版以来,1996 年推出第 21 版,2003 年 9 月 OCLC 出版 DDC 第 22 版,至 2011 年已推出印刷版第 23 版,同时也有电子版的 WebDewey④。DDC 的印刷完整版大约每七年一次,分为四卷本。另有精编本或称节缩本,篇幅约为精编本的百分之十,主要是为中小型(馆藏量低于 20000 册)图书馆分类使用。

(6) 文体分类

自从文学一产生,就出现各式各样的文体,文体日渐丰富,文体分类由来已久。《尚书》有六体、《诗》有三体。南朝梁时任昉《文章缘起》分

---

① 郑重.收益最优的知识管理模式[J].珠江经济,2003(11):46-49.
② 燕今伟.杜威十进分类法(DDC)第 20 版简介[J].图书情报工作,1990(1):45-46.
③ 中国大百科全书总编辑委员会.中国大百科全书(图书馆学·情报学·档案学)[Z].北京:中国大百科全书出版社,2002:105.
④ OCLC Dewey Services. Print Edition[EB/OL].[2015-10-20]. http://www.oclc.org/dewey/features.en.html.

文体为84类,萧统《文选》分文体为39类,明代吴讷《文章辨体》分文体为59类,徐师曾《文体明辨》分文体为127类等。

文体要研究体裁。"体裁"最早见于明朝《文体明辨》,此前多称"体"或"体制"。文体分类之所以受到重视,因其对文学的巨大作用。宋朝倪思提出"文章以体制为先",清朝李渔从文体角度提出"结构第一",近代梁启超强调"教人作文应以结构为主",都是强调文体的重要性。

中国古代文体分类主要有三种方式:一是作为行为方式的文体分类,二是作为文本方式的文体分类,三是文章体系内的文体分类。文体归类则采用"因文立体"之法,不是先有类别,将文本按类归入,而是先有文本创作,相似性文本累积形成"以类相从",赋予其"类名"。徐师曾《文体明辨序》中提到的"惟假文以辨体,非立体而选文"就是两种方法:"假文以辨体"式的相似文本归类法和"立体而选文"式的先设类目的文本分类法。"在确立文体的'类名'时,中国古代主要采用4种命名方式,即功能命名法、篇章命名法、类同命名法和形态命名法。中国古代依据不同文体形态编纂的总集,大都按照不同的分类标准,分别采用三种分类体式,即以体分类、以题分类和以时分类。"①

随着文学的发展,文体分类也处于不断变化之中,如网络文学引起的新文体等。正如谢廷授《续文章缘起序》所说:"文有万变,有万体,变为常极,体为变极。变不极则体亦不工。工者,体之极而绝之会也。夫三才何日不常,任其所趋而变生,变以日异,任其所就而体成,体成而后工,工太甚则复拙,故工者,起之归而绝之会也。"

我国对文体分类研究成果众多,形成了一门学科称之为"文体学"②或"文体分类学"③。重要著作有《中国古代文体概论》(褚斌杰,北京大学出版社,1984)、《中国古代文体学论稿》(郭英德,北京大学出版社,2005)、《中国古代文体学》(7卷)(曾枣庄,上海人民出版社,上海书店出版社,2012)、《中国古代文体学研究》(吴承学,人民出版社,2011,2013)等。

---

① 郭英德.中国古代文体学论稿[M].北京:北京大学出版社,2005:50.
② 钱志熙.论中国古代的文体学传统——兼论古代文学文体研究的对象与方法[J].北京大学学报(哲学社会科学版),2004(5):92-99.
③ 郭英德.中国古代文体分类学刍议[J].中山大学学报(社会科学版),2005(3):23-25.

6.3.2 关于知识分类的研究方法

关于知识分类的研究方法,数学方法是最重要的方法之一,"自 20 世纪中后期以来,国际上普遍利用数学研究方法对知识分类,把是否使用数学方法用来判断学科的成熟程度,凡使用数学方法进行研究的学科可称为成熟的学科,反之则称为不成熟的学科,或称为'准学科'与'准科学'。利用逻辑学研究方法对知识分类,是根据逻辑判断,把知识划分为抽象的学科(数学和逻辑)、具体的学科(天文学、地质学、生物学、心理学、社会学),介于抽象与具体之间的学科(力学、物理学)。利用历史学研究方法进行个案研究和描述方法区分的学科有历史学、文学、考古学、文物学、古生物学、动植物形态学等"[1]。除数学方法外,还有逻辑方法、历史学方法、实地研究方法和实验方法等。"利用实地研究方法区别知识的有中国学者洪业的分类法。他把知识划分为从其事之时,从其事之地和从其事之类三种情况。他强调测量的重要意义,将其分为事之测量、时之测量和地之测量,用这种方法所得的知识当然会有较高的可信度。人们还根据是否采用实验方法把知识划分为实验学科和非实验学科等等。知识分类必须建立起自己的方法论"[2]。

从现象出发研究知识分类。19 世纪初叶法国杰出思想家、著名哲学家和空想社会主义者 Comte de Saint-Simon(Claude-Henri de Rouvroy,克劳德·昂列·圣西门)1808 年发表《19 世纪科学著作导论》,1813 年写有《人类科学概论》和《万有引力》,他依据天文、物理、化学、生理等各种现象的复杂程度进行知识划分,数学作为各门知识的基础排在首位,依次划分出数学、天文学、物理学、化学和生理学等。又因为早年热心于社会政治活动,关注各类社会现象及其成因,从而提出社会科学学科。

另一个法国著名哲学家和社会思想家 Comte 20 岁结识 Saint-Simon,成为 Saint-Simon 的私人秘书,这对他的思想产生了重大影响,两人开始了长达 7 年的合作。他非常重视 Saint-Simon 的纵向式知识分类体系。Comte 是实证方法创始人,特别重视研究方法对知识体系形成的影响,把知识的范围限定在观察到的事实的基础之上,说:"从 Bacon 以来一切优

---

[1] 卢盛华,李新芬,金建军. 图书馆知识管理与知识服务[M]. 长春:吉林文史出版社,2009:6.
[2] 张鹏顺. 区域创新与职业创新研究[M]. 合肥:合肥工业大学出版社,2012:11.

秀的思想家都一再地指出,除了以观察到的事实为根据的知识以外,没有任何真实的知识"①。因此,Comte 按天文、物理、化学、生物、社会五种现象划分和联系来确定知识次序,首次将新创立的社会学作为一个独立学科置于生物学后,称社会学是发展在最后也是最复杂、最重要的一门科学。

现实主义研究方法,在以应用为目的而对学科进行区分的研究中,表现得非常明显,如 Davidson(1994)②和 Gregg(1996)③在描述人们对英国不同的学科里表现出的课程模块化的采访报告,Kekāle(1999)④在阐述受人青睐的跨学科领导艺术研究,以及 Hativa 和 Marincovich(1995)⑤在描写不同教学方法等。

Biglan(1973)曾根据 168 名伊利诺伊大学的老师和 54 名西部一所规模较小的大学的老师进行的问卷调查,征集了学者们关于 36 个学科领域相同点和不同点的看法,并以此为基础,用三个主要的维度对问卷答案进行绘制构图,即硬科学对软科学、纯科学对应用科学、生命科学对非生命科学。他将第一个维度(硬科学和软科学)与"范式存在的程度"联系在一起,第二个维度(纯科学与应用科学)与"对应用的程度的关注"相联系;第三个维度(生命科学与非生命科学)用于区分将"生物及社会领域"与"以无生命物体为研究对象的领域"区分开来⑥。Kolb(科尔布,1981)则采用了相反的方法:他的数据不是来自大学老师的判断,而是来自学生的学习策略;他没有使用问卷调查,而是采用心理测试——科尔布学习风格概述(LSI),沿着"抽象—具体,实验—思考反思的"两个基本维度来比较各种"学习风格",对 800 名来自不同学科背景的管理从业人员和学生进行研究,在沿着抽象和具体、积极应用和理论

---

① 洪谦.西方现代资产阶级哲学论著选辑[M].北京:商务印书馆,1964:27,30-31,53,59.
② Davidson G. Credit accumulation and transfer in the British Universities 1990-1993[M]. Canterbury: University of Kent, 1994.
③ Gregg P. Modularisation: what academics think[G]//Jackson N. In Focus: Modular Higher Education in the UK. London: HEQC. 1996.
④ Kekāle J. "Preferred" patterns of academic leadership in different disciplinary (sub) cultures [J]. Higher Education, 1999, (37): 217-238.
⑤ Hativa N, Marincovich M. Disciplinary differences in teaching and learning: implications for practice[M]. San Francisco, CA: Jossey-Bass. 1995.
⑥ Biglan A. The characteristics of subject matter in different scientific areas[J]. Journal of Applied Psychology, 1973, 57(3): 195-203.

研究两个轴线绘制不同专业大学本科生的 LSP 平均得分时,学科领地与比格兰的研究结果在很大程度上重合。Kolb 由此得出结论:"大众通常所接受的学术领域划分为两大阵营,自然科学—人文科学,或抽象—具体……而这个分类,在增加另一个维度后可能会更加充实,即积极应用—理论研究或应用型研究—基础型研究。当我们用这个两维空间对学术领域进行划分时,便形成了四种类型的学科。在抽象—理论探讨(纯硬科学)象限,聚集着自然科学与数据,而抽象—积极应用(应用硬科学)象限涵盖了以科学为基础的各种领域,最显著的是工程学领域。具体—积极应用(应用软科学)象限包含着社会领域学科,如教育、社会福利工作、法学。具体—理论研究(纯软科学)象限主要有人文科学与社会科学"[1]。

传统的知识分类方法面对今天的知识如此纷繁复杂时显得束手无策,显性知识和隐性知识的划分存在着简单化的局限性,于是 Jon Johannessen(乔恩·杰汉内森)在显性知识和隐性知识基础上,将隐性知识(tacit knowledge)和隐藏知识(hidden knowledge)合为一类,还增加了两类知识:系统知识(systemaic-knowledge)和关系知识(relationship-knowledge),提出了知识的拓扑(typology of knowledge)[2],在笔者的《知识管理学》[3]中已进行了分析,主要采用的标准是"易于沟通—不易沟通"和"可获得且易于整合—可获得但不易整合"两个标准[4]。

抛开显性与隐性划分的思维定式,Hall 和 Andriani 另辟蹊径,借鉴光谱概念,建立了"知识谱(knowledge spectrum)"[5],所有企业知识都是显性知识和隐性知识的复合体,但显性知识和隐性知识的比例有所不同。

---

[1] Kolb D A. Learning styles and disciplinary differences[G]//Chickering A. The modern american college. San Francisco,CA:Jossey-Bass. 1981.
[2] Johannessen J,Olsen B,Olaisen J. Aspects of innovation theory based on knowledge-management[J]. International Journal of Information Management,1999(19):128.
[3] 柯平. 知识管理学[M]. 北京:科学出版社,2007:63.
[4] 李华伟,董小英,左美云的《知识管理的理论与实践》(华艺出版社 2002)一书将这两个标准翻译为"容易交流的知识——难以交流的知识"和"容易获得并容易理解——难以获得并难以理解"。
[5] Hall R,Andriani P. Managing knowledge associated with innovation[J]. Journal of Business Research,2003(56):145-152.

6.4 未来知识分类的两条路径

6.4.1 关于人类全部知识的分类

现代国际上较有影响的三角形分类法有几种：以苏联凯德洛夫（Bomuφarrr mrxarrober Kenpon）提出的三角形分类法影响最大。他把自然科学、哲学和社会科学分居三角，心理学居三角形之中，构成一个相互联系的整体[①]。

著名科学家钱学森长期致力于系统工程研究，重视建立统一的知识体系，强调以发展的眼光和多视角反映建立的现代科学分类。20 世纪 80 年代初，他把现代科学技术分为六大体系，四年后又分为自然科学、社会科学、数学科学、系统科学、思维科学、人体科学、文艺理论、军事科学和行为科学九大体系，而哲学既是这些知识部类的认识基础，也是贯穿于它们之间的桥梁和纽带[②]。

曾任中国科学院院长的路甬祥于 1998 年提出一个由自然科学、技术与工程科学、社会与人文科学三大部类组成的科学知识分类，以哲学、数学、信息科学和系统科学等具有指导性或工具性的科学为核心；用"生命科学"和"物质科学"来概括传统生物学、物理和化学；把生态与环境工程列为一类，显示了两者的内在关系；把认知科学、心理科学、行为科学、人类学、语言学等作为自然科学与社会人文科学的边缘科学，揭示了这些学科与自然、社会的双边关系；把地球科学和环境科学列在一起，既突出了生态平衡和环境保护的重要性，又反映了它们之间的内在联系[③]。

对人类全部知识进行分类，常常与科学分类相混淆。科学分类虽然能反映全部科学的范畴，但并不完全代表全部知识。

6.4.2 关于实用的知识分类

6.4.2.1 基于经济管理目的的知识分类

以 OECD《以知识为基础的经济》的知识划分最为著名并被广泛应

---

① 张鹏顺.区域创新与职业创新研究[M].合肥:合肥工业大学出版社,2012:11.
② 顾吉环,李明,涂元季.钱学森文集(卷四)[M].北京:国防工业出版社,2012:229.
③ 路甬祥.我们的时代和科学技术的未来[J].全球科技经济瞭望,1999(12):6-9.

用。OECD将对经济有着重要作用的知识分为四类：know-what（关于事实方面的知识）、know-why（关于客观原理和自然规律方面的知识）、know-how（关于做某些事情的技艺、能力）和know-who（涉及谁知道如何做某些事情的信息）。还将第一、二类知识称为编码知识（codified knowledge），把第三、四类知识称为意会知识（tacit knowledge）。

美籍奥地利经济学家Machlup（马克卢普）在广泛吸收基础上建立的"知识"概念，将知识分为五大类若干小类：①实用知识，包括专业知识、商业知识、劳动知识、政治知识、家庭知识及其他实用知识；②学术知识，属于教育自由主义、人文主义、科学知识、一般文化中的一个部分；③闲谈与消遣知识，常常包括本地传闻、小说故事、幽默、游戏等；④精神知识——与相关宗教知识以及与其相联系的知识；⑤不需要的知识，是"多余的知识"①。

Machlup的五大类划分建立在对德国哲学家、现象学派的主要代表Max Scheler的知识分类进行扩展和改进基础上。Scheler认为知识既是社会现象也是文化现象，认为"所有知识，尤其是关于同一些对象的一般知识，都以某种方式决定社会（就其可能具有的所有方面而言）的本性。最后，反过来说，所有知识也是由于这个社会及其特有的结构共同决定的"②。他把知识分为三类即统治知识、教育知识和宗教拯世知识，或者是行动和管理方面的知识、非物质文化方面的知识，以及宗教拯世方面的知识（Scheler将知识类型分为三种：拯救的知识、形而上学知识、实证科学知识，他以此说明人追求知识的内驱力和各种情感）。Machlup在使用时翻译为应用知识、学术知识和精神知识③，并增加了闲谈与消遣知识、不需要的知识。后来，Machlup又把知识分成世俗知识、科学知识、人文知识、社会科学知识、艺术知识、没有文字的知识（如视听艺术）六大类。

管理学界重视企业知识的分类，以企业行为为划分标准，可以划分为客户知识、合作关系知识、商业环境知识、组织记忆、业务过程知识、产品和服务中的知识、人的知识七大类④。

---

① Fritz Machlup. Knowledge: its creation, distribution and economic significance, Volume I: Knowledge and knowledge production[M]. Princeton: Princeton University Press, 2014.
② 马克斯·舍勒. 知识社会学问题[M]. 艾彦, 译. 北京: 华夏出版社, 1999: 58 – 59.
③ 吴江. 知识的分类[J]. 甘肃社会科学, 2000（4）: 56 – 58.
④ 谭建荣, 等. 制造企业知识工程理论、方法与工具[M]. 北京: 科学出版社, 2008: 62.

知识管理专家 Amrit Tiwana(阿姆瑞特·蒂瓦纳)将直觉、真理、判断、经验、价值、假设、信仰和智能统称为知识的元素。Tiwana 从四个维度划分知识:一是类型(技术知识、业务知识、环境知识);二是焦点(运营知识、战略知识);三是复杂性(显性知识、隐性知识);四是持久性(低知识、高知识)①。

根据知识在组织内外的流向,Itami(艾达米)将知识分为:①环境知识(environmental knowledge,如市场情报、技术、政治因素、供应商关系、客户关系),涉及从外部环境流向组织信息流;②公司知识(corporate knowledge,如声望、公司/品牌形象、广告和促销),涉及从组织流向相关外部的信息流;③内部知识(internal knowledge,如公司文化、风气、基本数据、雇员诀窍),涉及通过培训和企业经营在雇员头脑中和企业内部积累的知识②。

根据知识在组织中不同层次,M. J. Earl(迈克尔·厄尔)(1993)将其划分为以下三个层面的知识:科学、判断、经验。经验与数据相关,其掌握与获得依靠行为与记忆,判断涉及政策规则、机会参数(Probabilistic Parameters)和启示(Heuristics),也依赖分析和意识,科学涉及公理、理论和程序,依靠系统陈述和一致的意见。在由经验向判断、科学发展的过程中,每一层次都在不断地结构化,不断地增加确定性和合法性。这样的划分让我们明确了组织的知识从低层次知识(经验)、中层次知识(判断)到高层次知识(科学)的进化过程,以及决策中的相互支持。浙江大学管理学院方建都说的"知识管理的目标是建立和发展'诀窍平台'(Platform of Know-how),知识源于三个关键维度的集成:信息、理论和经验"③。这里将理论和经验作为知识的来源,而理论和经验本身就是知识,是将知识狭义化了。

6.4.2.2 基于学习与教育目的的知识分类

在教育领域,最早对知识进行系统分类的是美国心理学家 Benjamin Bloom(本杰明·布卢姆),他基于对知识的测量将知识分为三大类九个

---

① 蒂瓦纳 A. 知识管理十步走——整合信息技术、策略与知识平台(第二版)[M]. 董晓英,等译. 北京:电子工业出版社,2004:38-42.
② Itami H, Roehl T. W. Mobilizing invisible assets[M]. Cambridge, Massachusetts: Harvard University Press,1987.
③ 方建都. 知识的分类与企业知识的学习[J]. 技术经济与管理研究,2005(1):23-24.

亚类①。Bloom把教育目标分为认知、情感和动作技能三大领域,其认知领域的六级分类:Knowledge(知识)—Comprehension(领会)—Application(应用)—Analysis(分析)—Synthesis(综合)—Evaluation(评价)②对于教育分类有着经典的指导意义。

在当代教育心理学界,美国教育心理学家David P. Ausubel(戴维·奥苏伯尔)和R. M. Gagne(加涅)所做的知识分类影响最大。Ausubel在语言学习研究方面做出了突出贡献,其意义言语学习理论,为知识分类确立了理论基础。Gagne在Ausubel基础上,补充阐明了知识与技能的关系,基于学习条件论的思想,创造性地建立了系统的学习分类学。

当代认知心理学家John R. Anderson(约翰·安德森)③在Gagne学习结果分类的基础上将知识分为两类,一类是陈述性知识(declarative knowledge),另一类是程序性知识(procedural knowledge)。在此基础上,De Jong(德容)和Ferguson-Hessler(弗格森-赫斯勒)根据任务分析,提出了四类知识划分:情景知识(situation knowledge)、概念知识(conceptual knowledge)、程序性知识(procedural knowledge)和策略知识(strategic knowledge)④。策略性知识由程序性知识分出而来。

综合各种研究,认知心理学家将知识分为陈述性知识、程序性知识和策略性知识三大类。这里将知识、技能和智力区分并统一起来,从教学的角度来看,被认为是目前为止对知识的一个最佳分类⑤。

(1)陈述性知识

陈述性知识指个人具有的有关世界是什么的知识,Gagne(加涅)和M. Robert(罗伯特)称作言语信息,由简到繁分为三类:符号、事实和集合。我国心理学者张承芬在Gagne和Robert的基础上把陈述性知识分为四类:符号、具体事实(非概括性命题及其网络组织)、概念和抽象事实

---

① 布卢姆.教育目标分类学:认知领域[M].罗黎辉,译.上海:华东师范大学出版社,1986:191.
② 本杰明·布卢姆(Benjamin S. Bloom)—著名的教育家和心理学家(1913—1999)[EB/OL].[2016-10-03]. http://media.openedu.com.cn/media_file/netcourse/asx/xdjyjs/public/05xgzy/ren17.html.
③ Wikipedia. John Robert Anderson(psychologist)[EB/OL].[2016-09-01]. https://en.wikipedia.org/wiki/John_Robert_Anderson_(psychologist)
④ De Jong T, Ferguson-Hessler M. Types and qualities of knowledge[J]. Educational Psychologist, 1996, 31(2):105-113.
⑤ 皮连生.知识的分类与教学设计[J].教育研究,1992(6):45.

（概括性命题）、有联系的论述组成的事实集合。前两类可称为简单陈述性知识，后两类可称为复杂陈述性知识。

（2）程序性知识

程序性知识通常指我们平时所说的技能。对程序性知识的分类有两种，传统心理学把它分为运动技能和智力技能，现代认知心理学把程序性知识分为模式识别程序和动作识别程序。还可分为应用符号对外办事的知识（Gagne 称为智慧技能）和对内进行认知调控的知识（Gagne 称为认知策略）。Ausubel 把程序性知识分为符号、概念和命题。Gagne 还把智力技能分为五类：辨别、具体概念、定义性概念、规则和高级规则。Gagne 所说的辨别、具体概念和定义性概念相当于模式识别程序，规则和高级规则相当于动作序列程序。

（3）策略性知识

关于策略性知识的类型，心理学家们根据不同的标准进行了多种不同的划分，Mckeachie（迈克卡）等 1990 年将学习策略分为认知策略、元认知策略、资源管理策略[①]。安徽师范大学教育科学学院的郝秀刚和葛明贵综合各种分类方法，认为策略性知识其实还是一种程序性知识，将程序性知识包括策略性知识并绘制知识分类图[②]，在广义的知识下分为两类：陈述性知识和广义程序性知识。前者包括简单陈述性知识和复杂陈述性知识；后者包括程序性知识和策略性知识。这实际上又回到了 Anderson 分类体系。

实用的知识分类具有广泛的实用价值，随着社会发展和用户的需要，将有较大的发展空间。

---

① 张承芬. 教育心理学[M]. 济南：山东教育出版社，2006：211.
② 郝秀刚，葛明贵. 知识的分类与高校创新型人才培养[J]. 襄阳职业技术学院学报，2007（4）：37 - 39.

7 知识资源论

21世纪,资源问题是全球性问题,而知识作为一种新资源开辟了资源研究的新方向,将人们的注意力从物质资源转到了知识资源。中国科学院院长路甬祥院士率团参加第三世界科学院(TWAS)第13届院士大会(2003),会议报告强调充分开发知识资源以弥补自然资源和投资不足的问题。知识资源论要成为知识学的一个核心理论,必须经过理论探索和学科知识积累。

7.1 知识资源论的提出

7.1.1 相关研究

目前,关于知识资源的研究已大量出现,在研究现状部分基于CNKI对近15年的文献进行调查,就有6348条研究成果出现,可见有关"知识资源"的研究一直受到学界关注。根据CNKI的统计显示,检索以"知识资源"为主题的论文,获得的各类文献达到132349篇之多(2015年12月31日检索),学术关注度自1997年开始也呈明显的持续上升趋势。

随着知识资源概念的广泛应用,"以知识资源为主要需求对象的信息社会所带来的知识问题已经突破了传统认识论范围,对知识的特性的研究已从单纯的认识性质的研究转向了知识社会学的探讨"[①]。

图书情报学界较早意识到知识资源的重要性,纷纷予以关注。随着"知识交流""知识组织""知识集合"等问题的深入讨论,"图书馆学情报学的研究重点逐渐转向知识领域"[②]。徐如镜认为,"知识的控制单位长

---

① 张艺.知识与知识传播[J].现代哲学,2000(3):41-44,106.
② 王子舟.图书馆学的基本概念与核心概念[J].中国图书馆学报,2001(3):7-11.

期停留在文献一级,而人们对知识的需求一般不是以文献为单位,因而必须开发知识资源,发展知识产业,服务知识经济"①。南开大学柯平提出图书馆学领域的"知识资源论",将图书馆学定义为"关于知识资源的收集、组织管理与利用,研究与文献和图书馆相关的知识资源活动的规律,以及研究知识资源系统的要素与环境的一门科学"②,成为图书馆学研究知识流派的新观点,北京大学吴慰慈教授评价说"为我们研究图书馆学提供了一种新的视角"③。

7.1.2 关于知识资源的界定

从20世纪40年代末Claude Elwood Shannon(克劳德·艾尔伍德·香农)和Norbert Wiener(诺伯特·维纳)对通信系统的构建到Ludwig Von Bertalanffy(贝塔朗菲)对利用负熵的系统研究,从美国"知识学派"的兴起到霍尔萨珀尔-乔西知识管理本体(Holsapple-Joshi Knowledge Management Ontoloty)的形成,人们对知识信息的研究已涉及多个领域,其中利用模型方程探究原理规律的成果颇为丰富,包括基于本体论的知识流形成,基于认识论的丰裕度测量,面向环境因素的生态学模型、信息空间构建,以及面向功能实现的知识资源使用价值和交换价值公式,配置与开发利用曲线,资源配置方程等。

关于知识资源的概念,不同的学者有不同的认识,大多是基于对资源的理解出发。我国《辞海》对资源的解释是:"资财的来源,一般指天然的财源。"《现代汉语词典》把资源解释为:"生产资料或生活资料的天然来源。"④从这两个定义来说,资源局限于自然资源的范围。在经济领域,资源是"为了创造社会财富而可以投入到生产生活中的一切要素"⑤。现代管理科学从资源经济学的角度扩展了资源的内涵,提出凡是宇宙中客观存在的,经过开发可以被人所利用,能够构成生产要素进入社会再生产过程,或者为再生产提供环境条件和前提条件,为人们的生

---

① 徐如镜.开发知识资源,发展知识产业,服务知识经济[J].现代图书情报技术,2002(S1):4-6.
② 柯平.知识资源论——关于知识资源管理与图书馆学的研究对象[J].图书馆论坛,2004(6):58-63,113.
③ 吴慰慈.图书馆学基础理论研究述评(1995—2004年)[J].中国图书馆学报,2005(2):15-19.
④ 汝宜红.资源管理学[M].北京:中国铁道出版社,2001:1.
⑤ 史忠良,肖四如.资源经济学[M].北京:北京出版社,1993:13.

产、生活需要服务的因素,不论是以劳动对象形式表现,还是以劳动手段或劳动环境形势表现;不论是实物,还是货币或智力;也不管是自然界早已存在的,还是经过人们加工、凝结着人类劳动的,都可以看成是资源。按照这种理解,知识作为人们生产和生活中所必不可少的一个部分,也应纳入资源的范畴。知识资源是指人类的知识中,经过开发,能够被用于创造财富的知识[①]。据此,将知识资源定义为"经过开发,能够被用于创造财富的知识"[②],是"进入经济运行系统的人类知识,这些知识可以用来促进物质生产从而产生市场价值,也可用来直接作为精神消费对象"[③],这些理解都是从狭义出发的。

理论上从新的视角探讨知识资源是必要的。一种是从要素的角度,柯平在探讨知识资源的理论来源基础上,将知识资源界定为"是指与知识有关的所有资源,包括知识、知识人(知识的生产者和利用者)、知识工具(生产和利用知识的设备、设施、知识库等)、知识活动(知识生产、流通、分配和使用的过程、方法、成本、条件等)四个要素"[④]。另一种是从广义和狭义两种理解方式。杨溢认为:"从狭义来说,知识资源仅指人们生产和生活过程中所应用的知识本身。从广义来说,知识资源可以划分为三种层次。第一层次为知识本身,包括人们所应用的具体知识;第二层次为与知识相关的人力资源,即知识生产者、知识组织者、知识传播者、知识利用者等;第三层次为知识保障方面的资源,即知识基础设施、政策保障、经济保障、制度保障等"[⑤]。由此可见,"知识资源"概念可以从多角度解释,包括多个要素和多个层次。

从前述知识学研究对象出发,知识资源的四个要素并不是严格区分的,四个要素之间相互联系,知识人和知识工具是对知识与知识活动的进一步拓展,知识人既是知识中的隐性知识,又是知识活动的主体,知识工具本身就是一种知识,又是知识活动的基础。值得注意的是,这四个要素中,知识人和知识工具都存在欠完善之处,"知识人"只考虑了知识的生产者和利用者,没有考虑加工者和传播者;"知识工具"缺少了对于

[①] 王子平,等.资源论[M].石家庄:河北科学技术出版社,2001:446.
[②] 王子平,冯百侠,徐静珍.资源论[M].石家庄:河北科学技术出版社,2001:446.
[③] 曹巍.知识资源、经济组织与决策权的分配[J].生产力研究,2003(6):49-51,71.
[④] 柯平.知识资源论——关于知识资源管理与图书馆学的研究对象[J].图书馆论坛,2004(6):62.
[⑤] 杨溢.中美知识资源差距比较研究[J].情报科学:2008(12):1886-1891.

环境的考虑,如果没有环境,仅仅靠知识人和知识工具是难以实现知识创新的,而且工具易于被狭义理解。因此,修改的"知识人"要素包括知识的生产者、加工者、传播者和利用者;"知识工具"要素修改为"知识环境与条件",包括与知识和知识活动相关的政策、法律、技术、经济、文化、教育、社会等各方面的环境,以及生产和利用知识的各种条件如技术、工具、设备、设施、知识库、平台等。

7.1.3 知识资源论的形成

在关注科学知识自身的同时,涵盖知识工具、活动及相关人群的"知识资源论"是柯平在中国图书馆学会第四次图书馆学基础理论学术研讨会上提交的论文《从知识论到知识资源论——知识管理与图书馆学的知识基础》中首次提出,并将其作为图书馆学的知识基础[①]。

知识资源论是以各种知识理论为基础,从广义上研究知识资源及其活动的一种理论认识,体现了对知识创造、吸收开发和利用过程的重视,强调了知识的社会价值实现。与科学学、文化学和术语学等领域对知识的认识相比,将知识作为一种资源来研究对生产实践更具现实意义,尤其对构建以知识资源为重要战略资源的创新型国家具有重要意义。

知识资源论是建立在多个理论基础上的认识,其理论演化过程是沿着这条脉络展开的,即知识论—知识社会论—知识交流论—知识组织论—知识集合论—知识管理论[②]。

柯平的《论知识管理》"将知识管理分为两类:企业知识管理(Corporate Knowledge Management,CKM)和知识资源管理(Knowledge Resources Management,KRM),后者可以用来描述社会知识资源管理和利用的全部活动,进一步可分为知识产权管理、科研管理、文献信息管理、知识系统管理、网络知识资源管理等"[③]。

如果从组织出发,企业知识管理是针对企业这一营利组织进行的知识管理,与企业管理紧密相关,这样,可以运用管理学的原理和方法,探讨企业中知识资本等问题,创新和效益是其重要的目标。相比之下,知

---

① 柯平.从知识论到知识资源论——知识管理与图书馆学的知识基础.见:中国图书馆学会图书馆学理论专业委员编.发展与创新.香港:天马图书有限公司,2003:130-149.
② 柯平,王平.基于知识资源论的图书馆学基础理论体系研究[J].中国图书馆学报,2006(2):9-11.
③ 柯平.论知识管理[J].郑州大学学报:哲学社会科学版,2001(6):132-136.

识资源管理则更多是从社会出发,它需要对人类社会的各种知识进行组织和管理,具体包括:

从知识机构出发进行的知识资源管理,包括:信息机构知识资源管理、图书馆知识资源管理、情报中心知识资源管理、档案机构知识资源管理、博物馆知识资源管理、出版社知识资源管理、新闻媒体机构知识资源管理、政府部门知识资源管理、学校知识资源管理等。

从内容对象出发进行的知识资源管理,包括:①文化知识资源管理,包括历史知识资源,历史人物、历史事件,文化记忆,世界遗产名录、世界非物质文化遗产等,具有文化遗产的特征;旅游文化知识资源,对旅游业具有重要价值。②学科知识资源管理,包括各学科的知识库、学科知识交流平台、学术共同体等,还包括学科规划与学科建设、学科人物、学科条件等,以及科学研究与发展(R&D)、技术转让知识资源管理等。③文献知识资源管理,包括古籍、各种书刊资料、电子文献、数据库等,这些资源又可以进一步按学科和主题分类。④知识产权管理,包括著作权知识资源、专利权知识资源、商标权知识资源等,国际知识产权组织如世界知识产权组织(WIPO)、国际专利文献中心(INPADOC)等,以及全国性和区域性的知识产权管理机构。⑤产业知识资源管理,包括主要产业的知识资源,也包括科技产业资源如高科技产业集群资源、产学研结合资源等。

7.2 关于知识资源原理的探讨

笔者从图书馆学的视角对知识资源的原理进行过初探,将知识资源传承作为图书馆学的基本原理之一①。主持教育部社科项目《创新型国家的国家知识资源战略研究》以知识学为基础建立知识资源模型,课题组成员赵益民负责这一专题研究,发表了阶段性成果《基于知识学的知识资源模型研究》,构建了四个模型②。这里,基于知识学的理论,结合前面的研究,重新探讨知识资源的原理问题。

---

① 李大玲,柯平.论图书馆学的知识资源传承原理[J].图书馆工作与研究,2006(2):21-23.
② 赵益民.基于知识学的知识资源模型研究[J].图书情报知识,2009(1):50-53.

7.2.1 知识资源要素与形成模型

7.2.1.1 基于知识学的知识资源要素模型

知识资源是一个系统,要素之间的相互作用直接影响着系统整体功能的发挥。知识资源也是一个有机体,是不断变化和发展的。这里,参考赵益民的"知识资源钟"模型,以知识学理论为基础,表现知识资源四个组成要素的结构关系如图 7-1 所示。

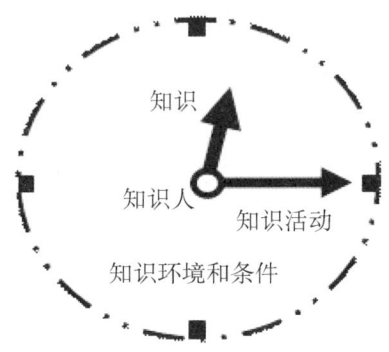

图 7-1 知识资源要素模型

资料来源:作者整理。

这一模型表现以下含义:①基于本体论和时钟的原理,以知识资源论为前提,以资源的价值性为基础,体现知识资源四个要素之间的相互作用与影响,重点反映在知识资源中协同关系。②钟面代表了知识环境和条件,刻度代表了知识创新和价值创造。指针的运行不能脱离盘面的支撑,只有创造有利的环境和条件,或者改善环境与条件,才能促进知识与知识活动的发展。环境和条件越好,知识与知识活动越活跃,钟面越大,刻度越多,代表着知识创新与价值创造越大,从而形成更大的知识资源。③时钟的核心即中轴代表知识人,人是能动的要素,知识与知识活动的活跃度在很大程度上取决于人的能动,甚至于环境和条件的改善也有赖于人的作用。④在时钟中各部件都发挥重要作用,其中最重要的时针与分针以中轴为圆心旋转。时针代表知识,分针代表知识活动,两者都离不开人这个主体。一方面,知识活动的发展推动着知识的进步,知识活动进行到一定程度就是形成知识的结晶或知识的积累。另一方面,知识又反映了知识活动的全过程,知识既是知识活动的起点,也是知识活动的终点,知识与知识活动的互动与相互作用是一个循环往复、不断进步的过程。

7.2.1.2 知识资源形成模型

赵益民的"知识资源形成模型"是从科研活动的视角对科研的主要过程进行概括,这一过程离不开从理论研究到技术革新,再到实践应用的递进发展,离不开学术研究对资源创造的积极影响,这也是现代知识学所关注的重要内容①。然而,知识资源不仅仅是科学知识资源,其来源也不仅仅是科研活动。因此,借鉴赵益民的"知识资源形成模型",从整个知识活动出发,重新构建知识资源的形成模型。

知识活动是一个连续的过程。这个过程中主要围绕知识的生产、加工、组织、传播和利用五个环节,形成"知识生产→知识加工→知识组织→知识传播→知识利用"的价值链。从生命周期的角度看,这五个环节形成一个知识的生命周期,成为知识资源的主要来源,如图7-2所示。

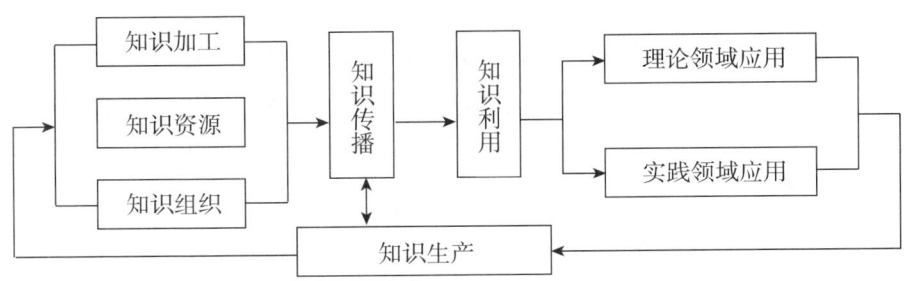

图 7-2 知识资源形成模型

资料来源:作者整理。

图7-2中,知识加工和知识组织不同,前者是一种再生产或者二次生产过程,后者是对知识的重组或描述、揭示的过程。而且,知识加工和知识组织也不是前后的逻辑关系,可以并列或交替存在。一方面,知识活动的每个环节都会产生丰富的知识资源,使知识资源呈现"滚雪球"式的发展;另一方面,知识活动依赖的知识,以及知识活动所产生的知识,之所以能够成为资源,主要在于创造财富和价值的作用。

在E环境和泛在知识环境的影响下,特别是在大数据时代,知识活动的单向行进模式早已发生了改进,不仅知识生产、知识加工、知识组

---

① 赵益民.基于知识学的知识资源模型研究[J].图书情报知识,2009(1):50-53.

织、知识传播、知识利用这五大环节之间界限越来越模糊,而且发生了多角色和多重位置的转换,如知识传播者可能也是知识生产者,知识利用者同时也是传播者。在网络环境下,知识利用不一定像过去那样依赖知识传播,知识加工也不如从前那样等待知识生产,知识从无序到有序,同时又从有序到无序,使得知识资源的形成因素更加复杂化。

7.2.2 知识资源积累与传承模型

7.2.2.1 知识资源积累模型

人类知识的保存是一个社会难题,传统的知识保存方式比较简单,以文献作为主要的保存方式。然而,文献却不能很好地保存即时信息,也不能准确地保存隐性知识,只能用语言文字符号表达那些已经转化完成的显性知识。这样,每天有自然和社会中的大量信息以及个人的隐性知识被遗失,并没有保存下来。知识学以人类知识记忆为己任,通过知识资源积累的理论与实践,解决越来越复杂的人类知识保存问题。

知识资源积累的对象从知识的结晶体出发,既有传统的纸质对象,也有非纸质对象。一般是从文献或非文献收集,经过整理,形成知识资源(文献知识资源、非文献知识资源,或文献与非文献混合式知识资源),再进行存储,形成数字知识资源和非数字知识资源,如图7-3所示。

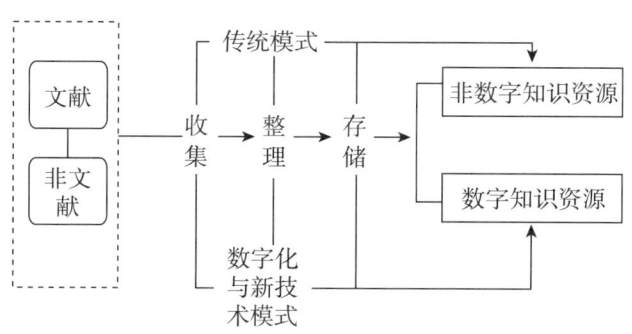

图7-3 知识资源积累模型

资料来源:作者整理。

图7-3表现的是基于知识学的知识资源积累的一般过程与相关因素。实际上,知识资源积累的过程和相关因素要复杂得多。知识资源积累的主要方式有:①对包括文献和非文献在内的各类型知识表现形态进行收集;②对收集的各种对象进行科学整理,从无序的知识形态或知

碎片,变成有序的知识体或知识资源,这是一个系统化和重组的过程,包括知识的线性与非线性组织,以及知识的结构化与非结构化描述。具体包括:对各类知识进行物理和内容描述;对描述后的知识进行科学化的组织。③组织后的文本或数字化载体进行科学的存储。存储是整理的继续,也是知识资源积累的主要目标和结果。这里,涉及几个重要的研究问题:一是知识资源的整合问题,二是知识资源的保护问题,三是数字知识资源的长期保存问题,这些问题已引起学术界的高度关注。

知识资源积累是一个长期的过程,传统的知识资源积累模式是依靠手工方式,通过语言、文字、图画、图像、符号等方式得以实现,通过物理空间和手段存储知识资源。到了数字时代,数字化方式多样化,数字资源越来越丰富,数字内容包括行动内容(手机信息和股市金融及时信息)、游戏软件、各种软件(商用软件和工具软件)、电脑动画、数字学习、影音应用与网络服务(网上可以观赏的电视、电影、音乐、广播、互动节目)、内容软件、数字出版等领域的内容。这些数字内容以不同的格式和结构分布式地存在于不同的地方,需要以新的思维和手段进行积累。在网络和数字化环境下,不仅可以将各种网站、网页、流媒体、软件等数字资源进行快速处理,直接进入数据库和知识库,而且可以把文字形式存在的知识资源进行数字化,实现数字资源与非数字资源的虚拟对接,增大知识资源的总量。现代的数字化与新技术积累模式使得知识资源积累的选择有了更大空间,大数据存储成为一种发展趋势。

7.2.2.2 知识资源传承模型

英语中的"inheritance"译为继承物,一般指财产或遗产的继承。知识资源传承指人类的知识资源以物理或非物理形态,进行社会整体传达和承接,不受时间和空间的限制,也不包括个人和组织的知识资源继承。

知识资源传承的对象既包括过去的知识资源,也包括现在的知识资源,还包括未来的知识资源。早期受社会条件和技术条件的限制,知识资源形态单一,但由于文化的差异、语言的差异、地理的差异,资源的形态表现出多样化特征。知识资源的民族性、地域性和时代性比较突出。于是,民族知识资源如何传承、地方知识资源如何传承、历史知识资源如何传承,成为学界比较关注的问题,田野考古、民族志方式、口述历史等成为重要的传承方式。随着时间的推移发生种种变化,技术的影响和社会的影响,特别是用户的影响,一方面增加了知识资源传承的压力和负担,另一方面又增加了发展的机遇。

从知识学出发建立的知识资源传承模型如图7-4。

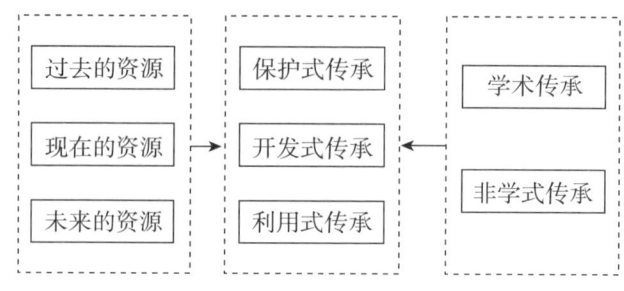

图7-4　知识资源传承模型

资料来源:作者整理。

知识资源既要进行有效的物理传承,也要进行有效的内容传承。前者包括知识载体的传承、知识库和网络系统的传承,涉及很多问题,如纸质文献载体的可获得性,磁带磁盘、光盘、缩微品的可读性、网站和网页的可反复访问性(大量网站和网页在网上被移动或消逝而无法再次访问)。后者包括内容的真实性与权威性认定,内容的原始性与修改痕迹的记录,内容的错误与更正的识别,以及知识的碎片化与系统化的交互,等等。

从图7-4中可以看出,知识资源传承主要有三种模式:第一种是保护式传承,如非物质文化遗产保护、古籍保护、民国文献保护等,通过改善保护条件,实施有效保护,确保知识资源能够被后代永久继承。这种保护大多基于知识资源被破坏的现状,通过采取抢救式保护,解决知识资源传承中存在的危机或危险,减少知识资源被彻底毁害或消失的可能。实际上,应当建立知识资源前置保护机制,即在知识资源没有被破坏以前,进行科学的长久保护,并有效地实现时间和空间的传承。第二种是开发式传承,通过对知识资源科学的开发,使知识资源在数量和质量上进一步提高,增加知识资源传承的受益面和多样性。有一种数字化保护的观点,应用到古籍和特种文献上,实际上,这种数字化保护就是开发式传承。将古籍特别是珍贵古籍进行数字化,不可能对古籍没有损害,其保护的作用是间接的,开发的作用是直接的。这种对古旧文献资源的开发,从某种意义上,增加了资源抗风险能力,并以多种载体传播,不仅方便使用,而且使传承变得简单了。当然,数字化资源的开发是应当大力提倡的,可以利用多媒体、可视化等多种手段,实现多种形态的传承。第三种是利用式传承。无论是纸质资源还是数字化资源,只有经过利用,才能实现资源价值的最大化,提高资源的使用效益,这不仅加速了传承,也通过利用带来的价值弥补了知识资源传承的巨大成本。

学术环境、学术网络、研究平台、科学共同体等,是知识资源传承的重要方式。这种方式为传承人类的科学知识资源做出了巨大贡献。实际上,除了学术传承方式,非学术传承方式应当引起重视。历史表明,每当战争或自然灾难带来知识资源的极大破坏时,非学术途径起了重要作用。例如,一些知识资源在民间扩散与传递,家族知识遗产(如医药秘方、家训、家族史等)继承,民间传说,乡贤故事、非物质文化遗产,这些都能证明非学术传承的现实存在。

知识资源传承不是孤立的,它与知识资源积累形成对应关系,没有知识资源的积累,就不会有知识资源的传承,而没有知识资源传承,知识资源积累就失去了本来的意义,它们相互影响、相互促进,共同发展。

知识资源传承不仅仅关系于个人和组织的知识传播与利用,而且关系到国家和民族的发展,也关系到人类文明的进步。

7.2.3 知识资源配置与价值模型

7.2.3.1 知识资源配置模型

如同自然资源的配置一样,知识资源也存在着经常性的失调现象,需要进行科学、合理的配置。知识资源的科学合理配置主要指在时间、空间和数量上的合理配置,在时间上,考虑知识资源的时效性;在空间上,考虑知识资源在地域的合理分布;在数量上,考虑存量配置和增量配置。

赵益民基于知识资源存在的开发利用与实际需求之间非均衡对等性,处理好开发与需求的相互关系,二者由低向高的递进形成如图7-5所示的矩阵模型。

图7-5所示由现实需求和开发程度构成的矩阵反映了四种不同的知识资源配置状态,现实需求和开发程度均为最低的表现为低效型配置,是一种需要淘汰的状态;而现实需求和开发程度均为最高的表现为

高效型配置,是一种理想的状态。介于高效和低效两种之间的有欠缺型配置和浪费型配置,前者现实需求高但开发程度低,后者开发程度高但现实需求低,这两者都是不够理想的状态。

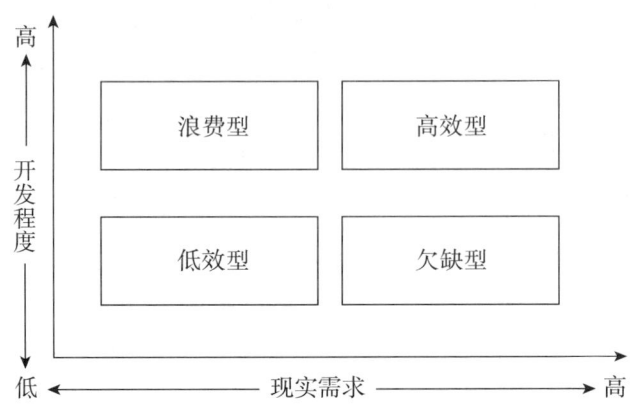

图 7-5　知识资源配置状态矩阵

资料来源:赵益民. 基于知识学的知识资源模型研究[J]. 图书情报知识,2009(1): 50-53.

知识资源配置有微观和宏观两种类型,微观知识资源配置主要指一个组织内外部的知识资源所进行的配置,图 7-5 对于微观知识资源配置来说,有应用价值。但对于宏观配置而言,涉及一个国家或地区的知识资源配置,仅仅表现四种知识资源的配置状态就不够了,需要考虑更多的因素。

7.2.3.2　知识资源价值实现模型

知识资源社会价值的实现是知识资源论的重要问题,也是知识活动的主要目标。

赵益民认为,从知识的形成到最终成为社会生产力的一部分,可以从微观流程的层面来理解其主要功能的发挥,这是一个由自然事物属性向社会记忆系统转换,再向智力资源体系的演化进程。这里,将赵益民的"知识资源价值实现微观模型"进行适当的修改,形成知识资源价值实现的金字塔模型(见图 7-6)。

7 知识资源论

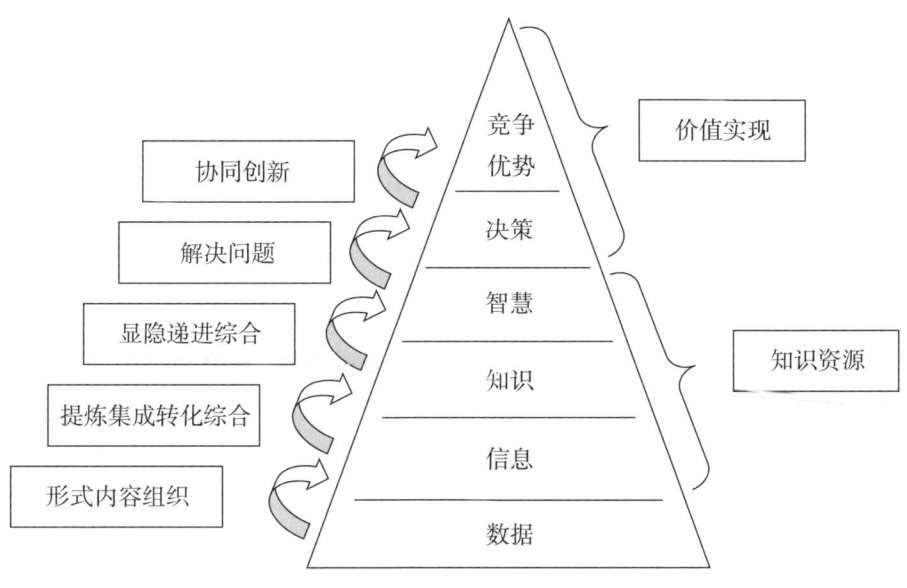

图 7-6 知识资源价值实现模型

资料来源:作者修改自:赵益民.基于知识学的知识资源模型研究[J].图书情报知识,2009(1):50-53.

赵益民的模型是根据赖茂生《信息资源管理教程》(北京:清华大学出版社,2006)进行的整理,参考了 Haeckel(图 3-7)等多个知识金字塔模型,以决策作为利用知识解决问题的智能活动,体现价值实现的必备前提;以竞争优势作为通过决策确立的保持领先的创新能力,体现组织或个人利用知识资源的效益体现。笔者修改后的模型(图 7-3)将智力资产改为知识资源,包括数据、信息、知识、智慧,与本书第三章讨论的知识四大要素关系原理相一致。在知识资源梯级,原始数据或数据源可以实现编码化和序列化,经过形式和内容的组织成为信息,信息经过提炼、集成转化为知识,知识经过显性与隐性的相互转化与综合,形成智慧。从数据到信息的升级是信息化的过程,形成狭义的信息资源,而从知识到智慧是智慧化的过程,形成狭义的知识资源。在金字塔顶部的价值实现梯级,利用智慧解决问题,上升到决策的价值实现;利用协同创新,实现提升竞争优势的价值。

7.3 知识控制

7.3.1 问题提出与研究进展

7.3.1.1 知识增长的极限

自从人类文明创始,知识就成为一种社会宝贵的财富经年滚滚积累,世代努力传承。在人类生活与社会发展过程中,对于知识的认识也在不断进步。最能体现知识价值变化也最为深刻的论述是从 16 世纪伟大的思想家 Bacon 的"知识就是力量"到 20 世纪管理学之父 Drucker 的"知识正成为真正的资本和首要的财富"。

去圣已久,开凿遂多。人类面临的知识量的问题与日俱增。一方面,知识的增长使得速度越来越快。有人估计,人类的知识每 33 年将翻一番[1],而医学知识发展更快,每 19 年翻一番[2]。相比之下,我们的智能每 150 万~300 万年才翻一番[3]。

今天,知识的增长与科学技术的飞速增长相关,增长速度早已超出了人们的预期,使得知识管理者不断应变做出相应的对策。众所周知的 Moore's law 被用来形容半导体科技的快速变革,指平均每过 18 个月半导体芯片的容量就会增长一倍,成本却减少一半。加拿大北电网络公司(Nortel)总裁 John Roth 在日内瓦世界电信论坛会议上提出"新摩尔定律"——Optical Law,即 Internet 的带宽每 9 个月会增加一倍的容量,但成本也同时降低一半,比半导体芯片在 18 个月中的变革幅度还大一倍[4]。正如 UNESCO《迈向知识社会》(2005)所说的,"实际上,在新兴的知识社会里,存在着一个良性循环:通过技术革新,知识进步不断生产出更多的知识。于是,知识生产加速了。新技术革命是信息和知识进入累积逻辑的标志"。今天在国际上,科技投入越大,科研生产能力越强,创造的

---

[1] Hanka R. Information overload and the need for "just-in-time" knowledge[C]//the Asia-Pacific Medical Informatics Conference, Hong Kong, 1997.
[2] Wyatt J. Uses and sources of medical knowledge[R]. Lancet, 1991;338, 1368-1372.
[3] 巴恩斯. 知识管理系统:理论与实务[M]. 阎达五,徐鹿,等译. 北京:机械工业出版社, 2004:51.
[4] 匀诸. 学习速度:未来企业的核心竞争[J]. 中关村, 2004(Z1):86-87.

科研成果就越多,科学数据一直呈指数级增长趋势。以美国 MIT 为例,"调查发现 16 个案例中的科学家每年产生数据总量大约为 41000TB(即 4.1×10^{16} B),如物理系教授的数据量为 20600TB,神经影像学教授为 5.4TB,气候变化研究的科学家产生 200TB。研究还发现,与过去 5 年相比,每个学科的数据量都增加了 5~10 倍以上"[1]。

另一方面,知识的积累使得数量越来越庞大,已经使传统的知识保存与管理达到了极限,超出了人们的管理能力。知识量给人类的挑战,是由于知识内容的无序化(事实、数据、信息、知识、智慧、隐性知识、显性知识等)、知识形态的多样化(文本、声音、图像、视频、虚拟真实等)、知识传播的复杂化(图书、非书资料、报纸、杂志、广播、电视、网络、手机等)、知识交流的多元化(正式交流、非正式交流、通信交流、网络交流、远程交流等)等现象造成的。纸质载体方面,全世界每年出版图书 80 万种、期刊 16 万种、特种文献 400 万件;全球图书馆拥有 160 亿册藏书,平均每人有 2.5 册,藏书价值达 7200 亿美元[2]。网络载体方面,网上信息大约每 6 个月翻一番。Michael K. Bergman 认为,早在 2001 年网上表层可见(visible)的个体文献就达到 10 亿,深层文献达到 550 亿[3]。来自 IDC 的报告显示,2012 年全球数字内容的总量会增至 27 亿 TB,比 2011 年增长 48%,预计 2015 年达到 80 亿 TB[4]。据国外资料统计,储藏知识的资源构成为:纸质内容 240TB,胶片内容 427216TB,磁介质 1693000TB,电子邮件 11285TB(6100 亿邮件)、UseNet 73TB、Web 页 21TB,广播 788TB,电视 14150TB,电话 576000TB,纸介质仅为磁介质的 0.00014%。另据估计非网页信息比网页信息大 500 倍,而且内容质量高 1000 多倍。网络信息的特点是无序、多媒体、多语种、多类型、多结构,多垃圾。用传统的方法根本无法处理,知识淹没在海量网络信息中。量的问题引发质的问题,信息与知识爆炸(info explosion & knowledge explosion)、数据与信息

---

[1] Madnick S, Smith M, Clopeck k. Case study summary the scientific data flood: how much information? [EB/OL]. [2010-09-28]. http://hmi.ucsd.edu/pdf/HMI_Case_Summary.pdf, 2009.

[2] 陈传夫,吴钢. 图书馆业态的变化与发展趋势[J]. 中国图书馆学报, 2007(3):5-14.

[3] Bergman M K. The deep Web: surfacing hidden value [EB/OL]. [2010-02-28]. http://www.brightplanet.com/pdf/deepwebwhitepaper.pdf.

[4] 奥尔霍斯特. 大数据分析:点"数"成金[M]. 王伟军,刘凯,杨光,译. 北京:人民邮电出版社, 2013:71.

烟雾(data smog & info smog)中知识的质量受到了巨大的挑战①。

面对知识增长与知识积累的挑战,当人类各门学科都在不断地创造新知识的同时,迫切需要建立一个专门的学问——知识控制(knowledge control)来控制人类的知识。

7.3.1.2 从文献单元到知识单元

文献单元(document unit)是文献自成系统、自为一组的单体形态,广义上说可以泛指任何相对独立的文献单位或某一种相对独立的文献集合,小到书中的一篇或一个章节,大到一本书或一套丛书,"是知识单元的一种静态形式"②。

早期的知识控制对象为文献单元,国外被称之为第一个目录学家的卡利马赫所著《各科学者及其著作一览表》正是古代知识控制的重要成果。将文献整理并提要编目作为知识控制的主要方式,一直持续到20世纪中叶。王子舟等指出:"古代图书整理中的文献单元主要依据载体单元。现代图书馆学的文献单元根据文献自身的三要素(知识内容、记录符合、载体形态)往往还可以分解成若干个具体的单元形式,如知识内容单元、知识形式单元与载体单元等。"③

20世纪70年代后期,弗拉基米尔·斯拉麦卡指出:"知识控制的单位将从文献深化到文献中的数据、公式、事实、结论等最小的独立的'数据元'。"④

从文献组织与检索的角度,每篇文献⑤的知识可视为一个知识单元(knowledge unit),文本的知识可分解为知识元,知识元和知识单元经过标引,既可以便于用户直接查询知识元和组合知识元,也可以直接查询知识单元和组合知识单元。实际上,文本的知识标引过程就是识别知识元的过程,是应用知识结构的过程,而文本检索则是通过知识单元间接获取知识,通过知识元直接获取知识,在知识结构中应用知识的过程。

---

① 曾民族.构建知识服务的技术平台[J].情报理论与实践,2004,27(2):113-119.
② 徐荣生.知识单元初论[J].图书馆杂志,2001(7):2-5.
③ 王子舟,王碧滢.知识的基本组分:文献单元和知识单元[J].中国图书馆学报,2003(1):5-11.
④ 温有奎.知识元挖掘[M].西安:西安电子科技大学出版社,2004:2.
⑤ 《文献工作用术语标准:情报与文献用术语(草案)》(ISO/DL5127)将文献解释为"Document,是指在存储、检索、利用或传递记录信息的过程中,可以作为一个单元处理的,在载体内、载体上或依附载体而存储有信息或数据的载体"。

从早期的文献单元,到后来的以文献特征单元、概念单元、主题词单元、关键词单元等为基础的信息单元(information unit),再到当前的知识元、知识因子、知识项、思想基因、知识基因等知识单元,展示了人类对知识单元研究的艰难探索和逐步深入的过程[①]。1979 年,英国遗传学家 Richard Dawkins(理查德·道金斯)从遗传学角度提出思想基因(idea gene)理论,印度学者 S. K. Sen(斯·科·森)在思想基因理论基础上提出"情报基因"(information gene)概念[②],中国国家科委西南信息中心刘植惠以思想基因和情报基因为基础,提出"知识基因"作为知识的一个基本的粒子单元[③],认为知识基因是知识进化的基本单元,这些知识单元具有稳定性、再现性及逐渐演变的变异性,知识基因中的知识具有知识基因体、知识变异体以及知识空白体等三种知识体[④]。

7.3.1.3 国外相关研究

英国教育社会学家较早在教育领域引入了控制思想,主张教育社会学研究转向,不断加强对课程和教学方面的研究。1971 年,Michael F. D. Young(麦克·F. D. 杨)主编的《知识与控制——教育社会学新探》(*Knowledge and Control—New Directions for the Sociology of Education*)从教育社会学的角度研究知识和控制的关系,出版后很快成为英国开放大学(The Open University)选为教育社会学的第一门课程,并成为新社会教育学(the new sociology of education)的基础教材。

Young 在这本书中认为,教育社会学应该考虑学校中的知识如何得到选择、组织和评估这个被社会学家忽视的问题,尤其是要思考知识如何在课程中得到应用的问题。Basil Bernstein(巴兹尔·伯恩斯坦)关于课程的两种理想类型(1968),"整合"和"集合"的类型,包括了各种不同的亚类型,在这些亚类型中,知识的专门化和分层也有所差异。"可以把课程的变化看成是知识定义的变化,这种知识的变化和社会分层、专门

---

① 文庭孝,等. 知识单元研究述评[J]. 中国图书馆学报,2011(5):75 - 86.
② Sen S K. A note on the idea gene and its relevance to information science[J]. Annals of Library Science and Documentation,1981,28(1 - 4):97 - 102.
③ 刘植惠. 情报学基础理论研究动向[J]. 情报学报,1986(4):284 - 293.
④ 刘植惠. 知识基因理论新进展[J]. 情报科学,2003(12):1243 - 1245.

化,以及知识组织的开放程度及取向也是一致的"①。Bernstein 认为,"一个社会如何选择、分类、分配、传递和评价它认为具有公共性的知识,反映了权力的分配和社会控制的原则。教育知识是经验结构的一个调节器。正规教育知识的传递能够通过三种信息系统得到实现:课程、教学和评价。课程规定可以把什么看作是有效的知识,教学规定什么可以被看作是有效的知识传递,而评价则规定什么可以被看作是这些被讲授的知识的有效实现"②。

法国学者 Berg(伯格)在他 1999 年发表的论文《信息技术企业中的知识控制和保护》(*Control and Protection of Knowledge in the Information Technology Business*)中将知识控制应用到了 IT 企业的管理中,其知识控制和保护的内容有雇员的规章、雇佣期间的控制和保护、雇佣结束时的控制和保护。他指出,由于 IT 企业知识型人才的频繁流动,企业的技术秘密常常被窃取,使企业面临着巨大的风险,他提出从管理和制度上完善知识控制的措施,例如职位升迁、物质奖励和签订保密协议等③。

7.3.1.4　我国的相关研究

1991 年,杨志明和宗明华发表论文《对知识控制的思考》,认为知识控制产生的原因在于知识本身的变化,具体来说,知识的广度、深度不断扩展,密度、流量不断增加大大增加了知识体系的复杂性。知识的发生、生长、增殖、更新、变异分解、交叉、省略、迁移、静止、沉淀、结晶、失效等过程加快,知识更新周期迅速缩短,有效知识与失效知识混杂在一起,新知识与旧知识缠绕在一起,一般知识与专业知识结合在一起,这些因素增加了知识检索与知识提取的难度。他以控制论在知识科学中应用的必要性为出发点,提出了知识控制的重点内容,以及通过串联、并联和综合三种方式建立知识系统进行知识控制的思考④。

柯平在 1994 年的博士学位论文《书目情报系统理论研究》中提出了

---

① 麦克 F. D. 杨. 知识与控制——教育社会学新探[M]. 谢维和,朱旭东,译. 上海:华东师范大学出版社,2002:43.
② 麦克 F. D. 杨. 知识与控制——教育社会学新探[M]. 谢维和,朱旭东,译. 上海:华东师范大学出版社,2002:61 - 62.
③ Berg. Control and protection of knowledge in the information technology business[EB/OL]. [2008 - 10 - 14]. http://www.handels.gu.se/epc/archive/00003114/01/200019.pdf.
④ 杨志明,宗明华. 对知识控制论的思考[J]. 云南情报工作,1991(3):31 - 34.

知识控制的问题,阐述从文献信息控制到知识控制的必然发展。指出:"书目情报系统的主要任务不是控制文献信息流,而是控制知识流;不是传递文献信息,而是传递知识。知识集团的特性使书目情报系统不再仅仅是揭示和报道储存知识的资源,在知识增长的压力下从事活动,而是直接控制知识的增长,是吸收,加工和传播知识的集团。这种集团是不断运动、不断进化的一个有机体,将对未来的社会发展起着重要的推动作用,它将使世界知识共享得以实现。"[1]

现代知识控制的提出,其意义在于:知识控制不仅从历史纵向层面关系到知识与知识资源的保存与传播,关系到文化的传承,这里的控制不是为了束缚与减少其发展,而是为了更好地掌握与管理人类的全部知识和精神财富,促进文化和文明的发展;而且从现实横向层面关系到知识创新与科技进步,甚至关系到社会进步与可持续发展,创新是民族进步的灵魂和国家兴旺发达的不竭动力,知识控制将为其提供强有力支持与保障。

2006年,柯平提出知识控制是未来知识学的研究方向,并由博士生曾伟忠承担这一课题的研究,2009年曾伟忠完成博士论文《e-Science环境下知识控制研究》,该论文于2010年出版,名为《数字科研环境下知识控制研究》。曾伟忠认为:知识控制是对知识鉴别、评价、筛选、揭示、整序、分析、提炼和浓缩的过程,是使知识从无序到有序的过程,是使知识从混乱走向条理的过程,是给知识重新定位的过程,是创造新知识的过程,是赋予知识新价值的过程,同时也是消除噪声、排除干扰的过程,也是去伪存真、净化知识环境的过程,也是加速知识交流的过程[2]。其主要的贡献在于:第一,将数字科研环境与知识控制相结合,阐明知识控制的背景与重要性。数字科研环境下知识控制的现实背景来自于内部和外部两个方面,内部方面是数字科研环境下知识质量、知识形态和利用方式的变化使知识控制成为必要,外部方面是知识管理的理论和实践经验为数字科研环境下的知识控制提供了方法借鉴。第二,探讨知识控制的基本理论问题,包括知识控制的内涵、意义、作用、要素和历史渊源等。认为在数字科研环境下,知识控制的对象是科学研究过程中的知识主体、知识客体、知识过程和知识系统,目的在于将知识有效地控制、组织

---

[1] 柯平.书目情报系统理论研究[M].北京:书目文献出版社(今国家图书馆出版社),1996:279.
[2] 曾伟忠.数字科研环境下知识控制研究[M].北京:人民邮电出版社,2010:3.

和管理,使科研人员更好地利用知识,从而提高科研效率,多出科研成果。由此建立了知识控制的模型(见图7-7)。

曾伟忠还认为知识控制具有体系复杂、综合性强、波粒二象性三个特点以及政治作用、经济作用、科技作用、教育作用四个作用。数字科研环境下知识控制的功能主要表现在以下三个方面:促进科研成果的产生,提高科研人员的科研素质,提高科学知识的利用价值和利用效率。第三,提出了知识控制动态方程 $= X = eA^m B^n C^s D^t$,并根据该方程用系统动力学仿真软件 Vensim 对 E-Science 环境下知识控制的运行进行了建模,该模型能够模拟知识控制的运行;将控制论中的前馈控制、实时控制和反馈控制和知识服务过程有机地结合起来,丰富了知识服务的理论体系和实践方式。同时将 Web2.0 技术和方法运用到了知识控制机制中,丰富了知识控制的实现方式,提高了知识控制的效果。第四,对数字科研环境下知识主体的控制、知识客体的控制、知识过程的控制、知识系统的控制进行了深入研究,并提出了数字科研环境下知识控制的运行保障。

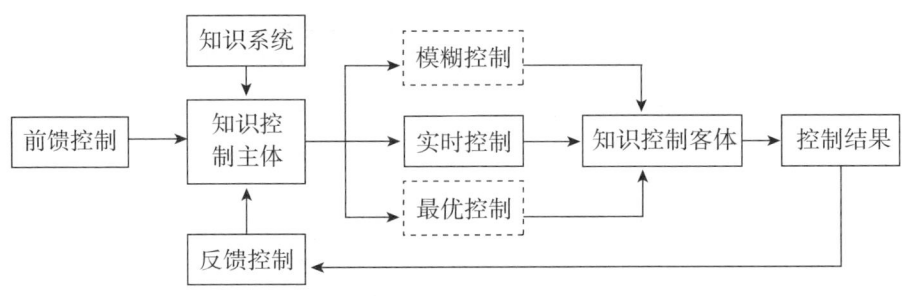

图7-7 知识控制的内涵

资料来源:曾伟忠.数字科研环境下知识控制研究[M].北京:人民邮电出版社,2010:38.

7.3.2 面向语言的知识控制

7.3.2.1 语言控制

语言是知识的重要载体,濒危语言问题不仅成为语言学界的重要议题,也引起世界文化界的普遍关注。1993年,在加拿大召开的世界语言学家大会上,第一次将濒危语言问题作为重要主题进行了热烈讨论。2000年,UNESCO 为引起世界对语言问题的重视,将每年的2月21日定为世界母语日。2004年,在新德里召开"捍卫世界无形遗产"研讨会,呼吁保护、抢救世界上的各种濒危语言。2005年,美国政府"为了防止目前正濒临消亡的数千种语言中的一部分语言免于灭绝,出台了一项语言挽救计划,出资440万美元对26个机构和13名学者提供支持,帮助他们对世界上6000至7000种语言中的大约70多种语言的现今状态进行调查"①。由此可见,从抢救濒危语言到保护语言文化,加强语言管理,已经成为人类最迫切的任务。从文化上,这是人类赋予的历史使命,各国政府必须将语言文化作为国家战略,采取有利的举措控制其语言文化资源。

从世界范围看,语言控制面临着严峻的挑战。UNESCO研究发现,"全世界95%的语言目前只被4%的人使用,平均每个月就有两种语言消亡。照这种消亡速度来看,250年后人们可能将只能听到种类不多的语言了。相关语言专家更是表示,在目前世界尚存的6700多种语言中,约有60%正面临消亡"②。

从我国的现实看,语言失控形势也不容乐观。"我国语言方面面临的现状是正使用的120多种少数民族语言中,使用人口在一万人以下的语言占了一半,千人以内的20余种少数民族语言,基本上处于消亡的边缘。而且,这些现存的各语言使用人口极不平衡,约90%的少数民族语言使用人口集中在壮语、维吾尔语、彝语、苗语、藏语、蒙古语、布依语、朝鲜语等15种语言中,而80%以上的少数民族语言使用人口集中在前10种语言。"③

语言控制的重要方法之一是语料库控制。语料库控制面临着许多问题,一是世界语言的丰富多样性,使得语料采集达到完全控制十分困难,必须借助于现代信息技术,实现自动化语料采集。二是由于语料本身的复杂性,语料加工和处理达到精细化相当困难,不仅要处理各种数据格式,对所有字符进行编码,对无序的语料进行分类、标引和加工,以及对于语料进行元数据描述等,涉及字词、语义、语音、语法、语体、文本结构等。运用计算机处理,需要自动标引和分词技术,需要对文本进行

---

① 美国出资400多万美元挽救世界上濒临消亡的语言[EB/OL].[2014-12-23]. http://www.fuqing.com.cn/StaticBe/info/5802-1.htm.
② 六成语言面临消亡,相关专家紧急开会想对策[EB/OL].[2014-12-23]. http://news.china.com/zh_cn/culture/edu/10000941/20040809/11823757.html.
③ 民族语言渐消亡,徒留声声叹[EB/OL].[2014-12-23]. http://www.nn118.com/bbs/dispbbs.asp?boardid=11&id=2490.

分割等。在新的大数据环境下,运用云计算和大数据处理技术,能否真正解决语料智能化加工,也是一个难题。三是语料数据库和语料信息平台建设问题,涉及数据库建设、数据维护、语料信息网站建设等问题。四是语料库的知识产权问题,这也是目前较难界定和管理的难题之一,必须加以重视。

在语言学,既有专门研究地名的地名学,也有专门研究人名起源、语义、分布及其演变规律的人名学(又称"姓氏学"),据中国科学院遗传研究所杜若甫、袁义达对我国汉族姓氏研究发现,全国汉族姓氏中以李姓最多,约占汉族人口的7.9%,其次为王姓和张姓,分别约占7.4%和7.1%,占汉族人口1%以上的大姓共有19个。除李、王、张三大姓外,还有刘、陈、杨、赵、黄、周、吴、徐、孙、胡、朱、高、林、何、郭、马,姓这19个大姓的加起来约占汉族人口的55.6%。我国最常见的100个汉族姓氏的人数,总计约占汉族人口的87%[①]。在地名学和人名学基础上,形成了对专有名称研究的专名学,如英语专名学、拉丁语专名学、俄语专名学等。还出现了国际的专名研究机构如设在比利时卢万市的国际专名学协会(ISO)以及一些国家的专名研究机构。这些都成为语言控制的重要渠道与途径。

7.3.2.2 术语控制

术语是学术体系中指称概念的语言符号,是凝集一门学科知识系统的关键词。

(1)词表库控制

在信息检索领域,由于标引和检索的需要产生词汇控制的专门领域,包括标题法(标题词)、单元词法(单元词)、叙词法(叙词)和关键词法(关键词)等标引语言和检索语言。自1909年第一部标准的标准表《美国国会图书馆标题表》产生以来,一方面,词汇控制"从先组式语言向后组织语言发展,从列举式语言向组配式语言发展,从人工操作向着自动化处理发展,从受控语言向着规范化语言与自然语言并用发展"[②];另一方面,各类词表工具应运而生,如《汉语主题词表》等。

作为知识组织与管理的工具,词表不仅具有语言标引和检索的功

---

① 张光忠.社会科学学科辞典[M].北京:中国青年出版社,1990:871.
② 周宁.词汇控制[M]//中国情报学百科全书.北京:中国大百科全书出版社,2010:25.

能,也具有对词汇进行规范和控制的作用,词表库的发展促使作为方法手段的词汇控制向作为实际应用的词表库控制发展。在国外,2011年启动的开放关联词表(Linked Open Vocabularies,LOV)项目是法国研究项目 Datalift 框架中的一部分,通过 VOAF(Vocabulary of A Friend)实现词表的互连,通过词表创建者、发布者和管理者的协作和贡献,形成词表生态系统。截至2015年1月,LOV 包含了457个由 RDF、SKOS、OWL 描述的词表,46000多个词汇,其中属性28034个,类18815个,其他还包括实例、关系等,词表的创建者、发布者和管理者共有462个(其中363个个体,99个组织)[①]。在我国,2011年7月启动的国家"十二五"科技支撑计划项目"面向外文科技文献的知识组织体系建设与应用示范"致力于建立由基础词库、规范概念集和范畴体系三层次构成的超级科技词表库,计划收录来自理、工、农、医领域的科技术语不少于500万条,科技概念规范名称80万条。截至2013年5月,已登记的词表总量1834部,已入库的词表为951部,收集的素材词总量为12008558个[②]。在网络环境下,建立超大规模词表库是一个发展方向,但传统词表工具的更新是一个问题,如《汉语主题词表》(1991年后缺乏更新维护)与英文超级科技词表的映射方法[③]只是一个路径,还需要考虑传统工具的现代化以及与现代方法融合的词表库控制新机制。

(2)术语标准化控制

术语代表了知识交流的直接中介和规范,术语的选取和定义直接关系到知识检索、知识共享的效果。如何科学地制定术语标准,避免术语的模糊和混杂,以及术语理解上的偏差和术语使用上的错误,是术语标准化控制的重要任务。

术语标准化管理力图用国际统一的原则和方法来指导各国的术语工作,强调表述各门科学和各个学科分支中原始概念系统。术语标准化的主要功能是消除各种知识在理解和沟通上的语言障碍,提高语义的专指性和准确性,保证全球知识信息的有效共享。

学术界的术语标准化和规范化研究约始于20世纪初期。1951年,

---

①② 马费成,姜恩,赵一鸣. 服务视角下的知识组织系统研究新进展[J]. 情报杂志,2015(7):165-172,152.

③ 常春等.《汉语主题词表》和英文超级科技词表概念映射构架设计[EB/OL].[2015-12-10]. http://max.book118.com/html/2015/0629/20031369.shtm.

为推动全球的术语标准化,国际标准化组织(ISO)成立"术语:原则与协调"技术委员会。1971 年,国际术语情报中心成立。2000 年 8 月,我国开始实施国家标准 GB/T 10112—1999《术语工作原则与方法》,2005 年 12 月,在北京召开的全国术语标准化技术委员会年会上,强调了我国开展术语标准化工作的意义和作用。

科技术语标准化是术语标准化控制的重点。全国科学技术名词审定委员会是最重要的组织,1985 年成立时名为"全国自然科学名词审定委员会"。2016 年术语在线(termonline.cn)一期项目已经上线,由全国科学技术名词审定委员会主办,聚合了全国名词委会权威发布的审定公布名词数据库、海峡两岸名词数据库和审定预公布数据库累计 45 万余条规范术语。覆盖基础科学、工程与技术科学、农业科学、医学、人文社会科学、军事科学等各个领域的 100 余个学科[①]。

术语标准化控制主要是通过术语标准化实现。主要途径有:①各部门及各国间的通力合作,采用统一规范的术语体系,知识检索、知识传播和知识利用才能基于同一个概念平台而具备相当的价值和效率。只有在各国间制定一致的术语标准,才能实现概念体系的平等合理转换,跨语言跨文化的知识共享才有了切实的"知识基"保障。②编制术语手册、文献资料等。收录有关术语的概念和定义、内容、特征、术语发展概况及术语选取的原则、术语管理方法等。③建立术语知识库。术语知识库的内容包括:术语知识元和知识域的选取和确定、各术语概念体系、术语语域或语境管理、术语分类、术语的表达与规范、术语间的语义网络等。这三种途径其实可归纳为行政手段、文化手段和技术手段。国内外各级机构通过制定政策、立法等行政干预,严格树立行业术语标准,规范其使用和传播,为术语的标准化提供制度支持;术语汇编和术语宣传可谓是文化范畴的知识工作,通过系统化的术语编辑和审定积极普及术语标准化成果;术语知识库基于计算机及网络,知识全球间的互联互通能够为术语标准的查询、修正、运用提供最大范围的知识共享。

7.3.3 面向网络的知识控制

互联网的快速发展给知识生产与传播以前所未有的巨大改变与促进,网络知识具有数量庞大、内容丰富、形式多样、用途广泛、更新快捷等

---

① http://www.termonline.cn/static/about.html

特点。然而,网络环境下的知识无序化状态越来越严重,一方面信息增长速度大大高于知识增长,导致信息爆炸、信息泛滥、信息过剩、信息污染等现象;另一方面,网络知识环境受到了破坏,知识淹没在网络信息海洋中,虚假知识大量存在,知识流出现了混乱现象。这些都要求加强面向网络的知识控制研究,重点是解决网络知识控制的问题。

网络知识控制的对象是网上数字资源,有文本、图像、音频、视频文件等各种形态,可以小到一条微信或一个网页,或者是一个网站,也可以是一个数据库或一个信息系统。包括数字图书馆、数字档案馆、数字博物馆等网上资源库都是控制对象。大部分非结构化数据产生元数据的同时,也带来了将非结构化数据进行结构化处理的方法。目前主要有两种结构化和技术性方法,一是检索技术的依赖,二是数据自动分类的趋势。很多数据分类技术已被广泛运用,包括:分类学、语义学、自然语言识别、自动分类、关联分析、数据可视化以及个性化等①。

网络知识控制的一个重要任务是控制网上的知识无序状态,促进知识的有序化。因此,必须对令人眼花缭乱的各类网上数字资源进行科学的揭示与组织、报道与传播。司莉、彭斐章、贺剑峰等探讨了网络信息资源与目录学的关系问题②。周维彬从目录学视角探讨"网站索引""教案资源索引""课件索引""数据库索引""文件索引""地图索引""新闻索引"等新型索引以及索引理论的创新问题③。韩松涛把网上学科导航纳入目录学的体系,研究包括导航对象、导航方法、资源组织的分类法的编制、成果的标准以及评估方法等④。柯平和曾伟忠认为数字资源控制是数字目录学的一个重要分支,数字资源控制包括学科导航、数字资源整合、数字化学习指导、数字参考咨询等方面⑤。

网络知识控制的另一个重要任务是减少和消除网上的知识冗余,提高知识资源质量,由此产生了网络知识冗余控制和网络知识非冗余控

---

① 奥尔霍斯特.大数据分析:点"数"成金[M].王伟军,刘凯,杨光,译.北京:人民邮电出版社,2013:49.
② 司莉,彭斐章,贺剑峰.网络信息资源组织与目录学的创新和发展[J].图书情报工作,2001(9).
③ 周维彬.索引结构从目录学角度看万维网信息资源组织结构[J].图书情报工作,2003(12):52-55.
④ 韩松涛.网上学科导航的目录学特性初探[J].大学图书馆学报,2006(4):76-82.
⑤ 柯平,曾伟忠.试论面向数字书目控制和数字资源控制的数字目录学[J].图书情报知识,2007(5):34-41.

制。针对前者,一些网站或数据库系统中大量收集了各种知识源,这些知识源中,既存在着有益冗余现象,如各种不明的知识源,各种未经提炼和加工的知识来源,大量无用的知识源以及低质量的知识源;也存在着有害冗余现象,如错误的知识源、虚假的知识源、不健康的知识源等。这些知识源占用了大量的网络空间,也对用户对社会施加负面的影响,网络知识冗余控制正是要解决这些问题。而网络知识非冗余控制,主要是对网上有用的知识进行有效的组织、管理和利用,提炼出有价值的知识产品,建立知识导航,通过资源整合和系统化处理,形成知识系统或知识资源包,提高知识资源的可用性和质量标准。

7.3.4 面向文献的知识控制

7.3.4.1 分类控制

分类控制从圆心式的神学之知识分类(Aristotle、Hugh of Saint Victor/圣维克托的休格)到树枝式的哲学之知识分类(Bacon/培根、Descartes/伊曼努尔、Wolff/沃尔夫),再到阶梯式的科学之知识分类(Coleridge/柯尔律治、Bentham/本瑟姆、Whewell/休厄尔、Comte/孔德、Spencer/斯宾塞、Pearson/皮尔森、Thomson/汤姆森、Kroeber/克罗伯)和文化学之知识分类(Wundt/冯特、Windelband/温德尔班德、Rickert/里克特、Croce/克罗切),为现代知识分类的科学化和体系化奠定了基础。

1984年,笔者发表了关于学术分类、图书分类与书目分类的论文[①],阐述了三者之间在历史与现实、理论与实践上的关系:同源于古代的分类思想,在分类的本质上是一致的,都是将各种事物分别同异,表现事物(学术、图书)之间应有的联系与区别。学术分类、图书分类是书目分类的基础,但是,书目分类与学术分类,与图书分类都是有区别的。

图书分类和书目分类在分类发展史上就表现了区别,图书分类与书目分类的联系表现在:图书分类和书目分类都是以书作为分类对象的,其分类都是以同时的学科属性为根据,是各门知识的体现,分类时都必须照顾图书的特点。图书分类与书目分类的区别表现在:其一,分类对象虽都是书,但图书分类所分的图书是指所有的图书,不受时间限制,而

---

① 柯平.学术分类、图书分类与书目分类[J].图书馆工作与研究,1984(1):43-46.

书目分类所分的图书是指书目中所收的图书。其二,每个书目都有自己独特的分类表,没有书目,书目分类就得不到应用,而图书分类有着独立的分类表系统,它适用于对任何图书的分类。其三,图书分类主要用于藏书排架,而书目分类主要用于各种综合性图书目录、专科图书目录、特种图书目录等。其四,图书分类是图书馆学的研究内容,而书目分类则是目录学不可缺少的组成部分。其五,图书分类以图书内容为主要标准,还采用一些辅助标准,设置地区、时代等辅助表,而书目分类则没有辅助表,只有主表和书目后附的索引。其六,图书分类力求详尽、完善,而书目分类类目较粗,类目设置灵活性大。

至于书目分类与学术分类,两者有着天然的密切联系,但两者是有区别的:首先,从对象看,学术分类的对象是人类社会的知识,而书目分类的对象则是书目中的图书。其次,书目分类还要按书目中所收图书的多寡来安排类目,以突出某类图书,因此类目灵活性大。再次,学术分类能够反映学科之间纵横交错的关系,而书目分类则是单线排列,只能反映学科的隶属关系,相关关系,而不能全面反映学科的分化交叉。

现代科学的发展日新月异,边缘学科、交叉学科、横断学科不断出现,传统的分类方法已经受到了阻碍,书目分类应当适应科学发展的需要,应该加强对书目分类的研究。我国研究古代书目分类的著作、论文不少,对一些重要书目的分类方法做过评价,对古代书目分类的发展阶段也做过描述。笔者认为,应该对书目分类进行全面的研究,不仅仅是书目分类史,更重要的是书目分类如何适应现代科学、现代图书的发展,如何适应书目工作的需要,这是迫切需要解决的问题。

图书馆的藏书通常采用分类控制,例如,具有600多年历史的法国国家图书馆,对20世纪以前的文献作品,一律采用《系统分类表》类分,共分30个大类,用拉丁字母表示,分为:A、B、C、D、D^2、E、Ê、F、G、H、J、K、L、M、N、O、O^2、O^3、P、P^2、Q、R、S、T、V、Vm、X、Y、Y^2、Z等大类,同时附以数字、符号作为组配时的说明。而20世纪以后的作品,则采用国际十进分类法(UBC)类分[①]。

7.3.4.2 书目控制

虽然"书目控制"(bibliographic control)一词最早是1949年由美国

---

① 王千里. 文化的瑰宝——访法国国家图书馆[J]. 图书馆理论与实践,1991(3):61-62.

芝加哥大学图书馆学院 Egan 和 Shera 提出来的，与书目组织（bibliographic organization）相关①，但书目控制的思想根源于 16 世纪，瑞士百科全书编纂者和博物学家 Konarad Gesner 开展了世界知识记录控制实践，试图将拉丁文、希腊文、希伯来文三种语言的全部科学文献作一个系统整理。这一浩大工程从 1541 年开始，年仅 25 岁的 Gesner 遍访意大利和德国各大图书馆，对所见的各学科文献进行科学的搜集整理，于 1545 年完成 *Bibliotheca Universalis*，收录图书约 1.2 万多种，涉及近 3000 名当世著名学者。还由此产生了 21 大类的"分类表"，成为早期知识记录分类的一个完整体系。Gesner 不仅因为对科学文献的控制而被称之为"Father of Bibliography"，而且因为他的五卷本 *Historiae Animalium*（1551～1558）被认为是现代动物学的开端。

美国图书情报学家 Krishna Subramanyam 研究科技资源的书目控制，总结了面向科学研究的知识元的三次书目控制方式的进化方式（见图 7-8 和图 7-9）。

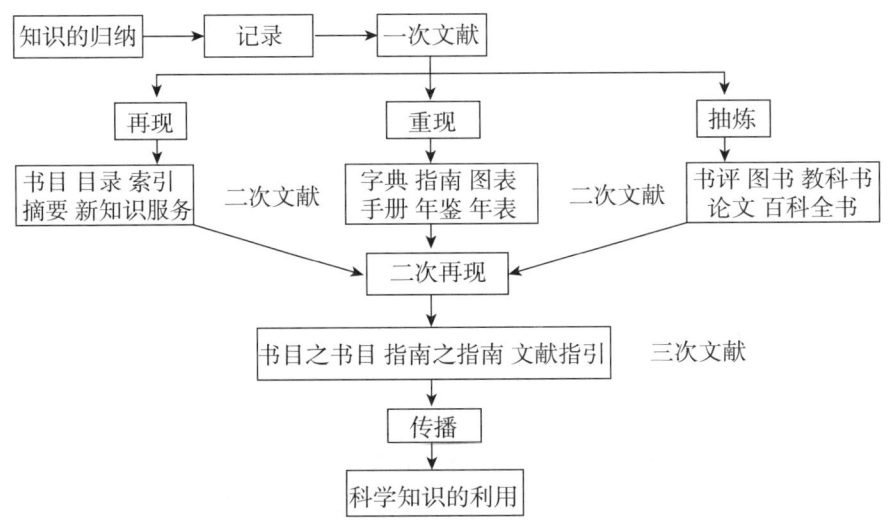

图 7-8　知识元的三次书目控制方式的进化方式概略

资料来源：Krishna Subramanyam. Scientific and technical information resources[M]. New York: Marcel Dekker, Inc., 1981:9.

数字书目控制是书目控制的主要发展方向，具体包括以下方面：一

---

① Egan, Shera. Foundations of a theory of bibliography[J]. Library Quarterly, 1952, 22:125-137.

是搜索引擎与网络目录。如 Seach Engine、Web Bibliography、Web Diretory。二是超大型数字联合目录,趋向于大规模并与图书馆联盟相配置。三是选择性目录(selective bibliography),其收录内容丰富,类型多样。四是开放存取数字目录(open access webliography)。在布达佩斯开放存取运动推动下,开放存取期刊、开放存取数字目录大量增加,为公众提供免费的有价值的网络资源。五是数字目录和传统书目的结合,使其参考资源更加多样化和丰富,检索范围更为宽阔,用户获得资源更为方便快捷。

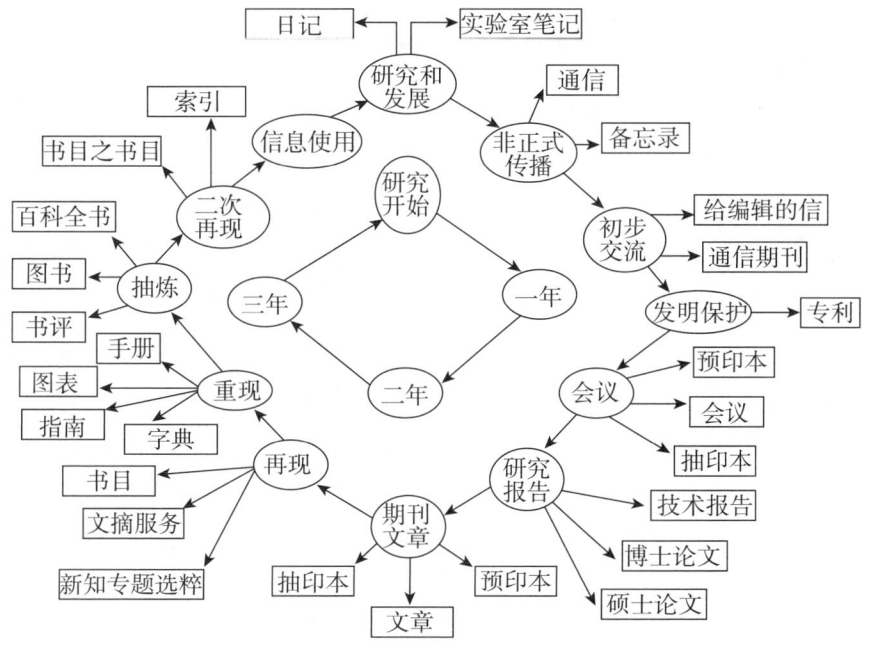

图7-9 知识元的三次书目控制方式的进化方式详图

资料来源:Krishna Subramanyam. Scientific and technical information resources[M]. New York: Marcel Dekker, Inc., 1981:5.

书目控制从技术发展上,除了已有的开发性书目控制方法和评论性书目控制方法在现代网络信息组织中可得到应用[①],还有文献信息网络分类控制、智能化检索控制和自动化文摘控制等。网络分类法是一个方向。如 DDC(1993年推出电子版 Electronic Dewey,2000年升级为网络版 Web Dewey)、LCC(1996年推出电子版 Classification Plus,2001年升级为网络版 Classification Web)、UDC(2001年直接推出网络版 UDC Online)

---

① 曹文娟. 书目控制方法在网络信息组织中的应用[J]. 图书情报工作,2003(11):69-73.

以及我国的《中国图书馆分类法》(2000年推出单机版和网络版),都已成功地向网络化分类法转型。

在自动化文摘控制方面,自动文摘系统运用多项技术,包括中文分词系统、词性标注系统、命名实体识别系统、语义段划分系统。运用这些技术可以使文摘句的选取更科学,文摘的流利度更好。新加坡南洋理工大学欧石燕在2006年完成的博士学位论文《采用一个基于变量的框架进行多文档自动文摘》中,没有采用传统的句子抽取法,而是融合抽取(extraction)和摘要(abstraction)技术的一种混合文摘法。总体来看,目前的自动文摘系统还很难达到理想的地步,有待于自动文摘技术进一步突破。

由上可知,书目控制出现了多种控制路径、多种控制方案并存、相互补充、共同发展的局面。一是物理控制与数字控制互补共进,以物理化控制为基础,大力发展数字化控制。二是后控制与前控制互补共进,以后控制为基础,在数字环境下启动前控制,在文献生成之前进行书目控制。三是形式控制与内容控制互补共进,传统控制主要采用的是形式控制方式,对内容本身的控制极其有限,在数字化环境下,文本数字化有利于实现内容的精准控制,包括文本信息内容的全方位揭示和全文检索。四是二次文献控制与零次文献控制并存。传统书目控制的主要成果表现为二次文献,实际是间接控制一次文献,无法直接进行一次文献控制,在新技术环境下,可以对一次文献进行直接控制,特别是进行零次文献的控制,从文献源开始实现控制。这样,书目控制就是全方位的立体化控制。

7.3.4.3 工具控制

工具书分为两类,一类是资料性工具书,一类是检索性工具书。因为检索性工具已包含在书目控制中,这里的工具控制主要指以资料性工具为手段进行的控制。工具控制包括字典词典、百科全书、类书政书、年鉴手册、表谱图录等,都是通过对知识的整理,成为保存知识、集成知识、精华知识,供人们查阅参考的工具。以百科全书为例,从古罗马 Marcus Terentius Varro 编写的《学科要义九书》(*Disciplinarum Libri IX*)和《圣俗事物古迹》(*Rerum Divinarum et Humanarum Antiquitates*)到罗马时期 Pliny the Elder 的《博物志》(*Historia Naturalis*),再到中世纪 Vincent of Beauvais 编近10000章80卷的《大镜》(*Speculum Majus*),百科全书成为知识集大成的一种权威范式,一直影响着现代百科全书向规模化、多元化、系统化发展。

此外,个人全集和某一时代的诗文集,也是一种控制方式。例如,德国音乐家 Johann Sebastian Bach(约翰·塞巴斯蒂安·巴赫)创作多种多样的音乐作品,声乐类作品有清唱剧、康塔塔、受难曲、弥撒曲;器乐类作品有组曲、托卡塔、赋格曲、前奏曲、变奏曲、协奏曲等。德国音乐界于1850 年创建了世界上第一个巴赫协会,致力于巴赫音乐作品的搜集、整理和出版,前后共出版 46 集。巴赫研究院 1954 年出版新的《巴赫全集》,按照 BWV 编号的作品有 1087 部(首)之多[①]。

7.3.5 面向用户的知识控制

面向用户的知识控制是从用户出发,根据用户的需求或为用户服务视角,对知识进行控制。

电影分级制度是一种典型的大众传播领域的知识控制。在 1966 年美国电影联合会建立的电影分级系统中,G 代表一般观众,M(后来换成 PG)代表成熟观众,R 代表被限制的观众(17 岁以下只允许与成年人一起观看),X 代表禁止 18 岁以下的人观看。后来,增加了 PG - 13,表示 13 岁以下的儿童要在父母指导下观看,X 则变成了 NC - 17X[②]。这套分级制度对于控制电影涉及色情、暴力情节和脏话等内容对未成年人造成的危害,保护未成年人心理健康等方面,起到了积极作用;对于电影产品的市场分化,控制电影生产也起到了一定的引导作用。

网络监管制度是随着互联网的发展,为控制网上不良信息和知识的泛滥而产生的专门领域,相关的网络伦理领域、网络立法领域受到普遍重视,以共同维护网络安全和净化网络环境。如英国 1996 年颁布的《3R 互联网安全规则》,目标是消除网络中儿童色情内容和其他毒化社会环境的不良信息,3R 是"分级认定、举报告发、承担责任"三个术语的词头[③]。

借鉴电影分级制度和网络监管制度,可以建立面向用户的知识分级控制,一种是按照用户的年龄进行的分级控制,重点是从保护未成年人

[①] 朱秋华.西方音乐史[M].北京:北京大学出版社,2002:76 - 77.
[②] 雪莉·贝尔吉.媒介冲击:大众媒介概论[M].大连:东北财经大学出版社,2000:217 - 218.
[③] 戴宇坤.信息系统安全[M].北京:金城出版社,2000:398.

的角度控制某种知识内容对于未成年人的负面影响,也包括根据不同年龄用户的需求进行的知识分级传播与服务;另一种是按照用户群体的特征进行的分级控制,例如针对某一组织、某一宗教群体、某类社区等在知识传播与服务方面实行分级控制,既考虑用户群体的特征,加强知识的针对性,又实现了用户群体的细分,是面向用户保证了知识控制的有效性。

7.4　国家知识资本

7.4.1　地区知识资本

为研究知识资本的价值创造效率,克罗地亚经济委员会知识资本协会会长 Ante Pulic(安蒂·普利克)提出一个新指标——VAIC(Value Added Intellectual Coefficient),即价值增值的知识系数,也可以称为价值创造的效率分析。

知识资本一般包括人力资本和结构资本两个部分。人力资本效率系数计算通常由 HCE(公司的人力资本效率系数)= VA(价值增值)/HC(公司总工资薪金)表示,结构资本计算通常表示为 SC(公司的结构资本)= VA(价值增值)- HC(公司总工资薪金)。基于只有人力资本和结构资本的效率同时随着整个知识资本效率的提高而上升才符合逻辑这一推理,结构资本效率系数要根据以下公式计算:SCE = SC/VA,这里,SCE 表示公司的结构资本效率系数,SC 表示结构资本,VA 表示价值增值。将人力资本效率系数和结构资本效率系数相加就得到了知识资本效率系数:ICE = HCE + SCE,这里,ICE 表示知识资本效率系数,HCE 表示人力资本效率系数,SCE 表示结构资本效率系数。此外,还需要所有使用资本效率的信息,用下面方法计算:CEE = VA/CE,这里,CEE 表示所有使用资本效率系数,VA 表示价值增值,CE 表示公司净资产的账面价值。为了能够使整体价值创造效率能够进行比较,所有三个系数指标要加总起来,成为:VAIC™ = ICE + CEE,这里,VAIC™ 表示价值增值的知识系数,ICE 表示知识资本效率系数,CEE 表示所有使用资本的效率系数①。

这一方法既适用于公司,也适用于一个地区,他们运用这一方法研究完成《克罗地亚经济的知识资本效率(关于 1996~2001)》。2002 年的分析表明,以全球的标准来看,克罗地亚经济运行有效并取得成功。

7.4.2 智慧城市

"智慧城市"(Smart City)是一个全新的理念,是新一轮信息技术变革的产物,是在"数字城市"基础上,实现与物联网的融合,是城市化与工业化、信息化、智能化的全面结合,是以实现城市各系统更完善、更智能、更协调、更发达,促进城市更快发展、市民生活更加幸福、自然和社会更加和谐的一种新型城市。这既是一个理论问题,作为城市知识资本化的一个标志。也是一个现实与实践问题,成为一个新的热点。

在国际上,智慧城市成为许多国家和城市的战略。以美国为例,"美国纽约在 21 世纪之交将'更智能化的城市'作为城市信息化下一个 10 年计划的发展目标。2012 年,美国国家情报委员会发布《全球趋势 2030》报告,把'智慧城市'列为对全球经济发展最具影响力的 13 项技术之一;2013 年,美国大西洋理事会发布《2030 年展望:美国应对未来技术革命战略》,把'智慧城市'列为将影响政治、经济和社会发展趋势的三大技术之一"②。

在我国,上海、深圳、南京、武汉、成都、杭州、宁波、佛山、昆山等城市相继推出了"智慧城市"的发展战略。深圳将建设"智慧深圳"作为推进建设国家创新型城市的突破口,制定 2020 智慧城市规划纲要、宽带的提升计划以及用 Wi-Fi 覆盖主要的公共空间免费提供服务的三年计划等③。南京提出,要以智慧基础设施建设、智慧产业建设、智慧政府建设、智慧人文建设为突破口建设"智慧南京"。杭州因地制宜提出建设"绿色智慧城市",把"绿色"和"智慧"作为城市发展的突破路径。佛山市为打造"智慧佛山",提出建设智慧服务基础设施十大重点工程:即信息化与工业化融合工程、战略性新兴产业发展工程、农村信息化工程、U-佛

---

① 阿莫德·波尔弗,利夫·埃德文森.国家、地区和城市的知识资本[M].于鸿君,石杰,译.北京:北京大学出版社,2007:235-239.
② 潘云鹤.提高城市建设智能化水平(大势所趋)[N].人民日报,2015-05-31(5).
③ 深圳市市长许勤:智慧城市离不开创新[EB/OL].[2015-12-17]. http://news.163.com/15/1217/11/BB1KTBST000146BE.html.

山建设工程、政务信息资源共享工程、信息化便民工程、城市数字管理工程、数字文化产业工程、电子商务工程、国际合作拓展工程。"截至目前,全国已有超过 50 个城市提出智慧城市的概念,并有 11 个省市出台相应规划"①。

智慧城市的一个基本改变也是基本特征是在基础设施方面,将信息化、数字化的基础设施提高到更高的水平。IBM 公司在 2008 年 11 月提出"智慧地球"理念之后,2009 年又提出"智慧城市"愿景。IBM 给出"智慧城市"的定义为:"运用信息和通信技术手段感测、分析、整合城市运行核心系统的各项关键信息,从而对包括民生、环保、公共安全、城市服务、工商业活动在内的各种需求做出智能响应。"并认为"智慧城市"的核心是"建立一个由新工具、新技术支持的涵盖政府、市民和商业组织的新城市生态系统"②。

智慧城市之所以受到全社会的重视,与急需建立创新型国家的环境与支撑相关。N. Komninos(2002)强调智慧城市的三个基本构成:创新的岛屿,例如工业和服务业的聚集地;虚拟的创新系统,包括知识工具(也就是科技园和远程信息工具);一体化,也就是真实和虚拟创新系统间的连接③。

智慧城市仅仅有全新的理念以及基础设施和环境是远远不够的,最终也是最难的改变是对于城市劳动者和城市社会的再造。国际电讯港协会有一个关于智慧社区的特殊兴趣小组,他们认为,形成一个智慧城市的关键成功因素包括:宽泛的基础设施、智力劳动者、创新和数字民主。纽约布鲁克林工艺大学的 G. Bugliarello 认为,智慧城市就是具有成功地对威胁进行自我调整、改变和修复能力的城市。强调智慧城市必须能有效地利用资源,并强调教育作为文明核心要素的重要性。作为一种知识诀窍(K-recipe),智慧城市具有以下特征:对知识劳动者和创新阶层的吸引力;良好的地缘位置;移动的城市,有不同群体的网络和与重要人物见面的地点;有良好物流的流通城市;通过各种交换创造高价值的合作型城市;健康、新鲜、人道,提供良好的生活质量;活跃地接触未知领域

---

① 张云霞,来勐,成建波. 智慧城市概念辨析[J]. 电信科学,2011(12):85-89.
② 张永民,杜忠潮. 我国智慧城市建设的现状及思考[J]. 中国信息界,2011(2):28-32.
③ 阿莫德·波尔弗,利夫·埃德文森. 国家、地区和城市的知识资本[M]. 于鸿君,石杰,译. 北京:北京大学出版社,2007:29.

的有好奇心的公民;具有文化资本和价值一致性的高尚的社会;行动丰富的城市,有大量活跃的交往;财富创造;安全与和平。

可见,除了智慧的因素,知识型市民是主导因素,而政府领导能力与社会软环境成为推动的因素。

7.4.3 国家知识资本模型

加拿大麦克马斯特大学(McMaster University)德格鲁特商学院 Nick Bontis(尼克·邦第斯)对 Edvinsson 和 Malone(1997)[①]的知识资本树模型进行改造,将企业层面的市场价值、财务资本、客户资本、创新资本分别转换为国家层面的国家财富、金融财富、市场资本和更新资本,形成国家知识资本模型(见图 7 - 10)。

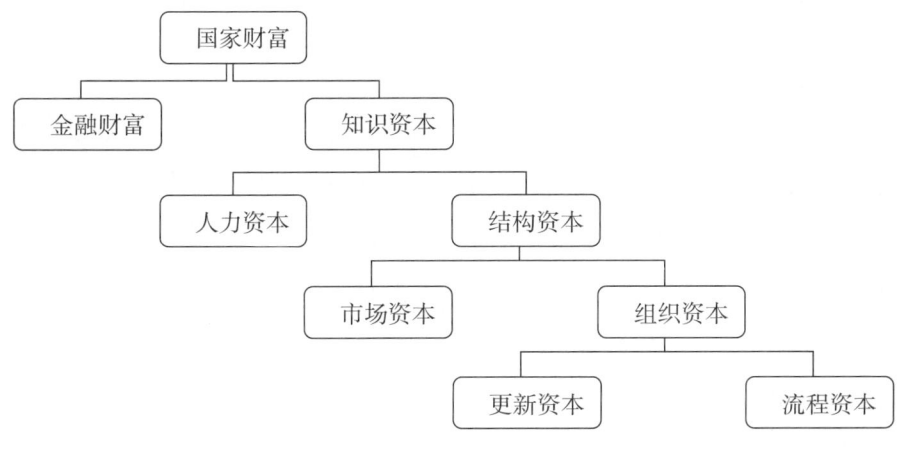

图 7 - 10 国家知识资本树

资料来源:阿莫德·波尔弗,利夫·埃德文森.国家、地区和城市的知识资本[M].于鸿君,石杰,译.北京:北京大学出版社,2007:137.

在这一模型中,国家知识资本由人力资本、市场资本、更新资本和流程资本四个部分组成。其中的市场资本被定义为嵌入于国家内部关系中的知识资本,包括法律、市场制度和社会网络等要素创造出的社会知识,比社会资本包含的更多。Nick Bontis 根据这一模型测度阿拉伯地区的 10 个国家的国家知识资本指数(NICI),包括国家人力资本指数(NH-CI)、国家流程资本指数(NPIC)、国家市场资本指数(NMCI)、国家更新

---

① Edvinsson L, Malone M. Intellectual capital[M]. New York, NY: Harper Business, 1997.

资本指数(NRCI)。

在知识资本中,人才资本尤为重要。有数据表明,跨国公司人才资本所占的产权已占到企业总产权的38%以上[1]。有人提出人才资本的计算公式为:$Pe(t) = Cp(t) \times Cm(t)$,式中,$Pe(t)$是人才资本,$Cp(t)$的能力(Competence),$Cm(t)$是热情,即投入程度(Commitment)[2]。

---

[1] 王一娟.人力资本将主导新经济舞台[N].市场报,2001-04-08(1).
[2] 李超平,时勘.能力与投入的平衡[J].IT经理世界,2002(15):84.

8 知识传播论

文献传播是文献学和图书馆学的重要领域,借鉴了大量有关大众传播的基础理论。然而从文献传播上升到知识传播,不只是因为现在的大众传播与文献传播的实践诉求,而是知识学理论建构的需要。

8.1 知识交流与知识传播

英文 communication,起源于拉丁文 communicare(拉丁词根 communis 的意思是"使共同"),中文译作传播,或译为通讯、交流、交际、沟通、通信等。

8.1.1 正式交流与非正式交流

20 世纪 50 年代,M. Egan(伊根)和 J. H. Shera(谢拉)提出书目交流(bibliographic communication)作为社会书面交流(graphic communication)组成部分,不同于大众交流,这可以看作是正式交流的起源。

1958 年,美国社会学家 H. Mcnzel(门泽尔)发表《组织和非组织的科学交流》,首先提出了正式交流过程与非正式交流过程,前者指利用科学文献进行的交流,后者指通过对话、讲演等形式的交流。

М. Л. Михайлов(米哈依洛夫)是苏联著名情报学家,作为情报学科学交流学派的代表人物,他发展了 Mcnzel 的思想,在《科学情报原理》(1965 年)、《科学交流与情报学》(1976 年)等一系列著作中,系统研究了科学交流问题,并提出情报的本质就是科学交流。他对于科学交流理论的主要贡献是系统阐述了"非正式交流",科学信息在社会成员之间或非正式组织之间自由进行的交流,一般由科学家和专家自己来完成,因此也被称之为直接交流过程。而科学会议、私人通信、访问讲学、暑期研讨班、论文预印本等,都是最重要的"非正式交流"渠道,是科学信息交流的重要形式。

О. П. Коршунов(科尔舒诺夫)是苏联著名目录学家,参考米哈依洛夫的观点,从目录学的角度论述了科学交流系统,提出了三个水平面的观点,第一水平面是非正式的、不借助于文献的传播渠道,称为"直接情报的"水平面;第二水平面是正式的、一次文献和出版物的传播渠道,称为"借助于文献的"水平面,图书馆属于这一水平面;第三水平面是有关一次文献之消息的传播渠道,称为"二次文献或书目的"水平面,目录学属于这一水平面。科技情报工作不在这三个水平面内,而是它们的纵断面。Коршунов将"文献交流"(Документальные коммуникации)定义为"借助于文献实现社会情报传递的过程与方式(有别于人们之间的口头交流)"。

J. M. Orr(奥尔)是美国著名图书馆学家,他在《作为交流系统的图书馆》(1977年)一书中,运用传播理论,将人、图书馆和计算机看作三种交流系统(见表8-1),从而阐释图书馆作为交流系统的本质。

表8-1 三种交流系统的比较分析

	职能	人	图书馆	计算机
刺激/输入	感知	感觉	选择	接受人工信号和编码
	接收		获取	
	认识	理解		
	保存	记忆	存储	存储
	检索	回忆	通过索引的途径寻找相应的条目	按照程序调回信号
	传送	交流	允许存取	递送打印的结果
反应/输出	重新创造	发明创造		

资料来源:作者整理自:Orr J M. Libraries as Communication Systems[M]. Connecticut: Greenwood Press,1977.

围绕正式交流展开研究的有较多成果,20世纪70年代早期的Garvey-Griffith模型(如图8-1)就是其中之一。

图8-1是约翰霍普金斯大学(John Hopkins University)的Garvey和Griffith通过对心理学领域科学家学术交流的实证观察的结果,反映了"从研究开始、初步报告→学术会议和预印本→期刊出版,文摘和索引服

务"的正式学术交流过程,还反映了"研究小组、学术讨论会等"非正式交流过程。

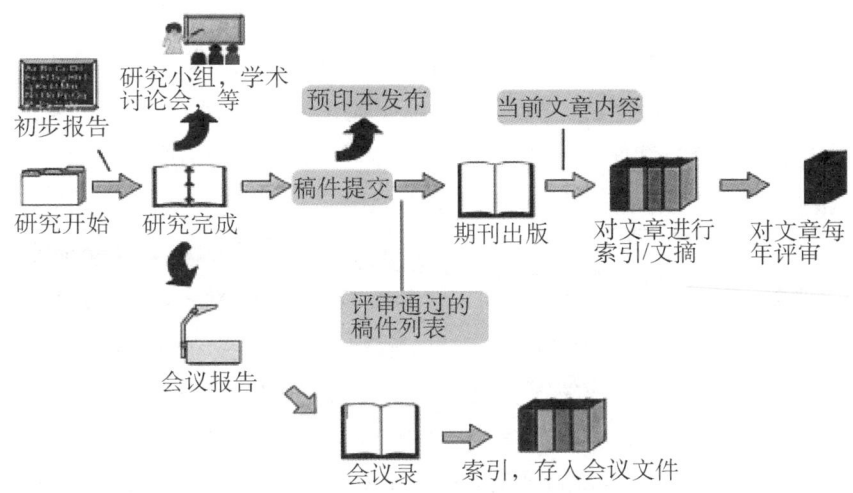

图 8-1 Garvey-Griffith 的学术交流模型

资料来源:Garvey W D,Griffith B C. Communication and information processing within scientific disciplines:empirical findings for psychology[J]. Information Storage and Retrieval,1972(8):123-126.

Garvey-Griffith 模型的局限在于没有将科学家之间的交流置于科学家的工作与社会环境之中,Hurd 由此对 Garvey-Griffith 模型进行了修正[①]。通过增加论文发表后的目次(Table of Contents,TOC)服务,引用文献收入科学引文索引,从而加强了正式交流过程。

8.1.2 知识交流

美国情报学家 F. W. Lancaster(兰卡斯特)在《科学学问和知识的交流》(1979 年)中较早提出了关于科学研究成果的交流渠道问题。D. Steven Norman(斯帝文·诺曼)在《通过图书馆的交流》一文中专门探讨了图书馆作为交流组织的特性。

20 世纪 80 年代,"交流"成为一个时代学术的主题。新的理论观点相伴而生,在"知识交流论"提出之前,出现了"文献交流论"。北京大学

---

① Hurd J M. Models of scientific communications systems[C]//Crawford S Y,Hurd J M,Weller A C. From print to electronic:the transformation of scientific communication. Medford N J:Information Today Inc,1996:9-33.

教授周文骏是"文献交流论"的倡导者,1983年他在《概论图书馆学》一文中探讨了"情报交流"问题,得出了"情报交流是图书馆学理论基础"[①]的结论。在随后的《文献交流引论》(书目文献出版社,今国家图书馆出版社,1986)一书中,他以大众传播、正式交流与非正式交流为基础,全面论述了以文献交流系统为中心的"文献交流论",将文献交流作为出版发行、图书馆、档案、情报、书目等工作的共同实践基础和图书馆学、档案学、情报学和目录学等学科的共同研究对象。进而他提出了建立"文献交流学"的设想,认为建立文献交流学的条件已经成熟,"文献交流学是一门研究文献交流全过程的科学,作为交流过程主体的文献,文献交流的产生、发展、功能、内容、渠道、方法、效果,以及组织交流的相关机构等,都是这门科学的具体研究对象"[②]。周文骏的"文献交流论"找到了图书馆及相关领域以文献工作为核心的共同特征,研究了文献交流的基本原理,包括文献交流渠道和层次、文献交流机构、文献交流工作、文献交流标准化和文献交流障碍,这些探讨都是有益的,为图书馆学、情报学、档案学等相关学科的基础建设与顶层设计做出了重要贡献。可惜的是,他提出的"文献交流学"设想没有得到真正实现。

在周文骏《文献交流引论》出版的同时,另一部著作《理论图书馆学教程》(南开大学出版社出版,1986)出版,这部由南京大学教授倪波主编的教科书,提出了与"文献交流论"相近的"文献信息交流论",他们提出了图书馆学的研究对象的新观点——文献信息交流,他们的观点也是受到了科学交流与情报交流的影响。"文献信息交流论"经过武汉大学教授黄宗忠的研究,得到了发展。在图书馆学的研究对象问题上,他持有不同的观点,认为"图书馆虽是文献信息的存贮和传递中心,信息、知识、科学、图书文献、图书馆是一个相互联系、相互制约的有机整体,是同一系统的不同层次,是有序排列、环环相套的,但图书馆所代表的仅是众多的'知识传递'、'文献信息'与'科学交流'渠道中的一条而已"[③]。因此"文献信息交流"或"知识交流"都不是图书馆学的研究对象。后来他提出了建立"文献信息传播学"的设想,1992年在《图书情报知识》发表了《论文献信息传播学》。

---

① 周文骏.概论图书馆学[J].图书馆学研究,1983(3):10-18.
② 周文骏.文献交流引论[M].北京:书目文献出版社(今国家图书馆出版社),1986:3-4.
③ 黄宗忠.图书馆学导论[M].武昌:武汉大学出版社,1988:16-24.

我国图书馆学领域较早开展了知识交流研究,知识交流理论成为图书馆学研究的一个热点。1984年宓浩和黄纯元的《知识交流和交流的科学:关于图书馆学基础理论的建设》成为知识交流理论的开启,他们提出社会知识交流是图书馆活动的本质,图书馆学只有将理论基点构筑在图书馆活动赖以建立的社会联系机制上,才真正成为一种科学。在随后出版的《图书馆学原理》(华东师范大学出版社1988年)中,他们系统阐述了"知识交流论",以交流的知识、交流的媒介(知识载体)和交流的过程为主要研究内容,还包括对知识交流机制和社会实体的交流机制的研究。以此为前提确立了图书馆学的理论基础,形成三个层次的逻辑结构:以研究社会知识交流的基本原理为第一层次,以研究知识交流与交流的社会实体之间相互关系为第二层次,以研究图书馆知识交流的内在机制和工作机理为第三层次。由此,揭示知识交流与图书馆的关系,建立图书馆知识交流模式,研究图书馆在知识交流中发展变化的规律。

"知识交流论"在我国图书馆学界产生较大反响,对于图书馆学基础理论产生过积极影响。四川大学教授党跃武评价说,"以宓浩为代表的'知识交流论'既是新时期中国图书馆学理论研究的历史产物,又是这一时期基础理论发展历史的具有重要显示度的研究成果"[①]。因此,在"知识交流论"提出的十余年后,党跃武呼吁重建知识交流论,提出了与传统知识交流论不同的"新知识交流论",指出:"新知识交流论必须以知识认知化研究为源起,以知识外部化研究为后继,以知识中介化研究为重心,以知识内部化研究为前瞻,这样一个流程型的研究框架。其中,知识认知化研究是对知识本身价值与知识认识活动的高度重视,知识外部化研究是对流动着的知识的社会应用机理的充分关注,知识中介化研究是以技术为基础的工具的知识交流形式与组织的全面发展,知识内部化研究是对知识再生与新知识交流循环的初步认同"[②]。然而,这种"新知识交流论"仍然是基于图书馆实体的研究,始终没有脱离图书馆学基础理论的范畴。

客观地评价,知识交流理论借鉴科学交流和大众传播的原理,将知识与交流相结合,开辟一个新领域,为知识学研究奠定一个新的基础。

[①②] 党跃武.从知识交流到知识管理——新知识交流论纲[C]//中国图书馆学会图书馆学理论专业委员会.发展与创新——第四次图书馆学基础理论学术研讨会论文集.香港:天马图书有限公司,2003:188-205.

同时,也为图书馆学基础理论研究提供了新的视域,为图书馆学研究创新做出了重要贡献。但是,这一理论也存在其局限性,对于知识交流的认识还处于初级阶段,对于知识交流与科学交流的关系探讨不够深入,因为只是图书馆学视角,使研究视域受到局限,并不是知识交流的全方位研究,从知识学角度看,其理论描述还很不系统和完善。

由上面的讨论中可知,无论是"科学交流论""情报交流论",还是"文献交流论""文献信息交流论""知识交流论",所用的"交流"术语均对应于英文的"communication",本质上离不开传播的基本原理。

8.1.3 知识传播

传播作为一个抽象名词,有许多内含的意义,争论的焦点常常在于传播的目的性和意识性。虽然传播学的研究成果众多,对"传播"的界定也是众说纷纭,但本研究所讨论的"传播"并不是与"信息理论"(information theory)同义的"传播理论"(communication theory)[1],而是与大众传播范畴相关的传播。

关于知识传播的界定,虽然有若干定义,如"知识传播是知识与信息通过不同媒介进行交流与扩散,它是知识从生产行为过渡为消费行为,从创造主体转移至学习主体的活动,是知识生产转化为知识应用的中间环节与中介性过程,是知识与信息传递、流通的运动"(颜晓峰[2];王众托[3]);"知识传播是一部分社会成员在特定的社会环境中,借助特定的知识传播媒介,向另一部分社会成员传播特定的知识信息,并期待收到预期的传播效果的社会活动过程"(倪延年[4])等。但笔者认为,将知识与信息混为一谈,必然会导致知识传播与信息传播的滥用,也失去了前述知识与信息的讨论价值。这里的知识传播的"知识"概念范畴应当与前述知识界定一致,是通过传播媒介进行的知识运动。

Vito 等人建立了一个典型模型即知识传播的概念模型(见图 8-2)。

---

[1] 美国不列颠百科全书公司.不列颠简明百科全书(修订版)[M].中国大百科全书出版社,编译.北京:中国大百科全书出版社,2011:303.
[2] 颜晓峰.论创新知识的传播[J].中共杭州市委党校学报,2000(5):44-48.
[3] 王众托.知识系统工程[M].北京:科学出版社,2004:7-20.
[4] 倪延年.知识传播学[M].南京:南京师范大学出版社,1999:1.

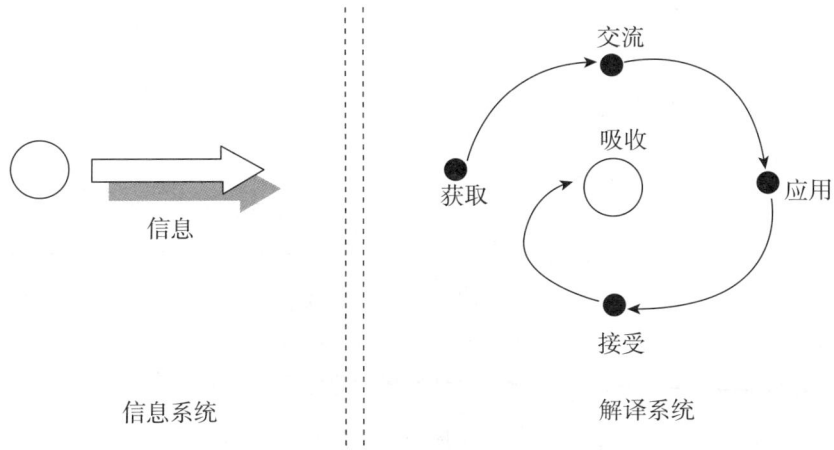

图 8-2 Vito 等的知识传播概念模型

资料来源：Vito Albino, A Claudio Garavelli, Giovanni Schiuma. Knowledge transfer and interfirm relationships in industrial districts: the role of the leader firm[J]. Technovation, 1999,19:53-63.

Edward 和 Martyn 建立了知识传播概念框架（见图 8-3）。

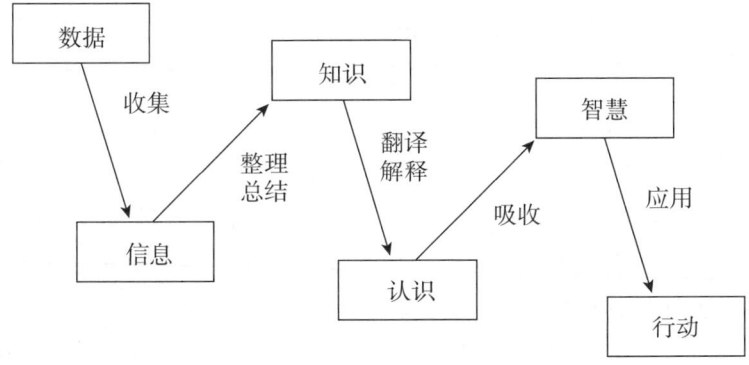

图 8-3 Edward 和 Martyn 的知识传播概念框架

资料来源：Edward Major, Martyn Cordey-hayes. Knowledge translation: a new perspective on knowledge transfer and foresight, Foresight,2000,2(4):411-423.

这些概念模型奠定了知识传播的理论基础。

8.2 媒介知识传播

8.2.1 媒介与知识传播

大约20世纪20年代开始有了"媒介"(medium)的概念,指一种中介体、手段或工具等。今天的"媒介"概念,通指能使双方发生关系的一种中介(包括物和人)。按语言标准,媒介可分为语言媒介和非语言媒介,语言媒介包括口语媒介和文字媒介是最基本的媒介,非语言媒介可进一步分有声非语言媒介和无声非语言媒介,无声非语言媒介还可分为以人的肢体、服饰、表情、动作、界域等传播信息的媒介和以某种实物作为信息载体传播信息的媒介;按载体标准,媒介可分为印刷媒介、电子媒介等类别。由于传播学中使用"媒介"一词代表信息的媒介和信息的载体,传播媒介也称为"传媒"。在大众传播领域,主要有报纸、广播、电视、网络等媒介。

从知识传播的角度看,上述各种媒介都是传播知识的工具。在人类早期的知识传播中,口语媒介是最基本的也是最主要的工具,知识靠口耳相传,随着文字的产生与应用,文字媒介的使用频率逐渐增高,印刷术发明以后,在相当长的时间里,印刷媒介成为知识传播的主要媒介。广播、电视等媒介出现以后,大众传播得到迅速发展。直到网络的产生与普遍应用,新媒介产生了巨大力量,"传播"和"媒介"的概念外延也在不断扩大。著名的加拿大传播学家 Mcluhan(麦克卢汉)较好地阐释了"媒介"的功能及其延伸性,"麦克卢汉笔下的'媒介'与人们心中认为的'媒介'有所差异,它不仅仅限于广播、电视、报纸、网络这样的媒体,它的概念相当广泛,除了传统意义上的语言、文字、传播工具等外,麦克卢汉将一切技术都视为媒介:汽车和飞机是媒介,轮子是媒介,照片是媒介,唱机是媒介,服装、住宅、货币都属于媒介的范畴,麦克卢汉认为媒介是社会发展的基本动力"[①]。按照他的"媒介是人的延伸"的观点,笔是手的延伸,包括印刷媒介在内的文献是视觉的延伸,广播是听觉的延伸,电视则是视听觉的综合延伸,而网络等新媒介可以看作是大脑的延伸。

---

① ZHANG DM. 读《理解媒介:论人的延伸》[EB/OL]. [2016-09-05]. http://blog.sciencenet.cn/blog-545920-843915.html.

传播是一种环境,媒介是这个环境中的工具、手段或者说是渠道。没有媒介,不可能有知识传播;没有媒介的多样性及其综合应用,也不可能有从初级到高级、从简单到复杂的知识传播。从微观来说,知识传播是以媒介为主体的传播,知识与媒介之间形成了天然的联系,每种媒介都在知识领域承担着独特的角色,自觉或不自觉地把知识向不同的时空传播,对人的思想和行动直接作用,影响一代又一代。从宏观来说,知识传播涉及国家和民族的发展,对文化、政治、经济与社会等各方面都产生深刻的影响。知识传播构成知识社会的支柱,一方面,知识传播技术不断进步,产生新的知识传播媒介,将知识传播发展到新阶段和新水平,新技术改变人类的思维方式和社会生活,对社会发展起到巨大的促进作用。另一方面,知识传播系统不断完善,一种传播媒介会导致新的传播系统的产生,多种传播媒介共存促传播系统的复杂化,各种不同的传播系统优势互补,在知识传播服务承接不同的传播职能。

8.2.2 媒介知识传播的主要理论

8.2.2.1 媒介知识传播符号论

符号是知识传播的载体,在媒介研究中体现得尤为明显。语言是最重要的符号之一,德国哲学家 Ernst Cassirer(恩斯特·卡西尔)认为,"语言不只是为了给彼此划分清楚的每一个现成事物加上'名称',加上纯粹外在的、任意的符号,而进入已经获得的客观事物的感觉的;它本身就是创造这些客观事物的媒介;从一种意义上来说,最优秀的媒介,是征服和构造一个真正的客观事物世界的最重要和最宝贵的东西"[①]。按照Cassirer的理论,人不仅能够创造和运用符号,并且还生活在符号的世界之中,实际是符号的动物。

除了从语言、神话、艺术、宗教等不同领域对传播符号进行研究,比较重要的理论视角有话语理论、建构理论等。

8.2.2.2 媒介知识传播效果论

美国社会学家 Robert Ezra Park(罗伯特·帕克)描绘了传播的两种典型功能,即"参考"和"表达"功能,"在参考功能中,传播的是思想和事

---

① 恩斯特·卡西尔.语言与客观事物世界[M]//高名凯.语言论.北京:科学出版社,1963:23.

实,在表达功能中,则表露出感情、态度和情绪。作为整体的传播,它使社会团体走向联合、一致和完整。它修正、规范了竞争,产生出道德循序,这秩序给生物体加上了限制。传播带来了更为接近和更加理解,用文化相互联系影响进程中的道德秩序代替生物秩序,克服了阻挡社会进程的因素"[1]。加拿大学者 Harold Innis(哈罗德·英尼斯)采用传播媒介来鉴别大的历史阶段,他认为"埃及、巴比伦、希腊和罗马以及英帝国的兴趣很大程度在于他们具备对时间和空间伸延控制的能力,其方法就是保持对知识的竞争性垄断的平衡。每一种垄断都建立在一种特定的媒介的基础上——讲话、复杂的书面写作(写在莎草纸上的表音字母)或印刷"[2]。

在这一领域,对于媒介暴力、女性主义的研究,值得深入探讨。

8.2.2.3 媒介知识传播模式论

长期以来,知识传播模型研究主要是对传播活动、过程的探讨,产生了一些重要的理论模型。

(1)知识传播的生态模式

从生态学的角度,知识传播具有生态特征,由受众需求、传播媒介、传播手段、传播技术等构成了知识传播生态系统,知识体系与生态体系在传播的过程中相互作用,实现生态性传播和可持续发展是这一模式的主要目标。

(2)知识传播的影响模式

知识传播的影响因素很多,既有传播主体因素,也有传播客体因素,还有传播渠道因素等。操玉杰等提出知识传播主体、知识传播内容、知识传播媒介和知识传播反馈这四个要素间关联作用的影响因素模式,认为:"知识传播内容来自于知识传播者,知识传播者用于传播的知识内容就是其本身所拥有的知识,知识接收者所反馈的相关知识也源于其自身的理解与表达,它并不能自主发生变化,从属于知识传播主体。知识反馈并不独立影响知识传播,而是与知识从知识传播者向知识接收者的正

---

[1] 丹尼尔·杰·切特罗姆.传播媒介与人的思想:从莫尔斯到麦克卢汉[M].北京:中国广播电视出版社,1991:127.

[2] 丹尼尔·杰·切特罗姆.传播媒介与人的思想:从莫尔斯到麦克卢汉[M].北京:中国广播电视出版社,1991:173.

向传递共同构成知识主体的知识交互,以主体交互的形式来对知识传播过程产生影响。"[①]无论对知识传播的影响因素如何划分,必然存在主要因素和次要因素,主要影响因素对知识传播过程与效果发挥主导和直接作用,次要影响因素则发挥辅助和间接作用。知识传播的主体、内容、媒介都应当是主要因素,其中最重要的是主体因素,主体作用于其他因素,并影响着整个知识传播过程,内容和媒介的变化都能知识传播过程形成一定的影响。

8.2.2.4　媒介知识传播动力机制

媒介知识传播存在着一种动力机制,这涉及传播动力学、系统动力学等方面的研究。

8.2.2.5　媒介知识传播渠道论

Mcluhan 指出:媒介即讯息。Mcluhan 关于媒介技术的论述是媒介知识传播渠道的重要理论依据。在"口语传播—文字传播—印刷传播—电子传播—网络传播"媒介知识传播渠道发展过程中,基于文字媒介的知识传播占据了知识传播的主渠道,而新媒体作为一种新兴的传播形式,其渠道的影响力正在增强,直接威胁着传统媒介的主要渠道地位。

随着互联网进入 Web2.0 时代,"自组织""开放性""用户为中心"等概念开始引入知识传播领域。Blog(博客,包含文字、声音、图像、视频)、RSS(简易聚合)、Wiki(维基)、Tag(分类分众标签)、BookMark(社会性书签)、SNS(社会网络)等众多新兴社会性软件广泛应用,形成复杂社会网络,突破了传统知识传播的瓶颈与障碍,成为现代知识传播的潮流。

随着"全媒体"的出现,集成式的知识传播渠道正在改变着原有知识传播的主渠道的划分与地位,知识传播媒介与知识传播渠道的界限开始具有模糊的特征。

8.2.2.6　文化与社会现实语境中的媒介知识传播

从文化理论、批判理论视角,一方面,传播是社会存在的理由。美国实用主义哲学家 John Dewey(约翰·杜威)在《民主与教育》(1915)一书

---

① 操玉杰,等.社会性软件对知识传播的影响研究[J].情报科学,2013(1):14-20.

中指出:"社会不仅是由于传递、传播而得以持续存在,而且还应该说是在传递、传播之中存在着。在公共(common)、社会(community)和传播(communication)这几个词之间不仅仅有字面上的联系。人们因共有的事物而生活于一个社会中,传播就是人们达到共同占有事物的手段。"①

另一方面,社会是传播最重要的影响因素。德国社会学家 Mannheim 在阐述关于意识形态与主体需要和主体性中提出:"知识社会学把认识活动同它在其存在的及富有含义的性质中所渴求的模式联系起来看待,看作一种论述在某种生活条件下由某些有生命的生物支配生活环境的工具。"②据此,媒介知识传播一定会受到其不同社会不同意识形态的巨大影响,在这个过程中,意识形态连同传播的知识一起,直接影响着受众并最终内化为社会的公共知识。

8.3 科学知识传播

8.3.1 科学传播与学术传播

科学传播(scientific communication)由来已久。17 世纪,科学家们对彼此所发表的作品进行正式传播与非正式传播,如 1665 年出现英国皇家学会对所属期刊的同行评阅。

学术传播(scholarly communication)与科学传播并无本质的区别,只是站在社会科学的角度,将纯科学领域的传播扩大到了一个更广的范畴。按 1990 年 Christine L. Borgman(克里斯汀·伯格曼)的定义,学术传播指研究各种不同领域的学者如何通过正式与非正式的渠道来使用以及传播信息,学术传播的研究包括学术信息的成长、研究领域与学科间的关系、个别使用群体的信息需求与信息利用,以及正式传播与非正式传播之间的关系③。

从更具体的概念考察,科学传播或学术传播与学科、知识等概念直

---

① 丹尼尔·杰·切特罗姆. 传播媒介与人的思想:从莫尔斯到麦克卢汉[M]. 北京:中国广播电视出版社,1991:117.
② 周婷,叶静. 现代网络媒介的知识传播——以网易公开课为例[J]. 新闻世界,2012(6):130 – 131.
③ Christine L Borgman. Scholarly communication and bibliometrics[M]. Newbury Park, CA: SAGE Publication,1990:13 – 14.

接相关。从教育学视角,学科(discipline)和专攻(speciality)这两个概念每一个都兼有认知和社会的特点,且两方面特点不易截然分开。为澄清概念,用术语"科目"(subject)来表示某一学科的认知成分,用术语"知识片断"(segment)来表示某一专攻相应的认知成分。学科和专攻的社会成分则分别用学科社群(disciplinary communities)和学术网络(network)来表示。"将科目和知识片断看作我们所建立的阐释框架中的认知实体,将学科社群和学术网络看作由学科和专攻的逻辑分解而形成的社会实体。实际上,这两组二元概念在实践中会体现出不同程度的渐变性。"①

从某种意义上说,科学传播或学术传播与其说是一种科学活动或过程,不如说是营造一种有利于科学发展的环境,这个环境有很大因素,学术文化(academic culture)是其中之一。"学术文化包括偶像:在物理学家的办公室中,墙上的图画和书籍的封面都有艾伯特·爱因斯坦,麦克斯·普朗克,罗伯特·奥本海默;社会学家的办公室则是马克斯·韦伯,卡尔·马克思,埃米尔·杜克海姆。"②"学术文化还包括艺术品——化学家的桌子可能会摆放复杂分子结构的三维模型,人类学家的墙壁通常装饰有彩色的挂毯,以及漂亮非裔美国人放大的照片,而数学家只有黑板,上面胡乱地画着代数符号。"③

20世纪90年代以来,随着学术环境受到信息技术影响带来的巨大变化,传统学术传播模式发生了深刻改变,于是产生了新的模型。这里主要讨论基于信息流的学术传播模型。

(1) Coles(科尔斯)学术传播信息流模型

1993年,Coles在研究英国的STM信息系统(The Scientific, Technical and Medical Information System)的基础上提出了一个学术传播模型(如图8-4所示)。

图8-4体现了以人为中心的学术交流,科学家、工程师和医学家既是读者也是作者,与原始文献出版者、二次文献出版者形成信息联系,在正式交流的信息流中,图书馆和出版发挥重要角色,而在非正式交流的

---

① 托尼·比彻,保罗·特罗勒尔.学术部落及其领地[M].唐跃勤,等译.北京:北京大学出版社,2008:191.
② Clark B. Academic culture, working paper no. 42[M]. New Haven, CN: Yale University Higher Education Research Group, 1980.
③ 托尼·比彻,保罗·特罗勒尔.学术部落及其领地[M].唐跃勤,等译.北京:北京大学出版社,2008:48.

信息流中,信息在学术会议、电子邮件、个人间非正式交流和预印本的交换等发挥作用。

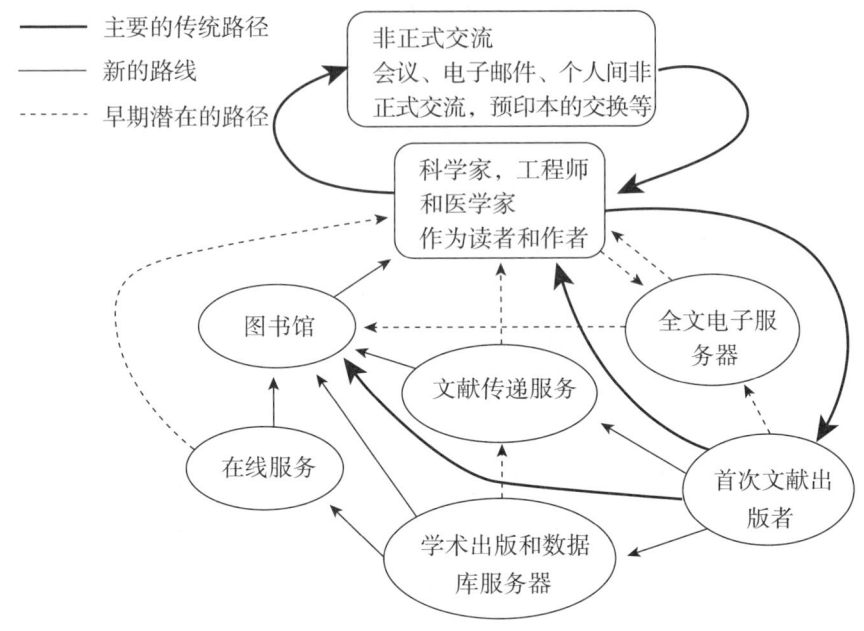

图 8-4 Coles 学术传播信息流模型

资料来源:Coles B R. The scientific, technical and medical information system in the UK: a study on behalf of the royal society, the British library and the association of learned and professional society publishers[M]. London:Royal Society,1993:6-123.

(2)Cox(考克斯)学术传播信息流修正模型

实际上,由于社会环境特别是信息环境的变化,传统出版业遭遇前所未有的挑战,学术研究不再对学术出版物和传统发表方式产生依赖,由此学术传播中的信息流模型也在发生深刻的改变。Cox 认为这种改变直接影响着信息链中的每个参与者,由此提出了对信息流模型的修正(如图 8-5)。

图 8-5 与图 8-4 的主要区别在于,图 8-5 不再区分正式交流与非正式交流,排除了非正式交流因素,也不存在传统路径、新路径与潜在路径的区分,增加了更多的参与者如版权组织、图书馆出版联盟等,而且参与者之间相互配合、相互依赖的关系更加明晰,信息流向和服务流向更加复杂。实际上,在网络环境下,正式交流与非正式交流严格区分失去了意义,从这个意义上说,这一模型对新环境下的交流过程是一种丰富和完善。

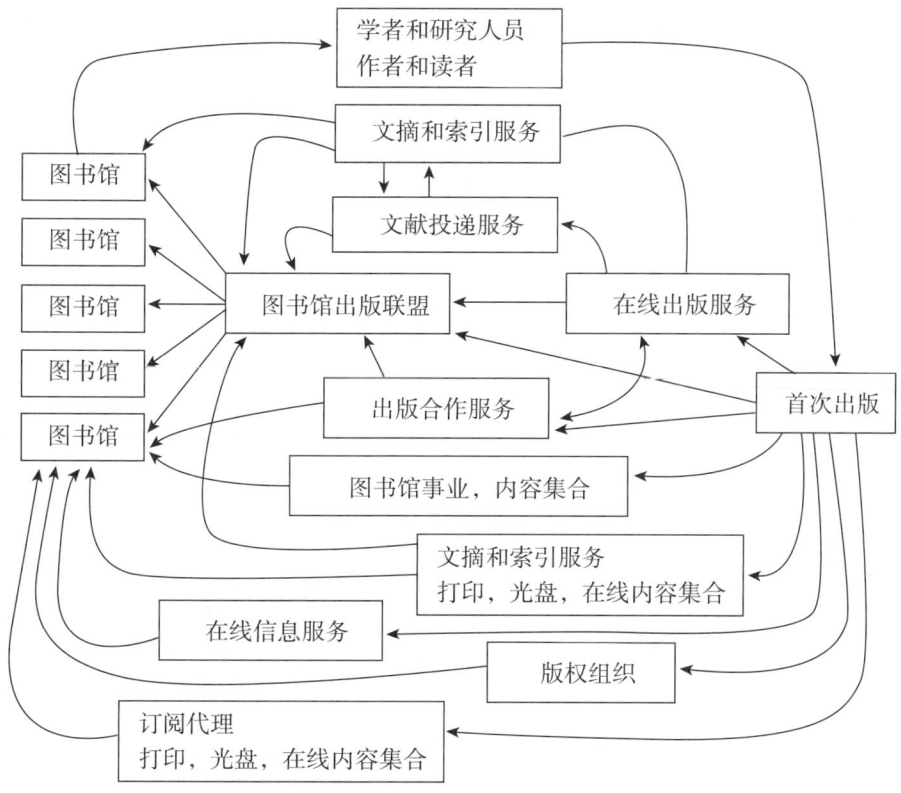

图 8-5　Cox 学术传播信息流修正模型

资料来源：Cox J. The changing economic model of scholarly publishing: uncertainty, complexity and multimedia serials[J]. International Journal of Special Libraries, 1998, 32(2): 69-78.

(3) Tenopir(特诺皮尔)和 King(金)学术传播生命周期模型

从生命周期角度，科学家的各种活动都具有生命周期的特征。2000年，Tenopir 和 King 提出了学术传播的一个新的模型——生命周期模型（如图 8-6）。

图 8-6 的生命周期，整个学术传播过程从科学信息开始，也到科学信息结束，因此从科研过程上，科学信息既是对科研的一种输入（资源），也是科研完成时的一种输出（成果）。科学活动围绕知识的产生进行，从创作、复制、传播到获取、鉴别、使用等一系列过程中，所有参与者行使不同的角色，主要有六种角色：科学家和工程师角色、作者的角色、出版者的角色、图书馆和信息中心角色、文摘索引服务角色、用户的角色。

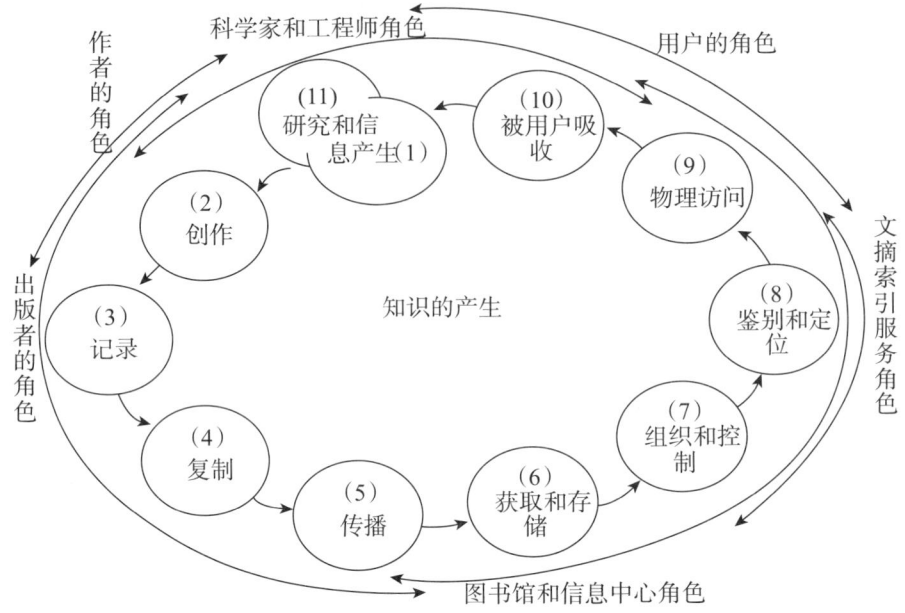

图 8-6　Tenopir & King 学术传播生命周期模型

资料来源：Tenopir C, King D W. Towards electronic journals: realities for scientists, librarians and publishers[M]. Washington D. C.: Special Libraries Association, 2000: 88-89.

这一模型较好体现了科学过程与知识传播过程的关系，反映了各个环节之间的逻辑联系以及参与者之间的信息流动。值得注意的是，生命周期的每个环节并不是绝对的，这一模型只是列出了学术传播的主要环节，排除了政府、赞助者、研究基金、技术条件等其他因素。

（4）Björk（比约克）A0 研究、传播和应用结果模型

学术传播过程是一个复杂的过程，增加更多的因素，充分考虑各要素的细分，成为研究模型的一个方向。2004 年，芬兰瑞典语经济管理学院教授 Björk 在研究的基础上提出了一个新的学术传播模型，经过 2005 年改进（版本 3），2007 年修订完成（如图 8-7）。

这一模型是以 2003 年 Björk 运用 IDEF0 建模语言进行的学术传播系统建模（包括 22 个功能图、64 种活动）的基础上完成的，2008 年 Björk 教授对该模型做了扩展，产生了一个较为详细的学术出版过程"地图"。从图 8-7 看，Björk 模型的主要模块有：A1 资金 R&D 和交流；A2 研究和交流结果；A3 出版科学/学术作品；A4 传播、检索保存；A5 研究出版文献应用知识。参与者包括"慈善资助者""公司/政府 & 非政府组织""研究者""商业、社会或机构出版者""信息中心""图书馆"等，他们在不同

的模块中承担不同的角色。"Björk 模型包含了 33—35 个专门的功能图,鉴别了 103—113 种主要活动。其顶层结构为 A0 研究、传播和应用的结果,其输入是现有的知识和科学问题,在经济动机(社会)和科学好奇心(个人)的控制下,在研发过程中利益相关者的作用机制下,输出为新知识或提升生活质量。对 A0 研究、交流和应用结果进行扩展"①。这一模型为学术传播提出了比较复杂的分析要素,强化了出版环节和信息环境的作用。

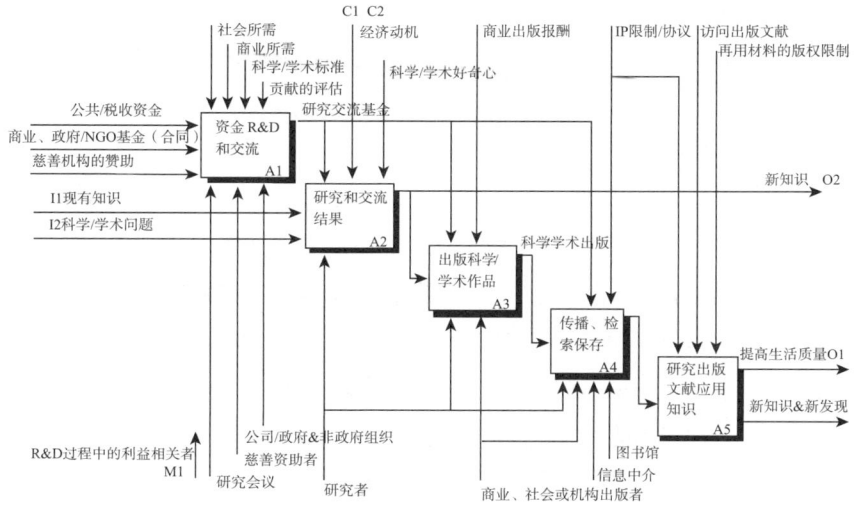

图 8-7 Björk A0 研究、传播和应用结果模型

资料来源:Björk B C. A model of scientific communication as a global distributed information system[J]. Information Research,2007,12(2):1-307.

从以上模型看,学术传播必须考虑新的环境的变化、新的影响因素的增加,以及相关要素之间的复杂联系。

8.3.2 基于研究群体的科学知识传播

早在 17 世纪,英国就存在非正式小组,著名的是"Gresham College"(格雷山姆学院),以 12 个科学家的会议地点伦敦的 Gresham College 命名,还有被 Robert Boyle(罗伯特·波义耳)命名为"Invisible College"(无形学院,1646)的研究小组。这种非正式小组会议导致 17 世纪初的许多科学学会(society)的产生,后来这些学会中的一些被命名为国家科学院(National Acad-

---

① Björk B C. A model of scientific communication as a global distributed information system[J]. Information Research,2007,12(2):1-307.

emy of Sciences),著名的伦敦皇家自然知识促进会(The Royal Society of London for the Promotion of Natural Knowledge)第一个成文章程于 1662 年被批准。

20 世纪 60 年代初,Kuhn(库恩)对科学的哲学发展立下典范理论,同时期的 Derek Price(德拉克·普赖斯)提出了"无形学院"(invisible college)的概念,到 1972 年由 Diana Crane(黛安娜·克兰)出版《无形学院——知识在科学共同体的扩散》(*Invisible Colleges: Diffusion of Knowledge in Scientific Communication*)①,将 Kuhn 的科学发展与科学共同体学说、Price 的科学知识成长的量化研究,加上其自己关于学科中社会组织的研究,整合发扬。Crane 认为,"无形学院"是特定的学术社群(亦即具共同信念的合作者群体)中,少数多产学者形成的交流网络。

英国 Tony Becher(托尼·比彻)和 Paul R. Trowler(保罗·R. 特罗勒尔)在《学术部落及其领地》(*Academic Tribes and Territories*)中指出:"学术研究最根本的就是交流。这一论断的正确性很容易证实,因为知识的提升(主要的认知因素)和声誉的树立(主要的社会因素)都必然依赖交流。然而,这一论断还有待于进一步发展。各种社会交往、各种各样的交流以及与这些交流有关的学科社会属性,把社会学和认知学紧密地联系在一起,是形成不同学科和不同学科群体的根本。"②该书讨论了田园型学科社群(rural disciplinary communities)和都市型学科社群(urban disciplinary communities)两种学术群体类型,本研究将其归纳为表 8-2。

表 8-2 田园型学科社群和都市型学科社群比较

类别	田园型学科社群	都市型学科社群
研究环境	群集闲聊、嚼舌,谣言传播如野火蔓延原野	繁忙生活节奏、高层次社交活动、为空间和能源的竞争、信息网络迅速大量应用
研究人员	研究人员数量相对较少,研究力量分散	研究人员数量相对较多,团队合作
研究问题	研究问题数量相对较少,研究者倾向于选择那些具有广泛性且区别不大的问题	研究问题数量相对较多,研究者倾向于选择一些范围较小但颇有特色的问题,甚至是一些不相关的问题

---

① 黛安娜·克兰. 无形学院——知识在科学共同体的扩散[M]. 刘珺珺,顾昕,王德禄,译. 北京:华夏出版社,1988.
② 托尼·比彻,保罗·特罗勒尔. 学术部落及其领地[M]. 唐跃勤,等译. 北京:北京大学出版社,2008:110.

续表

类别	田园型学科社群	都市型学科社群
研究模式	分散模式,追求长效性,研究者则花较长的时间研究一些耗费精力的问题,有利于分散解决具有普遍意义的问题	集中模式,追求时效性,使用较短的时间研究范围小的问题,有利于集中解决相对突出的问题
学科特征	"小科学"专攻	"大科学"专攻

资料来源:作者整理自托尼·比彻和保罗·特罗勒尔的《学术部落及其领地》。

这两种类型的划分依据是研究人员密度即研究人员数量与所研究问题数量的比例,将研究人数和问题数目比例较低的团体称为"田园型学科社群"(或称"田园型专攻"),而将比例较高的团体称为"都市型学科社群"(或称"都市型专攻")。从表8-2可知,田园型学科社群和都市型学科社群在研究环境、研究人员、研究问题、研究模式以及学科特征等方面都有显著的区别,反映了研究者群体的价值观和研究心态,田园型学科社群的研究者认为可供选择的问题很多,没有必要去集中研究一个别人已在从事或正在从事的研究课题,而都市型学科社群具有竞争意识,表现为不愿意让别人知道自己正在进行的研究,而且对抄袭有恐惧心理,通常用迅速发表研究成果的方式来保护自己的知识产权。由此这样的价值观和研究心态,直接影响了其知识传播的不同,田园型学科社群倾向于分散的知识传播模式,对于应用学科和应用问题的知识传播更有兴趣,涉及的知识面广泛,还包括大多数纯软科学、应用硬科学以及所有应用领域;而都市型学科社群倾向于集中式的知识传播模式,对具有知识产权的相关知识传播以及有关前沿问题的知识传播更有兴趣,涉及的知识数量多,对知识的需要针对性强。

科学知识传播与科学家的学术生涯相关。Lehman(雷曼,1953)率先研究年龄与科研成就(后来被称之为"杰出的表现")的关系,发现:研究成果产出高峰期大多是30岁末至40岁——化学家的产出高峰期在26岁到30岁之间,物理学家和数学家在30岁到34岁左右,地理学家和医药学则在35岁至39岁之间。同样,哲学家的研究成果产出高峰期也在35岁至39岁之间。形而上学研究者例外,他们相对晚熟,学术成就大约出现在40岁到44岁之间。任何领域的研究人员在40岁以后的研究成果占其一生学术贡献的一大半,但他的高产期还是在30岁至39岁之间①。Lehman观点的批评者和反对者包括Dennis(丹尼斯,1956,1958,1966)以及大量的其他学者,他们在福克斯(1983)对此专题的研究文献的学术简评中被逐一提到过。Dennis研究了738位从1600年到1820年出生且寿命超过79岁的对象,认为:"在许多学术群体中(有创造性的艺术家除外),20岁至30岁是学术产量最少的十年……在几乎所有的学术群体中,研究产出高峰期是在30岁至40岁期间,或者自40岁以后。从40岁开始,学者的产量略有下降。60岁以后,产量大幅度下降。"②Dennis关于"研究成果在学术职业中、后期持续"的主要论点在后来的大量研究文献中得到体现。其他人却注意到了一种双高峰模式,认为第二次研究成果的繁荣期会出现在研究者50多岁的时候③。

在性别方面,20世纪90年代末,出现了大量文献探讨学术职业模式中的性别特征,英国和美国的研究发现,学术界的女性在许多方面受到歧视和限制,而且学术级别偏低、晋升慢、工作时间长、工资偏低。在美国,虽然在1969至1990年间女性学者的比例从大约20%增加到了30%,获得学术职位任期的女性比男性少,其比例是42%比66%(National Center for Education Statistics,NCES(USA),美国国家教育统计中心,2000);大学的女性学者花在教学上的时间多于男性,而用于研究时间相对较少(Nettle/内特尔等,2000)。在英国,虽然1997至1998年间女性在高校的全职学术岗位占据了31%,但具有教授职称的女性职位只有847个,而具有教授职位的男性职位则有8750个;纯硬科学和应用硬科学中的女性比例很少:物理学占10%,工程学占12%,而纯软学科和应用软学科女性比例有所提高:社会研究占35%,教育占46%(Higher Education Statistics Agency(UK),英国高等教育统计署1999),英国的女性教授在20世纪90年代早期每周工作64.5小时,而男性同事工作

---

① Lehman H C. Age and achivement[M]. Princeton,NJ:Princeton University Press,1953.
② Dennis W. Age and productivity among scientists[J]. Science,1956,123:724-5;Dennis,W. The Age decrement in outstanding scientific contributions[J]. American Psychologist,1958,13:457-60;Dennis,W. Creative productivity between the age of 20 and 80 years[J]. Journal of Gerontology,1966,21:1-8.
③ 托尼·比彻,保罗·特罗勒尔. 学术部落及其领地[M]. 唐跃勤,等译. 北京:北京大学出版社,2008:155-156.

58.6 小时①。

女性科学家在科学知识传播中面临比男性更大的困难,因为社会要求女性承担更多的家庭责任,包括:繁重家务限制女性参加远距离的学术交流活动;对配偶和孩子的责任干扰学术研究;过度劳累影响健康;对工作缺乏安全感;缺乏自主性;社会的性别歧视;研究机构没有为女性研究人员提供女性必需的条件如儿童看护条件;学术生涯受到生儿育女和家庭责任的影响,等等。性别角色的区分(Gutek/古特克和Cohn/科恩,1992)意味着女性大都要完成更多的"微笑性"工作和"母亲式"工作,才能融入传统上由男性主宰的学科,并生存下来(Tierney/蒂尔尼和Ben Simon/本·西蒙,1996)。"微笑性"的工作是在符号化的管理工作中使自己呈现出令人愉快的样子。而"母亲式"工作是安排食宿等工作,要求女性扮演照顾他人的角色。谈到某些自然科学领域时,Zukerman(朱克曼)和Cole(科尔)提出女性"三重惩罚",一是科学的定义认定这是"女性不宜"的职业(减少女性的学术聘用);二是传统观念认为女性是数理推理能力不及男性(减少女性的研究动机);三是"学术界确定存在对女性的歧视"。Coburn(科伯恩,1991)认为,男性为了阻止女性进入学术领域,他们使用各种方法使女性陷入研究机构的"女性化"工作而无法脱身,在他们看来这些"女性化"工作价值不高。Coate(科特,1999)研究了认知霸权之后认为,学术界女性的学术知识被男性"抹杀"了②。

8.3.3 基于研究文献的科学知识传播

科学知识传播必须追究作为源头的科学生产,科学是有目的的自觉行为,所有科学目标都会指向期望并指向预期的成果,尽管不是所有研究都会成功,或达到理想的结果。从科研过程来说,所有科研过程都是为了目标的实际,或者更狭义地说,是为了最终能产生成果,而科学成果的表现形式多种多样,人们会将这些成果予以规范,最终形成研究文献或科学文献。

另一个重要问题是,所有科学生产都离不开科学家这个主体,科学

---

① Davies C, Holloway P. Troubling transformation: gender regimes and organizational culture in the academy[M]//Morley L, Walsh V. Feminist Academics. London: Taylor & Francis, 1995: 7 – 21.
② Coate K. Feminist knowledge and the ivory tower: a case study[J]. Gender and Education, 1999, 11(2): 141 – 59.

家的意识与行为、科学家的主观期望与同行评价直接或间接地影响科学生产,也直接影响着最终的成果呈现。科学研究发表是科学知识传播的最主要途径,其动力来自于科学知识本身的属性、科学家的创造心理以及科学界的评判标准三个主要方面。美国科学社会学的创始人、哥伦比亚大学教授 Robert K. Merton(罗伯特·默顿)曾指出:"科学家能使其他人任意利用其知识财富的范围越大,其财富得到公认的把握性就越大。科学知识属于大众而不是属于私人,所以科学家只有通过发表他们的著作才能有所贡献;也只有当其著作成为大众的科学财富的一部分时,他们才能真正将其称为他们的著作,因为这种著作的资料来源必须得到同行们的承认。一个成就卓著的科学家的最大愿望莫过于从事某种被同行大量使用和十分尊重的工作,因为他们最有资格评估它的价值。一般说来,为人尊重的科学工作的标准是他人可以借鉴其来推动他们未来研究工作的进程。"[1]这里强调了科学家期待受到尊重的心理因素。事实上,科学生产与传播的因素是极其复杂的。从科学知识属性来说,科学知识既属于大众也属于个人,具有两面性,科学传播正是促进科学知识的私有向公有转化,但在这种转化过程中,如果只是简单的公开或发布,没有一定的机制,就不可能有生产与传播的动力;或者说,如果一开始就将科学生产的所有成果公有化,那就没有科学家愿意付出更多的劳动。因而有了知识产权对于科学生产成果的保护,赋予其财产权和名誉权、传播权等,让创造者以及利益相关者形成一个利益链条,使得科学的财富一部分掌握在个人手里,另一部分掌握在社会手里,理想的科学生产与传播机制就维护这两者的平衡,让科学家个人和社会都有积极性。

　　至于科学家的创造心理,更为复杂,获得同行认可、受到尊重只是其中一个重要方面,如同马斯洛的五层次需要论,受到尊重的需要是高层次需要,个人价值实现是最高的层次。科学家一方面作为社会人,不能不受到社会形成的科学制度所制约,并愿意参与到这个科学规则中,以科学成果的发表为重要目标。另一方面,大多数科学家在长期的科研过程中,逐渐形成不受制于社会科学评价机制的创造心理,创新与发表成果除了一部分是"功利的",还有一部分成为自觉的行动,并以此作为个人最大的快乐,这是科学家群体的一个重要特征,一般人强调科学家要

---

[1] 罗伯特·默顿.英文版序言[M]//尤金·加菲尔德.引文索引法的理论及应用.侯汉清,等译.北京:北京图书馆出版社(今国家图书馆出版社),2004:Ⅲ.

有奉献精神,其实大多数科学家早就具有这样的潜质,他们一旦步入科学的轨道,就在享受着这个过程与结果,甚至不顾及他人的感受、社会的赞扬与批评。如果科学家们的知识创造和传播到了特别在意自己的劳动会带来什么物质利益、个人享受以及同代人甚至后代人赞誉的话,那他又必然完全回到了科学社会人那里,因此在科学社会人与科学自然人两者之间徘徊或者维持两者的一个平衡便成了科学家心理的一个两面性。由这一分析出发,科学界的评判机制更多的是社会化的,受到社会政治、经济、文化等诸多因素的制约。这样一个科学社会不是科学家自己的价值体现,而是社会的价值强加给了科学生产与传播。一系列的科学制度、评奖机制、科学研究机构、科学文献平台等由此而生,这些本来的目的是在促进科学知识的生产与传播,的确也起到了一些重要作用,但这些一旦加入更多的人为因素或社会化因素后,就变成在推进的同时,也在做一些消耗,甚至有的还起到相反的作用。科学界评判机制的公正性受到质疑后,科学家和社会都是思考更好的改进,以及更为科学的科学机制,这应当是科学学或科学社会学的解决的难题之一。

科学文献包括期刊论文、会议论文、学位论文、专著、科学音像制品以及网络文献等,既是科学界科研工作者的科研产出,称为研究成果或科学作品,也是科学传播和学术交流的对象与工具,称为科研参考。科学文献将作者、出版者、图书馆和读者紧密连接起来,形成一个科学知识网络,在这个网络中,作者、出版者、图书馆和读者四类群体被称为"信息社群"(information community)①。随着 Internet 的发展特别是到了 2.0 时代,作者与读者、作者与出版者、图书馆与读者等的界限变得模糊,网络环境下个人可以在网上自由发表作品,充当作者、出版者和读者等多重角色。

当学术界关注学者群体时,学者们的知识生产成果之间的关联逐渐受到重视,20 世纪 30 年代 S. C. Bradford(S. C. 布拉德福)关注核心文献,产生了文献计量的专门领域。到 50 年代中期与 60 年代初,引文索引的倡导者 Eugene Garfield(尤金·加菲尔德)研究科学引文之间的联系,并建立科学交流平台,促使美国科学信息研究所(Institute for Scientific Information, ISI)的产生。

1964 年创始的 SCI 在文献学界和科学界都有极大的影响,引文索引

---

① Greg Anderson, Virtual qualities for electronic publishing[C]//The Virtual Library. Laverna M. Saunders. London: Meckler, 1993, 91.

技术或者工具成为科学文献传播的重要工具,主要是因为其强大的检索功能,受到科学家和图书馆员的双重认可。SCI 在间接发挥科学知识辅助与推进作用的同时,还努力在科学的重要领域发挥主导和更大的作用。ISI 曾实施一项采用诺贝尔评奖委员会的评议作为基线的研究,主题是 1962、1963 年诺贝尔物理奖、化学奖、医学奖的获奖者,其著作的被引频次从 1961 年版 SCI 抽取,以排除因为获奖可能带给被引著者声誉的影响。结果发现,这些著者的著作被引频次,为他们所在领域平均被引频次的 30 倍。与诺贝尔奖获得者的 169 条引文相比,每位普通著者的平均引用频率为 5.51 次。考虑到诺贝尔奖获得者往往比其他科学家发表更多的论文,计算出每位著者的每篇论文的平均被引频次,以降低发表的论文总数的影响。诺贝尔奖获得者的每篇论文的被引频次平均为 2.9,而他们同行的被引频次为 1.57。研究结果显示,基于引文统计的质量判断与诺贝尔奖委员会所做的判断二者之间的相关性非常强。1977 年,他们又重复和扩充了这项研究,编制了 1950~1977 年所有科学领域诺贝尔奖获得者所著论文 1961~1975 年间的被引频次。诺贝尔奖获得者的名单包括 162 位(见表 8-3)。

表 8-3 1950~1977 年物理学、化学和生理学或医学诺贝尔奖获得者被引频次

	物理学		化学		医学	
	姓名(国家)	频次	姓名(国家)	频次	姓名(国家)	频次
1950	Powell C(Britain)	247	Alder K(Germany)	4450	Hench PS(U.S.)	316
			Diels O(Germany)	1372	Kendall EC(U.S.)	179
					Reichstein T(Switzerland)	1178
1951	Crockcroft JD(Britain)	93	McMillan EM(U.S.)	97	Theiler M (South Africa)	206
	Walton E(Ireland)	112	Seaborg G(U.S.)	638		
1952	Bloch F(U.S.)	2188	Martin AJP(Britain)	777	Waksman SA(U.S.)	2291
	Purcell EM(U.S.)	577	Synge R(Britain)	417		
1953	Zernike F(Netherlands)	467	Staudinger H(Germany)	3325	Lipmann FA(U.S.)	2038
					Krebs HA(Britain)	7657
1954	**Born M**(Germany)	9206	**Pauling LC**(U.S.)	15662	Enders JF(U.S.)	1193
	Bothe W(Germany)	201			Robbins FC(U.S.)	584
					Weller TH(U.S.)	1972

续表

	物理学		化学		医学	
	姓名(国家)	频次	姓名(国家)	频次	姓名(国家)	频次
1955	Kusch P(U.S.)	459	Du Vigneaud V(U.S.)	1470	Theorell AHT (Sweden)	3150
	Lamb WE Jr.(U.S.)	1625				
1956	**Bardeen J**(U.S.)	4788	Hinshelwood C (Britain)	476	Cournand AF(U.S.)	1263
	Brattain W(U.S.)	303	Semenov N(U.S.S.R.)	1257	Forssmann W (Germany)	637
	Shochley W(U.S.)	3571			Richards D(U.S.)	668
1957	**Lee TD**(U.S.)	4879	Todd A(Britain)	275	Bobet D(Italy)	1219
	Yang CN(U.S.)	1728				
1958	Chernkov PA(U.S.S.R.)	84	Sanger F(Britain)	3716	Beadle CW(U.S.)	948
	Frank IM(U.S.S.R.)	274			Lederberg J(U.S.)	3138
	Tamm IY(U.S.S.R.)	1144			Tatum EL(U.S.)	285
1959	Chamberlain O(U.S.)	236	Heyrovsky J(Czech)	1418	**Kornberg A**(U.S.)	4548
	Segrè E(U.S.)	493			Ochoa S(U.S.)	2425
1960	Glaser D(U.S.)	343	Libby WF(U.S.)	832	**Burnet FM** (Australia)	5553
					Medawar PB (Britain)	2600
1961	Hofstadter R(U.S.)	1686	Calvin M(U.S.)	2713	Von Békésy G(U.S.)	1960
	Mössbauer R(Germany)	436				
1962	**Landau LD**(U.S.S.R.)	18888	Kendrew JC(Britain)	1654	Crick FHC(Britain)	2524
			Perutz MF(Britain)	4263	Watson JD(U.S.)	2437
					Wilkins MHF (Britain)	745
1963	Jensen JHD(Germany)	79	**Natta G**(Italy)	5735	**Ecclee JC** (Australia)	10104
	Mayer MG(U.S.)	290	Ziegler K(Germany)	3258	**Hodgkin AL** (Britain)	7500
	Wigner EP(U.S.)	4948			Huxley AF(Britain)	2115

269

续表

	物理学		化学		医学	
	姓名(国家)	频次	姓名(国家)	频次	姓名(国家)	频次
1964	**Basov NG**(U.S.S.R.)	4320	Hodgkin	359	Bloch K(U.S.)	1456
	Prokhorov AM (U.S.S.R.)	1031	DMC(Britain)		Lynen F(Germany)	3020
	Townes CH(U.S.)	2570				
1965	**Feynman RP**(U.S.)	6031	**Woodward RB** (U.S.)	7069	**Jacob F**(France)	7101
	Schwinger JS(U.S.)	4855			Lwoff A(France)	2111
	Tomonaga S(Japan)	236			**Monod J**(France)	4791
1966	Kastler A(France)	570	**Mulliken RS**(U.S.)	10508	Huggins CB(U.S.)	3808
					Rous FP(U.S.)	1396
1967	**Bethe HA**(U.S.)	7718	**Eigen M**(Germany)	4980	**Granit RA**(Sweden)	4629
			Norrish RGW (Britain)	980	Hartline HK(U.S.)	1183
			Porter G(Britain)	3202	Wald G(U.S.)	3002
1968	Alvarez LW(U.S.)	331	Onsager L(U.S.)	3569	Holley RW(U.S.)	2296
					Khorana HG(U.S.)	1651
					Nirenberg MW (U.S.)	1916
1969	**Gell-Mann M** (U.S.)	9669	**Barton DHR**(Britain)	8135	Delbruck M(U.S.)	498
			Hassel O(Norway)	1113	Hershey AD(U.S.)	2039
					Luria SE(U.S.)	1876
1970	Alfvén HOG(Sweden)	1909	Leloir LF (Argentina)	2221	**Axelrod J**(U.S.)	6973
	Neel LEF(France)	3070			**Katz B**(Britain)	4690
					von Euler U (Sweden)	8728
1971	Gabor D(Britain)	1749	Herzberg G (Canada)	13110	Sutherland EW(U.S.)	5150
1972	**Bardeen J**(U.S.)	4788	Anfinsen CB(U.S.)	2286	Edelman GM(U.S.)	3414
	Cooper LN(U.S.)	323	**Moore S**(U.S.)	8167	Porter RR(Britain)	2528
	Schrieffer JR(U.S.)	1472	Stein WH(U.S.)	1274		

续表

	物理学		化学		医学	
	姓名(国家)	频次	姓名(国家)	频次	姓名(国家)	频次
1973	Esaki L(Japan)	747	**Fisher E**(Germany)	4788	Von Frisch K (Germany)	955
	Giaever I(U.S.)	695	Wilkinson G (Britain)	967	Lorenz KZ (Germany)	1560
	Josephson B(Britain)	1265			Tinbergen N (Netherlands)	1205
1974	Hewish A(Britain)	766	**Flory PJ**(U.S.)	10247	**DeDuve C**(Belgium)	8445
	Ryle M(Britain)	890			Claude A(U.S.)	493
					Palade GE(U.S.)	5969
1975	Bohr AN(Denmark)	3517	Cornforth JW (Australia)	2378	Baltimore D(U.S.)	2543
	Mottelson BR(Denmark)	1362			Dulbecco R(U.S.)	4005
	Rainwater J(U.S.)	300	Prelog V(Switzerland)	2229	Temin HM(U.S.)	3168
1976	Richter B(U.S.)	205	Lipscomb WN(U.S.)	1443	Blumberg BS(U.S.)	3555
	Ting SCC(U.S.)	303			Gajdusek DC(U.S.)	1318
1977	**Anderson PW**(U.S.)	6787	**Prigogine I**(Belgium)	4681	Guillemin R(U.S.)	2395
	Mott NF(Britain)	10473			Schally A(U.S.)	2985
	Van Vlech JH(U.S.)	5449			Yalow R(U.S.)	3658

注:1961~1975年期间总被引频次(基于 SCI 数据)。用黑体字刊出的姓名属于 1961~1975 年间被引用最多的 250 名主要著者。

资料来源:尤金·加菲尔德. 引文索引法的理论及应用[M]. 侯汉清,等译. 北京:北京图书馆出版社(今国家图书馆出版社),2004:54-56.

这些科学家的引文记录的范围最高为 18888(L. D. Landau),最低为 79(J. H. D. Jensen),居中的被引频次为 1910。只有 6 位诺贝尔奖获得者被引频次量低于 200 次。所有这些学者的获奖研究工作早在 1961 年 SCI 问世之前进行。38 位得到的被引频次在 100~3999 之间;34 位在 1000~2999 之间;21 位在 2000~2999 之间;16 位在 3000~3999 之间;43 位在 15 年中被引总频次超过 4000 次。作为一个整体,他们平均被引用 2877 次。与 1970~1974 年 SCI 累积索引中的著者的被引频次平均数做比较,发现后者在 15 年时间中每位著者的能够达到的平均累计被引频次少于 50 次。

其后，所有类似的研究均证明了引文分析在科学中的重要性。Garfield 指出"尽管引文索引最初是为书目工作而开发的，它被公认的功能是用作检索工具，但是，引文索引最重要的应用可能不在书目方面"[①]。他总结了引文分析最为重要的几个方面：一是作为科学管理的工具，"如果科学文献反映了科学活动，那么一个综合性的、多学科的引文索引，就能够为观察这些活动提供一个有趣的视野，该视野能够有效地阐明科学的结构和科学发展的过程。就此而言，SCI 数据库正在被应用于下述诸方面：评价期刊、科学家、机构或社团在研究中的角色；确定期刊与期刊之间、期刊和研究领域之间的关系；测试当前研究的影响；向社会提供有关重要的、新的交叉学科关系的早期预警；认定进展突然加速的研究领域；以及确定导致重大科学进步的进展次序"[②]。二是作为科学史的研究方法，包括确立基于科学过程的文献模型，建立以引文为基础的网络，编制反映科学进展的编年图，等等。三是用于科学结构的图示，利用同引集簇方法，依据引文数据可绘制出自然科学和社会科学的结构图。在反映专业结构的网络图中，节点代表文献簇，每个节点所标数字与文献簇标号相对应。研究者利用 1972 年第一季度的 SCI 数据库，尝试描绘自然科学专业结构图，大多数专业都与生物医学和化学相连，而且规模较小，这也许是自然科学专业的一个固有特点。众多和生物医学相连的专业与自然科学的其他分支没有关联，与之相反，和化学相连的专业则同时也与物理学或生物医学相连。这一模式表明，化学是多数自然科学学科聚集结合的一个重要交汇点——物理学和生物学之间非常微弱的关联进一步支持了这一假设[③]。

从核心期刊和引文分析的研究中，证明了无形学院的存在，并逐渐显示出学术研究的群体化特征。

引文分析不仅有助于分析学科领域的研究者和研究群体，还有助于了解学科文献的分布及其影响。以中国学术论文的高被引分析为例，中国科学技术信息研究所对 2005~2009 年科学文献进行统计，共有论文 952.3 万篇，其中 181.6 万篇在 2010 年获得过引用，累积被引频次为

---

①② 尤金·加菲尔德. 引文索引法的理论及应用[M]. 侯汉清，等译. 北京：北京图书馆出版社（今国家图书馆出版社），2004：53.
③ 尤金·加菲尔德. 引文索引法的理论及应用[M]. 侯汉清，等译. 北京：北京图书馆出版社（今国家图书馆出版社），2004：95.

307.2万次,各学科的引文情况如表8-4。

表8-4　2005~2009年中国人文社会科学引文频次

学科领域	论文总篇数	总被引频次	被引率	高被引论文篇数	高被引论文最高被引频次	高被引论文总被引频次	高被引论文篇均被引频次
马克思主义、列宁主义、毛泽东思想、邓小平理论	20557	3562	10.95	26	20	275	10.58
哲学、心理学	78670	21633	16.58	136	66	1761	12.95
社会科学总论	88103	34033	21.89	261	59	3039	11.64
政治	173283	37906	13.79	307	99	3188	10.38
法学	168957	41451	15.83	304	59	3081	10.13
经济学	109770	45071	21.94	249	112	4713	18.93
经济计划与管理	331744	98692	17.88	698	86	8986	12.87
农业经济	110510	41379	21.13	311	53	3479	11.19
工业经济	102832	23963	14.51	185	180	2451	13.25
交通与旅游经济	50258	21023	24.32	138	35	1511	10.95
贸易经济	79109	23251	18.16	151	38	1760	11.66
财政金融	179290	55930	18.17	336	76	4665	13.88
文化、文学与艺术	263921	30770	8.84	273	35	1887	6.91
新闻出版	62489	13149	14.24	105	18	886	8.44
图书情报档案	123029	56099	25.81	335	71	3697	11.04
教育	825347	258029	18.48	2269	122	23575	10.39
体育	85679	37728	25.14	352	62	3375	9.59
语言文字	133204	38842	16.53	262	154	4346	16.59
历史	70703	9605	10.41	75	12	460	6.13

资料来源:作者整理自:曾建勋.中国高被引指数分析(2011年版).北京:科学技术文献出版社,2011:437,447,457,467,477,487,497,507,517,527,537,547,557,567,577,587,597,607,617.

由表8-4可看出,在人文社会科学领域,教育论文总篇数(825347)和总被引频次(258029)均是最高的,但被引率只占到中位数(18.48),被引率最高的是图书情报档案(25.81);在高被引论文中,篇数(2269)和总被引频次(23575)最多的还是教育,但高被引论文最高被引频次最高的是工业经济(180),而高被引论文篇均被引频次最高的是经济学(18.93)。这说明教育论文在人文社会科学中占有较大的规模。但如果将经济的各个领域(经济学、经济计划与管理、农业经济、工业经济、交通与旅游经济、贸易经济、财政金融)加起来,其总和会远远超过教育,占据人文社会科学的首位。值得注意的是,传统的人文学科(如历史等)无论是从论文规模还是引文率、高被引等方面都不占优势,从一个侧面反映出我国人文社会科学偏向应用研究的发展趋势。

Rogers 和 Hurt 认为,学术传播体系必须具备三种能力:一是注释与评论(notes and comments);引文追溯(citation tracking);使用记录(usage log)[1]。在这一体系中,文献占有重要地位。而到了网络时代,学术传播方式发生了较大变化,"新的学术传播体系必须具备以下 8 种特征:①回归'以学者为中心'的精神,让学者及其所属机构能够掌控学术资源。②以网络为基础。③学术资源出版量无限宽广,并且呈现多元资料类型。④保障学者及其所属机构的著作权权益。⑤同行评阅机制的价值将更为突显。⑥反映学术信息提供者之直接成本于作者与订阅户,高成本与高定价之环境趋势已可预料。⑦即时性信息增多。⑧提供一个能够创造、转换、组织信息的新工具,并且符合以下需求:学者可以透过网络传递信息而不失真;为个别学者或团体提供适用的资源;网络资源引用文献的完整性与一致性;能够在网络环境中制作索引与摘要"[2]。

我国台湾淡江大学教授邱炯友研究学术传播与学术出版的关系,认为:"'出版'是一种文化与资讯(即'信息')之'传播'过程和成果,在网络上资讯资源与网络化电子出版品已难为区别的环境之下,原本皆以知识内容为核心的出版、传播与资讯三者之关系将密切整合,其份际愈形模糊。学术著作的要求标准常是独创性、思想性、启蒙性与专业性兼具,因而学术出版的本质便是在追求这些标准之余,觅得学术尊严与商业价值的妥协。学术出版的本质也是对科学的原创性与智慧经验的保存与

---

[1] Sharon J Rogers, Charlene S Hurt. How scholarly communication should work in the 21st century[J]. The Chronicle of Higher Education, 18 October 1989: A56.

[2] AUCC-CARL/ABRC Task Force on Academic Libraries and Scholarly Communication. Towards a new paradigm for scholarly communication (September 1995) [EB/OL]. [2015 - 10 - 04]. http://www.lib.uwaterloo.ca/documents/scholarly(aucc-carl).html.

传播,出版发行是传播的手段也是目的。"①

需要指出的是,基于研究文献的评价始终存在的某种局限性,特别是学术界对于引文评价泛滥以及过度夸大引文评价功能的批评,时间滞后、自引、负面引用等,无法全面反映学术影响力,特别是在网络环境下传统学术评价方法难以适应,于是产生了"soft peer review"(软同行评审假说)、"article-level metrics"(论文层面计量学)以及"scientometrics2.0"(科学计量学2.0)②等理论假说。

与此同时,一种衡量学术研究影响力的新方法——Altmetrics(Alternative Metrics的缩写,2010年由北卡罗来纳州立大学教堂山分校图书情报博士生Priem Jason(普里姆·杰森)在其Twitter上提出,被译为"替代计量""补充计量""选择性计量""社媒影响计量"等)应运而生。它不仅包括了引用次数,还包括了被其他社交平台的收藏、分享、提及等行为所反映的影响力,成为对基于引文的学术评价的重要补充。目前,已有Impact Story、Altmetric.com. Plum Analytics、PLOS等工具③来计算并展示Altmetrics值,在机构知识库和知识发现系统中得到应用。

---

① 邱炯友.学术传播与期刊出版[M].台北:远流出版事业股份有限公司,2006:1-2.
② 刘春丽.Altmetrics:从理论假说、术语提出到内涵的重新界定[J].图书情报工作,2015(6):82-89.
③ 刘恩涛,等.Altmetrics工具比较研究[J].图书馆杂志,2015(8):85-92.

9 知识管理论

知识管理既是管理学和诸多相关学科的交叉领域,也是知识学研究的重要领域。管理学角度的知识管理研究必须从企业和组织的视角来考虑,从图书情报学视角,知识管理研究则要以文献管理与情报管理为基础。知识学研究视角,将有利于知识管理研究突破单一思维模式,以综合的角度对知识管理进行理论与实践的全面探讨。

9.1 知识管理学派

9.1.1 知识管理历史发展分期

国外关于知识管理的历史分期,P. Katsoulakos(P. 凯索拉克)和 D. Zevgolis(D. 泽瓦格)(2004)做如下的概括:20 世纪 50 年代知识管理理论植根于管理理论,以 Peter F. Drucker 为代表。20 世纪 50 年代到 80 年代是知识管理理论的形成时期,而其发展的早期标志则是对产业动力学的研究,产业动力学为技术和经济之间相互关系的解释提供理论和框架支持,并强调学习过程对管理者形成更具系统性和动态性的观点的重要性。80 年代后期,知识的竞争性资产的价值得到认可,知识管理理论研究开始深入。进入 90 年代,知识管理理论普遍被接受并进入快速发展时期[①]。IIkka Tuomi(托米,2002)和 Kostas Metaxiotis(麦塔肖提斯,2005)等人将知识管理理论发展归纳为"三代说":第一代知识管理(20 世纪 70~80 年代)主要关注个人知识,第二代知识管理(20 世纪 90 年代到 21 世纪初)主要关注群体知识,第三代知识管理(未来)加强知识与

---

① Katsoulakos P, Zevgolis D. Knowledge management review 2004 [EB/OL]. [2006-05-18]. http://www.kbos.net/uploadfiles/KM%20Review%202004e.pdf.

企业战略和流程的紧密结合,"成为员工日常工作的一部分和动力"①。Snowden(斯诺登,2004)提出了基于知识生态的"第三代知识管理",指出"知识管理不再是把知识看作'物(thing)'来管理,而是对知识的生态进行管理,知识管理就是创造'共享背景'"②。

在我国,陈远等(2007)研究了国内外知识管理的发展过程,国外发展划分五个阶段:诞生阶段(20世纪70至80年代);雏形阶段(20世纪80年代初至80年代中期);关注阶段(20世纪80年代末至90年代初);快速成长阶段(20世纪90年代中期);白热化阶段(1996年至今)。国内发展划分两个阶段:发生阶段(20世纪80年代末至90年代初);发展阶段(20世纪90年代中期至今)③。胡洁和彭颖红以2000年为标志,将知识管理分为两个阶段:以信息技术为中心阶段和以知识管理系统构建为中心阶段④。

知识管理不是突然诞生的,经历了伴随管理与社会发展的一个相当长的过程。目前,已有的知识管理分期只考虑到近五六十年的时间以及组织知识管理的范畴,是不全面的。本研究认为,知识管理的发展严格细化比较困难,可以粗略划分为传统和现代两个时期。

传统知识管理时期,是在现代知识管理之前的,知识还未能成为社会正式的生产要素和组织要素,重点在于对各种知识的社会传播及其相应的组织管理。Karl M. Wiig(卡尔·维格)认为:知识管理的源头可以追溯到几千年前对"知识"的最早论述以及对实践性知识的管理。13世纪的手工业行会以及"学徒工—熟练工—师傅"的模式是基于系统和实用的知识管理观念。随着商业要素的加入,开始综合考虑认识、动机、个人满意度、安全感等其他因素;同时开始思考对如何有效地向有知识和有能力的人进行授权。知识管理的出现体现了自200多年前的思想启蒙运动以来人类对个人及思想自由的追求。Wiig专门论述了知识管理的思想渊源,有两大方面,"一是历史渊源,包括:①宗教及哲学(如认识论)对知识的作用和性质的认识,以及思想禁锢被打破以后个人'自主思

---

① Tuomi I. The future of knowledge management[EB/OL]. [2006-10-24]. http://ec.europa.eu/employment_social/knowledge_society/docs/tuomi_fkm.pdf.
② Snowden D. The third knowledge management generation[EB/OL]. [2006-05-20]. http://www.readwriteweb.com/archives/third-generatio.php.
③ 陈远,赵蓉英,邱均平,等. 知识管理研究及应用进展[C]//查先进. 情报学研究进展. 武汉:武汉大学出版社,2007:318-373.
④ 胡洁,彭颖红. 企业信息化与知识工程[M]. 上海:上海交通大学出版社,2009:289.

考'的权利;②心理学对知识在人类行为中的作用的认识;③经济学和其他社会科学对知识在社会中的作用的认识;④商业理论对工作及组织的认识。二是20世纪管理界提高效率的努力,包括:①科学管理、TQM以及效率的管理科学;②心理学、认知科学、人工智能和学习型组织"[1]。Grover(格罗弗)和Davenport(达文波特)认为"知识管理的理论溯源是古代哲学对知识和认知的思考,但真正的知识管理理论则是开始于20世纪50年代的认知学的研究。真正商业领域中的知识管理研究则是集中在管理和组织两个层面,并形成了两大理论内容:一是企业异质化的理论解释,主要是'交易成本论'和'资源基础论'之间的争论;二是知识在组织内和组织间的各项活动的解释"[2]。

现代知识管理时期可进一步划分为四个阶段:

(1)现代知识管理的初创阶段(1945~1985)

这一阶段以"初创"为标志。第一,知识概念进入社会领域,与信息、技术、创新、经济等相结合。随着第二次世界大战的结束和第一台计算机的研制成功,Drucker提出向知识社会的转化,提出"知识劳动者"的概念。70年代,Everett Rogers(埃弗雷特·罗杰斯)在斯坦福进行了创新扩散的研究,具有开创性。第二,知识管理工具产生,1978年,Doug Engelbart(道格拉斯·恩格尔巴特)推出了一个超文本/群体应用系统,具有连接其他应用软件和系统的功能。第三,知识管理研究成果产生。如美国《公共管理评论》杂志1974年刊发N. I. Henry(亨利)的知识管理文章[3]。美国《公共管理评论》1975年刊发4篇知识管理文献:《官僚、技术与知识管理》《控制论、职业化与知识管理——虚无理论中的一次演习》《科技社会中的知识管理——政府管理的指示器》《财务政策形成过程中的知识管理》。1984年,北卡罗来纳州立大学S. Jayaraman(杰亚拉曼)完成了第一部知识管理的博士论文[4]。

---

[1] 德普雷,肖维尔. 知识管理的现在与未来[M]. 刘庆林,译. 北京:人民邮电出版社,2004:4-6.

[2] Grover V, Davenport T H. General perspectives on knowledge management: fostering a research agenda[J]. Journal of Management Information System, 2001, 18(1): 5-21.

[3] Henry N I. Knowledge management: a new concern for public administration[J]. Public Administration Review, 1974, 34(3): 189-196.

[4] Jayaraman S. Knowledge management and problem solving in textiles[M]. North Carolina State University, 1984.

(2) 知识管理的推广应用阶段(1986~1994)

这一阶段以"推广应用"为标志。第一,正式提出了知识管理概念。"知识管理"概念第一次出现在国际劳工组织1986年主办的欧洲管理大会上并得到认可。但这一概念"直到20世纪90年代才在实际商业活动中得以应用"①。第二,建立了知识管理交流的重要平台。国际知识管理网络(IKMN)1989年在欧洲创办,于1994年上网,发布了对80家德国公司的知识管理调查结果。第三,有了知识管理专门项目的运行。一家美国企业社团在1989年启动了"管理知识资产"项目。90年代,欧洲国家以及美、日等国的一些企业正式运行了重点知识管理项目。其四,加强了知识管理的研究。一些著名杂志如《斯隆管理评论》《组织科学》《哈佛商业评论》等陆续发表有关知识管理的论文,1991年在《财富》杂志首次发表了Tom Stewart的"智囊",《哈佛商业评论》首次刊发Nonaka的知识管理文章。关于组织学习的专著如Peter M. Senge(彼特·圣吉)的《第五项修炼》等出版,知识管理进入了畅销书行列。

(3) 知识管理的全面快速发展阶段(1995~2001)

这一阶段以"全面快速发展"为标志。第一,企业知识管理成为知识管理的主流。Nonaka和Takeuchi的《创造知识的公司:日本企业如何建立创新动力学》(1995年)是知识管理领域影响最大的著作。同年,欧共体通过ESPRIT计划为知识管理的相关项目提供资助。第二,知识管理实践在企业得以全面实施。不少企业在管理上不要进行全面质量管理和商业流程重组,取而代之的是知识管理方案选用,知识管理成为理想的管理模式。第三,重视知识型企业与知识管理标准的发展。1998年全球知识型企业MAKE(Most Admired Knowledge Enterprises)评选产生,由美国Teleos公司和KNOW Network公司共同创办。知识管理标准化正规化启动,如2001年的《知识管理:知识时代成功的框架》(标准澳洲出版)、《知识管理:实践指南》(英国标准协会出版)。第四,知识管理成为国际学术研究的重要领域。1996年OECD发布《以知识为基础的经济》推动企业对知识管理的快速引进。1996年欧洲知识管理协会(European Knowledge Management Association)成立标志着知识管理国际性组织产生。第一种知识管理专刊 *Journal of Knowledge Management* 于1997年由

---

① Stuart Barnes. Knowledge management systems: theory and practice[M]. Thomson Learning, 2002:2.

英国出版商 Emerald 出版。1998 年国际首届知识管理大会（IKMS'98）召开，此后每年举办一届国际大会。1999 年开始，知识管理文献数量快速增长。

（4）知识管理的深度稳步发展阶段（2002～）

这一阶段以"深度稳步发展"为标志。第一，知识管理进入变革新阶段。以 2002 年 7 月，Larry Prusak 提出的"第二代知识管理"为标志，要求知识管理变革，重视组织内非正式沟通并建立信赖环境，提供学习空间以分享并创造隐性的知识。在 2003 年 12 月第二届 David Gruteen KM 会议上，有代表提出知识管理不是头脑中的存在，而是现实中的行动。国外学者指出，对于一个组织而言，提高竞争力是知识管理的目标，利用人力管理系统对人员的聘用、留用、使用、奖励是知识管理的重点。第二，重视实施知识管理标准化。美国知识管理国家标准 GKEC（Global Knowledge Economics Council）于 2002 年 1 月 15 日正式颁布实施。第三，组织知识管理在组织变革和绩效提升上发挥重要作用，相关理论研究进一步加强。组织中知识管理国际会议（International Conference on Knowledge Management in Organizations，KMO）于 2006 年成功举办，至 2016 年已举办 11 届（详见表 9－1）。

表 9－1 2006～2016 年 KMO 国际会议一览

届次	时间	地点	组织（承办）机构	主题
1	2006 年 6 月 13～14 日	马里博尔（斯洛文尼亚）	马里博尔大学	知识管理的新趋势
2	2007 年 9 月 10～11 日	莱切（意大利）	莱切大学	知识管理的新趋势
3	2008 年 6 月 24～25 日	瓦萨（芬兰）	瓦萨大学	组织知识管理的挑战
4	2009 年 6 月 23～24 日	台北（中国）	台湾大学	知识管理与服务科学
5	2010 年 5 月 18～19 日	维斯普勒姆（匈牙利）	潘诺尼亚大学	服务和产品创新

续表

届次	时间	地点	组织(承办)机构	主题
6	2011年9月27~28日	东京（日本）	东京工业大学	可持续创新的知识管理
7	2012年7月11~13日	萨拉曼卡（西班牙）	萨拉曼卡大学	服务与云计算
8	2013年9月9~13日	高雄（中国）	高雄大学	知识管理的社会与大数据计算
9	2014年7月8~11日	圣地亚哥（智利）	圣玛利亚大学	用于提高创新与竞争力的知识管理
10	2015年8月24~28日	马里博尔（斯洛文尼亚）	马里博尔大学	知识管理和物联网[①]
11	2016年7月25~28日	哈根（德国）	哈根大学	知识管理影响社会的变化面[②]

资料来源：作者整理自：孙晓宁，赵宇翔，朱庆华.知识管理研究的现状与趋势：第7届KMO国际会议述评[J].情报资料工作，2014(5)：5-13.

从表9-1看，知识管理加强对新环境的影响研究，云计算、社会计算、大数据、物联网与知识管理的结合，成为前沿课题。

9.1.2 关于知识管理流派的讨论

在知识管理发展中形成众多的流派，国内外对此有所研究，但并没有形成一致的意见。为便于讨论，将有代表性的观点形成表9-2。

---

① Knowledge Management in Organizations. 10th international conference, KMO 2015, Maribor, Slovenia, August 24-28, 2015, Proceedings[EB/OL].[2016-02-23]. http://www.springer.com/cn/book/9783319210087.

② KMO. KMO 2016 in Hagen: The 11th international conference on knowledge management in organizations[EB/OL].[2016-04-23]. http://www.ais.utm.my/zuraini/2015/12/04/kmo-2016-germany/.

表9-2 关于知识管理流派的主要划分

划分	牛津大学 Michael Earl①	中国人民大学 左美云②	清华大学 吴金希③	清华大学 彭锐和刘冀生④	中国科技信息研究所 陈建东⑤	中国科学院 蒋日富和霍国庆等⑥	华南师范大学 盛小平等⑦
系统	系统学派			系统学派			
制图	制图学派						
工程	工程学派		知识工程学派	工程学派			知识工程流派
商业	商业学派				经济学派		
组织	组织学派			组织行为学派			组织行为流派
空间	空间学派						空间流派
战略	战略学派		战略管理学派		战略学派	战略流派	战略管理流派
技术		技术学派	IT技术学派		技术学派	技术流派	信息技术流派
行为		行为学派			行为学派		
综合		综合学派					综合流派
过程				过程学派		过程流派	
实体				实体学派			
学习						学习流派	
智力资本						智力资本流派	
认识论							认识论流派
知识创新							知识创新流派

资料来源:作者整理。

① Earl M. Knowledge management strategies:toward a taxonomy[J]. Journal of Management Information Systems,2001,18(1):215-242.
② 李华伟,董晓英,左美云.知识管理的理论与实践[M].北京:华艺出版社,2002:36.
③ 吴金希.用知识赢得优势——中国企业知识管理模式与战略[M].北京:知识产权出版社,2005:28-34.
④ 彭锐,刘冀生.西方企业知识管理理论——"丛林"中的学派[J].管理评论,2005(8):58-63.
⑤ 陈建东.知识管理理论流派研究的初步思考[J].情报学报,2006(10):300-302.
⑥ 蒋日富,霍国庆,郭传杰.现代知识管理流派研究[J].管理评论,2006(10):23-31.
⑦ 盛小平,吴菁.知识管理流派浅析[J].国家图书馆学刊,2007(1):55-62.

从表 9-2 不难看出,国内外提到的知识管理学派有 16 种之多,划分观点比较分散,在 7 家代表性的划分中,相对集中的有技术学派(5 家,其中有 IT 技术学派和信息技术流派)、战略学派(5 家,其中有战略管理流派)、工程学派(4 家)、组织学派(3 家,其中有 2 家组织行为学派),而仅仅只有一家之言的学派有:制图学派、实体学派、学习流派、智力资本流派、认识论流派、知识创新流派。

在知识管理领域,技术和人文的分野实际是存在的,早期的研究就有技术和人文的划分讨论。Gloet(格罗伊特)和 Berrell(贝莱尔)将知识管理分为两大范式:技术范式和人文范式,认为范式隔阂(paradigm gap)使这两种范式各自发展,难以融合,最终导致知识管理学科的崩溃或瓦解[①]。Hazlett(黑兹利特)等认为,知识管理在信息系统和管理学两个学科背景下,形成了计算机范式和组织范式两个分支,这两种范式存在明显分歧,但会彼此长期共存[②]。这与技术范式和人文范式的观点有相似之处。如果将英国牛津大学的 Michael Earl(迈克尔·厄尔)划分的 7 个学派分为两组,一组是"系统学派、制图学派、工程学派",另一组是"商业学派、组织学派、空间学派、战略学派",也可以看出"技术"和"人文"两大类别。

可以肯定的是,技术学派的确是存在的,而人文方面则需要进一步细分。彭锐和刘冀生的四个学派(工程学派、过程学派、实体学派和系统学派)都是围绕技术展开,没有充分考虑人文因素,体现了知识管理技术化的思维。左美云的三个学派划分比 Earl 的七个学派要简单得多,与技术和人文两大范式比,又增加了综合学派,对后来的流派研究有一定的影响。而陈建东将左美云的"综合学派"派生出经济学派和战略学派,认为"经济学派明显突出了效果上的实用性和利益性;战略学派明显突出了组织上的目标性和灵活性"[③]。这样,否定了综合学派的存在,形成"技术学派、行为学派、经济学派、战略学派"四个学派的划分,这里显然又采纳了 Earl 的商业学派和战略学派的观点。吴金希的四个学派把左美云的"技术学派"缩小为"IT 技术学派",把 Earl 的"工程学派"和"战

---

① Gloet M, Berrell M. The dual paradigm nature of knowledge management: implication for achieving quality outcomes in human resource management[J]. Journal of Knowledge Management, 2003, 7(1): 78-89.
② Hazlett S-A, Mcadam R, Gallagher S. Theory building in knowledge management: in search of paradigms[J]. Journal of Management Inquiry, 2005, 14(1): 31-42.
③ 陈建东. 知识管理理论流派研究的初步思考[J]. 情报学报, 2006(10): 300-302.

略学派"分别缩小为"知识工程学派"和"战略管理学派",又将 Earl 的"组织学派"和左美云的"行为学派"合并为"组织行为学派",也可以看出技术与人文的进一步区分。

相比而言,蒋日富和霍国庆等的五个流派划分和盛小平等的八个流派划分创造了几个新概念,有意与以上的划分相左。虽然突出了管理学的思维,但由于一些概念没有得到广泛的认同,使得这种划分仍然有其局限性。

9.1.3 知识管理的五大学派

在上述讨论的基础上,本研究提出五大学派:战略学派、技术学派、行为学派、资本学派和综合学派。

行为学派、技术学派和资本学派是对知识管理的传统划分,代表了知识管理在美、日、欧三大地域的发展优势。技术学派突出技术优势,来源于信息系统和工程领域对于知识的研究,将技术作为最重要的资源进行管理,强调信息技术的价值及其在管理中的应用。行为学派以人为中心,突出对人的管理,来源于组织行为和人力资源对于知识的研究,将心理学、社会学理论应用于管理之中,强调组织学习。资本学派以公司无形资产管理为主要特征,来源于经济领域对于知识的研究,强调知识的经济价值和资本运营。

行为学派和资本学派侧重于知识管理的人或资产方面,有一定的影响。但从知识管理的发展而言,技术学派一直成为主流。这一学派依赖信息技术,以信息管理为基础,建立基于新技术的知识管理系统,不断引入并整合先进的信息技术和知识技术,成为这一学派的特色。此外,这一学派将知识管理系统(KMS)作为知识管理平台和核心资源,通过技术创新和技术管理,实施知识管理。例如,2002 年新西兰 Stuart Barnes(斯图尔特·巴恩斯)主编的《知识管理系统:理论与实务》(*Knowledge Management Systems: Theory and Practice*, *Thomson Learning*)收入世界 9 个国家 33 位知识管理系统专家的论文,列举使用知识管理系统给企业带来的广阔的商业良机。由于知识管理技术和系统的全面发展,把这一学派推到了显要的位置。

相对前三个学派,战略学派是后起的,从战略管理角度,知识是一种战略资源,这一学派以战略管理理论为依据,推进知识管理战略发展,如中国科学院研究生院管理学院的博士生导师霍国庆著有《企业知识管理战略》。

由于不同学派总是侧重某些方面,从而产生了综合学派。这一学派从综合的角度进行知识管理研究,将知识管理与信息管理、竞争情报进行关联研究,既关注企业知识,又关注政府及其他组织的知识;既研究组织的知识管理,也研究个人的知识管理;既重视经济知识的共享,也重视科学知识的交流。这一学派的主要特点是:其一,这一学派的研究者特征大多来自图书情报学界和管理学界,主要代表人物有:美国著名图书馆学者李华伟和北京大学光华管理学者董小英等人著《知识管理的理论与实践》是国内较早的知识管理著作,在知识管理发展初期产生了重要学术影响。其二,以企业知识管理为基础,运用多学科理论与方法,对知识管理进行多角度研究。除关注企业知识管理外,还特别重视其他领域的知识管理,如政府知识管理、社会知识管理以及个人知识管理,使知识管理的范畴不断扩大。其三,是将知识管理与信息管理紧密结合,借鉴了知识组织和知识服务的相关理论方法,发展知识管理方法与知识管理技术。如武汉大学信息管理学院邱均平先后发表了《论知识管理》《论知识管理与信息管理》《论知识管理与知识创新》《论知识经济中的知识管理及其实施》等论文;南京大学信息管理系苏新宁的《组织的知识管理》《企业知识管理系统》。其四,是结合图书情报的特点,将知识管理引入图书馆,建立图书馆知识管理的专门领域。如柯平《图书馆知识管理研究》是国内第一本研究图书馆知识管理的较高水平的专著。将知识管理与情报学结合,如武汉大学马费成完成了国家社会科学基金项目《基于IRM及KM范式下的情报学发展模式研究》(项目编号:03BTQ012),出版了专著。其五,将知识管理发展成为一个专门学科,试图构建知识管理学的理论体系。如南开大学商学院信息资源管理系柯平的《知识管理学》和武汉大学信息管理学院邱均平的《知识管理学》。总体来说,综合学派反映了知识管理从多元分散到集中整合的趋势,从某种意义上,综合学派对于单纯强调技术或者强调资本等某一方面,起到了折中和调和作用。

9.2 知识管理的范畴体系

9.2.1 两次知识管理革命

知识管理是一个在自我革命中不断发展的新兴学科,每一次革命都给知识管理以全新的变化与影响,主要特征是:一是研究范畴的扩大;二是理论的创新;三是新技术及其他社会因素的深刻影响。

9.2.1.1 从第一代知识管理到第二代知识管理的革命

第一代知识管理在 20 世纪 90 年代达到顶峰。C. W. Holsapple 和 K. D. Joshi 总结和描述国外 20 世纪 90 年代提出的 10 个有代表性的知识管理框架[①],见表 9-3。

表 9-3 知识管理的 10 个代表性框架

代表人物	框架名称	框架主要内容
Wiig(1993)	知识管理三支柱模型	3 个支柱:支柱Ⅰ与知识和知识充分性的探索,支柱Ⅱ评估知识价值和知识相关活动,支柱Ⅲ知识管理活动的指导
Nonaka(1994)	知识转化模型	4 种转化:从隐性知识到隐性知识的转化,从显性知识到隐性知识的转化,从显性知识到显性知识的转化,从隐性知识到显性知识的转化
Leonard-Barton(1995)	核心能力与知识构建模型	4 种核心能力包括物理系统、管理系统、员工的知识和技能、价值和规范,4 种知识构建活动包括解决问题、引进知识、执行和整合、实验
Andersen & APQC(1996)	组织知识管理模型	3 个方面:组织内知识、知识管理过程和知识管理动力
Choo(1996)	"知"型组织模型	3 个过程:感知(信息解读)、创造知识(信息转化)、制定决策(信息处理)
Petrash(1996)	知识资本模型	3 个要素:人力资本(个体的知识)、组织资本(建构,过程,文化)、客户资本(客户的价值观念)

[①] Holsapple C W, Joshi K D. Understanding knowledge management solutions: the evolution of frameworks in theory and practice[C]//Stuart Barnes. Knowledge Management Systems: Theory and Practice. Thomson Learning, 2002: 223-241.

续表

代表人物	框架名称	框架主要内容
Szulanaki(1996)	知识转移模型	知识转移阶段(启动,实施,过渡上升,整合);影响知识转移的因素(知识转移特性,知识源的特性,知识接受者的特性,环境特性)
Alavi(1997)	知识管理过程模型	获取,编制索引,过滤,连接,传播,应用
Sveiby(1997)	无形资产模型	3个部分:外部结构;内部结构;雇员能力
Van der Speck & Spijkervet(1997)	知识管理阶段模型	4个阶段组织周期:概念化、反映、行动、回顾

资料来源:Holsapple C W,Joshi K D,Understanding knowledge management solutions:the evolution of frameworks in theory and practice[C].//Stuart Barnes. Knowledge Management Systems:Theory and Practice. Thomson Learning,2002:223 - 241.

由于第一代知识管理过于技术中心论,以及过分强调组织内现有知识的共享,使得知识管理很难以见效,甚至在一些组织,出现了知识管理完全失败的结局。这就引起了知识管理界专家们的反思,总结失败的教训和原因,发现了知识管理传统技术方法和思维模式的致命弱点,"知识管理工程失败的两个主要原因是缺乏战略优势和对知识管理的需求不足,而不是文档和操作系统的缺乏"[①]。的确在知识管理系统使用过程中出了过高评价技术或过低评价用户的现象,我们确信超过一半以上的知识管理系统项目之所以会失败是因为方法论的缺乏[②]。

美国知识管理大师Larry Prusak在走访了许多实施知识管理的公司后,2002年7月提出了"第二代知识管理"的概念。从某种意义上说,第二代知识管理的提出直接原因是第一代知识管理的不成功和失败,因此,第二代知识管理就是要解决第一代知识管理的某些局限性,充分考虑人力资源和知识过程的主动性,弱化技术中心的倾向;另外还提出了一些新的观点、术语和概念。知识管理联盟的知识管理模式标准委员会

---

① Ruggles R. The state of the notion:knowledge management in practice[J]. California Management Review,1998,40:80 - 89.
② Lawton G. Kowledge management:ready for prime time? [J]. IEEE Computer,2001,34:12 - 14.

主席、IBM 知识管理咨询公司负责人 Mark W. Mcelroy 在 2002 年 10 月出版的《新知识管理——复杂性、学习和可持续创新》一书中将第二代知识管理归纳为十大核心思想[①]：知识生命周期理论；知识管理和知识处理；知识管理中的供与求；嵌套知识域；知识仓库；组织学习；开放式组织；社会革新资本；可持续发展；自组织和复杂性理论。

9.2.1.2 从组织知识管理到超组织知识管理的革命

知识管理从产生一开始就打上组织的烙印，一直作用于组织层面，"组织知识管理"或"企业知识管理"甚至成为知识管理的代名词。一切为了组织成为知识管理的目标，因而忽略了组织之外更大的空间，导致知识管理在应用范畴上的局限性。

超越组织层面是知识管理第二次革命的结果。自从知识管理在政府应用成功后，为知识管理拓展范畴有了信心，增大了知识管理向更广泛应用领域的可能性。个人知识管理提出并发展后，知识管理完全跳出了组织的局限和框框。

陈永隆提出了由知识来源（input）、知识活动（activity）、知识输出（output）三个构面组成的"平衡知识管理"（Balanced Knowledge Management, BKM）（见图 9-1）。这里，将知识管理的核心内涵，经由知识文件管理（document management）、知识社群经营（knowledge community management）、核心专长管理（core competence management）三大部分展开平衡布局，借由将企业与个人内隐知识（tacit knowledge）转为外显知识（explicit knowledge），组织竞争优势与个人核心优势接轨，并以全球网络架构（即 Intranet, Extranet, Internet）为知识流通基础所形成的企业内部知识（intra-knowledge）、企业间知识（extra-knowledge）与全球知识（inter-knowledge），再结合企业资源全球化与虚拟化的趋势，所规划出跨领域学习的平衡式知识管理。

图 9-1 中，知识来源面（input）平衡式管理，包括四种即个人内隐/外显知识之平衡管理；企业内部/外部知识之平衡管理；组织策略与个人专长之平衡管理；实体资源与虚拟资源之平衡管理。知识活动面（activity）平衡式管理，包括"经营管理方式、信息科技应用、企业自有文化之平

---

① Mcelroy M. The new knowledge management: complexity, learning and sustainable innovation [M]. Butterworth-Heinemann, USA, 2003.

衡管理"和"跨专业领域平衡训练"两种。知识输出面(output)平衡式管理,以平衡计分卡(Kaplan 和 Norton,1996)的四个基本构面为参考,包括财务、顾客、学习、流程兼顾之目标平衡管理。

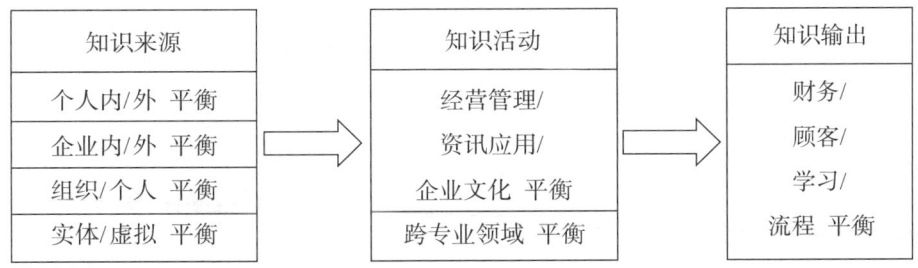

图9-1 平衡知识管理示意图

资料来源:陈永隆.知识经济下的优势转型与知识价值链[J].经济管理文摘,2004(7):12-16.

9.2.2 知识管理的研究视角与研究维度

Karl Wiig 认为,"知识管理主要涉及四个方面:自上而下的监测、推动与知识有关的活动;创造和维护知识基础设施;更新组织和转化知识资产;使用知识以提高其价值"[1]。

C. W. Holsapple 和 K. D. Joshi 曾调查国外知识管理研究的主要视角[2]:信息系统(22%);管理(13%);战略管理(13%);计算机科学(9%);公共管理(9%);哲学(9%);认知科学和人工智能;金融;以人为本的设计;通信;经济学;管理科学;组织行为学;社会学;改革的战略;价值创新。最后10类所占的比例均为3%。

Mariano Nieto 从两个层面对知识管理进行了分析研究[3]。从宏观层面看有三个分析单元:①人类社会,下属社会学(技术进步和社会变革;技术评估;技术的社会控制;技术变革的伦理研究)和历史学(技术变革的本质;不同社会的技术演变);②经济系统,下属经济学(改革和经济增

---

[1] Wiig K. Intergrating intellectual capital and knowledge management[J]. Long Range Planning,1997,30(3).

[2] Holsapplea C W, Joshi K D. An investigation of factors that influence the management of knowledge in organizations[J]. Journal of Strategic Information Systems,2000:235-261.

[3] Mariano Nieto. From R&D Management to knowledge management-an overview of studies of innovation management[J]. Technological Forecasting & Social Change,2003:135-161.

长;国家创新体系;技术政策;专利经济;改革和职业;革新过程的经济分析;改革的推广;技术变革和国际贸易);③工业;下属工业经济(含量百分比;专业的状况;差别化;技术的机遇;市场机遇;公司的规模;改革的形式)。微观层面有四个分析单元:①公司,下属技术战略(将技术整合进战略的手段;分析和格式化技术战略的工具;改革的时机:领导或是追随技术变革;使用新技术:内部的 R&D,技术合作,特许)和组织革新(改革和机构变革;设计创新的机构;R&D 产品、市场之间的关系;革新和学习);②R&D 部门,下属 R&D 部门的组织(R&D 部门的活动组织;技术人事部门和报酬系统的管理;技术信息的传播);③R&D 项目,下属管理 R&D 项目(R&D 活动的预算和资助;R&D 项目评估;计划、设计和控制 R&D 项目;项目的领导和团队);④产品,下属新产品的开发(新产品的开发过程;开发新的技术性能;产品平台;开发新产品的成功因素;减少开发时间)。

Kostas Ergazakis(科斯塔斯·艾扎克)等认为,知识管理有人、技术、知识和组织四大要素,"知识管理的研究内容有四类:第一类是 IT 技术与系统;人工智能工具知识管理标准化;知识管理术语;知识自动化;知识管理单位设计;第二类是知识管理方法论;知识管理框架;知识管理与决策支持系统;知识管理与营销;知识管理与 ERP;第三类是知识管理与人、文化和行为改变;知识共享;知识分布;知识管理与组织战略;组织记忆;第四类是知识管理与中小企业;知识管理与数据挖掘;知识管理与网络挖掘;隐性知识获取;知识管理流程"①。

近几年来,国外知识管理研究表明了如下特征:重视多领域的应用,如《在家庭医院中实施知识管理的实践》(Sánchez-Polo, Maria Teresa. Journal of Nursing Care Quality;Jan-Mar2007, Vol. 23 Issue 1)、《高等教育中的知识管理:个人主义的和集体主义的文化比较》(MOSS, GLORIA, KUBACKI, KRZYSZTOF. European Journal of Education;Sep2007, Vol. 42 Issue 3);跨文化跨学科的研究,如《知识管理:历史与跨学科主题》(Wallace, Danny P. Libraries Unlimited;Greenwood. 2008);《知识管理的跨文化视角》(Finnegan, Gregory. College & Research Libraries;Nov2007, Vol. 68 Issue 6)。试图技术突破,进行基于本体的知识管理系统设计,基于本体

---

① Ergazakis K. Knowledge management in enterprises:a research agenda[EB/OL]. [2006 – 05 – 20]. http://www.springerlink.com/content/ftjnp0gpkvtf778u/.

设计流程数据仓库(Process Data Warehousing)作为提供知识管理和集成平台的手段;《知识管理的智能化前景》(Szczerbicki, Edward. Cybernetics & Systems;Feb/Mar2008,Vol. 39 Issue 2)认为智能技术在21世纪头10年被认为是知识管理的关键因素。

马费成和张勤运用词频统计方法,分析总结了国内外知识管理研究的热点、方法、学科分布和应用领域[①]。在确定国内知识管理领域使用频率最高的54个关键词的基础上,运用共词分析法,以 SPSS 软件为工具,通过因子分析、聚类分析的方法,总结了国内知识管理领域的十大研究结构("知识形态、知识发现、知识组织、知识服务、信息资源管理、创新管理、核心能力培育、人力资源、知识产权与知识共享、信息化管理")、两大研究维度("信息技术与组织管理维度")和三大理论基础("人工智能理论、组织行为理论、战略管理理论")[②],为把握国内知识管理的研究现状和发展趋势奠定了基础。

刘咏梅等运用 IS 领域分类系统,总结出知识管理研究的八个层次(社会层、组织间层、组织层、小组/团队层、个体层、系统层、学科层和其他)。发现研究主题的比重,较多的有知识管理的战略研究(25.9%)、知识管理的实施(20%),其他主题较少:知识管理过程(11.4%)、知识管理应用(10.5%)、其他(10.5%)、知识管理理论及模型的创新(7.7%)、知识管理评估(7.3%),最少的是知识管理技术(6.8%),但较为宽泛,深度不够,缺乏对知识管理过程的具体研究[③]。

董小英等对 ISI Web of Science 的17596篇英文文献中被引频次最高的前5000篇文章进行共词和聚类分析,绘制研究热点知识图谱。研究发现十个知识管理研究主题的最早出现时间和文献数量依次为:知识吸收(1965年,3276篇);知识获取(1972,4720);知识转移(1972,4039);知识组织(1979,476);知识创新(1979,1684);知识集成(1981,888);知识共享(1990,2736);知识重用(1991,205);知识流动(1991,

---

[①] 马费成,张勤.国内外知识管理研究热点——基于词频的统计分析[J].情报学报,2006(2):163-171.

[②] 张勤,马费成.国内知识管理研究结构探讨——以共词分析为方法[J].情报学报,2008(1):93-101.

[③] 刘咏梅,等.中国知识管理研究现状综述与趋势分析[J].研究与发展管理,2009(2):31-38.

835);知识保护(1993,74)[①]。

笔者认为,知识管理由知识管理的多角度描述发展到对知识管理的多个维度纵横向的深入研究,知识管理研究的主要维度有四个方面,见图9-2。

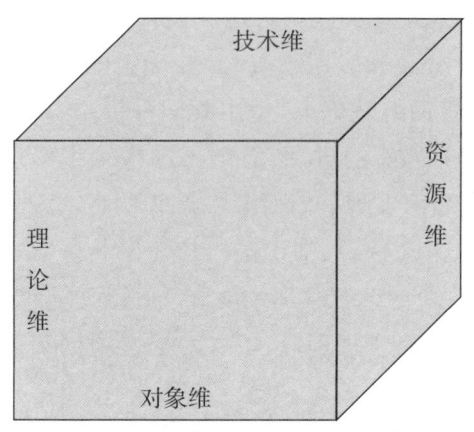

图9-2 知识管理研究的四个维度

资料来源:作者整理。

这里,有四个维度,第一个维度是"理论维",主要包括知识管理的理论基础,知识管理应用理论及其方法论问题。第二个维度是"对象维",涉及个人与组织层面的知识管理,组织层面又有企业、政府、学校、文化机构等。第三个维度是"资源维",涉及对知识资源的管理。第四个维度是"技术维",这一维度主要研究内容涉及知识管理工具,知识管理系统,知识技术;IT体系结构;知识表示;知识挖掘;知识仓库;实践社区;知识地图等。主要特点是研究知识管理的技术支持和技术体系。

知识管理主要的研究视角有:

(1)环境视角与维度

主要研究内容涉及知识经济;知识社会;经济环境、技术环境、社会环境对知识管理的影响;知识管理对经济、科技、管理、教育、文化等诸方面的意义等。重点解决知识管理的时代背景和组织的内外环境影响问题。

(2)概念视角与维度

主要研究内容涉及知识管理的定义;知识的定义;显性知识与隐性

---

① 董小英,等.知识管理推动创新:国际研究视角与本土实践[J].知识管理论坛,2016(1):4-16.

知识;知识的特性;知识分类维度;知识资本;知识管理要素;知识管理本质;知识管理功能与特征;知识管理学科体系等。重要解决知识管理相关的基本概念和概念体系问题。

(3) 过程视角与维度

主要研究内容涉及知识流程;知识创新;知识共享;知识转移;知识管理的原则与框架;知识转化等。重点解决知识管理活动与过程问题。

(4) 文化视角与维度

主要研究内容涉及企业文化与知识的关系;文化对显性知识和隐性知识管理的影响;社会文化环境作用于知识型组织等。重点解决知识管理的文化因素问题。

(5) 组织视角与维度

主要研究内容涉及企业知识;企业核心竞争力与知识管理、CKO、知识联盟等。重点解决组织内外的知识管理问题。

(6) 实践视角与维度

主要研究内容涉及组织的知识管理实施、知识管理效果、知识管理评估等方面,重点解决知识管理方案与知识管理技术实现问题。

(7) 应用视角与维度

主要研究内容涉及知识管理的应用范畴,各专门领域的知识管理等,重点解决知识管理应用的可行性与应用对策问题。

9.2.3 技术与文化对知识管理产生的影响

在影响知识管理发展的要素中,技术和文化是最重要的两个要素。技术从一开始就成为影响知识管理的直接因素,知识管理不能脱离技术的发展而发展,知识管理系统逐步转型升级,使得人们在应用知识管理时,将技术当作了最重要的条件甚至是唯一的因素。后来,在知识管理从第一代向第二代的发展过程中,人们越来越感觉到文化的作用,因为文化的忽视从而造成了知识管理实施的障碍,降低了知识管理实际效果;因为文化的重视从而导致知识管理功能的充分发挥。

进而,在第三代知识管理中,人起了最关键的作用,将技术与文化连接起来,使它们相互作用,相互依赖,使之成为知识管理的两大动力。技术与文化融合的趋势将彻底改变知识管理的面貌。

9.3 知识管理的三大知识域

随着知识管理理论与实践的发展,产生了若干大大小小的主题,这些主题聚合形成了知识域。比较重要的有八个知识域,按出现的时间,较早出现的有"隐性知识""知识共享""知识资本"和"知识型组织";后来出现的有"知识转移""知识地图""知识社区""知识治理"。从逻辑上,这八个知识域进一步聚合成三大知识域:即从基本原理出发的"隐性知识""知识共享""知识转移";从组织出发的"知识资本""知识型组织"和"知识治理";从技术出发的"知识地图"和"知识社区"。

9.3.1 隐性知识、知识共享和知识转移

9.3.1.1 隐性知识

隐性知识的研究开始于英国的生物物理学家、哲学家 Polanyi,其《个人知识》(Personal Knowledge)(1958)和《隐性方面》(1966)是西方学术界对隐性知识进行较为系统的科学研究的著作。Polanyi 在《个人知识》中最早提出了"Tacit Knowledge"(隐性知识,也译为"意会知识"[1]"缄默知识"[2])一词并将它作为个人技能的基础[3],开启了隐性知识理论研究的先河。

隐性知识如何界定是一个基础性问题。在 Polanyi 所说的"我们在做事的行动中拥有的知识"中,"行动中的知识"是隐性知识的主体。隐性知识的提出最开始是与"codified knowledge"(编码知识)相对应的,后者现在通称为"explicit knowledge"(显性知识)。V. Allee 指出,"显性知识和隐性知识的关系类似于大海中的岛屿。显性知识只是露出海面的一个小岛,而隐性知识是隐藏在海面之下的庞大的部分。由于理解上的差异,隐性知识的定义可以有 9 种之多"[4]。

隐性知识界定还存在着已表与未表、难表与易表、可表与不可表的

---

[1] 库恩 T S.科学革命的结构(第四版)[M].金吾伦,胡新和,译.北京:北京大学出版社,2012:160.
[2] 宁军明.知识溢出与区域经济增长[M].北京:经济科学出版社,2008:11.
[3] Michael Polanyi. Study of man[M]. Chicago:The University of Chicago Press,1958.
[4] 周城雄.隐性知识与显性知识的概念辨析[J].情报理论与实践,2004(2):127 – 129.

三个标准之争,一是界定为未表,即 Polanyi 指的"没有被表达的知识",二是界定为难表,如 Nonaka 的"难以形式化或与他人共享的知识"①;与此类似的界定还有王方华的"难以公式化和明晰化"②,以及金明律的"用文字、语言、图像等形式不易表达清楚的主观知识"③。三是界定为不可表。"冰山理论"认为,"80% 的知识和经验深藏于人们的内心"而无法表达④。挪威哲学家 Grimen 在全面梳理近半个世纪以来人们对"隐性知识"的理解的基础上归纳为四类:"有意识的欠表达论"(the thesis of conscious under-articulation);"格式塔式的隐性知识论"(the gestalt thesis of tacit knowledge);"认识的局域主义论"(the thesis of epistemic regionalism)和"强的隐性知识论"(the strong thesis of tacit knowledge)⑤。

隐性知识理论的另一个重要问题是隐性知识的细分化。国内外大多以 Polanyi 的隐性知识理论为基点,从哲学、社会学、心理学、教育学、管理学等不同视角研究隐性知识的分类问题。Nonaka 把隐性知识分为技能维度和认知维度两个维度。王方华据此也将隐性知识分为技术方面的隐性知识和认识方面的隐性知识两类⑥。

从隐性知识的"未表""难表"与"不可表"出发,J. Clement(克莱门特)通过实验对隐性知识进行了划分,主要有三种:"无意识的知识"(unconscious knowledge)、"能够意识到但不能通过言语表达的知识"(conscious but non-verbal knowledge)和"能够意识到且能够通过言语表达的知识"(conscious and verbally described knowledge)。英国伦敦政治经济学院 Ted Hedesstrom(泰迪·黑迪斯特姆)和 Edgar A. Whitley(埃德加·惠特利)把隐性知识分为"未被形式化"和"不能被形式化"两种。"未被形式化的隐性知识"可能是受成本的限制或出于对知识垄断的需要而人为地将知识隐含起来;"不能被形式化的隐性知识"则是由于知识自身的

---

① Nonaka, Ikujiro. The knowledge-creating company [M]. New York: Oxford University Press, 1995.
② 王方华. 知识管理论[M]. 山西:山西经济出版社,1999:217.
③ 金明律. 论企业的知识创新及知识变换过程[J]. 市场观察,1999(2):16-18.
④ 王大洲. 论技术知识的难言性[J]. 科学技术与辩证法,2002(1):42-45.
⑤ 郁振华. 从表达问题看默会知识[J]. 哲学研究,2003(5):51-52.
⑥ 王方华. 知识管理论[M]. 山西:山西经济出版社,1999.

特性不能被显性化①。

基于此,学术界有一种观点将隐性知识分为真隐知识和伪隐知识。汪应洛的划分②是从认识论角度划分的,而王国弘等的划分是从管理视角的,并将真隐知识细分为强的隐性知识和格式塔式隐性知识两类,而伪隐知识细分为"有意识欠表达的知识、无意识欠表达的知识、表达方式不足的知识、未知的企业外部知识"四类③。

哈佛大学教育学院教授 David Perkins(戴维·珀金斯)将隐性知识分为五种类型:情感方面的隐性知识、言语理解中的隐性知识、身体方面的隐性知识、社会习俗方面的隐性知识、专家拥有的大量隐性知识④。英国苏塞克斯大学教育学院教授 Eraut(艾略特)把隐性知识分为三类:人们对情境的隐性理解(tacit understanding)、行动中的隐性知识(tacit procedure)、支持直觉性的制定决策的隐性规则(tacit rules)⑤。英国南安普敦大学电子与计算机系智能代理与多媒体小组的 Kieron O'Hara(基隆·奥哈拉)和 Nigel Shadbol(尼格尔·沙德博尔特)等人也把隐性知识分为三类:技能方面的隐性知识、背景方面的隐性知识和分散在组织中的隐性知识⑥。

钟义信教授认为,"隐性知识很难用语言文字表述,由于它的非结构化和专有属性,其传播成本很高,范围也较小。隐性知识可以划分为个人隐性知识、集体隐性知识和专业隐性知识,由认知、情感、信仰、经验和技能5个要素共同组成"⑦。北京师范大学知识工程研究所江新等基于钟义信"信息—知识—智能统一理论"框架对隐性知识做了进一步的分类(见表9-4)。

---

① Ted Hedesstrom, Edgar A Whitley. What is meant by tacit knowledge? towards a better understanding of the shape of actions[C]. 8th European Conference on Information Systems, Vienna, 2000, 46-52.

② 汪应洛,等. 知识的转移特性研究[J]. 系统工程理论与实践, 2002(10):8-11.

③ 王国弘,陈士俊. 企业隐性知识的分类与外化模式研究[J]. 科学管理研究, 2008(3):79-82.

④ David Perkins. Types of TK[DB/OL]. [2015-02-05]. http://gseweb.harvard.edu/~t656_web/Basic_pages/orientation.htm.

⑤ Maehael Eraut. Non-formal learning and tacit knowledge in professional work[J]. British Journal of Educational Psychology. 2000, (70):113-136.

⑥ Kieron O'Hara, Nigel Shadbol. Managing knowledge capture: economic technological and methodo logical considerations[EB/OL]. [2015-02-05]. http://eprints.aktors.org/44/01/valuation-methods.pdf.

⑦ 钟义信. 知识管理:老树开新花还是新瓶装旧酒[EB/OL]. [2015-02-05]. http://www.cies.org.cn/article_view.asp?docid=311.

表9-4 隐性知识的分类及依据

隐性知识的分类		分类依据
基于身体的隐性知识	主体对于工具的使用	基于"信息—知识—智能"模型,在主体与客体交互时所产生和运用的隐性知识
	主体身体机能的运用	
基于语言的隐性知识	基于语义的隐性知识	基于"信息—知识—智能"模型,在主体与另一主体基于言语进行交互时所产生和运用的隐性知识
	基于语境的隐性知识	
	基于肢体语言的隐性知识	
基于个体元认知的隐性知识	基于个体思维与情感的隐性知识	基于"信息—知识—智能"模型的个体内部的情感、信仰、世界观等元认知方面的隐性知识
	基于个体心智模式的隐性知识	
	基于个体直觉的隐性知识	
基于社会文化的隐性知识		影响"信息—知识—智能"模型的历史、种族、意识形态等社会文化背景的隐性知识

资料来源:江新,郑兰琴,黄荣怀.关于隐性知识的分类研究[J].开放教育研究,2005,11(1):28-31.

在知识管理中,如何将隐性知识转化为显性知识,是一个直接影响知识创新的难题和重点问题。关于隐性知识能否转化的问题,从已有的知识转化模型和知识管理成功案例可知,隐性知识能够转化并已经成功地在组织中是实现了转化;然而,也有学者(如美国的S. Cook)认为"隐性知识是不能转化的,只能在组织知识生存中以一种'生成之舞蹈'的方式产生作用"①。Dick Stenmark(迪克·斯腾马克)认为,"隐性知识难以捉摸的本性源于三个方面:一是我们自身并不十分了解隐性知识;二是在个体(组织成员)层面上,没有使隐性知识显性化的个人需求;三是使隐性知识显性化,会给隐性知识的所有者带来潜在的失去影响力和竞争优势的风险"②。龙飞和戴昌钧认为"探索默认性知识③能否成功转化的

---

① Cook S, Brown J. Bridging epistemologies: the generative dance between organizational knowledge and organizational knowing[J]. Organizational Science, 1999, 10(4).
② Stenmark Dick. Sharing tacit knowledge: a case study at Volvo[G]//Stuart Barnes. Kowledge Management Systems: Theory and Practice. Thomson Learning, 2002: 36-48.
③ 即隐性知识。

问题,关键是寻找默认性转化路径的选择。默认知识可转化为明晰知识的程度,可交流的程度不是由转化过程中的明晰程度本身决定的,而是由组织的共享心智模型的强弱程度决定的"[①]。共享心智模型的概念最早是由 Cannon-Bowers(佳能·鲍尔斯)和 Salas(萨拉斯)从团队认知活动的层次上提出来的,也称为团队心智模型,后来 Senge 在《第五项修炼》中又提出了组织共享心智模型,也称为组织心智模型。组织共享心智模型既为组织中各种知识的复杂协作与一体化提供着潜在的认知背景,又为组织知识载体——知识员工的创造力的激发提供着内在的精神意义支持。

9.3.1.2 知识共享

如果说隐性知识是知识管理首先在知识概念的突破,那么,知识共享成为知识管理立足的一个最基本的原理。Nonaka 和 Takeuchi(1995/1997)提出"知识共享是个人与个人之间、隐性知识与显性知识互动的过程。其模式分为外化、内化、结合、共同化,知识创新即为知识互动的结果"。Hendrik(1999)提出"知识共享是一种沟通过程,包括知识拥有者与知识需求者两个主体"。Senge(1997)提出"真正的知识共享并不是一个取得的动作,而是一种学习,是一种使他人'获得有效行动力的过程'。知识共享必须通过互动,成功地将知识转移给他人,形成他人的行动能力"。Wijnhoven(1998)提出"知识共享是一种通过信息媒介进行的知识转移,知识接收者通过已知的知识对新知识进行阐释或两者彼此互动的过程"。Davenport 和 Prosak(1998,1999)提出"知识共享 = 传送 + 吸收。知识是一种特殊的资产,在给予适当的刺激后。知识的交流与共享同时,就会衍生出加乘效果的组织知识资产累积"。

知识共享(knowledge share)有两个重要的前提,一是知识所有者愿意与他人分享知识,且被分享者有分享知识的需要;二是知识有可能被个人或组织共知和共用。前者决定了知识拥有者和知识需求者构成知识共享的主体,这里的知识拥有者或知识需求者既可以是个人,也可以是群体、组织和区域,由此可形成人际知识共享、群体知识共享、组织知识共享和区域知识共享四类。后者决定了知识是知识共享的客体,包括显性知识和隐性知识,由此可形成显性知识共享和隐性知识共享两类。

[①] 龙飞,戴昌钧.基于组织共享心智模型的组织知识管理研究[J].情报杂志,2007(1):81-85.

知识共享在知识管理理论中占据核心位置,据《知识管理评论》2001年11月的调查,在知识管理面临的十大挑战中,知识共享排在第二位。知识共享的意义和作用虽然很容易被组织和社会接受,而且很多人赞同并呼吁加强知识共享,但实际上,一旦知识共享进入操作和实施层面,就不那么简单,有时很难达到理想的效果。主要有众多复杂的影响因素,以下重要问题值得讨论。

一是知识共享对环境的要求。无论是组织层面的知识共享还是社会层面的知识共享,对共享的环境有较高的要求。知识共享必须建立在恰当的环境基础上,一般来说,共享的技术、设施等硬环境易于实现,比较困难的是制度、文化、人际关系等软环境的实现。要营造知识拥有者愿意分享知识的环境,特别是要激发分享的动机、分享的注意力,有利于知识需求者和拥有者之间良性互动的环境,这就要求要对环境进行设计和构造,解决环境与人相互影响的关系。

二是知识共享的层次问题。不同的层次有不同的知识共享存在,从创造知识的实体看,有个人的、小组的、组织的和组织间的四个层次。针对组织知识创新这个层次的知识共享,可以用坐标图来表示其过程。显性知识和隐性知识的这四种转化模式能不断地产生新的知识,在这个过程中,个人知识逐渐转化为组织知识,经过评价进入组织知识库,使组织知识储量不断增加,组织知识资本不断增值。

三是知识共享的效用问题。知识共享不仅仅是一种形式,它有其重要的内容和目标。一般来说,无目的的知识共享会失去应有的意义,知识共享不能为共享而共享,而是为一种目的而共享,可能是服务于个体的目标,也可能是服务于组织的目标,还可能是服务于社会的某一目标。在个体层面,知识共享的效果主要取决于人的动机和信任程度,如果共享建立在利于他人的动机且双方或多方间具有较高的信任度,则取得较好的效果。在组织层面,知识共享的效果既取决于共享网络以及共享的手段,更取决于参与共享的组织成员的积极性和主观能动性的发挥,相对于外部知识共享来说,内部知识共享更加困难,面临的障碍更多,更难获得理想的效果,因此,只有努力消除共享中的障碍,才能达到组织的知识创新目标。在社会层面,知识共享的重要目标是促进知识的流动,让更多的人自由获取知识,其效果取决于参与的组织和个人,也取决于促进知识共享的有力机制。这种知识共享有利于打破知识垄断,并促进更广泛的知识开放以及组织内外的知识增值。

隐性知识和知识共享这两个知识域十分重要,它们形成了知识管理早期建立的核心理论。随着知识共享研究的深入,发展了一个新的知识域——知识转移。

9.3.1.3 知识转移

知识转移(knowledge transfer)最早是1977年Teece(堤斯)从促进技术扩散和技术创新角度提出,目的在于缩短地区间技术差距[①],是目前运用比较广泛、比较成熟的知识管理术语。这个概念之所以用"转移"而不是"扩散"这个词,就是考虑到知识既可以在组织内转移,也可以跨组织或个体边界的有目的、有计划的共享[②]。"企业转移知识的能力是企业存在的重要理由"(Kogut/科格特和Zander/桑德尔)[③]说明了知识转移的重要性。

在某种意义上知识转移是知识转化概念的进一步发展。知识转化(knowledge conversion)在Nonaka 和 Takeuchi 1995 年出版的《知识创新型公司》中得到较全面的阐述。他们把知识看作是人类不断调整自身思维以接近认识客观真理的动态过程,提出知识创新重在显性知识和隐性之间相互转化的四个过程:即社会化(socialization)、外显化(externalization)、组合化(combination)、内隐化(internalization)的 SECI 模型[④]。知识转移不能脱离知识创造,Levine 和 Gilbert 认为,"只有当知识的转移和知识的创造与获取融为一体,知识的转移才有价值[⑤]。知识转移和创新是贯穿整个组织各个层面的一系列活动,各层次之间的知识转移又是每一层面内知识管理活动相互作用的结果"[⑥]。

探讨知识转移的影响因素,可以从个人、人际关系、知识本身等多个

---

① Teece D. Technology transfer by multinational firms: the resource cost of transferring technological know-how[J]. The Economic Journal, 1977(87): 242 - 261.
② Szulanski G. Exploring internal stickiness: impediments to the transfer of best practice within the firm[J]. Strategic Management Journal, 1996(7): 27 - 44.
③ Kogut B, Zander U. Knowledge of the firm, combinative capabilities, and the replication of technology[J]. Organization Science, 1992, 3(3): 383 - 397.
④ Nonaka Ikujiro, Hirotaka Takeuchi. The knowledge-creating company: how Japanese companies create the dynamics of innovation[M]. New York, NY: Oxford University Press, 1995.
⑤ Levine D, Gilbert A. Managerial practices underlying one piece of the learning organization. 1999[EB/OL]. [2015 - 11 - 26]. http://ist-socrates. berkeley. edu/ ~ iir/cohre/knowledge. html
⑥ 吴晓波,郭雯,刘清华. 知识管理模型研究述评[J]. 研究与发展管理,2002,14(6): 6 - 9.

方面进行。

在个人方面,一个重要的因素是个人的认知能力影响知识转移。Garavelli 等人利用图式来解释知识转移。认为"基于问题解决情境下,信息可以产生能力,并转为知识。编码及理解构成知识转移,其过程是先进行编码,再通过认知、理解等过程吸收知识"[1]。个人的学习能力影响知识转移。Oya I. Tukel 等人对组织项目执行过程中的知识学习以及知识潜伏(暂时忘却)进行考察,发现"这两者对于组织未来的绩效以及生产都有影响。同时提出了加强学习及促进潜伏知识显性化(文档记录、close-out report 等)的建"议[2]。另一个重要因素是个人经验影响知识转移。Berry 和 Broadbent 认为"个体可以把他们的经验从一个情境应用到另一个情境中。经验有助于个体从学习中获取知识"[3]。Philippe Byosiere 等人研究发现,"经验知识和情感知识对于隐性知识转移有影响,可促进创新知识和竞争优势;基础知识对于知识外显化有影响"[4]。

在人际关系方面,对知识转移有直接和间接的影响。Ray Reagans 和 Bill McEvily"从社会链接(social cohesion)、网络范围(network range)、关系力量(tie strength)与吸收能力(用 common knowledge 表述)四个维度测度了非正式网络。实证结果显示:社会凝聚、网络范围、关系强度和吸收能力均对知识转移的难易产生直接、显著的影响"[5],证明了非正式网络的直接影响。信任是知识转移中的重要影响因素,McAllister 将信任划分为"认知信任(cognition-based trust)和情感信任(affect-based trust)"[6],认知信任是指信任者通过对被信任者的专业能力、既有成功经验和声誉等信息进行理性推断,从而给予的信任,情感信任是指信任双方彼此建立了紧密的情感联系,彼此都以整体利益为主,互惠合作,因而产生的信

---

[1] Garavelli A C, Gorgoglione M, et al. Managing knowledge transfer by knowledge technologies [J]. Technovation, 2002, 22(5), 269 – 279.
[2] Oya I Tukel, Walter O Rom, Tibor Kremic. Knowledge transfer among projects using a learn-forget model[J]. The Learning Organization, 2008, 15(2):179 – 194.
[3] Berry D C, Broadbent D E. The combination of explicit and implicit learning processes in task control[J]. Psychological Research, 1987, 49:7 – 15.
[4] Philippe Byosiere, Denise J Luethge. Knowledge domains and knowledge conversion: an empirical investigation[J]. Journal of Knowledge Management, 2008, 12(2):67 – 78.
[5] Ray Reagans, Bill McEvily. Network structure and knowledge transfer: the effects of cohesion and range[J]. Administrative Science Quarterly, 2003, 48(1):240 – 267.
[6] McAllister D J. Affect-and cognition-based trust, as foundations for interpersonal cooperation in organizations[J]. Academy of Management Journal, 1995(38):24 – 59.

任。Levin 等人认为"联系的强弱并非促进知识转移的直接原因,强联系之所以能使知识转移更容易,是因为这种联系中更容易建立信任。他把信任分为基于能力的信任和基于仁爱的信任"①。Ted Foos 等人对两个联盟产业间的隐性知识转移进行了研究发现,信任、早期介入、持久联盟影响着技术转移和隐性知识转移期望的实现程度。同时,隐性知识转移在组织各层级中受不同目标管理的,也受领导对于知识转移价值的不同认识而影响。如经理和项目领导在认识隐性知识共享的价值时,他们对于知识转移终极目标的期望是不同的,项目领导可能只是对手中(in hand)的知识进行转移,但对于长远生产管理所需要的知识缺乏管理②。

在知识本身方面,知识转移与知识的可表达性(articulability)相关。Szulanski 分析了知识本身的特征对知识转移的影响,认为知识的因果模糊性(causal ambiguity)及其难以理解的程度、预知的困难贯穿了转移的全过程。Zander 认为知识模糊性会对知识转移有影响③。相近知识也影响知识转移,Jeffrey 和 Bing-sheng Teng 提出"研发团队中知识转移的影响因素包括团队在何种程度上共享相似的知识"④。知识转移还与知识的嵌入性(embeddedness)相关。按照 Argote 和 Ingram 的解释,"知识通常嵌入在个体、工具(产品)和惯例中"⑤。按照 Cummings 和 Teng 的观点,知识的嵌入深度决定了知识转移的难度。

知识转移的影响因素是复杂且多方面的。Szulanski 认为"影响组织内部知识粘性的四类因素有知识特征、知识源特征、知识接收方特征、知识转移背景特征"⑥。人、情境、知识、媒介、文化等要素对知识转移都会产生影响。陈菲琼研究表明,"影响知识转移的主要因素是:知识模糊性

---

① Daniel Z Levin, Rob Cross. The strength of wcak ties you can trust:the mediating role of trust in effective knowledge transfer[J]. Management Science,2004,50(11):1477 – 1490.
② Ted Foos,Gary Schum,Sandra Rothenberg. Tacit knowledge transfer and the knowledge disconnect[J]. Journal of Knowledge Management,2006,10(1):6 – 18.
③ Zander U,Zander I. Innovation and imitation the multinational company:preliminary remarks on the role of tacitness. international business and Europe after 1992[C]//Proceedings of the EIBA Annual Conference,2000(12):174 – 193.
④ Jeffrey L Cummings,Bing-Sheng Teng. Transferring R&D knowledge:the key factors affecting knowledge transfer success[J]. Journal of Engineering and Technology Management,2003(20):39 – 68.
⑤ Argote L,Ingram P. Knowledge transfer:a basis for competitive advantage in firms[J]. Organizational Behavior and Human Decision Processes,2000,82(1):150 – 169.
⑥ Szulanski G. The process of knowledge transfer:A diachronic analysis of stickiness[J]. Organizational Behavior and Human Decision Process,2001,82(1):9 – 27.

因素、特殊性、复杂性、经验、合作者的保护、文化差异和机构差异"①。王毅和吴贵生认为,"知识转移受以下因素影响:知识源:转移意向,保护意识,对知识受体的信任,转移情境;知识:复杂度,形态,专用性,数量;知识受体:知识吸收意识,吸收能力,挖掘能力;知识源与知识受体的距离:文化距离,空间距离,知识距离"②。徐占忱、何明升指出,"知识转移的影响因素有:主体间的相洽性、内容的歧义性、背景的模糊性、媒介的阻滞性和人为的干扰性"③。这些反映了关于影响因素的不同观点。

据谢荷锋等人对于个体间非正式知识转移的研究回顾,目前有三种不同的研究视角(如表9-5所示)。

表9-5 个体非正式知识转移中的三种不同视角

项目	经济交换视角	社会交换视角	社会—经济交换视角
关注焦点	关注转移双方的交换动机,聚焦于所在组织或者团队之间的经济关系对个体间知识转移的影响	关注个体间的社会动机,聚焦于个体间的关系结构和性质对知识转移的影响	关注社会因素和经济因素对知识转移行为的影响
基本观点	个体间非正式知识转移实质是个体间经济利益的交换,因此知识转移激励和知识转移内容受经济预期的约束	个体间非正式转移实质是社会交换,个体知识交换行为激励和内容受到个体间关系强度的约束	社会因素和经济因素影响个体间对交换互惠的预期,从而影响知识转移行为激励和内容
研究议题	个体特征和知识转移;个体经济关系和知识转移;知识特征与知识转移	个体特征和知识转移;个体社会关联与知识转移;知识特征与知识转移	个体关联与知识转移;个体特征和知识转移

---

① 陈菲琼.我国企业与跨国公司知识联盟的知识转移层次研究[J].科研管理,2001(3):66-73.
② 王毅,吴贵生.产学研合作中粘性知识的成因和转移机制研究[J].科研管理,2001(6):114-121.
③ 徐占忱,何明升.知识转移障碍纤解与集群企业学习能力构成研究[J].情报科学,2005(5):659-663.

续表

项目	经济交换视角	社会交换视角	社会—经济交换视角
优点	注意到经济因素对转移行为的影响	注意到社会因素（主要是个体关系）对转移行为的影响	同时关注到经济因素、社会因素对转移行为的影响
缺点	忽视了社会因素的影响	忽视了经济因素的影响	忽视了社会竞争的因素
研究方法	案例研究、实证研究、形式化研究（非合作博弈论）	现场研究（访谈）、实证研究	现场研究（访谈）、实验研究

资料来源：谢荷锋,水常青. 个体间非正式知识转移研究述评[J]. 研究与发展管理,2006,18(4):54-61.

关于知识转移过程的讨论,有两阶段说,如"知识的共享和知识的吸收"[1],认为,知识转移包括"知识的发送和知识的接受两个基本过程"（王开明、万君康）[2]。有三步骤说,如"编码化及内化、外延和占有、消化及扩散"(Hedlund)[3]。比较有影响的还是五步骤说和四阶段说。

五步骤说是指 Myrna Gilbert 和 Martyn Cordey-Hayes 提出的"知识获取、交流、应用、接受和消化五个步骤"（模型可见图9-3）,其中最为关键的是消化应用所得取的知识并取得一定的结果和效应[4]。

四阶段说是指 Szulanski 等[5]提出的"初始阶段、执行阶段、蔓延阶段和整合阶段"（见图9-4）。

在理论指导下,知识转移方法得到发展。根据知识类型的不同,知识转移的方法有两种:直接方法和间接方法。直接方法是指通过语言、姿势、手语等进行面对面的交流,实现知识在交流者双方中有效转移;间接方法是指借助一些外在工具或中介物所进行的转移。Morey 把这两种

---

[1] 赵曙明,沈群红. 知识企业与知识管理[M]. 南京:南京大学出版社,2000:98-127.
[2] 王开明,万君康. 论知识的转移与扩散[J]. 外国经济与管理,2000(10):2-7.
[3] Hedlund G. A model of knowledge management and the N-form corporation[J]. Strategic Management Journal,1994(15):73-90.
[4] Myrna Gilbert, Martyn Cordey-Hayes. Understanding the process of knowledge transfer to achieve successful technological innovation[J]. Technovation,1996(6):301-312.
[5] Szulanski G. Exploring internal stickiness: impediments to the transfer of best practice within the firm[J]. Strategic Management Journal,1996(7):27-44.

方法称为同步方法和异步方法(Asynchronous and Synchronous Methods)①。Choo 认为"个人从正式和非正式渠道获取公有知识,个人通过正式学习过程获得知识,其中的一个方法就是从课堂上学习,另一个是从正式化的指导物如书本、研究性杂志等直接获得"②。

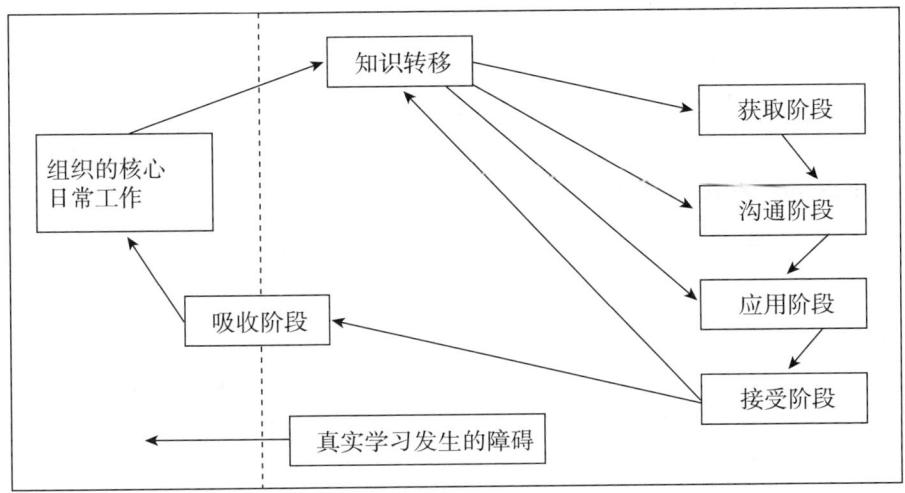

图 9-3 Myrna Gilbert 和 Martyn Cordey-Hayes 的知识转移五步骤模型

资料来源:Gilbert, Cordey-Hayes. Understand the process of knowledge transfer to achieve successful technological innovation[J]. Technovation, 1996, 16(6):301-312.

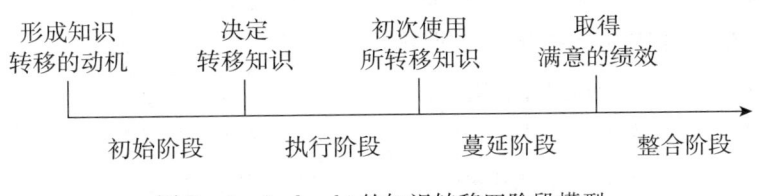

图 9-4 Szulanski 的知识转移四阶段模型

资料来源:Szulanski G. The Process of knowledge transfer: a diachronic analysis of stickiness [J]. Organizational Behavior and Human Decision Processes. 2000, 82(1):9-27.

根据知识可理解性程度,学者们较为普遍地认为一般的知识,可以借助科技、结构化的程序(数据库)、相关的制度(如最佳实践)、书面材

---

① Daryl Morey. High-speed knowledge management: integrating operations theory and knowledge management for rapid results[J]. Journal of Knowledge Management, 2001, 5(4):322-328.
② Choo C W. The knowing organization: how organizations use information to construct meaning, create knowledge, and make decisions[M/OL]. New York: Oxford University Press. 1998. http://www.hpme.utoronto.ca/Assets/events/hsr07/choo-ppt.pdf.

料、可视化工具(MSN,视频电话)等进行传播;而较为复杂的知识,即程序性的知识则可以借助语言沟通、经验学习、模仿、教育、阅读等,经由人际间密集的亲自接触才能进行转移。根据任务与情境的相似性、任务的本质、知识的种类等,Dixon 提出了连续转移、近转移、远转移、策略性转移、专家式转移等不同形式的知识转移模式[①]。

Ming-Tien Tsai 认为以往研究多关注组织层次,他们整合认知心理学和组织理论,提出了个人知识转移的五个方法:①情境,即建立一个与任务或意义相近的情境。②交互,知识是个人与社会交互中的建构,学习是社会交互的过程,并且可以从正式和非正式渠道进行学习。③直接引导。即通过学校或正规教育中获取知识。④经验,即人在执行任务后会把经验存储在记忆里,每一种经验看似是独立存储,一旦再遇到任务时,就会从记忆中检索,提取过往经验来解决当前问题。⑤想象,如果反映物是杂乱的,那么想象有助于我们组织经验。想象就像是一扇门,通过它人们可以把以往的经验意义带回现实,想象包括达到某目标的思想的产生和体验或产物[②]。

个体知识向组织知识转移是知识转移的重点也是难点,重要的方式有知识贡献(如"战略管理者将活动关注于信用建设、小组建立、工作轮换和师徒制计划等")[③];"在互惠、名声和兴趣三种条件下企业员工乐于向他人转移自己的知识"(Davenport 和 Prusak)[④],还有知识交易和知识上缴。柯平和曾伟忠提出了企业内个体知识转移的完善措施:"加强物质奖励和精神奖励;加强企业信任及企业文化建设。还提出建立企业内部知识市场以及建立企业知识转移规章制度"[⑤]。

国外对组织或企业知识转移的研究,有"信息技术学、行为学、传播学和综合几种视角"[⑥],还有"企业内部的知识转移学派、联盟与跨国公

---

① Nancy M Dixon. 共有知识——企业知识共享的方法与案例[M]. 王书贵,沈群红,译. 北京:人民邮电出版社,2002:166.
② Ming-Tien Tsai, Ling-Long Tsai. An empirical study of the knowledge transfer methods used by clinical instructors[J]. International Journal of Management. 2005,22(2):273 – 284.
③ 佚名. 知识转移的九个战略[EB/OL]. [2006 – 10 – 19]. http://www.koojob.com/article/6337-1.htm.
④ Davenport T H, Prusak L. Working knowledge:how organizations manage what they know [M]. Boston,MA:Harvard Business School Press,1998:52.
⑤ 柯平,曾伟忠. 面向企业知识产权构建的企业内部个体知识转移研究[J]. 情报科学,2007(3):327 – 331,381.
⑥ 唐炎华,石金涛. 国外知识转移研究综述[J]. 情报科学,2006(1):153 – 160.

司内的知识转移学派、独立企业间的知识转移学派、国际购并活动以及网络中的知识转移等四个学派"①。

本研究认为,除组织知识转移(或企业知识转移)外,还有一个重要领域,即公共知识转移,这是知识转移应用于社会的一个新领域。洪秋兰将社区公共文化知识转移分为被动型、主动型、互动型三种,三者之间存在着层级递进关系。她针对居民性别、年龄、学历和职业的不同,以及对于不同知识属性转移的特点,根据当前知识缺口提出了相应的媒介优化建议,制定了"居民—需求内容—地点—媒介"的知识转移优化方案表,还提出了社区公共文化知识转移的最佳机制②。

9.3.2 知识资本、知识型组织和知识治理

9.3.2.1 知识资本与知识资产

"Intellectual Capital"(知识资本,也译为"智力资本")的提出者最早是美国经济学家 John Kenneth Galbraith(加尔布雷斯),这一点是确定的。但在时间上还有争议,有一种观点是 1969 年他在致波兰经济学家 Michael Kaleeki 的信中指出,另一种观点认为应追溯到 1967 年他出版的《新工业国》一书③。美国《财富》杂志的编辑 Thomas A. Stewart(托马斯·斯图尔特)的《知识资本:如何成为美国最有价值的资产》(1991年)第一次揭示了知识资本应当成为美国最重要资产的重要性,其《知识资本:组织的新财富》作为较早的知识资本著作,阐述了知识资本对于企业、组织和国家资产的重要性。英国技术交易公司的创始人和总经理 Annie Brooking(安妮·布鲁金)在 1996 年《第三资源:智力资本及其管理》(*Intellectual Capital*)一书中将知识资本定义为"使公司得以运行的所有无形资产的总称"。这种用"资产"解释"资本"的观点成为知识资本研究的潮流。美国 Dale Neef 主编的《知识经济》(*The Knowledge Economy*)(1998 年)第 8 章"公司管理新概念"(理查得·霍尔)指出"智力资产"可以存在于客户的心中,如技能和经验;也可以存于雇员的心中,如

---

① 李刚,刘益.国内外企业知识转移的研究现状分析[J].情报杂志,2007(9):10-13.
② 洪秋兰.社区公共文化知识转移机制研究[D].天津:南开大学,2009:1.
③ 王开明.企业的知识资本——资源基础论的观点[M].武汉:中国地质大学出版社,2006:5.

声望和信任,还可以是公司的基本数据和诀窍。书中划分出两类智力资产,一类是"智力财产"(专利、商标、版权和注册设计等);另一类是"知识财产"(声望、商誉、组织和个人网络、基本数据以及熟练雇员的知识和技能等),前者具有财产权利,后者没有财产权利。

然而在学术界,也有使用"knowledge assests"(知识资产)的概念。1998年,巴塞罗那ESADE商学院的战略管理教授Max H. Boist(马克斯·博伊索特)在《知识资产:在信息经济中赢得竞争优势》(*Knowledge assests: securing competitive advantage in the information economy*)一书中认为:知识资产(knowledge assests)是拥有它们的企业获得竞争优势的源泉。知识资产使这些企业得以用更快的速度、更大的数量出售优良的产品或服务,而其竞争对手则无法匹敌。从知识资产中获取价值,需要有一种贯穿社会学习周期的运转过程,随着它们形成、壮大和衰落而对其进行管理的技能。(知识资产是学习过程的成果,学习既可以是破坏能力的,也可以是提高能力的,两种效果程度相当,S型学习者似乎比N型学习者更乐于欣然面对这个困境)。由于"intellectual capital"和"knowledge assests"两个词被替换使用,两个概念之间并没有本质的不同,但由于"intellectual"与"knowledge""capital"与"assests"的差异,两个概念尚有细微的差别。

关于知识资本的划分,是知识资本研究的重要问题。综合已有研究,将较有影响的划分归纳为表9-6。

表9-6 知识资本的构成及其概念

代表人物	知识资本结构	人力资本	组织资本	顾客资本
Karl Erik Sveiby (1997)①	E-I-E	Employee Capability:包括在各种各样的情况下创造有形和无形资产的行动能力	Inter Structure:包括专利、概念、模型和计算机和管理系统	Extra Structure:包括供应商与顾客之间的关系;品牌名称、商标和公司的声誉或图像

---

① Sveiby Karl Erik. The new organizational wealth: managing & measuring knowledge-based assests[M]. San Francisco: Berrett-Koehler Publisher, Inc, 1997.

续表

代表人物	知识资本结构	人力资本	组织资本	顾客资本
Stewart (1997)①	H-S-C	Human Capital：主要目的是创新——无论是新产品和服务，或是业务流程造	Structural Capital：知识作为一个整体属于组织。它可以被复制和共享	Customer Capital：特许经营的价值在于其维持了有销售关系的人或组织之间的关系
Edvinsson & Malone (1997)②	H-S	Human Resource：结合知识，技能，以及公司中每个员工的创新精神和能力	Structural Capital：硬件、软件、数据库、组织结构、商标、专利和其他支持员工的工作效率的组织能力	

资料来源：作者整理自：Bukh, Per Nikolaj; Mouritsen, Jan; Christensen, Karina Shovvang. Intellectual capital: managing and reporting knowledge resources[A]//Bukh Per Nikolaj, Christensen Karina Shovvang, Mouritsen Jan. Knowledge management and intellectual capital: establishing a field of practice[M]. New York: Palgrave Macmillan, 2005: 53-69.

从表9-6可以看出，知识资本的划分表现出三种结构："E-I-E" "H-S-C"和"H-S"。此外，美国密歇根大学商学院Dave Ulrich（戴夫·乌尔里奇）关于知识资本的公式"知识资本 = 能力（Competence） * 认同感（Commitment），公式中用乘号表示组织中的人力资本与结构资本的相互关联和相互影响"③可以归纳到"H-S"结构一类。后来，学者们发现这两类资本并不能概括知识资本的全部。

基于组织内外部的三类划分强调了组织的内部和外部来源，具有普遍意义。还有一种重要的观点，将知识产权从组织内部独立出来，成为

---

① Stewart T A. Intellectual capital: the new wealth of organizations[M]. New York: Doubleday Dell Publishing Group, 1997.
② Leif Edvinsson, Michael S Malone. Intellectual capital: realizing your company's true value by finding its hidden brainpower[M]. New York: Harper Collins Publisher, 1997.
③ Ulrich D. Intellectual capital = competence * commitment[J]. Sloan Management Review, 1998: 17-38.

四类划分。Brooking 将知识资本分为四类:"市场资产(market assets),知识产权资产(intellectual property assets),人才资产(human-centred assets),基础结构资产(infrastructure assets)"①。赵宏中的博士论文用同样的方法对知识资本划分,即"脑力资产、市场资产、智力产权资产和基础结构资产"②,与 Brooking 的划分几乎相同。Johnnessen 和 Olaisen 将知识资本分为四类:"第一类市场资本,包括品牌、客户、销售渠道、许可证协议;第二类基础设施资本,包括企业文化、金融机构、数据库和通信系统;第三类结构资本,包括专家、技术人才、高质量的劳动大军;第四类知识产权资本,包括商标、专利、版权、注册设计、合同、贸易秘密、声誉、网络、技术许可证等。"③

中国地质大学王开明认为,斯图尔特、埃德文森、斯威比、安妮·布鲁金等人关于知识资本构成的论述反映了他们对知识资本概念的把握存在重大缺陷:把所有与企业经营活动相关的非物质形态的东西都纳入了知识资本范畴,而不管这些东西能否带来租金。他根据知识资本在企业生产经营过程中发挥的作用,将知识资本划分为组织资本、技术资本、市场资本和关系资本④。这里,突出了技术资本,其组织资本包括了各种信息、制度知识及其程式化形式、企业文化等,类似于结构资本。

知识资本理论除了知识资本构成,还包括知识资本评估、知识资本运营等,如埃德文森在 Skandia 公司主持设计的著名的 Skandian 模型⑤。这一理论不仅在企业有成功应用,还应用于各类社会组织,如2002年奥地利大学的智力资本报告的编制⑥,"知识资本理论非常适合于非营利组织、公共部门组织等,关于知识资本的研究以及一些新的思想和新的方

---

① 布鲁金,安妮.第三资源——智力资本及其管理[M].赵洁平,译.大连:东北财经大学出版社,1998:13-19.
② 赵宏中.基于知识经济的智力资本研究——智力资本的特性、结构、运营和管理[D].武汉:华中科技大学博士论文,2003:37.
③ Johnnessen J-A, Olaisen B, Olaisen J. Aspects of innovation theory based on knowledge management[J]. International Journal of Information Management, 1999(19):128.
④ 王开明.企业的知识资本——资源基础论的观点[M].武汉:中国地质大学出版社,2006:12,61.
⑤ 王开明.企业的知识资本——资源基础论的观点[M].武汉:中国地质大学出版社,2006:13.
⑥ 李平,赵如.欧洲大学智力资本报告理论研究综述[J].科技与管理,2009(1):138-143.

法在这些部门将会大量涌现"(Goran Roos)①。

9.3.2.2 知识型组织

知识经济时代不仅对社会环境有了新的要求与改变,而且要求组织结构适应新的时代,知识型组织成为知识经济时代的一种新的组织形态。

"知识型组织"(knowledge organization)或称"知识型企业",按照企业的资源密集型、劳动密集型、资金密集型、技术密集型和知识密集型的划分,在知识经济时代,后两类将成为创造社会财富的主要形式,并统称为知识型企业。而按企业知识化程度的五种类型中,简单组装型企业、加工型企业、品牌产品企业、技术服务企业、标准掌控企业的知识比重呈递增趋势,后两类是标准的知识型企业。

目前,国内外对知识型组织概念的认识有很多。如"知识企业就是进行知识创新的经营组织"(Nonaka)②;"知识型企业是指投入高比例的技术研究开发费用,拥有相当高比例的技术员工,并以产销创新产品为主要业务的企业"(Stratford)③;"知识型组织是以知识为资源配置要素,为知识创新提供网络化组织框架,主要从事知识产品生产和进行知识服务的组织类型"(蔡剑)④;等等,从不同的角度对知识型组织进行了定义,具有相当的合理性。在这些定义的基础上,我们认为,知识型组织是基于知识为基础的一种组织形态,它以技术研发和知识创新为核心,对组织的各项活动实施全面知识管理,从而形成智力产品生产与知识服务。

根据知识型组织性质划分,有知识生产型组织、知识应用型组织和知识传播型组织⑤。知识生产型组织在知识型组织中占有较大比例,并推动产业的形成,如软件企业的发展形成软件业,其发展较快。相比之下,知识应用型组织起步较晚。传统企业特别是制造业企业需要进行知

---

① Chatzkel J. A Conversation With Goran Roos[J]. Journal of Intellectual Capital,2002,3(2):96-117.
② 野中郁次郎.知识创造型的企业[M].北京:中国人民大学出版社,1991:35.
③ Stratford Sherman. Will the information superhighway be the death of retailing? [J]. Fortune,1994,129(8):98-104.
④ 蔡剑.中国知识型组织核心能力的影响因素[J].清华大学学报,(自然科学版),2006,(11):970-974.
⑤ 方统法,杨文学,沈利发,等.知识型企业初探[J].学习与探索,1998,(6):43-47.

识化改造才能成为知识型组织,新型的知识应用型企业也需要一个培育过程。知识传播型组织承担着新知识传递的任务,在知识经济中发挥重要作用,发展迅猛。如出版公司、广播电影电视公司等的发展推动出版业和传媒产业大规模发展。

关于知识型组织的发展策略,国际上开展的全球知识型企业评选(MARK)、亚洲最佳知识型企业评选等都起到了一定的推动作用。柯平和孔青青总结国外知识型组织的成功经验有以下方面:高层大力支持,设立知识主管;重视对知识员工的管理;建立良好的组织文化;构建知识型组织结构,探索组织新形态;知识产权法规的制定。提出探索知识型企业在本土环境下发展的基本思路:谋求政府和企业高层的双重支持;重视知识型人才的培养;加强组织文化的建设;加快组织结构扁平化;加强知识产权保护[①]。

9.3.2.3 知识治理

知识资本理论为知识型组织奠定了理论基础,而知识型组织为知识管理向组织与个人分流打下了基础,知识治理刚好将知识管理提升到更高的层面,解决知识的分配、结构与机制等新的问题。

自从意大利学者 Anna Grandori(安娜·格兰多里)于1997年和2001年提出知识治理(knowledge governance)的概念在企业的范围内来探讨知识治理[②],经过 Shaker A. Zahra、Cristiano Antonelli、Jakki J. Mohr 和任志安等人不同角度的探讨,形成了企业知识治理领域。在我们目前所能查到的资料中,从社会学的视角来研究知识治理只有一篇,那就是 Ali Kazancigil 发表在《国际社会科学杂志》1998年第155期上的《治理和科学:管理社会和产生的知识的市场模式》一文,该文没有明确提出知识治理的概念,但实质上进行了探讨。可见,从目前所能查到的文献来看,知识治理的研究主要集中在企业管理这一块,往往是公司治理的研究者转换视角开展这方面研究的。但知识治理侧重对知识过程的治理,知识存在于社会上的各个角落,企业只是社会组织的一种。因此,除企业知识治理外,还应当建立政府知识治理、公共知识治理等新的领域。虽然目前

---

① 柯平,孔青青.知识型组织建设的本土化问题研究[J].情报科学,2008(1):1-3,9.
② Foss N J. The emerging knowledge governance approach: challenge and characteristics[C]. DRUID Working Paper,2006,10.

对于知识治理的研究范围相对狭窄,但从将来发展来看,可从企业的层面扩展到政府、社会等多个层面。可以说,只要知识存在的地方,知识治理机制就是需要的。

知识治理的主体可以是拥有知识的个人,也可以是拥有知识的组织,甚至包括政府和区域,其客体是知识或知识资源。将"治理"概念引入知识管理具有新的意义,知识治理把知识管理提高到一个更高层次,强调在组织或社会中更科学的组织结构和运行机制,目标在于通过有效协调利益相关者的利益来充分开发利用知识,最终实现知识价值的最大化。

早期的知识治理研究处于初步阶段,主要解决基本概念和治理机制等基本问题。如 Anna Grandori 提出的知识治理机制包括知识的自由交换和相互共享机制、实践社团机制、专利与知识定价机制、公司间的合同规制、公司的风险、责任与盈利共享机制。Chong Ju Choi 等人提出知识治理的机制分为交换机制、授权机制和馈赠机制。我国学者任志安提出企业知识共享网络的治理机制包括正式的组织机制(治理结构、激励计划、契约安排等)和非正式的组织机制(组织习惯、组织文化、互惠交易等)[①]。对于通用的知识治理模型、各类组织中各需要什么样的知识治理机制等研究还有待展开。

9.3.3　知识地图和知识社区

9.3.3.1　知识地图

知识地图(knowledge map)最早出现于情报学领域,按照英国著名情报学家 B. C. Brooks《情报学基础》中的观点,绘制以各个知识单元为节点的"知识地图"是情报学的任务,"人类客观知识的知识结构可以绘制成以各个知识单元概念为节点的学科'认识地图',即通过对文献中的逻辑内容进行分析,找到人们创造与思想的相互影响及联系的结合点,然后像地图一样把它们直观地标示出来,从而展示知识之间的关联"[②]。知识地图后来出现在管理学领域,成为知识管理的一个分支。我国管理界将其译为"知识地图",而科学计量学和图书情报学界则译为"知识图谱"。

---

① 任志安.企业知识共享网络的治理研究[J].科技进步与对策,2006(3):97-101.
② 马费成.科学情报的基本属性与情报学原理[J].图书馆论坛,2002(5):14-17,135.

2002年,O'Donnell(奥唐纳)等在 Educational Psychology Review 发表《知识地图作为认识过程的一个支架》,认为"知识地图是通过一系列表达不同想法的结点链接形成的,并预测未来将产生更多从知识地图改进认知过程的研究"[1]。在 2002 年 10 月 KMWorld 研讨会上,Gartner Group(高德纳咨询公司)的信息和知识管理副主席 French Caldwell(弗兰·卡尔德万尔)将知识地图分为概念型(conceptual)、流程型(process)、职称型(competency)知识地图三类(见图9-5),得到了诸多学者的认可和赞同。

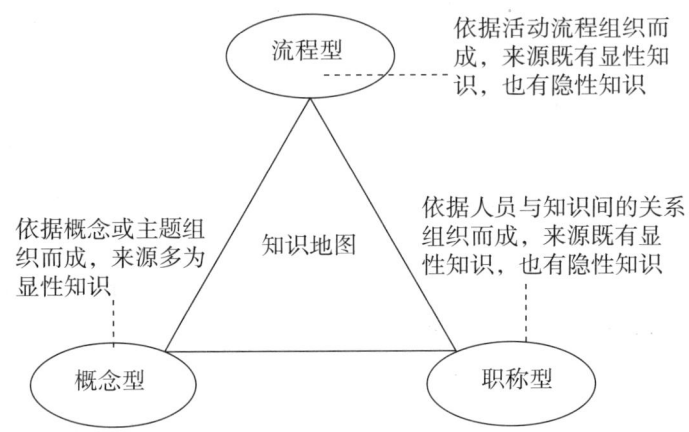

图 9-5 以 French Caldwell 为代表知识地图分类示意

资料来源:Deborah Plumley. Process-based knowledge mapping. [EB/OL]. [2014-12-01]. http://www.destinationkm.com/articles/default.asp?ArticleID=1041.

知识地图的发展特点与方向有几点值得注意:

(1)建立知识与知识间的关联,促进知识的快速获取

关联性是知识地图的一个重要特性,包括建立概念之间的关联,"提供通向相关知识源(信息或人)的链接"(gartner group)[2];建立知识源与用户之间的关联,"指向人、文献以及数据库等"(Woo 等)[3];建立知识与知识之间的关联,"知识节点、知识关联、知识链接、知识描述四大基本要素。知识关联说明了知识节点之间的联系,知识链接提供了知识的详细

---

[1] O'Donnell A M, Dansereau D F, Hall R H. Knowledge maps as scaffolds for cognitive processing[J]. Educational Psychology Review, 2002, 14(1):71-86.

[2] Gartner Group. The Gartner glossary of information technology acronyms and terms[EB/OL]. [2014-12-01]. http://www.gartner.com/6_help/glossary/Gartner_IT_Glossary.pdf.

[3] Jeong-Han Woo, Mark Clayton. Dynamic knowledge map: reusing experts' tacit knowledge in the AEC industry[J]. Automation in Construction, 2004(13):203-207.

信息或知识本身的位置"(苏海等)①。工具性是知识地图的另一重要特性,表现在:①指示性工具,是"一种知识的指南,显示哪些资源可以利用,而非知识库的内容"(Davenport 和 Prusak)②。②导航性工具,是"对隐性知识和显性知识的导航工具,解释说明知识流如何贯穿在整个组织中"(Grey)③,"使用户找到其寻求的答案的导航系统"(Duffy)④以及"知识目录和领域专家的导航"(王君、樊治平)⑤。③管理工性工具,是"一种帮助用户知道在什么地方能够找到知识的知识管理工具"(李华伟等)⑥。

(2)将可视化技术应用于知识描述,改进知识组织

可视化技术是知识地图的关键技术,知识地图能否真正发挥作用,与知识能否完全实现可视化揭示相关。从某种意义上说,知识地图就是"已经获取的知识以及知识之间的关系的可视化描述"(Vail)⑦,"可视化地描述了组织知识资源及其载体,并展示了它们之间的相互联系"(郑苗等)⑧,用户个人通过它实现知识获取并与他人的交流,或者组织通过它管理知识,实现组织学习和知识共享。

(3)强调组织或个人表达知识和传递知识的方法与过程

对于组织或个人来说,知识地图是最简便且最有效的表达知识和传递知识的方法之一。说它最为简便,是因为它"用容易理解且清晰的方式将一些方法和因素形象化地表达出来,并通过使用容易理解的地图的形式来传递企业中确定的知识"(Speel 等)⑨。说它有效,是因为这种方

---

① 苏海,蒋祖华,伍宏伟. 面向产品开发的知识地图构建[J]. 上海交通大学学报,2005(12):2034-2039.
② Davenport T H, Prusak L. Working knowledge:how organizations manage what they know[M]. Boston:Harvard Business SchoolPress,1998.
③ Grey D. Knowledge mapping:a practical overview[EB/OL]. [2014-12-09]. http://www.smithweaversmith.com/knowledg2.htm.
④ Duffy J. Knowledge exchange atGlaxoWellcome[J]. The Information Management Journal,2000(3).
⑤ 王君,樊治平. 一种基于 web 的企业知识管理系统的模型框架[J]. 东北大学学报,2003(2):182-185.
⑥ 李华伟,董小英,左美云. 知识管理的理论与实践[M]. 北京:华艺出版社,2002:298.
⑦ Vail III Edmond F. Knowledge mapping:getting stated with knowldge management[J]. Information System Management,1999,16(4):16-23.
⑧ 郑苗,樊治平. 知识地图:知识管理和组织学习的有效工具[J]. 工业工程与管理,2003(3):56-59.
⑨ Piet-Hein Speel. Knowledge mapping for industrial purposes[C]. Workshop on Knowledge Acquisition Modeling and Management,1999(11):28-30.

法易于被个人或组织接受,并迅速被应用到业务之中,从而发挥效用。

知识地图如何划分是一个重要问题。Eppler 将组织需要与知识地图功能结合,将知识地图划分为五种:知识资源地图(knowledge source map)、知识资产地图(knowledge asset map)、知识结构地图(knowledge structure map)、知识应用地图(knowledge application map)和知识开发地图(knowledge development map)①,组织使用的知识地图往往是这五种知识地图中的几种及其组合。

随着知识地图概念的不断明晰与变化,知识地图的类型也有较大的发展,国内外学者依据不同的标准对知识地图进行了划分②,综合已有的观点,形成表 9-7。

表 9-7 国内外关于知识地图的类型划分

	人物	划分类型	划分标准
国外	Andersen(1998)③	静态知识地图、动态知识地图	知识形态
	Lgona;Caldwen(2000)④	概念型知识地图、流程型知识地图、能力型知识地图	对象
	Eppler(2001)⑤	资产知识地图、来源知识地图、应用知识地图、开发知识地图、结构知识地图	功能
	Caldwell(2002)⑥	概念型知识地图、流程型知识地图、职称型知识地图	对象

---

① Eppler M J. Making knowledge visible through Intranet knowledge map:concept,elements,cases[C]//Proceedings of the 34th Hawaii International Conference on System Sciences,USA,2001.
② 司莉,陈欢欢. 国内外知识地图研究进展[J]. 图书馆杂志,2008(8):13-17.
③ American Productivity and Quality Center(APQC) and ArthurAndersen. The knowledge management assessment tool[EB/OL]. [2008-01-15]. http:\www.kwork.org\white%20Papers\KMAT-BOK DOC.pdf.
④ Logan D,Caldwell F. Knowledge mapping:five key dimensions to consider[M]. GartnerGroup,2000.
⑤ Eppler M J. Making knowledge visible through Intranet knowledge map:concept,elements,cases[C]//Proceedings of the 34th Hawaii International Conference on System Sciences,USA,2001.
⑥ Deborah Plumley. Process-Based KnowledgeMapping[EB/OL]. [2008-01-15]. http://www.destinationkm.com/articles/default.asp? ArticleID=1041.

续表

	人物	划分类型	划分标准
国外	Yoon, B., Lee, S., & Lee, G. (2010)①	核心研发地图、研发趋势图、研发浓度图、研发关系图、研发集群图	研究主题
	Lee, B., Lee, J. Y., Kim, D., Noh, K. R., Yang, M. S., & Kwon, O. J., et al. (2013)②	频率汇总图、趋势图、基于分布的知识地图、基于网络的知识地图	数据表示方法
国内	苏新宁(2004)③	知识进化循环图、组织知识范围图、知识转移过程图、个人知识进化图、项目流程图、组织体系结构图	需求
	谭玉红;吴岩(2005)④	仿真型知识地图、树图型知识地图、异型图	呈现方式
	陈强等(2006)⑤	企业知识地图、学习知识地图、资源知识地图	功能
	吴成峰(2006)⑥	内部显性知识地图、内部隐性知识地图、外部显性知识地图、外部隐性知识地图	知识范畴
	秦铁辉,汪琼(2007)⑦	专家知识地图、产品知识地图、技术知识地图、综合性知识地图	主题

---

① Yoon B, Lee S, Lee G. Development and application of a keyword-based knowledge map for effective R&D planning[J]. Scientometrics,2010,85(3):803-820.
② Lee B, Lee J Y, Kim D, et al. Morphological classification of knowledge map for science and technology and development of knowledge map examples in the view of information analysis [J]. 한국콘텐츠학회논문지 제13권 제11호,2013,13(11):461-476.
③ 苏新宁,邓三鸿,等.企业知识管理系统[M].北京:科学出版社,2004:152-153.
④ 谭玉红,吴岩.关于学校知识管理中的"知识地图"研究[J].电化教育研究,2005(3):17-19,26.
⑤ 陈强,等.基于知识地图的知识管理应用研究[J].广东教育学院学报,2006(5):90-94.
⑥ 吴成锋.企业知识地图及其构建研究[D].哈尔滨:哈尔滨工业大学,2006.
⑦ 秦铁辉,汪琼.试论专家型隐性知识地图的构建[J].国家图书馆学刊,2007(2):58-62.

续表

	人物	划分类型	划分标准
国内	潘有能,丁楠(2008)①	知识资源图、知识资产图、知识结构图、知识应用图、知识拓展图	描述对象
	林建科(2012)②	综合型知识地图、流程型知识地图、概念型知识地图、职能型知识地图	用户需求
	叶六奇,石晶(2012)③	分布型知识地图、流程型知识地图、结构型知识地图、结构型知识地图、联系型知识地图、术语表型知识地图、生命周期型知识地图、导航型知识地图、认知型知识地图	构建方法
	张凌,朱礼军(2015)④	专家地图、知识资源地图、展现知识结构的知识地图、问题导向的知识地图等	功能
	李永周(2015)⑤	岗位知识地图、企业知识地图、能力知识地图	企业隐性知识
	吴江(2016)⑥	线性结构、树形结构、网状结构、环形结构、地图导航结构;概念地图、思维导图、认知地图、语义地图、用户搜索习惯路径地图等	结构及使用习惯

资料来源:作者整理。

---

① 潘有能,丁楠.基于本体的组织知识地图构建的研究[J].情报科学,2008,26(12):1856-1860.
② 林建科.基于知识地图的知识集成方法和系统研究[D].杭州:浙江大学,2012.
③ 叶六奇,石晶.知识地图的构建方法论研究[J].图书情报工作,2012(10):30-34.
④ 张凌,朱礼军.国外知识地图研究现状分析[J].情报理论与实践,2015(11):76-81,86.
⑤ 李永周.基于知识地图的企业核心员工隐性知识挖掘研究[J].科技进步与对策,2015,32(12):134-138.
⑥ 吴江.网络信息资源知识地图自动绘制与应用研究[J].情报科学,2016,34(1):58-61.

从表 9-7 可知,国内外的划分集中在对象、功能和主题标准,国外还有知识形态、研究主题、数据表示方法等标准,国内则有需求、呈现方法、知识范畴、构建方法等标准。反映出知识地图的多样化特征和面向用户、拓展主题范畴的发展趋势。

从显性知识地图向隐性知识地图发展是知识地图的另一个趋势,然而这在知识地图研究中是十分困难的。"知识地图特别是隐性知识地图构建的关键因素是寻找专家(知识创新者)与专家(知识创新者)之间的联系,他们的联系是建立在合著、引用认同(citation identity)、学术博客等这些载体之上,社会网络分析为研究这些载体提供了较为可靠的方法"(吴才唤)[1]。实际上,仅仅靠社会网络分析,对于构建隐性知识地图来说,是远远不够的,它更多地将依赖于人工智能的未来发展。

知识地图在企业有广泛的应用,如流程型的知识地图,它可以帮助学习者迅速地掌握流程型知识。通过某一部门的概念型知识地图和某一任务或项目的流程型知识地图,可以使新员工或重新分配工作的员工迅速找到可以使用的资源,明确自己的地位和职责,掌握岗位工作所需的技术知识,从而使企业以较低的时间和经济成本取得明显的培训效果。知识地图不仅应用于企业知识管理,还应用于医院管理、教育和知识学习领域如学科知识地图[2]。

9.3.3.2 知识社区

知识社区(knowledge community)是虚拟社区在知识管理的应用。虚拟社区的划分有三分法,如 Markus(2002)的"社交社区、专业社区、商业社区"[3],有四分法,如 Armstrong 和 Hagel(1996)的"兴趣、交易、幻想与关系"[4],还有五分法,如 Plant(2004)的按营利性、开放性和管制程度三个维度把虚拟社区分为 5 类[5]。

---

[1] 吴才唤. 知识地图研究进展:从显性知识地图到隐性知识地图[J]. 图书情报知识,2012(6):94-100.
[2] 邓三鸿,金莹,杨建林. 学科知识地图的构建:以图书情报学为例[J]. 情报学报,2006(2):3-8.
[3] Markus U. Characterizing the virtual community[EB/OL]. [2009-10-11]. http://www.sapdesignguild.org/editions/edition5/communities.asp.
[4] Armstrong A, Hagel Iii J. The real value of online communities[J]. Harvard Business Reviews,1996,74(3):134-141.
[5] Plant R. Online communities[J]. Technology in Society,2004,26(1):51-65.

技术改变了知识管理。数据库技术导致组织知识库成为企业内部知识共享的平台。网络技术的发展,特别是Web2.0的发展,直接引发一个新领域的产生——实践社区(Community of Practice,简称CoP),这一概念最早是由 Brown 和 Duguid 在对施乐公司(Xerox)的修理协会成员(REPS)的研究中提出的,专指"成员间的那种非正式的工作联系性群体"[1]。实践社区在组织目的、组织成员、组织特点、组织生命等方面与其他组织形式都有明显的区别[2],是一种更好地体现知识性和柔性化的组织形式。

Susan Hanley(苏珊·汉利)等人总结了美国管理系统(AMS)中心实施实践社区管理的成功案例,具体的形式是建立了全球企业员工间的正式实践社区,包括兴趣社区(广泛会员;无须贡献或专长;基本是学习社区)及实践社区(有经验的实践者;必须贡献)两个模块。其中间的兴趣小组的建立较为宽松,只有是对某话题或某问题有一定的学习和讨论兴趣的个人,都允许进入兴趣小组。同时,兴趣小组中还可以细分为特别兴趣小组(SIG),即由具有某一特定兴趣的个人组成的兴趣小组。通过兴趣小组,鼓励员工进行知识交流、知识学习,根据员工知识贡献的大小,可以审核批准进入实践社区[3]。

Etienne Wenger(埃蒂纳·温格)(2002)提出知识管理成功的途径是建立实践社区,2004年又强调实践者参与才能实现真正的知识管理。他认为,实践社区是由具有某方面知识的、并乐于对该方面知识进行深化研究的一类人的集合。实践社区是知识管理的基础,管理者的职能是如何培育及管理社区参与者,让他们共享知识、经验等。实践社区三要素:①领域(domain),即形成社区的原因及主旨。②社区(community),是由具有共同兴趣的人组成的,为了提出、交流和共享知识而组成的团体。社区的职能就是建立、维持和巩固这样的合作学习关系。③实践(practice),不仅仅是指共同兴趣的组合,还包括愿意为这些兴趣进行自由交流、合作。在其构建的知识管理的环形图中,把实践社区运行与企业战

---

[1] Brown John Seely, Duguid Paul. Organizational learning and communities of practice: toward a unified view of working[J], Learning, and Innovation Organization Science,1991,2(1):40 – 57.

[2] Wenger E., Snyder W. M. Communities of practice: the organizational frontier[J]. Harvard Business Review,2000,(1/2).

[3] Hanley Susan. A framework for delivering value with knowledge management: the AMS Knowledge Centers[J]. Information Strategy: The Executive's Journal,2000,16(4):27.

略目标结合起来。首先,从战略角度思考组织的知识管理活动,要把战略细化为各个领域,根据领域组织社区,再鼓励社区成员进行实践。其次,知识管理活动最终是服务于组织战略优势,具体的实施过程:①收集组织成员的实践经验、体会、知识等;②根据问题组成社区,同时编辑各种知识交流成果和开拓知识交流方式;③领域成员应根据组织战略调整所在领域的现状,改善不足,识别优势,保持领域发展与战略目标相符。

以实践社区为基础,产生了知识社区的概念。乔治·波尔将知识社区描绘成"把知识岛屿连接起来成为自我组织的知识共享"。与实践社区相比,知识社区更强调知识共享的灵活性和支持知识创新,特别强调专业性和知识领域,使用户有更强的选择性,使知识交流有更强的针对性,实现一种知识生态。

9.4 知识管理的学科建设与发展

9.4.1 关于知识管理能否成为学科的讨论

知识管理是一个研究领域还是一门科学,这是一个学科建设的问题,但知识管理学的提出是知识管理领域走向理论成熟的一个标志。张润彤和朱晓敏出版的《知识管理学》(中国铁道出版社,2002)是较早的一部以"知识管理学"为标题的著作,但其内容分为总论、对知识的管理、基于知识的企业管理和对知识型组织的管理四大部分,在总论中仅谈了知识与知识管理和管理与知识管理,对知识管理学的概念、内涵、学科定位、学科体系等丝毫没有提及,和以往的知识管理著作并没有根本的不同。同年10月杨治华在《知识管理:用知识建设现代企业》(东南大学出版社)一书中说"企业知识管理学是一门正在形成的学科,其体系结构还不成熟,学术界对此尚处于探索阶段"。

大连理工大学管理学院的硕士生杨建秀以《论知识管理学的创生和发展》(2005)为题撰写了硕士论文,作者详细分析了知识管理学的产生意义和背景,提出知识管理学的源头学科是信息管理学。邱均平、文庭孝等于2005年在《中国图书馆学报》发表《论知识管理学的构建》一文,提出了知识管理学构建的实践意义、理论意义和科学意义,知识管理学产生的经济背景、技术背景、实践背景、理论背景、学科背景和教育背景,分析了知识管理学研究的现状和趋势。此后于 2006 年出版的《知识管理学》(科学技术文献出版社)。

鉴于对知识管理学的学科认识尚不清晰的状况,且在关键的知识管理学的研究对象、概念界定方面或者言之不详或者忽略掉,使得知识管理学难以取得突破性进展,因此,笔者带领的"知识管理研究"方向团队在几年来的知识管理研究、知识资源论和知识学研究基础上,出版了《知识管理学》(科学出版社,2007),提出将知识管理作为一门独立的学科来建设,知识管理学的研究对象是知识过程,不仅研究组织的知识过程,而且研究个人和社会的知识过程。

9.4.2 知识管理学体系问题

目前,关于知识管理学的学科体系,邱均平等在《知识管理学》(科学技术文献出版社)中提出了三种知识管理学学科体系框架。第一种体系由宏观知识管理学和微观知识管理学组成。第二种体系由广义的知识管理学(知识资源管理学)和狭义的知识管理学(企业知识管理)组成。第三种体系由理论知识管理学、技术知识管理学和应用知识管理学组成。这里,综合了已有的各种知识管理分支学科的成果。

笔者在《知识管理学》(科学出版社)一书中从新的视角构建了知识管理学学科体系。引入知识治理的概念来构建一个新的三层次知识管理学学科体系框架:第一个层次是知识治理,包括全球知识治理、公共知识治理、政府知识治理、企业知识治理、信息机构知识治理等;第二个层次是战略知识管理,包括全球战略知识管理、公共战略知识管理、政府战略知识管理、企业战略知识管理、信息机构战略知识管理等;第三个层次是一般知识管理,包括全球知识管理、公共知识管理、政府知识管理、企业知识管理、信息机构知识管理等。

笔者提出知识管理学的发展趋势有以下方面:①研究内容不断深入和拓展,涉及知识管理学的研究对象、学科体系、研究内容整合、分支学科研究、核心概念与新概念等诸方面;②研究方法的科学化和多样化,从研究方法的规范到形成科学的方法论;③研究主体的多元化,吸引多学科力量推动知识管理学的研究;④研究和教学、实践相结合,推进理论研究、人才培养和知识管理实践的互动;⑤研究成果推广渠道多元化,提出知识管理学的社会认可度。

10 知识服务论

10.1 知识需求与知识消费

在知识经济时代,知识对社会经济的影响日益重大,知识逐渐成为一种资本,而知识服务以知识需求和知识消费为前提,是将知识传递给用户的一道桥梁,在此过程中促进社会经济的发展繁荣。

10.1.1 知识需求

10.1.1.1 知识需求的界定

需求是一个心理学的概念,应用到知识服务领域,可以反映知识需求者对于知识的期望状态与实际状态的差距。按照 J. Paul Leagans 的需求定义(如图 10-1 所示),"需求代表一种不平衡,是目标与现状的差距,需求分为实际需求(actual need)、可能需求(possible need)和理想需求(valuable need),实际需求是需求的当前状态,是需求的现实状态,可能需求是现实需求的潜在状态,是当前需求的扩展,理想需求是主体思维对需求对象的理想状态的理解"[1]。

知识的需求与一般的经济学分析的物的需求不同,"人们对知识的需求只有两种可能,即需要或不需要、掌握或者不掌握,而不存在同一知识购买两次或一次购买两个以上的情况"[2]。作为人的一种基本需求,按照 Abraham H. Maslow(亚伯拉罕·马斯洛)的人类需求五层次论[3],知识

---

[1] Leagans P J. A concept of needs[J]. Journal of Extension, 1964, 2(2): 89-96.
[2] 李建华. 知识的需求、供给和价格[J]. 当代经济科学, 2000(3): 39-47.
[3] Maslow A H. A theory of human motivation[J]. Psychological Review, 1943, 50: 370-96.

需求应当是一种高层次的需求。

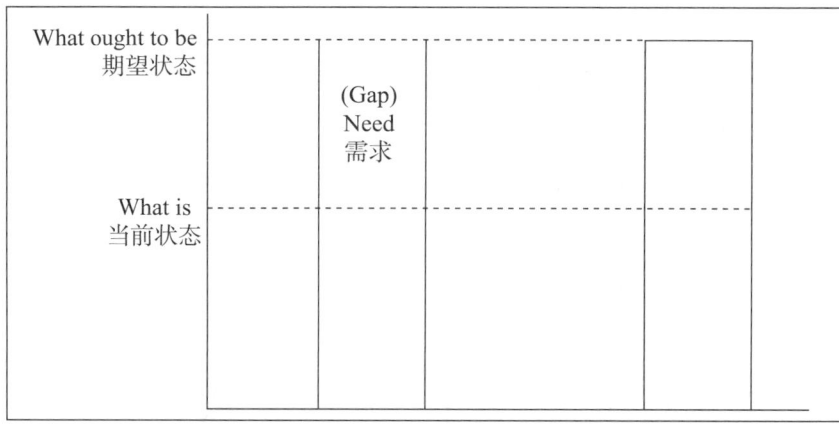

图 10-1 Paul 的需求定义

资料来源：Leagans P J. A concept of needs[J]. Journal of Extension,1964,2(2):89-96.

10.1.1.2 知识的供求关系分析

知识需求与提供的目的是为解决知识的供求矛盾,扫除知识传递过程中的一切障碍。就知识需求来说,第一,知识之所以产生需求,其前提在于知识的有用性和可用性,知识的有用性决定了知识有价值和使用价值,知识的可用性决定着知识一旦获得即能够应用,并直接或间接作用于个人或组织的业务活动。第二,知识能够产生需求,知识差距是一个重要因素,知识拥有者与知识需求者之间存在着某种知识的差距,从而产生了需求的动机,知识差距愈大,知识需求愈大,知识差距给个人或组织带来的影响愈强烈,知识需求就愈强烈。

知识需求分析的三维结构是从三个维度分析知识需求过程(见图10-2)。时间维使知识需求的发展演化为不同的阶段;逻辑维度将知识需求分析为需求采集、查阅知识、知识供给、需求跟踪、需求变更五个步骤;知识维包括显性知识和隐性知识[1]。

从知识提供来说,第一,知识提供要注意针对性,要针对个人或组织的具体需求,有目的地满足需要。这对知识提供者提出了较高的要求,仅仅将用户需要的知识提供给用户是不够的,还应当了解用户需求的动

---

[1] 谭跃进,陈英武,易进先. 系统工程[M]. 长沙:国防科技大学出版社,2008:12-14.

机,用户需求的目标,以有用户需求的背景,这样真正从用户出发,提高提供知识的针对性,需要满足的针对性,达到较高的效用。第二,知识提供要研究知识需求者的类型和特征,一般来说,不同类型的知识需求者,对于知识提供的要求也有所不同。通常情况下,知识需求是主观的,而知识提供是客观的;知识需求是理想的,而知识提供是现实的;知识需求倾向于个性化,而知识提供倾向于大众化。

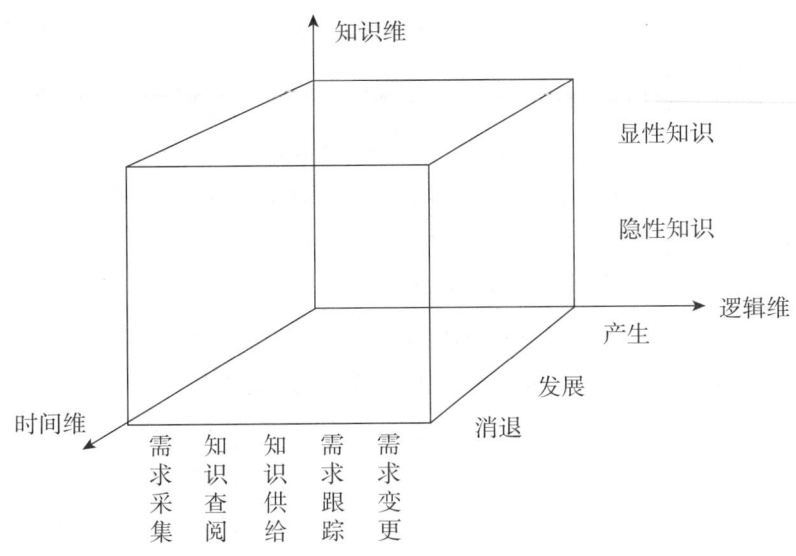

图 10 - 2 知识需求的三维结构

资料来源:谭跃进,陈英武,易进先.系统工程[M].长沙:国防科技大学出版社,2008:12 - 14.

由于知识不同于有形物品的特性,采用经济学中需求曲线无法适用于知识需求,因而不能用物的供求关系分析知识的需求与提供[①]。这主要是因为:其一,知识的成本不易确定,其生产成本和传播成本的构成要素复杂,难以分割清楚,即便以复制成本作为定价依据也是不全面的,知识生产过程的复杂性和知识成果的不消耗性直接导致知识定价的困难;其二,知识量化十分困难,即使知识的载体、文字、图像等外在形态可以量化,也不能代表知识本身的量化;其三,知识的价值难以直接判断,通常知识要通过传播实现其内在价值。从辩证地看,知识既是有价的又是无价的,知识的价值和使用价值具有不确定性和动态变化性。

---

① 杨小云,陈雅.知识需求与提供研究[J].情报杂志,2004(3):89 - 93.

知识需求与知识提供有时表现为一种矛盾，当知识提供不能满足于知识需求时，或者知识需求不足时，出现供大于求或供过于求的现象，这时会产生需求与提供的矛盾冲突。知识需求与知识提供有时表现为一种相互促进的关系，无论是知识的无序状态促进知识需求的增长，还是知识的有序化促进知识提供的增长，提供是为了需求，需求促进提供，充分有效地提供会刺激需求，而需求的发展也会促进提供的发展。

10.1.1.3 知识需求的类别、特征与影响因素

上述所谓知识需求的复杂性也反映在对知识需求的划分上，如果简单地划分，可分为个人知识需求、组织知识需求和社会知识需求三类，个人需求具有鲜明的个性化和差异化的特征，个人需求的这种特征与其从事的职业、学历水平、年龄等因素密切相关；组织需求包括企业、政府机构、事业单位等，一般有其明确的需求范围和需求目标，对知识的需求与组织的性质、使命以及组织中不同岗位的工作任务相关，具有整体性和稳定性的特征，当然这是相对于个人需求而言的；比较而言，社会需求范畴更大，类型多样化，需求表现为分散和不确定性，影响因素更为复杂，包括时代、地域、民族、技术、经济条件、信息条件、传播环境等。

知识需求还可以按不同的分类标准分类，如划分为个体需求与群体需求、目标需求与一般需求、职业需求与专业需求、核心知识需求与非核心知识需求[①]。但这样的划分仍然是粗划分。可以考虑更多的要素与标准，如按时代划分的传统知识需求与现代知识需求，按学术性划分为学术知识需求与非学术知识需求；按职业群体划分为工人、农民、军人、教师、学生、医生、公司员工等不同的需求；按虚拟特征划分为物理需求与虚拟需求；按传播工具划分为广播需求、电视需求、网络需求、手机需求等。

从整体看，知识需求具有一些共性的特征，一是个性化与大众化，知识需求既是个性化的，满足每一个个体的特有的需求，同时又有其多样性和广泛性，一个群体会表现为共同的知识需求，有时是强烈的。二是隐性化和显性化，知识需求通常表现为一种隐性知识，当需求表达时又表现为显性知识，要激发需求者的潜在需求，必须促进其隐性知识向显性知识的转化。三是阶段性和发展性，知识需求对于个人和组织而言，不同的阶段有不同的需求，需求一旦满足，又会转到下一个需求，当新的

---

① 杨小云,陈雅.知识需求与提供研究[J].情报杂志,2004(3):89-93.

环境或新的任务时,又会产生新的需求,需求过程表现为一个生命周期,总体来说,知识需求是不断发展变化的。

知识类型和知识特征的复杂性是由知识需求影响因素的复杂多样性决定的,这包括需求者自身的因素、组织的因素、社会的因素等各个方面。其中,既有知识差距的因素,也有知识传播的因素,还会有知识消费的因素,知识过程中的各要素或多或少地都要影响到知识需求。

由于知识需求影响因素较多,对未来的知识需求进行预测比较困难,而对知识需求进行调节易用于实现。知识需求调节包括需求总量调节和需求结构调节,我国经济体制的改革使消费需求的调节手段发生了根本性的变化,对知识需求来说,要在重视满足公益性知识需求的同时,也要注重运用经济杠杆,如税收、工资、价格等,以知识市场为导向进行调节,优化需求结构。知识需求预测是制定知识消费政策、调节知识产业结构和知识产品结构的重要依据,必须进行深入调查和分析,不仅要了解消费者对知识产品和知识服务的需求状况,而且还要具体分析影响知识需求的各种因素,尤其要预测那些有利于形成新的经济增长点、有助于拓宽知识消费市场的知识产品和知识服务的需求状况,促进知识供给与知识消费的良性循环。

10.1.1.4 组织知识需求诱发和介入

在组织获取知识的过程中,不仅有时间的花费,也会有组织资源的耗费,因此对于组织来说,要诱发并介入到知识需求中,进行获取知识的规划管理(如图 10-3 所示)。

从图 10-3 中可见,不同时机的介入和不同特征的诱发,决定了组织知识需求的管理阶段和管理水平。如果完全不考虑知识需求,也就不存在知识需求的诱发,这种空缺的知识需求管理有可能会导致组织的事务失败。如果在知识需求认识滞后以及知识需求在组织事务进行过程中才开始介入的情况下,组织获取知识只能是补救性的,这种知识的不完全或者明显的知识缺失,可能造成对组织的极大危害,成为失败的知识需求管理。如果在组织事务开始后才有知识需求,必然获取知识仓促,也会对组织形成不良的影响或危害,这是一种平庸的知识需求管理。因此,前三种管理都是不可取的。

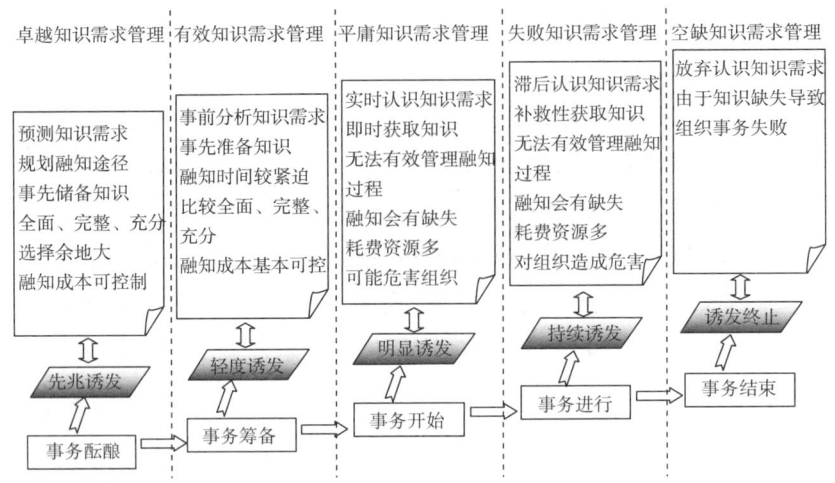

图 10-3 知识需求诱发的层次性和知识需求介入的时机性

资料来源：JaeNam Lee, Ron ChiWai Kwok. A fuzzy GSS framework for organizational knowledge acquisition[J]. International Journal of Information Management, 2000（20）: 383-398.

这一模型显示，组织只有及时或较早地介入知识需求才有获得成功的可能。有效知识需求管理通常是在知识需求轻度诱发时就已介入，在组织事务发生前夕就对知识需求进行了科学的分析，融知前置并较好地控制融知成本，也就是进行了完全的知识准备。而更值得推荐的是卓越知识需求管理，这种通常是在知识需求先兆诱发时对组织知识需求开始预测，从而有充分的时间规划融知过程和控制融知成本，获得全面、完整、充分的知识储备，迎接组织事务的到来①。

10.1.2 知识消费

10.1.2.1 关于知识消费的概念

知识社会化和社会知识化促成知识消费成为一个专门领域的产生，从而改变了传统的社会消费结构，成为知识服务研究的一个新领域。知识消费是消费主体以知识和知识为基础而进行的对知识化产品的消费，是直接或间接以知识产品和知识服务为消费对象的消费活动，狭义的知

---

① 袁静，郑春东. 组织知识需求的诱发与知识需求管理[J]. 科学管理研究，2003（5）:99-102.

识消费以净知识产品和知识服务为消费对象,广义的知识消费还包括对知识含量相当大的产品和服务的消费①。

是将经济学中的消费概念直接引入到知识消费,还是给知识消费赋予新的含义,这是知识消费应当解决的概念问题。传统的知识消费指的是消费者通过阅读报刊、图书、收听广播电视,接听电话以及发送电报等形式的消费②,甚至包括进电影院看电影,到剧场看戏、听相声等,这些通常表现为文化消费。自从计算机和网络出现以后,信息技术不断改变着人们的精神文化生活,从而也改变了传统的知识消费。

就概念内涵而言,知识消费有几点值得重视:其一,知识消费对主体的知识要求,知识消费者不同于物质商品消费者,对消费主体是有条件的,要求主体具有一定的知识水平,主体的消费能力不仅包括购买能力,而且必须具有知识认识和吸收能力。当主体的知识水平越高,知识消费中的认识和吸收知识的能力越强,对知识消费的效果就越好。其二,知识消费对客体的知识要求,知识产品是知识消费的客体,它不同于物质商品的可见性,在消费前就可直观地判别其体积、重量、质量和价格,知识产品除了形式可以明确地判别出来,其内容的多少、质量的优劣等许多方面都是模糊的,需要消费之后才能做出评价。知识产品的知识含量越高,知识产品定价越合理,就越能促进知识消费。其三,知识消费对过程的知识要求,知识消费过程比物质产品的消费过程要复杂,因为物质产品一次消费即可完成,而知识消费可能需要多次反复的过程,知识在消费过程中增值并产生新知识,从某种意义上说"消费过程是一个知识化的运作过程"③,或者说消费过程是一个实现知识增值的过程,这是与物质产品消费过程的本质区别。

10.1.2.2 关于知识消费的类型

有学者认为"知识消费包括对知识产品消费、知识劳务消费、知识设备的消费等内容"④。在具体的知识消费过程中,这些内容很难严格区分开来,通常在消费知识产品时,需要运用一定的知识设备,这其中就包含

---

① 唐玉生.论知识消费[J].江汉论坛,1999(8):26-29.
② 孙坦.信息经济与知识经济的比较[J].图书情报工作,1998(12):1-3.
③ 谢俊贵.知识经济社会的知识消费初探[J].消费经济,1999(1):41-44.
④ 张晓林.重新认识知识过程和知识服务[J].图书情报工作,2009(01):6-8.

着知识设备的消费。有时,知识产品与知识设备一体化,如看电视节目的消费过程中必须同时消费电视设备,接听电话内容和传真内容的消费必须使用电话机和传真机,数字知识的消费需要电脑或网络设备。而且,知识劳务消费与知识产品消费、知识设备消费密不可分,例如知识咨询本身就包含着知识和知识设备,知识检索或科技查新不仅检索结果表现为知识,检索过程也需要知识,还需要一定的设备条件包括数据库条件。因此,知识消费类型中划分为知识产品消费、知识劳务消费和知识设备消费是不合适的。

本研究认为,知识消费从消费目的可分为以下几种类型:一是学习型知识消费,以学习为目的的知识消费具有鲜明的特征,渴求知识,通过学习填补知识差距,这是"人们受到利益驱动通过学习和积累获取和使用知识的过程"①。在知识化的社会,劳动者必须提高职业竞争力,需要通过学习提高能力,"通过对知识的消费来实现对知识的获取与创新,提高自己的能力,才能不被时代所淘汰"。二是研究型知识消费,科技进步有赖于知识消费,在知识爆炸的今天,科学家成为知识消费的主体,知识消费与知识创新在某种意义上成正比,创新需要加强知识消费,而知识消费促进知识创新。科研工作者既是知识的生产者,也是知识的消费者,研究型知识消费成为科研工作的必要组成部分,也是创新的基本条件。研究型知识消费与学习型知识消费不同的是,它不仅仅依靠准确地评价和理解知识,有效地接受知识和传播知识,更重要的是在消费过程中,对知识进行再组织,并产生新的知识。三是休闲型知识消费。知识不仅仅是消费者传递的精神财富,而是成为消费者生活的一个部分,它可以有助于人们休闲活动的开展。这种知识消费就是一种消遣和享受,知识的共享性使更多的人能够享用,通过它丰富精神生活和娱乐。休闲型知识消费的目标比较简单,消费过程中可以跳跃,不需要连续性,对消费客体也没有严格的要求。但是,内容的简易、语言的可读性、形式的活泼等特征会更好地吸引消费者,这类消费比较重视形式的美感,如购买图书报纸,优美的画面会有较大的吸引力,在购买电子产品如光盘、电子书等,对多媒体有一定的要求。

此外,从消费时限来说,可分为一次性知识消费、短期性知识消费、长期性知识消费。一次性知识消费通常是与完成某一任务或实现某一

---

① 厉无畏,王玉梅.知识营销是知识经济发展的必然要求[J].中国软科学,1999(2):64-65.

具体目标的一次性完成消费行为,如查寻某个具体的文献或数据,阅读一部书,接听一次电话等。一次性知识消费不需要很长时间,消费过程也比较简单,消费者动机、消费开始和消费结束都很明确,目标也易于实现,这类消费大量存在并具有分散性、广泛性的特点。短期性知识消费虽然没有一个时间范围,但表现在一次性难以完成且过程较为复杂的消费,通常,短期学习就是短期知识消费,一个研究课题或科研任务的完成需要一定时间,这个过程中不断查阅资料、获取数据,借鉴前人知识成果,参观考察等都是一种短期的知识消费。从终身学习的角度,每个人一生都在知识消费,这就表现为长期性知识消费。从一个组织来说,组织业务开展也需要长期性知识消费,因为需要做好长期的知识储备,让组织成员定期/不定期地进行知识消费,这个过程没有终点,是连续不断的、由许多成员共同完成的。

10.1.2.3 关于知识消费的结构要素

关于知识消费的结构要素,有学者分为三个结构性实体要素,即知识消费者、知识消费品和知识消费环境[①]。然而,这一观点未包括知识消费过程,也未包括知识消费设施。

本研究认为,知识消费的结构包括五个要素:

(1)知识消费主体

知识消费的主体是具有消费行为能力的知识消费者,这里的能力条件包括鉴别知识的能力、获得知识的能力、知识转化的能力,以及知识创新的能力,消费者不仅需要掌握知识使用的方法,而且需要掌握一定的知识基础。这是作为知识消费主体的最基本的前提条件,当然,仅仅具备这个条件还是不够的,另一个可能的前提条件就是购买能力,即现有的货币支付能力,知识消费主体的购买能力直接决定着知识能否获取。此外,对知识消费主体来说,还需要有时间和精力等条件,在知识消费中付出时间成本等。

知识消费者主要包括个人和组织,个人知识消费者可以是自己购买并使用知识产品或服务,也可以是购买知识产品供他人使用,如将知识产品作为礼物赠送给他人,或购买知识服务与他人一起共享,如购买影视光盘与他人共用。组织知识消费者包括企业、学校、政府机构以及其

---

① 朱红.信息消费:理论、方法及水平测度[M].北京:社会科学文献出版社,2005:5-7.

他事业单位等,企业作为主体,其知识消费是为了充分利用外部知识,通常以购买数据库、专利等形式;学校作为主体,主要是为了教学和科研需要购买相关教学参考资料和研究资料;政府作为主体,知识消费主要是为了决策参考,运用知识为政务服务;其他事业单位一般从机构性质和任务,通过知识消费获得相关知识,满足工作和事业发展的需要。

(2)知识消费客体

对知识消费主体来说,首先关心的或者最关心的是知识消费客体。与物质产品消费对象比较明确的特征不同,知识消费的客体即知识消费的对象是什么呢?一直存在着"知识"与"知识产品"的争论。从知识经济的角度看,知识消费的对象就是作为经济要素的知识。但从知识产权的角度看,知识产权的客体不是知识,而是"知识产品","知识产品较之物和智力成果来说,更能概括知识产权客体的本质特征"(吴汉东)[1]。但也有人认为,"知识已经是智力成果或产品,再用'知识产品'的说法,固然不失符号学上之美感,但在逻辑上却不免有蛇足之嫌"[2]。笔者认为,这种争论的本质是不在一个层面上的讨论。就知识消费而言,其客体有直接和间接之分,从间接的角度来说是"知识产品",而直接角度即最终目的是消费知识本身。

简单地说,作为知识消费直接对象的"知识",就是知识需求所期望获得的知识。那么,这里的"知识"到底是人类的所有知识还是某种特定的知识? 实际是根据不同的知识需求决定的,从个人知识需求出发,个人的学习需要消费各门学科专业的知识,特别是有关科学技术的新知识;个人的生活需要消费如购物方面的知识、旅游方面的知识、饮食与食品安全方面的知识、医疗健康保健方面的知识等。从组织知识需求出发,组织的业务需要消费流程管理方面的知识,与岗位和工作相关的知识;组织的研发需要消费高科技和专利方面的知识;组织的管理需要消费管理科学和行为科学以及文化方面的知识。如果说个人消费的对象是人们需要具备的一般知识,是知识结构中最低层次和广泛性的知识,那么,组织消费的对象就是用于创新和生产的知识,是知识结构中更高层次和专指性的知识。

除"知识""知识产品"外,另一个概念是"知识消费品",被作为知识

---

[1] 吴汉东,等.知识产权基本问题研究[M].北京:中国人民大学出版社,2005:33-34.
[2] 刘春田.知识财产权解析[J].中国社会科学,2003(4):109-121.

消费的客体,"是知识消费者消费的终极产品,既包括有形知识商品也包括无形知识服务,二者不可分割"①。这里涉及"知识产品"与"知识商品"的关系,知识产品是一种特殊的产品,知识商品是一种特殊的商品,它们之间的既有联系又有区别,突出表现为:第一,无论是知识产品还是知识商品都是知识化的结果,其共同之处是凝结了人类的知识劳动,赋予一定的知识含量,并具有知识功能。第二,知识产品或知识商品既有其物质形态也有非物质形态,通常由物质载体和知识内容构成,前者是外在的(外壳)、有形的,可以量化和感知,后者则是内在的(内核)、无形的,难以直接量化和感知。第三,知识产品和知识商品都可以作为消费对象,但知识产品作为对象消费时不需要以交换为目的,如个人生产的知识产品也赠送给他人消费,而知识商品则是专门用于交换的供他人消费并实现其使用价值的产品。

(3)知识消费环境

知识消费需要一定的环境条件,不同的环境条件对知识消费有不同的影响。影响知识消费的环境有自然环境也有社会环境,有宏观环境也有微观环境。自然环境既影响主体的心理,也影响消费的效果,如书报阅读消费可以在家里,书房阅读与客厅阅读,不同的情景会有不同的效果,也可以在庭院、公园等处,风景优美对消费者也有一定影响。与自然环境相比,社会影响对知识消费影响更大更直接。"由于知识消费本质上是精神消费,受社会经济因素影响较大,所以知识消费的社会环境内涵包括:知识市场环境、知识技术环境、人文知识环境等"②。实际上,与知识相关的技术、经济、政治、法律、文化、教育等各种环境都是影响知识消费的社会环境,只不过影响程度有所不同。宏观环境一般指影响知识消费的外部大环境,如政策法制环境将违法出版品排除在知识消费之外,消费者既不能购买非法产品,也不能传播这类产品。各个国家对于知识消费的政策不同、管理办法不同,对每个消费者和消费行为有一定约束作用。微观环境主要指在具体知识消费活动或消费行为中必需的环境条件,即影响知识消费的内部小环境,如观看家庭影院中的家庭氛围、卡拉 OK 比赛的气氛,等等,这些对于知识消费的影响直接关系到消费质量与效果。

---

① 王霁. 认知系统运行论[M]. 北京:中国人民大学出版社,1990:115-124.
② 朱红. 信息消费:理论、方法及水平测度[M]. 北京:社会科学文献出版社,2005:17-22.

（4）知识消费设备设施

知识消费设施是指知识消费主体在知识消费过程中所运用的各种设备、各种工具以及各种手段。知识消费设备条件如计算机、复印机、扫描仪、电视机、收音机、电话等；知识消费设施条件如网络、通信、软件、平台等。数据库产品、电子元器件产品五大类。我们把消费者购买知识工具或手段（如电话、手机、电视机、电脑等）。

（5）知识消费过程

知识消费过程是知识消费主体与客体在一定条件下相互作用的过程，一般通过购买、获取和使用知识产品，或购买、获取和使用知识服务的行为来实现。

知识消费过程有两个主要阶段，一是知识获取阶段。知识获取是消费者通过某种方式拥有或占有某一特定的知识。直接的拥有或占有主要表现为一次购买产品，获得知识所有权或使用权等，间接的拥有或占有主要表现为长期的学习与积累，整理以往获得的知识。知识一旦获得，就可能改变原有的知识体系与结构，"一种合理的知识结构应该是既能发挥自己的长处，又能符合市场需求，系统化是建立合理的知识结构的关键"[1]。消费者将获取的知识与原有知识进行匹配，将新知识嵌入原来的知识结构中，成为重要的补充，这是一种改变。还有一种改变，就是将各种零碎的知识重组，将多次获得或一次获得的无序化知识进行系统化整理，从而形成新的知识结构。

另一个阶段是知识运用阶段。消费者获得的知识必须发挥作用，也只有发挥作用才真正达到消费的目的。因此，知识消费的前奏和基础是知识获取阶段，而知识运用是知识获得的继续和发展。在这一阶段，知识消费者必须真正掌握知识，做到知识的融会贯通。更高的要求是建立在知识内在规律性的掌握之上，进行知识生产或再生活。"知识消费更主要的是一种创造活动，知识消费过程就是知识创新和知识转化过程的统一。"[2]实际上，知识转化过程与知识创新过程很难以严格区分，通常将知识转化过程作为知识创新的组成部分。在这一阶段，有的知识运用仅仅表现为知识的某种转化，如将获得的零碎知识转化为系统的知识，这实际是一个知识加工的过程。有的知识运用将新技术运用于生产过

---

[1] 邱正文.领导学视野中的知识消费[J].湖南师范大学社科学报,2003(3):82-86.
[2] 管振岐.知识价值、知识经济、知识管理、图书馆员[J].现代情报,2000(9):47-51.

程,从而产生效益,或将获取的知识与某种特定的活动或业务相结合,成为工作中或活动中的一种知识,这实际是一个知识与生产结合的过程。有的知识运用则以知识生产为目的,"从知识转化为技术,再到更需要创新才可能实现预期的目的,如产品创新、生产方法创新、生产要素组合创新是知识在生产活动中创新的集中体现"①。通过运用产生新的知识成果,让知识创造新的价值,这实际是一种典型的知识创新过程。从某种意义上,知识运用是知识消费的关键,而创新是知识运用的高级形式。

10.1.2.4 关于知识消费的特征

知识消费作为知识生产和知识交流过程的延续,是知识产品和知识服务的最终归宿。"由于知识消费是一种新型的消费方式,它必然有区别于传统的消费方式的一些特点,这些特征是由知识本身所具有的特性决定的。"②

(1)知识消费的知识性和创新性

知识消费既离不开显性知识,也离不开隐性知识。知识消费主体是拥有一定知识或知识化的人和组织,知识消费客体是知识集成的产品或知识化的服务,知识消费环境是知识化了的环境,知识消费设备设施是知识化的设备或设施,知识消费过程是围绕知识展开的过程。在知识消费中,创新既是动力也是目标,为了创新进行知识消费,以创新为动力,达到创新的目标;在知识消费中,在主动增加新知识,从本质上这是一个创新的过程。

(2)知识消费的非消耗性和重复性

在知识消费中,知识或知识商品并没有因为消费而损耗。从理论上,知识内容可以被无限多次地使用,知识从来不会在使用中被消耗掉,也不像物质产品那样具有磨损性。知识老化不是因为多次使用和消费造成的,而是随着时间的推移和新知识出现形成的现象。然而,由于知识内容依赖于一定的载体,载体的寿命决定了消费的次数和时间,但总的来说,知识产品和知识商品可以重复使用和消费。

(3)知识消费的共享性和增值性

知识消费中的知识交换与物质商品交换的排他性不同,某种知识或

---

① 祝爱民,于丽娟. 浅谈知识消费与知识营销[J]. 商业研究,2001(5):29-33.
② 李恩平. 知识经济与信息消费[J]. 消费经济,1999(2):23-27.

知识产品被消费者占有后,他人并没有失去这种知识或知识产品,也没有丧失合法使用权,在知识交换后形成了知识共享的局面,这是知识本身的可分享性特征决定的。实际上,知识一旦被消费,某种知识被消费者所掌握,就不会或不可能被收回,更不会被剥夺,从而具有不可逆性。由于知识的这种不可逆性,知识可能被广泛传播,这是知识共享的一种表现,而实际消费中,知识共享比不共享获益更多,因而知识被共享的可能性加大。

在知识消费过程中,知识经过加工处理后可以产生新知识,实现知识增值。一是因为,知识消费过程中知识在不断丰富,知识的组合和加工对原来的知识是一个改变,知识产品或知识服务的附加值提高,这是一种增值。二是因为,知识消费的次数越多,消费的知识量越大,获得的价值越大,这是另一种增值。知识消费以创新为目标,以新知识为表现,这是直接增值的过程。而知识消费将知识运用于生产和学习之中,提高了生产率和学习效果,实现了间接的增值。"因为知识消费的特征是具有重复性,并且在使用过程中不损耗,只会随着转化、创新而增值,并且随着零散知识的系统化,才能产生更大的价值,才能更好地体现自我价值。"①

值得注意的是,知识消费的上述特征是从总体而言的,并不是绝对的。在一些情况下,知识消费也会出现异常的现象,例如,当知识消费不科学,或者知识没有被充分消费,就达不到创新的目的,从而不具有创新性。当知识消费遇到观念的影响和对共享的排斥时,知识消费实际造成的独占,影响了共享性。如果缺乏科学的方法和过程,知识消费中也不会发生增值现象。知识消费是否得到满足,并不取决于知识或知识产品本身,而是取决于知识消费者能否充分地获取并利用知识,获得知识和使用知识高度统一,会有利于知识消费的满足,知识消费主体对知识的态度、知识消费环境、知识消费设备设施等,都会影响知识消费的满足。

10.1.2.5 关于知识消费与知识需求的关系

知识需求与知识消费是源与流的关系,也是辩证统一的关系,没有知识需求,谈不上知识消费;但如果没有知识消费,知识需求也得不到满足。一般来说,知识需求是知识消费之前的一个过程,但有时知识需求

---

① 尹世杰. 消费经济学[M]. 长沙:湖南人民出版社,1999:44 – 47.

与知识消费相伴而生,"知识消费过程包括了知识需求、知识占有、知识吸收和知识再生4个基本环节,知识消费是这4个基本环节的有机统一"①。说明知识需求是引发知识消费的原动力。

由于知识存在的普遍性和部分知识系统的公益性,人们知识需求的满足并不只是通过知识产品和知识服务一种方式,也就是说,除市场方式外,消费者知识需求的满足还有广大的非市场空间。因此,知识消费研究应从其精神消费的本质出发,在更全面的意义上来认识和界定知识需求。随着知识产业的发展壮大和知识市场的繁荣,以商品形式通过市场交换进行的知识消费将日益成为知识消费的主流,消费者的购买能力在知识消费需求研究中也将成为一个越来越重要的因素。

10.2 知识服务的核心理论问题

21世纪,知识服务进入了人们的视角,并作为知识管理的实践被大众所认知。知识服务作为知识论研究的一个分支,在近些年被文化、科学、教育、工业技术、医学卫生、经济等各个学科领域的专家学者所关注。知识服务研究中关注的核心理论问题包括:知识服务的概念与特征、知识服务类型与模式、知识服务产业等。

10.2.1 知识服务概念与特征

10.2.1.1 知识服务概念

国外知识服务概念的提出,最早要追溯到1995年向欧盟提交的报告 *Knowledge-Intensive Business Services: Users, Carriers and Sources of Innovation*,报告中首次提出了知识密集型服务 KIBS 的概念,并逐渐发展为知识服务,例如 Sundbo 即持有此种观点。Kuusisto 认为"知识密集型服务就是显著依赖于某一具体领域的知识或专业技能的商业服务公司,为客户提供以知识为基础的并对客户公司知识流程产生贡献的中间产品和

---

① 武夷山. 浅议从信息服务走向知识服务[J]. 中国信息导报,2005(12):30-31.

服务"①。有人认为②,国内首次提出了知识服务理念的是 1994 年安徽省卫生厅副厅长戴光强③,而第一次将"知识服务"的理念引入国内图书馆的是 1997 年王晓美④。

知识服务的定义有多种界定,至今仍未有统一的定义。这里,将有关知识服务的定义归纳如表 10 - 1。

表 10 - 1　国内外有关知识服务的定义

	代表人物	使用术语	定义
国外	Niche Profile (1999)	知识服务	是提供服务而不是生产产品⑤
	Kong-rae Lee (2002)	知识密集型服务	由组织内部或外部向制造业公司或服务业公司提供的服务活动,可帮助用户在公司内部形成运作管理技术系统和信息活动的能力⑥
	Kuusisto (2004)	知识密集型服务	指所有的以知识或专业知识为基础的服务⑦
	Chris Styles (2005)	知识密集型服务	是一种具有显著无形性特征的"产品"⑧
	联合国开发计划署 UNPD(2007)	知识服务	是建立在全球知识技术状态上的建议、专家意见、经验和试验方法,它被提供来帮助请求者获得对问题的最好解答⑨

---

① Kuusisto J, Viljamaa A. Knowledge-intensive business services and coproduction of knowledge—the role of public sector[J]. Frontiers of E,2004:282 - 298.

② 黄幼菲.公共智慧服务——图书馆知识服务的高级阶段[J].情报资料工作,2012(5):83 - 88.

③ 戴光强.医学从技术服务扩大到知识服务——医学发展的新纪元[J].中国健康教育,1994(1):4 - 6.

④ 王晓美.论信息时代图书馆的特征[J].大学图书情报学刊,1997(3):7 - 8.

⑤ Niche Profile. Knowledge-Based Service Sector-Information Technology[R],1999.

⑥ Kong-rae,Sang-wan Shim,Byung-seon Jeong,et al. Knowledge intensive service activities(KISAs)in Korea's innovation system[R],2002.

⑦ Kuusisto J, Viljamaa A. Knowledge-intensive business services and co-production of knowledge—the role of public sector? [C]. Frontiers of E-business Research,2004:282 - 298.

⑧ Chris Styles, Paul G Patterson, Vinh Q La. Executive insights:exporting services to Southeast Asia:lessons from Australian knowledge-based service exporters[J]. Journal of International Marketing,2005,13(4):104 - 128.

⑨ 李晓鹏,颜端武,陈祖香.国内外知识服务研究的现状与主要学术观点[J].图书情报研究,2009(2):107 - 111.

续表

国内	张晓琳(2000)	知识服务	是以信息知识的搜索、组织、分析、重组的知识和能力为基础,根据用户的问题和环境,融入解决问题的过程中,提供能够有效支持知识应用和创新的服务[1]
	姜永常(2001)	知识服务	是为了适应知识经济发展和知识创新的需要,根据用户问题解决方案的目标,通过用户知识需求和问题环境分析,对用户整个解决问题过程而提供的经过信息的析取、重组、创新、集成而形成恰好符合用户需要的知识产品的服务[2]
	孙成江,吴正荆(2002)	知识服务	不仅是提供知识、解决问题的服务,还应包括知识的体验式服务[3]
	蒋永福(2003)	知识服务	有组织地向社会公众提供客观知识的传递利用服务活动[4]
	尤如春(2004)	知识服务	就是为了适应知识经济发展和知识创新的需要,为解决问题而提供的经过信息的析取、重组、集成、创新而形成的符合用户需要的知识产品的服务[5]
	柯平(2005)	知识服务	是从工作方式的角度出发的,是知识型的服务,是知识化的服务,所以可以说知识服务是信息服务的高层次阶段,是知识含量高的服务[6]
	李霞,樊治平,冯博(2007)	知识服务	是一个满足客户不同类型知识需求的服务过程[7]

资料来源:作者整理。

---

[1] 张晓林.走向知识服务:寻找新世纪图书情报工作的生长点[J].中国图书馆学报,2000,26(5):32-37.
[2] 姜永常.论知识服务与信息服务[J].情报学报,2001,20(5):572-578.
[3] 孙成江,吴正荆.知识服务战略:创建增值联盟[J].情报科学,2002,20(10):1028-1029.
[4] 蒋永福.客观知识·图书馆·人——兼论图书馆学的研究对象[J].中国图书馆学报,2003,29(5):11-15.
[5] 尤如春.论网络环境下的知识服务策略[J].图书馆,2004(6):85-87.
[6] 柯平.新世纪图书馆需要知识管理和知识服务[J].新世纪图书馆,2005(6):13-15.
[7] 李霞,樊治平,冯博.知识服务的概念、特征与模式[J].情报科学,2007,25(10):1584-1587.

从表 10-1 看,国外有关知识服务的定义在早期是同知识密集型服务相等同的,而随着知识服务的不断延伸与发展而逐渐产生了区别。相比之下,国内有关知识服务的定义更侧重于知识经济背景下的新型服务,涉及知识产品、知识的应用与创新。

10.2.1.2 知识服务类型

关于知识服务的类型,刘爱珍等在《现代服务学概论》中将知识服务的类型分为三类:一是技术知识服务(如计算机软件服务、通信网络服务、集成电路设计、电子工程服务、产品工程服务、环境保护工程服务、生物技术与制药业服务、工业设计服务等);二是中介服务(如技术交易与中介服务、创业投资基金服务、知识产权服务、金融服务、教育服务、信息及管理中介服务、财务咨询服务、研究发展技术服务等);三是社会发展服务(如形象策划设计服务、研发广告设计服务、会计服务、法律服务、健康医疗服务、信息咨询分析服务、工程咨询服务、文化服务、物流配送服务、电子商务服务、供应链服务、全球运筹服务等)[①]。

笔者认为,知识服务的类型可以有多种标准划分,按照知识服务的发展过程划分,可分为传统知识服务和现代知识服务,前者包括翻译服务、编译报道服务、文摘索引服务、咨询台服务、咨询项目服务、知识产权服务、知识培训服务等;后者包括计算机检索服务、数据库服务、知识导航服务、数字参考咨询服务、专利情报分析服务、科技查新服务、学科馆员服务等。此外,按照服务的行业划分,可分为科技服务知识、政府知识服务、经济知识服务、文化知识服务、教育知识服务、企业知识服务、社区知识服务等。

10.2.1.3 知识服务特征

在知识服务特征方面的研究,国内外学者的认识不尽相同。国外学者强调用户参与的过程,如 Bettencourt 等(2002 年)提出知识服务具有"在整个知识服务过程中,用户参与整个服务的过程,同时并在整个过程中发挥着关键作用"特征。我国学者则强调为用户对象服务,如张晓琳(2002 年)认为知识服务是一个面向用户驱动的,为用户提供解决方案的服务,为用户提供全程一体化的服务,针对不同的用户提供专业化或

---

① 刘爱珍.现代服务学概论[M].上海:上海财经大学出版社,2008:7.

个人化的服务,随着形势的不断改变,所提供的服务业也是不断创新和改变的。

归纳起来,知识服务最主要的特征,一是知识开发与分享,如 Maria(2004 年)则认为"知识服务是解决用户的问题,是提供者和用户之间分享不同层次知识的数据服务"是知识服务最基本的特征。Guy 等(2007年)提出了知识服务的基本和关键特征,即知识开发和知识共享。二是知识专业化和集成化,靳红和程宏(2004)综述知识服务在服务方式上的五个特点:"知识服务是融入用户之中并贯穿于用户决策过程的服务,而不是基于信息机构、游离于用户之外的服务;知识服务是基于专业化和个人化的服务,而不是大众化的服务;知识服务是基于分布式多样化动态资源、系统的服务,而不是基于固有资源或系统的服务;知识服务是基于集成的服务;知识服务是基于自主和创新的服务,而不是标准化和事物性工作"[1],经查对,这五个特点直接来源于张晓林 2000 年论文"知识服务将是融入用户之中和用户决策过程的服务,而不是基于信息机构的服务,不是游离于用户之外的服务。知识服务是基于专业化和个性化的服务,而不是'批发'性的服务。知识服务将是基于分布式多样化动态资源,系统的服务,而不是基于固有资源或系统的服务。知识服务将是基于集成的服务,而不是依靠大而全的系统或服务。知识服务将是基于自主和创新的服务,不再是标准化和事务性工作"[2]。张红丽和吴新年(2010 年)提出知识服务具有"综合集成化特点、知识密集型增值性、层次性和过程性服务的特征"[3]。

10.2.2 知识服务与信息服务

关于知识服务与信息服务的关系,David De Roure 等论述了语义网格作为 E-Science 的基础架构,并诠释了数据服务、信息服务和知识服务与 E-Science 的关系,参见图 10 - 4。

北京大学陈建龙等将国内现有关于知识服务与信息服务关系的研究观点划分为三类,即"服务发展阶段论""服务基底改变论""价值取向

---

[1] 靳红,程宏.图书馆知识服务研究综述[J].情报杂志,2004(8):8-10.
[2] 张晓林.走向知识服务——寻找新世纪图书情报工作的生长点[J].中国图书馆学报,2000(5):32-37.
[3] 李娜.基于 Web 资源的企业知识服务研究[D].杭州:浙江理工大学,2012.

转型论",并深入剖析其理论观点和不足之处。在此基础上,引入 Popper "三个世界"理论,从服务者、服务对象和服务工具三方面对知识服务和信息服务之间的区别和联系进行深入剖析(见表 10-2)。这一分析有一定理论依据和分析深度。

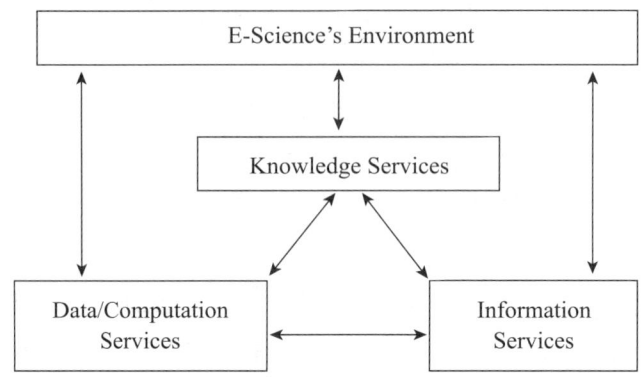

图 10-4 数据服务、信息服务和知识服务与 E-Science 的关系

资料来源:David De Roure. The Semantic Grid:A future e-science infrastructure[EB/OL]. [2008-06-04]. http://www.semanticgrid.org/documents/semgrid-journal/semgrid-journal.pdf.

表 10-2 知识服务和信息服务两种形态的要素比较

	知识服务	信息服务
服务对象	对某一方面知识的缺失感,但更加倾向于那些通过外部客观知识世界无法满足的需求	也是对某一方面知识的缺失感,但更加倾向于那些通过外部客观知识世界能够满足的需求
服务工具	主要依靠内化于服务者自身的知识积淀(第二世界)	主要依靠外部客观知识世界的资源(第三世界)
服务者	需要经过高度专业化的知识学习,并具备相应专业技能	需要具备知识查找、整理与提供方面的专业知识,接受相关专业训练
创新度	主要在知识服务者头脑内或知识服务网络内通过知识共享与传递完成,加工深度较高,创新度普遍较高	通过对信息的序化与转化两种途径实现,知识加工深度较浅,创新度有高有低

资料来源:陈建龙,王建冬,胡磊,等.再论知识服务的概念内涵——与信息服务关系的再思考[J].图书情报知识,2010(4):14-19.

知识服务与信息服务有许多共同的特点,其服务对象上具有一致性,都是为用户提供服务;在技术方法和手段上有相似之处,都需要运用先进的信息技术。两者之间有密切的联系,信息服务是知识服务的基础,知识服务是信息服务的必然发展,从某种意义上,知识服务是信息服务的高级形态或高级阶段。

为强调两者的区别,首先是建立在"知识"和"信息"这两个术语区别的基础上,从前面第三章第三节关于"知识"和"信息"概念讨论中可知,两者有着比较复杂的联系,实际上存在着概念范畴的差别。基于此,信息服务对应的是客观范畴("数据—信息"),主要将数据加工转化为信息,这种服务以提供数据和信息为主要表征,体现出客观性;而知识服务对应的是主观范畴的"知识—智慧",服务以提供知识或知识产品为主要表征,在很大程度上依赖于智慧,具有一定的主观性。

如果将知识服务与信息服务的区别局限于"知识"和"信息"这两个术语区别上,那就简单化了。两者更重要的区别在两个方面:一方面是在产品上,知识服务对产品的要求更高,由于信息服务提供的信息或信息资源一般呈现为结构化或规范化的,大量的信息靠计算机或其他信息设施即可加工处理,而知识服务提供的知识产品不仅集成了信息,而且是一种智力劳动的成果,因而知识产品的过程比信息产品的过程更加复杂;由于知识产品是智慧的结晶,有较高的知识含量,具有知识产权的属性,因而知识产品的价值高于信息产品的价值。另一方面是从服务对象的要求上,信息服务服务面广,具有普适性特征,适应广泛的社会需求,只要有一定信息能力或知识水平即可接受信息服务,而知识服务往往是针对特定的用户需求而提供的,具有个性化的特征,对用户有较高的要求,用户的知识能力越强,越有利于对知识服务的接受。因此,在知识服务过程中,需要对用户进行相应的培训,通过知识改变用户的知识结构,达到更好的服务效果。如果说信息服务是通过信息或信息产品,满足用户信息需求的一般化服务,那么,知识服务则是通过知识或知识产品,改变用户知识结构的专门化服务。

10.3 知识服务流派

自20世纪90年代知识服务的概念引入我国以来,知识服务研究形成了多个学派。纵观研究论文的主题、被引频次、下载频次和作者的学科背景,我们将知识服务研究的学派大致划分为图书情报知识服务流派、企业知识服务流派和社会知识服务流派。

10.3.1 图书情报知识服务流派

图书情报界较早提出并在知识服务理论与实践上做出重要贡献。国外较早提出知识服务概念的是美国专业图书馆协会(SLA),1997年在其会刊 *Information Outlook* 开辟专栏探讨图书馆领域开展知识管理和知识服务的问题。我国首次将知识服务引入图书馆领域的是任俊为,1999年提出的"以知识存储、知识重组和知识配送为内容的知识服务"[①]。

此后,国内外许多学术会议以知识服务为主题,知识服务研究成为热点,如2003年8月,第69届国际图联大会及理事会的主题是"知识之门——图书馆:媒体、信息、文化";2003年9月,"第十七届全国计算机信息管理学术研讨会"(由中国科技情报学会主办)的主题是"知识化信息服务";2003年,中国科协学术年会第29分会场(由中国图书馆学会主办)的主题是"信息导航员——为经济建设和科技创新提供知识服务";2004年9月第十八届全国计算机信息管理学术研讨会(中国科技情报学会主办)的主题是"知识服务的关键技术";2004年10月,中国科学院文献情报中心"文献情报服务发展与创新学术研讨会"主题为"走向知识服务";2005年9月,《现代图书情报技术》杂志社学术研讨会的主题是"知识服务中的关键技术";2011年9月,中国国防科技信息学会信息资源与信息技术专业委员会学术研讨会的主题是"知识组织与知识服务:从理论走向实践";2014年10月,第五届"全国知识组织与知识链接学术交流会"(中国科学技术信息研究所、国家科技图书文献中心、中国科学技术情报学会联合主办),重点关注文献、数据、信息、情报和知识的组织、关联以及分析、计量、评价、展示和服务。这些会议,反映出知识服务的研究涉及图书馆服务、知识技术、知识组织等各个领域。

图书情报知识服务学派的诸多学者对图书情报领域的知识服务进行了深入的研究,认为图书馆是为读者提供服务的,知识服务的理念正适合图书馆服务的初衷,自然地将知识服务纳入图书情报领域的理论与

[①] 任俊为.知识经济和图书馆的知识服务[J].图书情报知识,1999(1):27-29.

实践之中。具有代表性的学者包括张晓林、李桂华、党跃武、柯平、孙成江、杜也力等人,他们是这一领域的高被引作者。2000 年,张晓琳为倡导图书情报领域的知识服务,发表论文①将知识服务作为图书情报工作核心能力定位,以应对知识经济对图书情报工作的挑战,文章产生了较大影响。随后他又出版了关于知识服务的专著《走向知识服务》(四川大学出版社,2001),对知识服务理论与应用进行了比较全面的探讨。此外,李桂华、党跃武与张晓林共同探讨了知识服务的运营方式②、营销战略问题③和支持知识服务的现代图书情报组织管理机制④;柯平提出新世纪图书馆需要知识管理和知识服务⑤;孙成江对网络知识服务问题进行了探讨⑥;杜也力撰写了专著《知识服务模式与创新》研究知识服务模式⑦。这些观点对图书情报领域的知识服务研究有深远的影响。

至 2003 年 10 月,图书情报界共发表该专题的论文 160 余篇⑧。而 2004 至 2015 年的 12 年中,据中国知网检索,共发表该专题论文 6107 篇。该流派的研究主题集中在:①知识服务基本理论研究;③知识服务模式研究;③知识服务新技术研究;④知识服务实施对策研究⑨。

10.3.2　企业知识服务流派

企业知识服务流派是从企业的视角来研究知识服务的。李娜基于企业知识服务特征以及企业利用 Web 资源提供知识服务五个方面需求,提出基于 Web 资源的企业知识服务的四种服务模式、基于 Web 资源的企业知识服务流程和基于 Web 资源的企业知识服务系统⑩。杨涛等人提出面

---

① 张晓林. 走向知识服务——寻找新世纪图书情报工作的生长点[J]. 中国图书馆学报,2000(5):32-37.
② 李桂华,张晓林,党跃武. 知识服务之运营方式探索[J]. 图书馆,2001(1):18-22.
③ 李桂华,张晓林,党跃武. 论知识服务的营销战略问题[J]. 中国图书馆学报,2001(4):11-14.
④ 党跃武,张晓林,李桂华. 开发支持知识服务的现代图书情报机构组织管理机制[J]. 中国图书馆学报,2001(1):21-24.
⑤ 柯平. 新世纪图书馆需要知识管理和知识服务[J]. 新世纪图书馆,2005(6):13-15.
⑥ 孙成江,吴正荆. 知识、知识管理与网络信息知识服务[J]. 情报资料工作,2002(4):10-12.
⑦ 杜也力,等. 知识服务模式与创新[M]. 北京图书出版社,2005.
⑧ 靳红,程宏. 图书馆知识服务研究综述[J]. 情报杂志,2004(8):8-10.
⑨ 任萍萍. 国内图书馆知识服务研究综述(1999—2011)[J]. 图书情报工作,2012(4):5-10.
⑩ 李娜. 基于 Web 资源的企业知识服务研究[D]. 杭州:浙江理工大学,2012.

向企业虚拟产品开发的个性化主动设计知识服务系统的体系结构[1]。

这一流派将知识服务与供应链相结合,提出敏捷供应链知识服务(agile supply chain knowledge service)。北京科技大学经济管理学院教授王道平等承担国家自然科学基金项目"敏捷供应链知识服务网络形成、演化与治理机制研究",对这一主题进行了深入研究,发表《基于本体的敏捷供应链知识服务检索模型研究》(王道平,刘涛:《情报杂志》,2009/12)、《敏捷供应链知识服务体系构成要素及其互动机理研究》(王道平,张敏:《情报理论与实践》,2009/12)、《基于 Web Service 的敏捷供应链知识服务系统设计》(王道平,贾洁,郝玫:《图书情报工作》,2010/05)、《基于知识流的敏捷供应链知识服务模式研究》(王道平,李贺:《软科学》,2010/03)、《一种基于 Web Service 的敏捷供应链知识服务系统框架模型》(王道平,贾洁:《情报杂志》,2010/05)、《基于知识市场的敏捷供应链知识服务模式研究》(张敏,王道平:《科技进步与对策》,2010/12)、《基于本体和 QoS 的面向敏捷供应链知识服务匹配研究》(郝玫,王道平,冯小东:《计算机应用研究》,2010/07)、《敏捷供应链知识服务主体的知识交互行为研究》(王道平,李丽丽:《科技进步与对策》,2010/16)、《敏捷供应链知识服务主体交互的影响因素及激励模型研究》(王道平,孙庆彬,李丽丽:《科学管理研究》,2010/06)等。他们认为,"敏捷供应链知识服务指从各种显性和隐性信息资源中,以敏捷供应链成员的即时知识需求为驱动,挖掘和创新有价值的动态信息资源,并在知识服务平台中由知识服务方向知识需求方提供各种智力支持和智力服务的高增值服务"[2]。通过分析转移媒介、转移情境、知识特性和人力资本等影响因素,运用系统动力学理论研究知识服务网络演化的因果关系,得出其因果关系图,构建了知识服务网络演化的系统动力学模型。北京科技大学东凌经济管理学院沈睿芳等针对敏捷供应链知识服务网络中的节点分布、异构及自治等特点,引入多 Agent 技术,建立了基于多 Agent 的敏捷供应链知识服务网络体系结构,并给出其关键实现技术[3]。

---

[1] 杨涛等.个性化主动设计知识服务系统研究[J].计算机集成制造系统,2002(12):950-953,959.

[2] 王道平,宁静,杨岑.基于系统动力学的敏捷供应链知识服务网络演化问题研究[J].情报理论与实践,2012(8):35-38.

[3] 沈睿芳,张荣梅,赵霞.基于多 Agent 的敏捷供应链知识服务网络构建研究[J].中国管理信息化,2012(20):44-46.

随着互联网的发展,除了专门从事知识服务的企业外,像中国知网、维基百科等互联网企业也逐渐开始提供知识服务。此外,一些搜索引擎也加入了知识服务的行列,如百度提供的百度知道、Google 提供的关键词的知识服务连接。

10.3.3　社会知识服务流派

社会知识服务流派着重强调知识服务的社会应用,邬震坤从我国农业科技知识服务现状出发,基于农户视角,试图建立的一个新型的农业科技知识服务体系框架,就其服务模式和发展运行机制进行了探讨[①]。徐晨琛探讨了基于门户网站的电子政务知识服务的模式,并进一步研究了基于门户网站的电子政务知识服务平台的体系架构、构建阻碍和对策建议。杜俊将知识服务概念引入课程管理系统,构建了"入学指南"课程知识库,提出让学习者利用"入学指南"课程知识库进行建构学习,解决各种问题。系统可提高学习者的效率,对构建服务型课程管理系统是有益的探索[②]。

10.4　知识服务模式及其运行机制

10.4.1　知识服务模式研究

知识服务模式研究需要建立在理论研究和实践总结基础上,在国外研究中,比较典型的是 UNDP 报告总结的服务模式(表 9 – 3)。

表 10 – 3　UNDP 报告中的知识服务模式

服务模式	具体解释	包含类型
产生内容	从隐含在内容价值链的消息或者信号中转换出来	对象、数据、信息、知识、智慧

---

① 邬震坤. 基于农户视角的新型农业科技知识服务体系研究[D]. 北京:中国农业科学院研究生院,2012:1.
② 杜俊. 基于知识服务的开放教育课程管理系统设计与研究[J]. 继续教育研究,2012(10):169 – 170.

续表

服务模式	具体解释	包含类型
开发产品	在知识内容转化的基础上提取加工形成有形的和可存储的物品	数据库、科学论文、技术报告、宣传材料、地理空间产品、同级产品、标准、政策、规则、信息系统和设备
提供服务	在内容和产品的基础上提供无形的和不可存储劳务、功能或过程	解答、建议、讲授、促进应用、外部支援、实验室资源
分享解决方案	通过内容、产品、服务的内化完成组织的目标	方向、规划、操作、态度、整合、结果

资料来源：李晓鹏,颜端武,陈祖香.国内外知识服务研究现状、趋势与主要学术观点[J].图书情报工作,2010,54(6):107-111.

  国内关于知识服务模式的研究较多并且较为集中。比较重要的是张晓林提出的知识服务的五种运营模式：基于分析和基于内容的参考咨询服务；专业化信息服务模式；个人化信息服务模式；团队化信息服务模式；知识管理服务模式[1]。后来李桂华、张晓琳等做了进一步的研究[2]。靳红和程宏将知识服务的运营模式概括为五种：一是结构化参考服务模式；二是专业化信息服务模式，也称"专业化咨询团队模式""垂直服务模式"；三是个性化信息服务模式，也称"律师模式"；四是团队化信息服务模式，也称"顾问公司模式"；五是知识管理服务模式，也称"专业知识服务库模式"[3]。这里的划分与张晓林的划分极为相似。孙成江等将知识服务模式分为四个层次：为解决问题提供线索；为解决问题提供文献保障；为解决问题提供可供选择的程序化知识或过程；为解决问题提供方案[4]。王道平等提出基于知识流的敏捷供应链知识服务模式，旨在帮助企业提高竞争力[5]。此外，还有许多学者提出基于知识管理、基于信息载体通信能力、基于本体等的知识服务模式，并且还有许多学者探讨了

---

[1] 张晓林.走向知识服务——寻找新世纪图书情报工作的生长点[J].中国图书馆学报,2000(5):32-37.
[2] 李桂华,张晓林,党跃武.知识服务之运营方式探索[J].图书馆,2001(1):18-22.
[3] 靳红,程宏.图书馆知识服务研究综述[J].情报杂志,2004(8):8-10.
[4] 孙成江,吴正荆.知识、知识管理与网络信息知识服务[J].情报资料工作,2002(4):10-12.
[5] 王道平,李贺.基于知识流的敏捷供应链知识服务模式研究[J].软科学,2010(3):1-3.

图书馆、数字图书馆、档案馆、农业、医学等的知识服务模式。

本研究认为,上述模式有一定参考价值,但划分的模式不在一个层面上,如团队化和个人化属于一对范畴,而结构化和专业化又是另外的范畴,而且个性化服务不应当是一种模式,而且知识服务的特征之一。因此,这里将知识服务模式概括为三种:

一是独立分散式服务模式。这种知识服务一般是根据用户的请求,由专门服务人员独立完成的服务,这种服务具有分散化、多样化的特征。既有一对一的服务,如心理咨询服务;也有一对多的服务,如用户培训服务等。既有传统的服务如电话咨询服务;也有现代化的服务如知识推送服务。这种模式的优势是服务快捷、服务成本低,劣势是资源分散、服务效果难以评价,适合针对小型项目的知识服务,也适合一次性或短期的服务。

二是协同集中式服务模式。这种知识服务更多地强调团队作用,强调服务人员协同来共同完成知识服务任务。如针对企业的专题咨询服务、虚拟合作咨询服务等。所谓"专业化咨询团队模式""顾问公司模式"都是属于这一类。这种模式中,服务水平与质量信赖于高水平的团队,因而科学合理的分工以及人员的沟通机制变得更为重要,其优势在于团队力量强、智慧集中,劣势是服务成本较高,需要一定的时间。这种模式较适合针对大中型项目的知识服务,也适合与用户建立合作关系的长期服务。

三是智能自助式服务模式。通过建立的知识服务平台,由用户自行选择的服务。如图书馆提供的 OPAC、资源导航、学科导航、网络导航、FAQ 等,属于这一模式。网上自助学习平台、各种搜索引擎服务也都是这一模式。智能化是这种模式的最大特征,其优势是形式灵活、用户有较大自主性和选择性,有较多的免费服务,劣势是没有知识人员的直接介入,只有后面的平台支持,服务效果和质量难以保障。这种模式比较适合那些一般化问题或简单问题的解决,也适合针对重复性需求的标准化服务。

目前,新兴的知识服务正在兴起,主要有两种模式:

一种是大数据知识服务模式。这一模式与以往知识服务模式有较大的不同,新的知识服务需求依靠传统的碎片化知识和小样本无法解决,必须依赖大数据和大数据技术,"科学研究、计算机仿真、互联网、电子商务等领域涌现出来的各类非结构化、半结构化和复杂结构化大数据及对应的数据处理需求,已经使得大数据知识服务模式的诞生成为我们无法规避的事实"[1]。这种服务模式不仅仅是一种理念的变革,而对应对复杂变化的技术环境和社会环境,适应网络和现代产业的发展,"大数据知识服务模式强调知识、能力、资源和过程以服务的形式进行有机融合,并基于网络自由流通,对大数据获取、存储、组织、分析、决策和显示实现大数据知识服务体系中的知识动态协调构建、能力智慧管理、资源按需使用、过程智能控制"[2]。这种模式一旦与协同集中式服务模式和用户自助式服务模式相结合,将发挥更大的作用。

另一种是智库模式。智库(Think Tank)是智囊型研究机构和智慧型咨询机构,也称为"思想库""思想工厂""政策车间"等。智库模式是通过去各种类型的智库,如综合性智库、经济类智库、科技类智库、军事类智库等,直接为政府、企事业单位及各类用户提供知识服务。这种模式要求建立智库平台,通过跨学科研究,解决复杂的人类和社会政治、经济、军事、教育、文化等各方面的重大问题。这种模式可分为:以解决各类科学和专门问题为中心的专业型智库服务;以解决一个组织、一个地区乃至一个国家发展战略为中心的战略型智库服务;以解决国家和地区重大决策为中心的政策型智库服务;以解决信息环境中计算、方法和信息化为中心的信息型智库服务。这种模式不仅仅可以解决用户的复杂性问题,破解许多领域的难题,而且能够改变和影响国家政策、改革与发展,推动社会进步,发挥重要的社会作用。

10.4.2 面向科技的知识服务模式及技术实现

中国国防科技信息中心曾民族提出构建科技知识服务基础平台的主要方向[3]:一是建设知识服务基础平台;二是建设基于 Web Services 技术的网络平台;三是构建语义网;四是信息服务向知识服务转变;五是创建科研网络协同环境;六是发展知识服务的关键技术。

科技情报界重视从信息服务到知识服务发展的新模式,建立面向科技的知识服务模式基本框架,包括:"①新的社会功能:国家知识基础结

---

[1] 张兴旺.大数据知识服务体系研究[J].情报资料工作,2013(2):11.
[2] 秦晓珠,李晨晖,麦范金.大数据知识服务的内涵、典型特征及概念模型[J].情报资料工作,2013(2):18-22.
[3] 曾民族.构建知识服务的技术平台[C].2003 信息化与信息资源管理学术研讨会论文集,武汉,2003.

构的重要台柱;②新的信息需求:科技创新;③新的基础平台:超高速计算网络;④新的信息资源:NSF-ACP定义的科技资源,其中科学基础数据、科技信息和智力资源(协同)三种科技资源同知识服务直接相关;⑤新的信息媒体:文本、声音、图像、视频、虚拟真实;⑥新的加工对象:即事实—数据—信息—知识—智慧整个信息链;⑦新的技术手段:知识技术;⑧新的学科理论:知识管理、知识构筑、信息生态、科学计量等"[1]。

面向科技的知识服务由于服务对象具有较高的专业水平,因为服务的知识化和专业化的要求更高,应用知识技术和知识平台后,特别是在E-Science和大数据环境下,科技知识服务更好地实现个性化服务与团队服务的统一,实现科学知识的可视化与共享,实现协同创新。

10.4.3 以客户为导向的知识服务模式及其运行机制

10.4.3.1 知识服务的主体与客体

知识服务是由特定的主体提供的。它可以是由相关信息机构,如图书、情报和档案部门提供的,也可以由企业向外界提供相关知识服务,也可以是由非营利性组织提供或者由政府部门提供。同时,还可以由这些机构内部的部门或者个人来向机构内部人员提供知识服务,因此,知识服务主体具有以下特征:

(1)人才队伍呈现高智力化。知识服务主体向客体提供知识的服务就是知识服务。知识服务的主体在这一过程中起着重要作用,主体利用有关信息资源进行智力加工与创造,提炼出客户所需的知识,因此知识服务主体要以高智力的人力资源为主要部分,作为组织的中坚力量,为客户创造知识,提供服务。

(2)具有强烈的知识意识。知识服务本身是一项复杂的工作,提供服务的主体要有强烈的知识意识,有发现知识、创造知识的能力。只有具备这样的知识意识,才能够在知识服务过程中承担重要的任务。

(3)独立性。知识服务主体应该是一个独立的个体单位,它应该拥有具有自身特色的知识资源库来作为提供知识服务的资源基础[2],应该

---

[1] 曾民族.构建知识服务的技术平台[J].情报理论与实践,2004(2):113-119.
[2] 王道平,李丽丽.敏捷供应链知识服务主体的知识交互行为研究[J].科技进步与决策,2010(16):147-150.

有相应的组织结构支持知识服务主体功能的发挥。

（4）开放性。由于这种独立性的存在，需要知识服务主体从其他企业或部门进行协同，以满足自身知识的需要。因此，知识服务主体要具有开放性，有同其他企业或部门协同服务的能力。

接受知识服务的对象或者说知识服务的受众就是知识服务的客体，它是由有知识服务需求的个人、企业或组织组成的。主体与客体之间有知识的流动，主体根据客体的知识需求为其提供所需的服务，见图10-5。

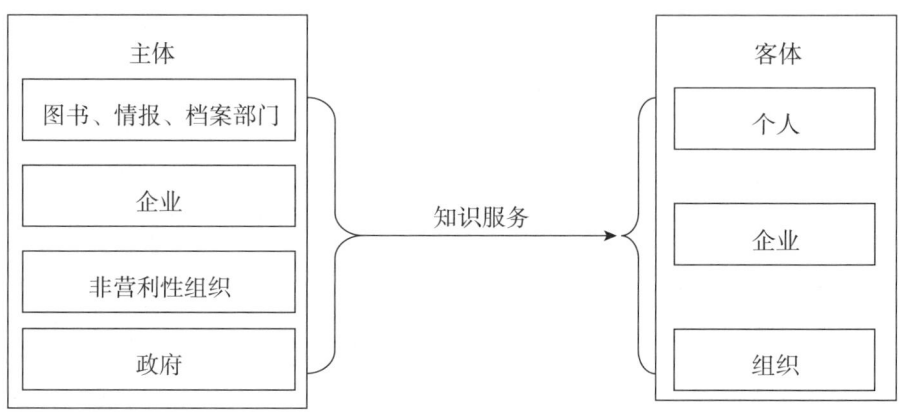

图10-5　知识服务的主客体关系

资料来源：作者整理。

10.4.3.2　客户导向

客户是接受知识服务的客体，而客户导向是知识服务的必然选择。在经济发展初期，企业的生存是"生产导向"的，由于初期生产力水平低下，生产出来的产品占据市场的主导地位。然而，随着社会的进步，生产力水平得到提高，产品的"地位"日益降低，于是人们将提高价值的途径聚焦到客户本身之上。至此，客户导向才回归到人们的视野。

传统的企业活动以地域和产品作为架构组织的依据，而知识服务企业由于其提供的是服务，与传统企业有所不同，要快速适应客户的知识需求，从组织架构上开看，更应该以灵活的架构方式来适应，理想的情况下以客户为导向的知识服务应该组建自身的知识团队，面向客户的不同知识需求有针对性地提供服务。

以客户为导向的知识服务要遵循以下几种原则：

(1) 针对性原则

知识服务要以客户为导向,特别强调服务的针对性,根据客户的特征、客户的不同需要提供个性化的、有差别的知识服务。知识服务的战略目标和任务都要以客户为导向进行部署,组织的结构和管理也要针对客户的变化而即时做出调整。

(2) 参与性原则

以客户为导向的知识服务要秉承参与性原则,不仅是完成客户的任务,而且要在知识创造的过程中,让客户全程参与进来。无论是提供服务的方式,还是知识服务项目设计的初期都要广泛征求客户的意见,让客户参与到最终成果的知识创造过程中去。

(3) 互信原则

互信原则是强调知识服务的提供与接受双方要建立良好的信用机制,信任是知识服务开展的重要基础和发展的重要保障。客户信任是客户对知识服务主体在认识上、情感上和行为上等方面的认可与信赖。而相互信任地客户关系的建立,是实现并维持客户忠诚的保障。

10.4.3.3 以客户为导向的知识服务模式

(1) 服务过程

知识服务过程是指知识服务从产生到交付给客户的一套程序,如图 10-6 所示。

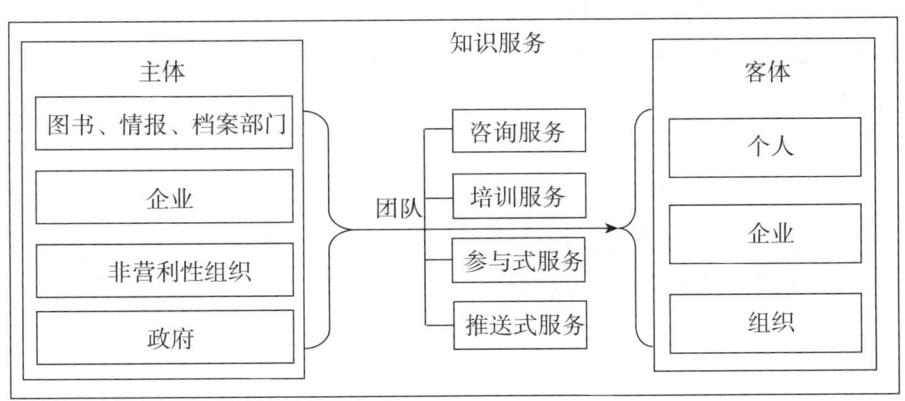

图 10-6 知识服务过程

资料来源:作者整理。

知识服务过程具有复杂性,要求较高的服务歧异度,即需要较高的差异性,能够按照客户的要求提供定制的个性化服务。

(2)服务形式

知识服务主体根据服务需求提供的知识服务大体可以分为以下几种形式:

1)咨询服务

咨询服务一般是受客户委托,提供针对客户委托项目为其提供有关的咨询服务,解答客户提出的问题。这种服务方式下,知识服务主体并不参与到客户项目之中,只为其提供有用的信息。咨询的方式可以是电子邮件咨询、即时通信工具(如 QQ、TM 等)、网站、BBS 等。一般情况下,知识服务提供者可以通过一定的技术手段,将这些方式集成到知识服务平台之中,为客户提供便捷服务。

2)培训服务

培训服务是由知识服务提供者根据不同客户的不同需求为客户设计一系列课程体系,由专业的培训师为客户提供科学、系统地培训,培训的内容可以由客户来定制,形式上可以包括员工培训、管理培训、行业技能培训等。

3)参与式服务

参与式服务是由知识服务主体参与到客户的项目中去,并由二者共享知识成果的一种知识服务模式。通常由客户委托,有知识服务提供者指派专家到客户企业进行全程服务,解决客户企业的问题。这是服务的最大特点互动和深层次服务,需要提供高水平的产品。"由于专家全程参与和高度互动,因此服务成本较高"[①],往往这种服务成果是由双方共享的。

4)推送服务

这里所谓的推送服务是指由知识服务提供方定制地向客户提供特定知识的服务。通常这些服务是经过长期合作,并已经成熟的知识服务。这些服务可以通过构建知识服务平台,制定知识挖掘算法与程序,定期向客户推送。

10.4.3.4 以客户为导向的知识服务模式的运行机制

以客户为导向的知识服务是以客户贯穿到知识服务的整个过程之

---

① 李霞,樊治平,等.知识服务的概念、特征与模式[J].情报科学,2007(10):1584-1587.

中,从客户分析开始,分析客户的基本特征和客户习惯,分析得到的数据同资源库中的有关客户信息建立起联系,并及时更新。资源保障方面,除了与客户分析中的数据建立联系外,还要搜集与客户有关的一切资源信息,包括目标客户的企业历史、所在行业信息、目标客户的新闻报道、经济数据等。然后,对知识服务的过程进行管理,从战略、组织和客户关系方面全面关注客户,并将客户分析和资源保障所做的工作同知识服务的过程管理结合起来,发挥更大的作用。最后,要跟踪客户,对客户服务满意度等反馈信息及时处理,做出相应调整,进行服务改进,见图10-7。

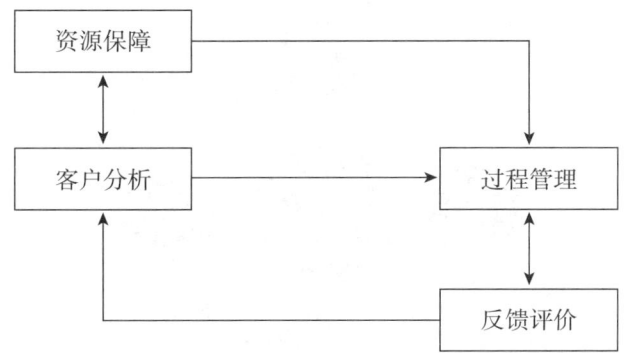

图10-7　以客户为导向的知识服务模式的运行机制

资料来源:作者整理。

(1)客户分析

客户分析是对知识服务对象的综合分析,通过收集关于客户的信息和数据获得与客户有关的一切信息,包括直接的信息和间接的信息,进而了解客户的基本特征、分析客户习惯,从而为目标客户定制服务。以客户为导向的知识服务是以客户分析为基础而运行的,通过客户分析为目标客户定制服务,配置资源。

客户分析主要包括客户基本特征分析和客户行为分析两大方面。

1)客户基本特征分析

知识服务客户有个人客户和企业客户之分,个人客户的基本特征分析要分析的是个人客户的年龄、性别、所在区域等具体信息,而企业客户主要是分析目标客户的企业类型、所处行业、所在区域、企业销售额等。通过基本信息的分析,掌握客户的基本特征,了解目标客户所处的环境。

2)客户行为分析

客户行为是指客户选择知识服务的过程中产生的有关活动。对其行为的记录和分析可以了解客户的消费习惯。客户行为分析包括客户习惯分析、客户需求分析、客户满意度分析、客户忠诚度分析等。

(2) 资源保障

资源是指可以被人们利用来创造社会财富的一切有形和无形的客观存在。资源基础理论认为,企业是各种资源的集合体①。以客户为导向的知识服务模式下,客户资源是最重要的资源,知识服务的运行是以客户资源为基础,以信息资源、人力资源、技术资源和关系资源为保障,见图10-8。

图10-8 客户资源保障的主要内容

资料来源:作者整理。

信息资源保障是对知识服务的客户有关的一切信息的搜集,包括客户分析中所获得的信息;人力资源保障是为了更好地管理客户资源而配置相应的人员进行管理,或者将这一工作配备给相应的职位兼管;技术资源保障要为客户资源管理设计专门的软件,或者专门购买相应的客户关系管理软件,以技术的手段进行客户资源的管理和维护;关系资源保障是指利用正式的或者非正式的关系来维护客户资源的一种方式。要维系好与客户之间的关系,同时也不能忽视间接影响客户服务的利益相关者关系的维护。信息资源、人力资源、技术资源和关系资源共同保障客户资源,为客户资源的发展维系提供有力支持。

---

① 孟鹰,余来文.企业战略——基于动态战略能力的观点[M].北京:中国经济出版社,2010:50.

(3) 过程管理

过程管理是对知识服务过程的管理,在这一过程中要着重关注战略管理、内部组织管理和客户关系管理。

1) 战略管理

服务本身是一个比较抽象的概念,而知识服务就更为复杂。客户在知识服务过程中扮演者重要的角色,因此首先要从战略上重视,以客户的需求作为战略制定的依据重新制订战略发展计划。要把为客户服务的观念深入到组织中每个成员的心中,为客户提供售前、售中和售后的满意服务[①]。

2) 内部组织管理

在内部组织管理方面,要着重考虑客户的因素。首先,内部组织结构设计要能够满足客户需要,设立专门的客户服务部门,接待客户,负责与客户的一切往来和客户关系的维护。其次,内部组织结构设计要能够快速响应客户的服务请求。因此,在传统的组织结构基础上应该组建以团队为核心的客户响应机制。

知识服务中团队的组建和团队的管理至关重要。团队拥有共同的目标、价值观和行为规范,而高效的团队是完成客户委托项目的有力保证。知识服务不是仅凭一个人的力量就能够完成的,客户需求的不确定性就决定了服务需要多个部门合作才能完成客户委托的项目。然而,由于知识服务对象的多样化,因此,所组建的团队可能有多个。多个团队有时各自负责各自的客户,而有时候就需要团队间的协同来处理同一客户。团队之间只有协同合作才能发挥作用,团队成员之间要多沟通,通过成员间的优势互补和协作解决共同的问题。

3) 客户关系管理

良好的客户关系对于知识服务过程十分重要。因此,要运用客户关系管理(Customer Relationship Management,CRM)理论,促进更好地为客户服务。

根据企业与客户企业之间接触的层次与频度可以将企业与关键客户之间的关系形成与发展分成五个连续的阶段:①关系开始之前阶段;②关系发展早期阶段;③关系发展阶段;④关系稳定化阶段;⑤关系制度

---

① 张平淡.派力营销思想库[M].北京:企业管理出版社,2002:1.

化阶段①。在这五个阶段中,要对客户信息进行持续的跟踪,以了解客户的处境,其次要调查客户的潜在需求和现实需求,根据了解的客户需求特征与动态变化,对知识服务做出及时的调整和变化,达到服务同客户需求的匹配。再次,当服务完成后进行客户绩效评价,帮助进行服务过程的改进。

(4)反馈评价

反馈评价是指在知识服务过程中对知识服务效果的反馈,包括前反馈评价、中反馈评价和后反馈评价。前反馈评价是在知识服务开始前的信息反馈,主要是目标客户对知识服务主体的认知情况的反馈;中反馈评价是指知识服务过程中的反馈评价,是客户在知识服务过程中对所遇到的问题的即时反馈,主体可根据问题做出相应战略调整。后反馈是知识服务后的反馈评价,是对知识服务效果的反馈评价,可以帮助知识服务主体了解委托项目的完成情况和客户满意度。

---

① 季辉.营销理论与实务[M].北京:科学出版社,2010:329-330.

11 知识创新论

知识创新问题变得更重要,不仅仅是在组织层面,而且还扩大到了国家层面。知识学将知识创新作为研究领域,可以在理论上与知识组织、知识管理等相关问题联结起来,而且直接面向现实服务,在理论与实践的结合上起到一个导向作用。

11.1 知识与创新

11.1.1 创新与知识创新

"创新"(innovation)是一个比较复杂的概念,既是一个理念问题,也是一个方法问题;既是一个战略问题,也是一个操作问题;既是一个系统问题,也是一个管理问题。早在1912年,著名经济学家 Joseph Schumpeter(约瑟夫·熊彼特)开创了"创新经济学",指出"创新是一阵创造性破坏的狂飙""创新是经济发展的引擎",并把创新说成是"创造性破坏"(constructive destruction)[①]。实践上创新的案例很多,如美国通用汽车公司因忽视产品创新最终导致了2009年6月申请破产保护,这类案例无非是说明创新的重要性和巨大价值。

早期把创新理解为"在技术上对现有东西所做的改进,辨别一项发明是否有创新的成分仍是专利法所关注的重点"[②],因此有关创新的探讨集中在技术创新领域。学界有一种观点,把知识创新区别于技术创新,认为"知识创新、技术创新与制度创新共同构成了创新行为演进的主要

[①] 尤克强. 知识管理与企业创新[M]. 北京:清华大学出版社,2003:152.
[②] 美国不列颠百科全书公司. 不列颠简明百科全书(修订版)[M]. 中国大百科全书出版社,编译. 北京:中国大百科全书出版社,2011:548.

形式,它们是同一创新过程中的不可分割的三个方面。知识创新是技术变革的基础,技术创新的实践反过来又能不断拓展知识创新的问题域,并为加速知识创新提供技术手段的支撑"[1]。笔者认为,虽然知识创新一词出现晚,但其内涵已经包括了技术创新,技术本身是知识的一种,没有知识的技术创新是难以想象的。正如 1986 年 Richard Foster(理查德·福斯特)针对企业技术创新的著作《S 曲线》(Innovation: The A + tacker's Advantage)发现:任何产品技术都循着 S 形状的曲线成长而遭遇其技术增长的极限;新技术的 S 曲线与旧技术的 S 曲线间会有一中断,即技术的"不连续性"(discontinuity);随着知识的进步,技术的不连续性发生频率将越来越高。而哈佛大学教授 Clayton M. Christensen(克莱顿·克里斯坦森)在《创新的两难》(Innovator's Dilemma: When New Technologies Cause Great Firms to Fail,1999)针对福斯特的技术增长的极限可以预测的观点,提出破坏性技术与市场是不可预测的观点,分析了创新的两难即"优秀管理"与"破坏性技术创新"之间的矛盾,指出了"重大创新"(radical innovation)与"渐进创新"(incremental innovation)之间的差异。从本质上来说,技术创新也是一种知识创新。

现代管理越来越重视管理创新,管理创新的知识性正在加强。西北大学教授 Thomas D. Kuczmarski(托马斯 D. 库克马斯基)的《创新 K 管理》(Innovation)强调"创新是一种思考信念""首席执行官必须领导创新",从而将"创新"引向"艺术"(而非科学)的一端。

创新与知识具有天然的联系,它要求创新者具有强烈的好奇心、兴趣、求知欲以及较高的智慧。有人提出:知识创新 = 知识 + 创新兴趣 + 创新环境,知识、兴趣和环境是知识创新的三个必要条件,因此知识创新必须积累足够的知识,提高决策者和创新者的创新兴趣,建立支持创新的环境[2]。芝加哥大学心理系教授 Mihaly Csiksentimihalyi 1996 年的《创造力》(Creativity)经过研究总结出创造者十种冲突的性格:创新者往往既精力充沛又能专心沉静;创新者往往既聪明又天真;创新者往往既有责任感和守纪律又爱游戏和自在;创新者往往既了解现实又喜欢幻想;创新者往往既外向灵活又内向自省;创新者往往既虚心谦卑又自信自

---

[1] 刘劲杨.知识创新、技术创新与制度创新概念的再界定[J].科学学与科学技术管理,2002,23(5):5-8.
[2] 谭建荣,等.制造企业知识工程理论、方法与工具[M].北京:科学出版社,2008:320.

傲;创新者往往既阳刚又温柔;创新者往往既传统保守又叛逆不羁;创新者往往既热情又客观;创新者往往既容易喜悦也容易焦虑。

虽然近30年来许多学者将知识创新界定在企业的范畴之内,如Amidon(1993)认为"知识创新是通过创造、引进、交流和应用,将新思想转化为可销售的产品和服务,以取得企业经营成功、国家经济振兴和社会全面繁荣";Von Krogh(1998)认为"知识创新是企业作为一个整体以满足顾客需求为目标,通过持续不断地创造知识,将知识转化为产品、服务等形式,从而为自身获得核心竞争能力,在竞争中赢得优势"[①]。笔者认为,知识创新不应局限于企业的范畴,知识创新不仅适合于企业,也适合于社会组织乃至整个社会。

11.1.2 知识创新模型

11.1.2.1 创新"ba"模型

知识创新的"ba"(场)的概念最早是日本学者Nonaka等提出的。"ba"作为知识创新过程中不可缺少的场所,创造知识的"ba"有四种类型:发起性的"ba"(个人分享情感、感觉、经验、审美和想象的场所);对话性的"ba"(将个人的隐性知识转换成大家所能接受的显性知识的场所);系统化的"ba"(显性知识得以传播的场所)和实验的"ba"(使显性知识转换为隐性知识的场所)[②]。

日本学者Nomura(2002)综合考虑了企业知识创新实践的战略、组织、技术、参与者、过程诸多要素,提出了360°的"ba"的设计模型(见图11-1),这一模型包括管理视角和个人视角两大视角,涉及过程、工作空间、IT、人和组织四个部分,以及知识战略和工作方式的影响。

在知识创新SECI过程以及相应的四个"ba"的基础上,2003年,Ma-lin Brannback(马林·布兰贝克)提出了改进知识创新过程的网络"ba"模型(如图11-2所示)。该模型用A、B、C分别表示个体间的"ba"、小组间的"ba"和企业间的"ba",反映"ba"的网络现象。

---

① Von Krogh Georg. Care in knowledge creation[J]. California Management Review,1998,100(3):133-153.
② Nonaka I,Toyama R,Konnon. SECI,ba and leadership,a unified model of dynamic knowledge creation[J]. Long Range Planning,2000(33):1-31.

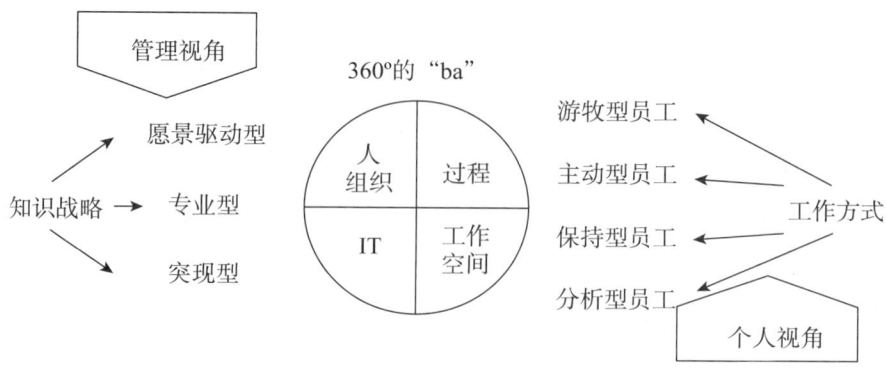

图 11-1　360°的"ba"的设计模型

资料来源：Nomura T. Design of ba for successful knowledge management-how enter-prises should design the places of interaction to gain competitive advantage[J]. Journal of Network and Computer Application, 2002(25): 263-278.

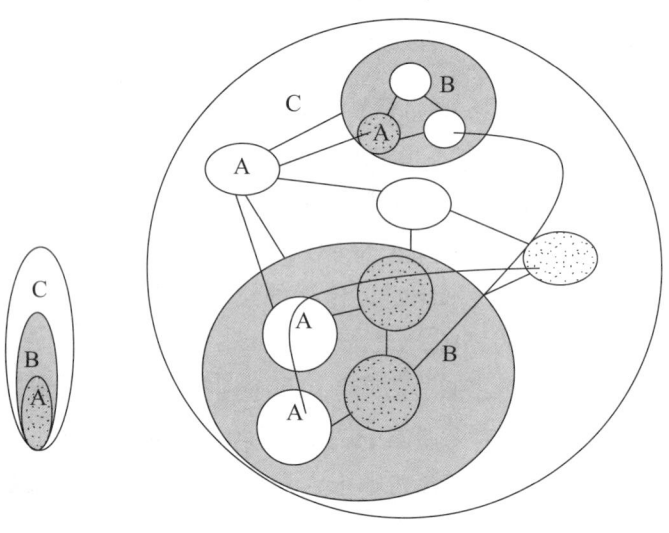

图 11-2　网络"ba"模型

资料来源：Malin Brannback. R&D Collaboration: Role of Ba in Knowledge creating Networks[J]. Knowledge Management Research & Practice, 2003(1): 28-38.

11.1.2.2　创新导向模型

经济学家通常将创新区分为产品创新和过程创新。Kwasnicki 则将"规程"(routine)作为一个企业的遗传信息的基本单位,企业所运用的规程的集合是描述企业的基本特征之一。有四种生成新规程集合的基本机制,即转化(mutation)、重组(recombination,或模仿)、过渡(transition)和调换(transposition)。复发(recrudescence)被看作一个企业的研究人员通过运用一些大胆的有时显然是非正常的观念搜索原始的、根本的创新的内在能力。围绕"转化和模仿""转化、模仿和复发"两个过程建立了模型,比较了两个过程的技术竞争力、价值及其差异。Kwasnicki的模型提出三种基本的创新,一是降低单位产品成本的创新,二是改进产品技术绩效的创新,三是提高资本生产率的创新,由此形成创新的三个导向:成本导向、技术绩效导向和资本生产率导向[1]。这一模型适用于企业对于产业影响因素的识别以及创新的选择。

11.1.3 知识学与创新学

在创新领域有两个学科概念:创造学和创新学,经常被交替使用。"创造学"(creatiology)起源于1936年,美国通用电气公司为了提高本企业员工的创造性,开设了"创造工程"(creation engineering)。后来,美国BBOC广告公司经理Adam Osborne(亚当·奥斯本)在《思考的方法》(1941)一书中创造性地提出"智力激励法",具有显著的成效,奥斯本由此被称为现代创造学奠基人。"创新学"(innovatiology)由创造学而来,是进行知识时代以后为适应创新的社会需求而建立的一门学科。从术语学上看,创新学有显著的时代性。

从概念上,创造学的创造活动与创新学的创新活动并没有本质上的不同,由温元凯、舒泽之、余明阳编著的《创造学原理》(1988年)中,探讨了发明创造的规律性,系统阐述了创造理论、创造心理、创造机制和创造教育。2003年,苑玉成从创新学的研究对象出发,认为创新学是研究不同领域的创新活动及其规律和创新素质的科学。其中创新活动包含创新者、创新对象以及创新环境三个要素,研究内容不仅包括这三者之间的关系,在此基础上,还要涉及活动的特征、可行性原则等[2]。2006年,刘昌明和赵传栋出版了《创新学教材》,对创新学做了比较明确的定义,认为"创新学就是对创新的特征、方法以及创新的规律进行研究的科学。

---

[1] 瓦斯尼基,维托德.知识、创新和经济:一种演化论的探索[M].仲继银,等译.南昌:江西教育出版社,1999:34,219-242.
[2] 苑玉成.创新学理论体系的构建[J].唐山师范学院学报,2003(6):85-87.

将创新过程分为准备、酝酿、领悟、评估反馈四个阶段"①。

创新学与知识学存在内在的逻辑关系是显而易见的。詹越基于知识学和创造学两者具有起源视角的同源性、作用视角的重合性,提出"创新学所进行的研究与知识学所进行的各种研究之间存在着内在的联系,在起源、作用、研究核心等多个方面存在重合性,可将两者进行整合。整合后的知识学的研究可以为创新和其他知识活动提供一个完整、系统的科学解释和理论支撑"②。创新成为创新学和知识学联结的纽带和共同研究的内容。

创造学和创新学都是从知识出发进行的活动,实质是知识创新,因此提出了"知识创新学"。2005年,燕山大学知识创新研究所所长刘助柏和梁辰的《知识创新学》(机械工业出版社出版)以知识创新能力、知识创新规律、知识创新教育及其相互关系为研究对象,从其讨论五大问题可略见知识创新学的主要内容:关于创新与思维的发展、思维的发展与知识创新的关系;关于知识创新能力的理论框架、创新基础智能意识等;关于知识创新的规律;关于知识创新教育理论框架,创新教育的实施等;关于理学与工学知识创新的特征。

笔者认为,创造学和创新学虽然提法不同,研究内容和目标是一致,应当进行学科整合,纳入知识学的范畴。至于知识创新学,自然是知识学的分支,但因为创新学本身就是知识化的,没有必要冠以"知识",从术语规范上,使用"创新学"较为妥当。

11.2 知识链

11.2.1 有关知识的"链"的理论

学界关于"链"(chain)的理论诸如价值链(value-chain)理论、供应链(supply-chain)理论、需求链(demand-chain)理论等,都强调同一个思想——系统优化,即整合资源、系统优势,实现链的节点的价值及利润最大化。知识学研究需要整合有关"知识链"(knowledge-chain)的各种理论,包括知识创新链(knowledge-innovation-chain)理论和知识供应

---

① 刘昌明,赵传栋.创新学教材[M].上海:复旦大学出版社,2006:10.
② 詹越.创新学与知识学的关联研究[J].图书情报知识,2009(1):54-56.

链(knowledge-supply-chain)理论等,体现知识在组织内外的"链"化作用。

"知识链"的概念已经逐步走向趋同,陈志祥等人在论述知识型企业概念的基础上比较系统阐述了知识链的含义,认为"知识链揭示出企业的经营活动是以知识为中心,整个活动过程通过知识的投入、转化、创新三个环节将所有的人用一条无形的知识链连接起来。同时知识链又具有传播性、动态性、制衡性以及收益递增性等功能特征"[①]。实际上,知识链不仅仅在组织内部发挥作用,而且在整个社会发挥作用。在知识链基础上可以形成各种知识网络和知识联盟。

11.2.2 知识创新链

2001年,蔡翔、闫光宗提出"知识创新链"(knowledge-innovation-chain),定义为"是为了满足市场的需求,在围绕某一个核心创新主体(包括企业层面的知识创新主体和国家层面的知识创新主体)的基础上,以知识创新活动为纽带连接各个创新活动的参与主体,从而实现知识的经济化过程与优化目标的功能链接网络结构模型"[②]。按照创新主体来划分,知识创新链可以分为营利组织的知识创新链、非营利组织的知识创新链、跨组织的知识创新链以及国家知识创新链。按照创新的性质来划分,知识创新链可以分为技术性的知识创新链、制度性的知识创新链、理论性的知识创新链等。

11.2.3 知识价值链

价值链概念最早是1985年美国著名战略学家Michael E. Porter(迈克尔·波特)在《竞争优势》一书中提出的,认为价值链是对企业中能为产品或服务创造价值的一系列活动的描述,这些活动相互独立但又密切关联的,比如产品设计、生产、营销和分销等。当企业在一个特定产业内进行作业时,其产生的各种活动会构成具有一定水平的价值链。Porter将每一个企业都看成是聚集了在设计、生产、销售、发送和辅助其产品的过程中进行各种活动,同时认为一个价值链就能够阐述所有活动[③]。

---

① 陈志祥,等. 论知识链与知识管理[J]. 科研管理,2000(1):14-18.
② 蔡翔,等. 知识创新链浅议[J]. 软科学,2001(1):2-4.
③ 迈克尔·波特. 竞争优势[M]. 北京:华夏出版社,1997:36.

国内第一个系统论述价值链管理体系的学者是张继焦,他认为企业业务过程即为一个价值链。具体而言,统筹企业生产、人力资源、营销策划、财务等各个方面,并且很好地管理(包括计划、协调、监督和控制等)各个环节的各项工作等,让这些工作组合成为相互联系的整体,可以基于"链"的特征来进行企业的业务流程,使得每个环节不仅彼此联系,同时还拥有自组织和自适应能力,这些能力用以管理资金流、物流和信息流,使得企业供、产、销活动集合成为一条价值链[①]。

将价值链理论引入知识领域,形成"知识价值链"理论。主要有以下方面:

(1)引入价值链理论研究组织的知识活动过程

从企业知识活动过程的角度对知识价值链布局进行了阐述,我国台湾学者陈永隆提出了知识价值链布局图。认为,"在知识工作者群体中,只有少部分工作者进行知识价值创造,而这些工作者便是关键知识价值贡献者。关键贡献者要想创造更广、更深和价值递增的知识价值网络,还需依靠产生于平衡知识活动中的双向知识价值链"[②]。知识价值链的全部活动必须围绕知识展开,包括知识的采集和加工、存储和积累、传播和共享、使用和创新。李长玲创建了知识价值链模型,认为"企业知识管理的实质是通过管理知识价值链来不断增值企业知识"[③]。

企业知识价值链是一个动态过程,是以知识为中心,包括企业个人层面和组织层面进行的创造和共享。夏火松认为,"企业知识价值链管理是基于各种因素以多维视角来设计与管理企业知识价值链,其中,这些因素包括知识的类型、背景性质、任务和分形维度等"[④]。徐瑞平等指出,"在企业各个层面连续的相互转换丰富了不同层面的知识库,将知识创新发展成为一个动态知识价值链,该价值链不仅拥有反馈机制,同时还涵盖各个层面的各类知识"[⑤]。

---

① 张继焦. 价值链管理[M]. 北京:中国物价出版社,2001:16.
② 陈永隆. 知识经济下的优势转型与知识价值链[J]. 经济管理文摘,2004(7):12-16.
③ 李长玲. 知识价值链模型及其分析[J]. 现代情报,2005(7):31-33.
④ 夏火松. 企业知识价值链和知识价值链管理[J]. 情报杂志,2003(7):12.
⑤ 徐瑞平,王丽,陈菊红. 基于知识价值链的企业知识创新动态模式研究[J]. 科学管理研究,2005(4):78-82.

(2)通过价值链理论与知识管理理论的结合,研究企业知识价值链

价值链引入知识管理具有重要意义。牟小俐等将 Porter 的价值链模型引入知识管理进行了分析[①]。在价值链方法应用的知识经济时代,企业开始关注决定竞争力的关键因素,即知识管理,同时表现了要想获得领先竞争对手的决定性优势,企业应当如何科学运用战略目标。由此得出,基于价值链模型来研究企业知识管理可以改善知识管理的不足[②]。

知识管理建立的知识价值链,具有以下特征:

其一,强调将业务流程作为分析对象,以某一核心主体为中心,在分析知识流和价值流的基础上,来建立具有知识链与价值链交互作用的功能链节结构模式,基于企业业务流程构建整个知识价值链[③]。通过联结知识价值链和企业业务流程,确保企业在增强知识创新能力的过程中实现其价值增值。

其二,强调以顾客需求为导向的知识创新。基于有效的知识价值链管理,能够和顾客之间建立一种知识共享关系,通过这种关系可以了解顾客的需求和意见,达到传达顾客那些未及满足的需求、预测和引导顾客的潜在需求、识别新的市场机会的目的,基于此来设计、优化和重组业务流程。

其三,基于企业业务流程的价值链和知识链相互作用、相互交叉所形成的知识——价值功能链节结构。将研究企业价值流和知识流作为分析方法,可以发现整个知识价值链中都存在着价值流和知识流的产生和传递现象。当知识流与企业知识链上相对应时,可以产生由价值链与知识链交织在一起的复杂系统。畅通的价值链能够促进企业资本的增长,而畅通的知识链则能够促使企业的持续发展,同时,知识链的畅通与否可以决定价值链是否畅通[④]。在企业的不同经营、业务领域形成的多条动态知识链,这些知识链相互关联并且彼此平行或交叉,并对企业价值链发生作用,从而有了新的知识价值链。

其四,知识价值链分析的终极目标是使企业获得可持续竞争力。实

[①] 牟小俐,江积海,代小春.知识管理的价值链分析[J].技术经济与管理研究,2001(5):34-35.
[②] 吴冰,刘仲英,张新武.基于价值链的企业知识管理模型研究[J].管理科学,2004(1):7-8.
[③] 高洁.从知识管理到知识价值链管理[J].图书情报工作,2006(4):11-14,42.
[④] 宋远方.知识管理与企业核心竞争能力培养[J].管理世界,2002(8):141-143.

现由知识链管理和价值链管理向知识价值链管理的转化,除了不仅能够降低企业成本、有助于企业创新外,最重要的意义是可以在于能培育增强企业核心能力、增强提高企业的可持续竞争优势。

11.2.4 知识供应链

知识供应链的概念最早是 Jay Lee(杰伊·李)博士等人在参与的"下一代制造项目"研究中提出的[①]。日本学者 Nonaka 曾提出知识创新公司和知识螺旋概念,并将组织中知识创新分为四种转化(从隐性到隐性的社会化;从隐性到显性的外化;从显性到隐性的内化;从显性到显性的组合化)[②],这四种转化类似"链"的创新过程,成为知识供应链的一个理论基础。供应链管理在制造业领域获得成功后,激发了关于知识供应链的研究,于是将这种以物流为主、系统化、集成化的思想应用到以知识流为基础的产学研合作,从而构建完成促进知识转化和创新的知识供应链。

知识供应链研究一般在三个层面进行。宏观层面的知识供应链研究重点是建立国家创新体系,知识供应链必须进入国家知识层面和创新体系中。温有奎、徐国华提出"知识供应链扩展到宏观层次便是国家创新体系,是国家配置各种科技资源寻求知识经济化的过程,可用以提高国家核心竞争力与国际竞争地位"[③]。中观层面的知识供应链研究和微观层面的知识供应链研究都是针对组织展开的。"中观层面指对供应链相关企业的资源所进行的知识整合;微观层面指以顾客为中心来实现知识的供需平衡"[④]。同济大学张曙、李爱平认为"企业是知识供应链的最终用户,大学和科研机构是知识的生产者,他们通过产学研的联合,实现共同的市场目标,共享利益"[⑤]。这里,知识供应链强调企业的外部联系,将企业与大学、科研机构以及各种社会组织通过知识联结起来,发挥各自优势,形成产学研相结合的知识供应链,以及面向大众创新的创新平台与系统。

---

① 王晰巍,靖继鹏,霍明奎. 知识供应链研究综述[J]. 情报科学,2006(7):1104-1111.
② Nonaka I. A Dynamic Theory of Organizational Knowledge Creation[J]. Organization Science. 1994,(5/1):14-37.
③ 温有奎,徐国华. 知识链管理研究[J]. 情报学报,2004(4):476-479.
④ 王晰巍,等. 知识供应链组织模式构建机理[J]. 清华大学学报(自科版),2006(1):949-955.
⑤ 张曙,李爱平. 技术创新和知识供应链[J]. 中国机械工程,1999(2):224-228.

11.3 创新型国家的知识创新机制

11.3.1 创新型国家的知识供应链

上述知识创新链、知识价值链和知识供应链三个概念都离不开"知识创新"要素,实际是将知识创新活动看作一个链条,由主体和各个相关要素组成。特别是知识供应链,建立在知识需求的前提之下,这一概念强调知识需求的驱动作用,以知识的"供需"为出发点,将知识需求、知识供应和知识创新有机结合起来。

本研究将知识供应链引入国家层面,与"创新型国家"联系起来,探索创新型国家的知识供应链问题:第一,创新型国家的知识供应链属于知识供应链的宏观层面,因此,要考虑知识供应链的外部环境,即建设创新型国家的政治环境、经济环境、文化环境及其他社会环境,特别是要考虑技术环境的挑战,只有不断地改善环境,才能促进支持创新型国家的知识供应链形成,否则,可能阻碍知识供应链的建立或者导致知识供应链的脱节现象。第二,创新型国家的知识供应链要突出创新主体的作用,以建设知识驱动的创新型国家为目标,不仅仅包括组织的知识创新,还包括个人的知识创新活动,基础是创新的保障,重点是国家整体创新能力的提升。创新型国家的知识供应链必须具有知识创新竞争力,不断提升国际地位。第三,创新型国家的知识供应链要考虑国家创新活动中的所有知识需求是否得到满足,这里,能否有充分的知识供应源十分重要,一方面,知识需求可以推动知识供应源的建立,另一方面,知识供应源也要实现与知识需求的有效衔接,因此这一层面的知识供需关系表现为复杂性和动态性。

本研究基于以上思考,构建出创新型国家的知识供应链模型(见图11-3)。

在图11-3的模型中,需要突出强调的是这样的一个链条,它由"国家知识创新环境—国家知识创新需求—国家知识供应源—国家知识创新主体"组成,虚线表示的是该链条中隐含着的知识流动循环:即知识的应用是通过知识共享和扩散,由知识创新来实现。在这一知识供应链中,国家知识创新环境是一个前提条件,创新环境有利于知识的传播、扩散与共享,激发国家知识需求,国家知识供应源(科研院所、高校、研发中心等)既是国家知识创新的基础设施,也是国家知识供应链的重要环节,它根据知识需求提供知识目标和内容来源,又对知识应用和创新的主体起支撑作用,国家知识创新主体(企业、个人、国家职能部门)是这一供应链中的核心环节,在知识供需的条件下,实现知识生产、发明创造以及各类研发实践,形成知识增值、创新、应用等,从而使技术得到改善和进步,国家知识总量得以增加,进而促进知识环境的持续完善,刺激产生组织与个人新的知识需求,这样循环往复,不断促进与完善。

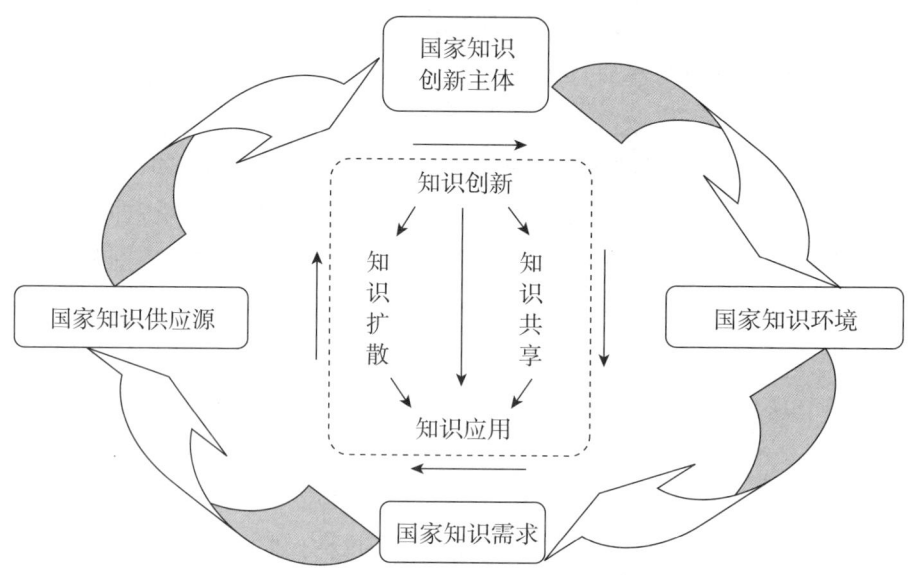

图 11-3　创新型国家的知识供应链模型

资料来源:作者修改自:柯平,李大玲,王平.基于知识供应链的创新型国家知识需求及其机制分析[J].图书馆论坛,2007(6):64-69.

通过对国家知识需求的产生进行分析可知,其来源是多种多样的。以知识供应链、知识供应源和知识应用创新主体为对象进行分析,可得到不同的结论:第一,组织和个人在国家知识创新环境中,会因学习、工作等原因产生知识需求,而知识创新的应用主体在进行知识的增值、应用以及技术创新时,亦会产生大量实际的知识需求;第二,众所周知的是不同级别、层次和形式的知识供应源有着不尽相同的知识需求,与相应的级别、层次和形式对应;第三,不同的知识创新主体因其自身的独特性,对知识的需求是不一样的,从而产生了大量的不同类型的知识需求。

归纳起来,创新型国家的知识供应链不仅具有知识需求的多来源性、知识供应链的非强制性,还具有知识需求的驱动性特征。笔者认为,与以往的在创新型国家知识创新时中的"主体为驱动力"的观点不同,在创新型国家建设中要更加关注主要的知识需求、关键的知识需求和即时的知识需求。

11.3.2 创新型国家的知识需求

从前文分析可知,国家知识需求与国家知识创新环境、国家知识供应源和国家知识创新主体相关。

从国家知识需求与国家知识创新环境的关系看,国家知识需求包括个人和组织的需求,需要一定的条件,在很大程度上受到环境的影响。但创新型国家的知识需求不能等同于个人和组织的知识需求,一方面,参与国家知识创新的所有主体都会有知识需求,包括因创新活动的实施而产生的直接或间接需求,这是内在的需求,另一方面,在建设创新型国家的过程中,外部环境形成的动力机制激发创新的需求,这是外在的需求。在国家知识创新环境建设中,政府具有十分重要的作用,政府主导的政策环境,有利于知识需求的发生和知识供应的发展。国家知识创新环境的建立,将引发国家重大战略需求、国家高层次人才需求、国家高科技发展需求等。

从国家知识需求与国家知识供应源的关系看,知识供应源在创新型国家建设中至关重要,各类智库为国家战略发展服务,研究国家重大战略需求和策略;各类科研院所、高等院校,以及研究性社会公益机构(基金会、学会、协会等)是科学研究的重地和生力军,主要瞄准国家高科技发展需求和国家高层次人才需求,做出自己的贡献。在国家知识供应源与国家知识需求对接时,重点在于知识政策、基础性知识资源、知识人才等方面的对接。其中,针对知识政策需求形成知识供应源的科研合作、科研激励以及创新管理;针对基础性知识资源需求形成知识供应源的传统文献资源建设、科学研究数据库建设,以及在线学术知识资源网络建设;针对知识人才需求形成知识供应源的人才库建设和人才市场供应。

从国家知识需求与国家知识创新主体的关系看,创新型国家的知识创新主体以企业组织为核心,包括个人和国家职能部门。《国家中长期科学和技术发展规划纲要》中,提出要建设企业为主体、产学研结合的技术创新体系,可以说是建设创新型国家过程中推进自主创新的重大举措。企业的知识创新不仅仅是瞄准市场,还要瞄准国家重要的知识需求,走自主知识创新的道路,加强知识产权管理,形成适应创新型国家的组织知识资产。国家职能部门要在知识创新中发挥重要作用,做好知识创新的资源合理配置,促进知识创新中人、技术、政策、法律法规各要素的相互作用与发展,通过制度创新和管理机制创新适应社会广泛的知识产权等知识法律需求、知识人才需求和知识技术需求等。在国家大力提倡大众创业、万众创新的环境下,个人也是知识创新的主体,要形成有利的市场机制,让个人参与到国家创新体系中,充分发挥个人的积极性和创造力,形成全民创新的创新型社会。在创新型国家建设中,个人知识需求是知识供应源的原动力,是创新型国家成熟度的一个标志。

综上,创新型国家知识需求的五大要素是基础知识资源需求、知识人才需求、知识法律需求、知识技术需求、知识市场需求与国家知识创新环境、国家知识供应源和国家知识创新主体形成了密切的关系(见表11-1)。

表11-1 知识需求与创新环境、知识供应源和创新主体的关系

国家知识需求	国家知识创新环境	国家知识供应源	国家知识创新主体
基础知识资源需求	知识创新基础设施保障、知识生态、知识社会、知识城市的构建	需求全面、系统	针对性强,且要求以二次、三次文献形式
知识人才需求	人才政策和人才保障体系	储备型、战略型人才	战略型人才
知识法律需求	保障知识获取、创新成功的法律	知识资源相关法律	知识产权等
知识技术需求	普及性技术	基础性技术	基础性、应用性技术
知识市场需求	政策、机制	政策、机制	政策、机制

资料来源:作者修改自:柯平,李大玲,王平.基于知识供应链的创新型国家知识需求及其机制分析[J].图书馆论坛,2007(6):64-69.

在表11-1基础上,知识需求表现出层次性和保障性,具体见图11-4。

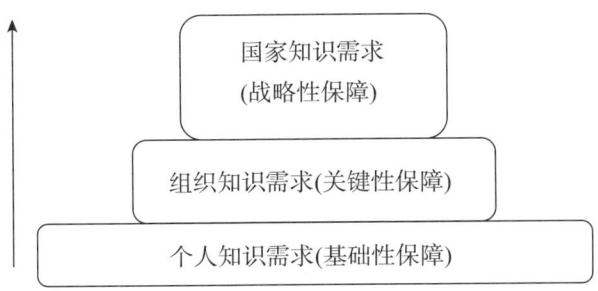

图 11-4 知识需求的层次和保障度

资料来源:作者修改自:柯平,李大玲,土平.基于知识供应链的创新型国家知识需求及其机制分析[J].图书馆论坛,2007(6):64-69.

知识需求在需求层次上具有相互支持性和递进性的特征。在创新型国家建设背景下,个人知识需求广泛、分散,数量庞大,类型多样,体现出基础的作用,个人知识需求愈强烈,对创新型国家的作用愈大。针对个人知识需求进行基础性保障,提供基础性知识环境条件包括政策、资源、技术、人才等条件。组织知识需求是创新型国家建设中的重点,具有明确的目标、市场化导向以及突出应用的特征,对其进行的保障是关键性的,重点为其提供关键性政策保障、关键性资源保障、关键性技术保障、关键性人才保障。虽然个人知识需求和组织知识需求直接支持创新型国家建设,但个人知识需求和组织知识需求不能等同于国家知识需求,国家知识需求建立在个人和组织的知识需求之上,是创新型国家的战略需求,其保障也必须是战略性的,因此,要考虑涉及国家整体的战略性政策保障、战略性资源保障、战略性技术保障、战略性人才保障。

11.3.3 创新型国家知识需求生成与实现机制

创新型国家的知识需求的最终研究目的是,通过分析知识需求的生成和实现的方式及途径,来为创新活动提供动力和支持。

11.3.3.1 知识需求生成机制

知识需求的生成机制分析,要考虑的是知识需求产生的推动因素是多种多样的,其推动关系也是比较复杂的。以上述国家知识需求与国家知识创新环境、国家知识供应源和国家知识创新主体的关系分析为基础,构建创新型国家的知识需求生成机制(见图 11-5)。

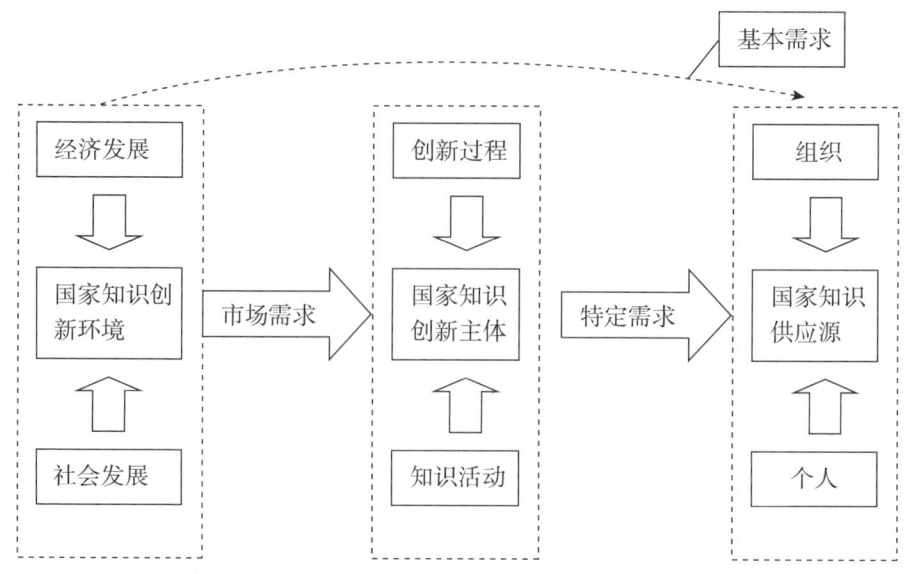

图 11-5 创新型国家知识需求生成机制

资料来源:作者修改自:柯平,李大玲,王平.基于知识供应链的创新型国家知识需求及其机制分析[J].图书馆论坛,2007(6):64-69.

图 11-5 显示,国家知识创新环境受经济发展和社会发展的双重作用,由于产生巨大的市场需求,这种需求随着经济与社会的变化而动态调整,进一步作用于知识创新主体。知识创新主体是知识供应链的核心和重点,也是创新过程和知识活动的能动因素。主体在知识活动和创新过程中除了受市场需求的制约外,还会产生内在的知识需求,这种内部推动因素和外部推动因素(市场需求)的结合便形成了特定的知识需求,直接对知识供应源提出要求。由此可以得出,创新知识环境的市场需求是以自身推动力为主生成的"自产生机制",相对应地,知识创新主体的特定需求则是"自产生机制"和"他产生机制"的有机结合。当然,由于国家知识环境可以直接作用于国家知识供应源,会产生基本需求。

11.3.3.2 知识需求实现机制

以上述知识需求生成机制为基础,进一步分析如何实现知识需求,可以发现如下现象:其一,知识供应源负责实现两重知识需求,一是间接来自知识创新环境的基本需求,二是直接来自知识创新主体的特定需求;而知识创新主体主要负责实现知识创新环境需求,该需求主要表现为市场需求,同时还需在知识供应源的支持条件下才能实现。其二,知识活动要想达到畅通的效果,就需要来自资源、制度、技术和政策等各方面的支持,首先是来自国家政府的制度性、政策性支持,但仅仅靠这一方面是不够的,必须建立有效的知识市场机制,主动满足市场需求和特定需求,达到供需平衡(详见图11-6)。由此,只要满足两方面的知识需求就可以在较大程度上实现各要素自身知识需求,这两方面分别是:来自知识供应源的资源性和技术性等知识需求的满足;国家政府的制度性和政策性等知识需求的满足。

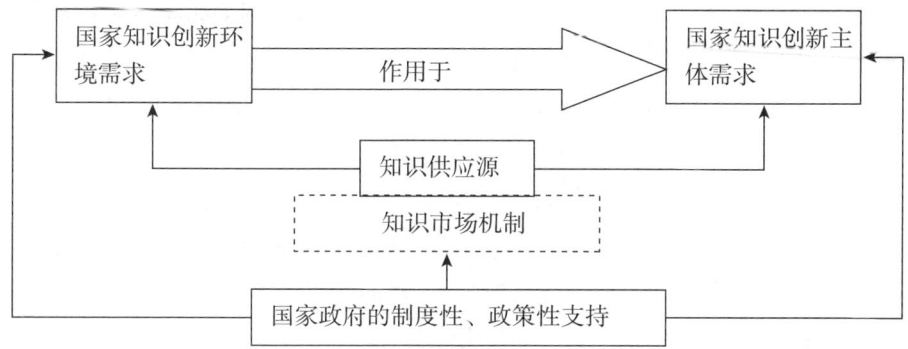

图11-6 创新型国家知识需求实现机制

资料来源:作者修改自:柯平,李大玲,王平.基于知识供应链的创新型国家知识需求及其机制分析[J].图书馆论坛,2007(6):64-69.

国家政府的制度和政策对知识创新环境需求和知识创新主体需求起着关键性的作用,知识供应源是知识创新环境需求和知识创新主体需求的主要满足者。从创新型国家知识需求实现机制(图11-6)中可以进一步分析出两种机制:一种是"菜单式供给机制"。这种机制是由知识供应方提出可供的资源类型和支持形式,供需求方进行选择,一旦匹配成功,即可实现需求,这种机制比较适合于知识创新主体的特定需求实现。另一种是"推拉式机制",由需求方主动向供应方提出需求,供应方根据市场运作机制提供相应的资源和支持,或者供应方提前分析需求方可能的需求意向,并向需求方供应相关的资源,这种机制比较适合于知识创新环境的市场需求实现。然而,图11-6虽然强调政府在国家知识需求实现中的制度和政策支持作用,却未能显示政府在机制中的地位。实际上,在创新型国家知识需求实现中,还存在着两种机制,一种是"政府干预机制",国家知识需求特别是重大战略性需求需要在国家政府干预的机制下实现,如关系国防建设和军事、外交等领域的知识需求,往往由政府的专门职能部门或政府指定的知识创新主体实现,政府购买是其中的一种形式。另一种是"市场化机制",国家知识需求中关系国计民生的需求,以及经济、文化、教育、卫生等各领域的需求,可以交由市场机制来实现,在这种机制中,政府不直接发挥作用,当然,政府的宏观调控和政策保障起到一定的作用。

11.3.4 创新型国家的知识创新与知识应用

基于上述分析,国家知识创新环境、国家知识需求、国家知识供应源和国家知识创新主体既是创新型国家知识供应链的四大要素,也是创新型国家进行知识创新与知识应用的必备条件。创新型国家的知识创新和知识应用需要有强有力的保障机制。

第一,做好顶层设计,加强支撑创新型国家的立法保障。

促进国家知识创新相关法律法规的制定和实施,加强政府对于创新的支持与保障。应当在全国范围内,大力加强知识产权法制的宣传,强化公民的知识产权意识,建立全社会共同保护知识产权的人文环境和法治环境,倒逼国家知识管理改革。同时,要进一步加大对各级知识产权管理的经费投入,改革不合时代的知识产权管理机制,努力提升政府对知识产权有效管理的水平。特别是适应 E-Science、云计算、大数据等新的信息环境,及时修订知识产权法制,建立网络信息法律体系,加强执法保护,做到有法必依,执法必严、依法严厉打击侵犯知识产权的各种行为。推动知识创新与知识应用法制化,促进科技创新和科技成果的推广应用,通过立法保障知识创新主体的知识权益,提高我国知识创新与知识应用在国际的竞争力和影响力。

第二,建立适应创新型国家的科研体制,加强政策保障。

全面深化改革创新型国家的管理体制,实现体制机制创新。对国家和组织的知识型人员实行分层分类管理,建立国家级和组织级知识主管制度,建立从事科学研究和科研管理相区分的评价机制,建立从事技术支持和行政管理不同的评价制度,建立符合知识创新和知识应用规律的多元化的考核评价体系。通过管理改革,促进创新型国家知识整合与共享,推动知识资源的合理布局,推动企业和科研院所以及高等院校产学研相结合以及"资源优势互补"型合作,形成协同创新的良性循环。

第三,建立适应创新型国家的基础平台,加强战略资源保障。

创新型国家的战略资源保障主要包括:①战略性人才资源保障,涉及国家核心竞争力的高端技术人才,国家重点领域的带头人和领军人才,掌握国家机密和国家核心技术的重点人才等;②战略性知识资源保障,涉及国家战略性科技信息情报资源,国家战略性文化信息情报资源,国家战略性经济信息情报资源等;③战略性技术资源保障,涉及国家技术保障体系中的核心技术和前沿技术;④战略性基础设施资源保障,涉及国家战略性信息平台、通信网络,以及有关国家信息安全、国家知识资源安全的技术保障和基础设施。

因此,必须高度重视创新型国家的基础性平台建设,加强战略资源规划,统一标准;加强战略知识资源的建设,避免过度依赖国外的知识资源,建设有国际影响力的战略知识资源基地;加强战略资源共建共享,避免重复建设和浪费,实现纵向和横向的联合协同;加强战略资源利用的评价,提高战略资源的利用率和使用效益。

参考文献

中文部分

[1] 21世纪初科学发展趋势课题组.21世纪初科学发展趋势[M].北京:科学出版社,1996.

[2] 奥尔霍斯特.大数据分析:点"数"成金[M].王伟军,刘凯,杨光,译.北京:人民邮电出版社,2013.

[3] 巴恩斯.知识管理系统:理论与实务[M].阎达五,徐鹿,等译.北京:机械工业出版社,2004.

[4] 波尔弗·阿莫德,埃德文森·利夫.国家、地区和城市的知识资本[M].于鸿君,石杰,译.北京:北京大学出版社,2007.

[5] 布鲁金,安妮.第三资源——智力资本及其管理[M].赵洁平,译.大连:东北财经大学出版社,1998.

[6] 曹如中,戴昌钧.知识的经济学演化分析[J].图书与情报,2008(2):16-19,24.

[7] 曹树金,等.知识图谱研究的脉络、流派与趋势——基于SSCI与CSSCI期刊论文的计量与可视化[J].中国图书馆学报,2015(5):16-34.

[8] 陈昊琳,陆晓红,柯平.基于全球知识大会内容分析的知识学研究趋势研究[J].情报杂志,2010(1):6-9.

[9] 陈洪澜.知识分类与知识资源认识论[M].北京:人民出版社,2008.

[10] 陈嘉明.当代知识论:概念、背景与现状[J].哲学研究,2003(5):89-95.

[11] 陈嘉明.知识与确证——当代知识论引论[M].上海:上海人民出版社,2003.

[12] 陈建龙,等.论知识服务的概念内涵——基于产业实践视角的考察[J].图书情报知识,2010(3):11-16.

[13] 陈玉顺.知识单元服务与叙词语言[J].图书馆理论与实践,2005(4):49-51.

[14] 陈悦,刘则渊,等.科学知识图谱的发展历程[J].科学学研究,2008(3):449-460.

[15] 程鹏.知识科学发展与图书情报学科体系重构——关于高校在"信息管理学院(系)"基础上组建"知识科学学院(系)"的思考[J].科技进步与对策,2007

(1):67-70.

[16] 达尔·尼夫. 知识经济[M]. 樊春良,冷民,等译. 珠海:珠海出版社,1998.

[17] 丁炜. 知识复杂性之考察[J]. 广西师范大学学报(哲学社会科学版),2006(1):90-94.

[18] 董小英,等. 知识管理推动创新:国际研究视角与本土实践[J]. 知识管理论坛,2016(1):4-16.

[19] 段小虎. 图书情报学知识论研究:当前困境与未来趋向[J]. 图书馆杂志,2009(2):2-6.

[20] 范晓春,王晰巍,等. 知识构建对情报学发展的影响研究[J]. 情报科学,2008(9):1301-1304.

[21] 高洁. 从知识管理到知识价值链管理[J]. 图书情报工作,2006(4):11-14,42.

[22] 高爽,柯平,杨溢. 基于知识链的图书馆知识管理战略框架构建[J]. 图书馆理论与实践,2008(6):33-36.

[23] 葛园园. 当代图书情报学理论研究的知识论视角探析[J]. 图书馆杂志,2009(11):2-6,27.

[24] 龚蛟腾. 图书馆知识管理范式研究[M]. 北京:知识产权出版社,2013.

[25] 龚蛟腾. 元知识与元知识管理(学)——关于书目情报与目录学本质的探讨[J]. 图书与情报,2008(1):29-33.

[26] 顾基发,唐锡晋. 综合集成与知识科学[J]. 系统工程理论与实践,2002(10):2-7.

[27] 顾新. 知识链管理——基于生命周期的组织之间知识链管理框架模型研究[M]. 成都:四川大学出版社,2008.

[28] 郭强. 现代知识社会学[M]. 北京:中国社会出版社,2000.

[29] 郭强. 知识与行动:结构化凝视[J]. 社会,2005(5):18-38.

[30] 何亚平,张钢. 文化的基频——科技文化史论稿[M]. 北京:东方出版社,1996.

[31] 何云峰. 关于建构知识科学的问题[J]. 上海师范大学学报(哲学社会科学版),2003(1):8-12.

[32] 何云峰. 建构知识科学作为一个新的科学门类[J]. 中共浙江省委党校学报,2003(1):80-83.

[33] 贺德方,等. 数字时代情报学理论与实践——从信息服务走向知识服务[M]. 北京:科学技术文献出版社,2006.

[34] 贺德方. 知识链接发展的历史、未来和行动[J]. 现代图书情报技术,2005(3):11-15.

[35] 黑格尔. 哲学史讲演录(第一至四卷)[M]. 贺麟,王太庆,译. 北京:商务印书

馆,第一卷 1959 年第一版;第二卷 1960 年第一版;第三卷 1959 年第一版;第四卷 1978 第一版.

[36] 洪秋兰.社区公共文化知识转移机制研究[D].天津:南开大学,2009.

[37] 侯海燕,陈超美,刘则渊,等.知识计量学的交叉学科属性研究[J].科学学研究,2010(3):328-332,350.

[38] 胡鞍钢.知识与发展:21 世纪新追赶战略[M].北京:北京大学出版社,2001.

[39] 胡辉华.知识社会学的出路初探[J].哲学研究,2006(5):73-79.

[40] 胡洁,彭颖红.企业信息化与知识工程[M].上海:上海交通大学出版社,2009.

[41] 胡军.知识论[M].北京:北京大学出版社,2006.

[42] 胡军.中国现代哲学中的知识论研究[J].哲学研究,2004(2):50-55.

[43] 姜永常.知识构建的基本原理研究(上)——知识构建中的知识状态演变及其基本原则[J].图书情报工作,2009(4):106-110.

[44] 蒋永福.论知识组织[J].图书情报工作,2000(6):5-10.

[45] 柯平,洪秋兰.我国图书馆学的知识学派建设研究[J].图书情报工作,2008(12):20-23,46.

[46] 柯平,洪秋兰.中澳知识资源差距的对比研究与分析[J].图书与情报,2009(1):17-21,60.

[47] 柯平,孔青青.知识型组织建设的本土化问题研究[J].情报科学,2008(1):1-3,9.

[48] 柯平,李大玲,王平.基于知识供应链的创新型国家知识需求及其机制分析[J].图书馆论坛,2007(6):64-69.

[49] 柯平,李廷翰.科研人员心理契约对知识转移五阶段的影响实证研究[J].情报理论与实践,2013(5):62-65.

[50] 柯平,曾伟忠.面向企业知识产权构建的企业内部个体知识转移研究[J].情报科学,2007(3):327-331,381.

[51] 柯平.21 世纪知识学研究的目标和任务[J].图书情报知识,2009(1):40-45.

[52] 柯平.知识管理学[M].北京:科学出版社,2007.

[53] 柯平.知识学研究导论[J].图书情报工作,2006(4):6-10,34.

[54] 柯平等.图书馆知识管理研究[M].北京:北京图书馆出版社(今国家图书馆出版社),2006.

[55] 库恩 T S.科学革命的结构(第四版)[M].金吾伦,胡新和,译.北京:北京大学出版社,2012.

[56] 李大玲,柯平.基于知识管理的学术机构知识库激励模式研究[J].图书情报工作,2009(10):98-101.

参考文献

[57] 李大玲.学术机构知识库构建模式研究[M].上海:上海交通大学出版社,2009.

[58] 李后卿,等.知识链研究进展[J].高校图书馆工作,2007(6):15-21.

[59] 李后卿.图书情报学领域中的知识问题研究[M].长沙:湖南科学技术出版社,2008.

[60] 李醒民.从知识科学观转向智慧科学观[J].民主与科学,2008(5):50-52.

[61] 李耀昌,姚伟,刘建准.基于知识层次的知识组织层次模型[J].情报理论与实践,2010(5):10-13.

[62] 李正风.科学知识生产方式及其演变[M].北京:清华大学出版社,2006.

[63] 梁秀娟.科学知识图谱研究综述[J].图书馆杂志,2009(6):58-62.

[64] 廖胜娇,等.科学知识图谱应用研究概述[J].情报理论与实践,2009(1):122-125.

[65] 林杰.西方知识论传统与学术自由[M].北京:北京师范大学出版社,2010.

[66] 刘春田.知识财产权解析[J].中国社会科学,2003(4):109-121.

[67] 刘大有.知识科学中的基本问题研究[M].北京:清华大学出版社,2006.

[68] 刘福林.知识嵌套结构模型[J].中国软科学,2010(2):161-168.

[69] 刘洪波.知识组织论——关于图书馆内部活动的一种说明[J].图书馆,1991(2):13-18,48.

[70] 刘珺珺,赵万里.知识与社会行动的结构——知识社会的理论与实践研究[M].天津:天津人民出版社,2005.

[71] 刘炜,李大玲,夏翠娟.元数据与知识本体[J].图书馆杂志,2004(6):50-54,49.

[72] 刘晓英,等.知识地图学——论现代目录学的本质[J].情报理论与实践,2007(3):336-341.

[73] 刘则渊,等.科学知识图谱:方法与应用[M].北京:人民出版社,2008.

[74] 刘植惠.知识基因理论初探[J].知识工程,1990(4):1-6.

[75] 刘植惠.知识基因理论的由来、基本内容及发展[J].情报理论与实践,1998(2):8-13.

[76] 陆汝钤.知识科学及其研究前沿[J].中国科技奖励,2000(4):10-13.

[77] 陆汝钤.知识科学与计算科学[M].北京:清华大学出版社,2003.

[78] 陆晓红,余传正.知识学何以成为可能——基于图书馆学情报学的学科立场[J].情报资料工作,2009(5):5-8.

[79] 陆晓红.基于 Web of Science 的知识研究文献计量分析[J].情报科学,2009(12):1848-1852.

[80] 马德辉,包昌火.企业知识网络探析[J].情报理论与实践,2007(6):731-747.

[81] 马丁·威廉·约.信息社会[M].胡昌平,译.武昌:武汉大学出版社,1992.

[82] 马费成,姜愿,赵一鸣.服务视角下的知识组织系统研究新进展[J].情报杂志,2015(7):165-172,152.

[83] 马费成.基于IRM-KM范式下的情报学发展模式研究[M].武昌:武汉大学出版社,2008.

[84] 马恒通.知识形态及其转化论纲[J].图书馆论坛,2005(2):15-18.

[85] 马恒通,等.传播与知识的进化[J].现代传播,2007(3):22-26.

[86] 麦克 F D.知识与控制——教育社会学新探[M].谢维和,朱旭东,译.上海:华东师范大学出版社,2002.

[87] 美国不列颠百科全书公司.不列颠简明百科全书(修订版)[M].中国大百科全书出版社,编译.北京:中国大百科全书出版社,2011.

[88] 美国信息研究所.知识经济:21世纪的信息本质[M].南昌:江西教育出版社,1999.

[89] 孟广均,霍国庆,罗曼,等.信息资源管理导论(第二版)[M].北京:科学出版社,2003.

[90] 倪延年.知识传播功能论[J].中国图书馆学报,2002(5):13-16.

[91] 倪延年.知识传播学[M].南京:南京师范大学出版社,1999.

[92] 宁军明.知识溢出与区域经济增长[M].北京:经济科学出版社,2008.

[93] 宁烨,樊治平.知识能力:演化过程与提升路径研究[M].北京:经济科学出版社,2007.

[94] 潘洪建,等.知识问题研究二十年:教育学的观点[J].高等师范教育研究,2003(1):49-55.

[95] 彭修义.关于开展"知识学"研究的建议[J].图书馆学通讯,1981(3):85-88.

[96] 彭修义.图书馆学理论研究的知识方向[J].图书馆,1992(4):37-40,33.

[97] 皮尔逊 K.科学的规范[M].李醒民,译.北京:华夏出版社,1999.

[98] 秦长江,侯汉清.知识图谱——信息管理与知识管理的新领域[J].大学图书馆学报,2009(1):30-37,96.

[99] 邱炯友.学术传播与期刊出版[M].台北:远流出版事业股份有限公司,2006.

[100] 邱均平,等.知识管理学[M].北京:科学技术文献出版社,2006.

[101] 尚勇.论知识社会[J].中国软科学,2009(8):1-12.

[102] 盛小平.图书馆知识管理引论[M].北京:海洋出版社,2007.

[103] 石健壮,等.论知识本质观的重建及其教育学意蕴——超越后现代的反思的现代性[J].教育学报,2010(2):20-29.

[104] 石倬英,郭强.现代知识学探微[J].宁夏大学学报(社会科学版),1989(2):

20-26.

[105] 史忠植.知识发现[M].北京:清华大学出版社,2002.

[106] 司莉,陈欢欢.国内外知识地图研究进展[J].图书馆杂志,2008(8):13-17.

[107] 斯卡姆·大卫·J.知识网络——明天的工具[M].王若光,译.沈阳:辽宁画报出版社,2001.

[108] 苏新宁,等.组织的知识管理[M].北京:国防工业出版社,2004.

[109] 孙晓宁,赵宇翔,朱庆华.知识管理研究的现状与趋势:第7届KMO国际会议述评[J].情报资料工作,2014(5):5-13.

[110] 谭建荣,等.制造企业知识工程理论、方法与工具[M].北京:科学出版社,2008.

[111] 藤广青,毕强.知识链接的内在机理及学源演变研究[J].情报理论与实践,2010(2):21-24.

[112] 托尼·比彻,保罗·特罗勒尔.学术部落及其领地[M].唐跃勤,等译.北京:北京大学出版社,2008.

[113] 瓦斯尼基,维托德.知识、创新和经济:一种演化论的探索[M].仲继银,等译.南昌:江西教育出版社,1999.

[114] 汪社教,沈固朝.知识生态学研究进展[J].情报理论与实践,2007(4):572-576.

[115] 王大洲.论技术知识的难言性[J].科学技术与辩证法,2002(1):42-45.

[116] 王继新.加强知识科学研究,促进知识工程发展[J].科技进步与对策.2006(1):147-149.

[117] 王琳,刘春茂.数字化时代知识服务研究的理论思考[J].情报理论与实践,2009(8):40-43.

[118] 王平.流程导向的企业实时知识管理研究[M].北京:知识产权出版社,2008.

[119] 王平.知识管理理论构建的哲学反思——一个跨学科的研究视角[J].图书情报知识,2010(3):84-90.

[120] 王平."知识学"研究倡议与研究纲领[J].图书情报知识,2009(1):46-49.

[121] 王晞巍,靖继鹏,霍明魁.知识供应链研究综述[J].情报科学,2006(7):1105-1110.

[122] 王晞巍.知识供应链构建的绩效评价研究[J].图书情报工作,2009(16):108-111,132.

[123] 王晓光.科学知识网络的形成与演化(I):共词网络方法的提出[J].情报学报,2009(4):599-605.

[124] 王续琨,初福玲.知识科学的兴起和发展[J].大连理工大学学报,2001(2):15-20.

[125] 王曰芬,等.图书情报领域知识服务三维框架理论的探索性研究[J].图书情报工作,2010(4):17-20,85.

[126] 王兆璟.论作为一门知识科学的教学理论[J].当代教育与文化,2009(1):86-90.

[127] 王知津,陈芳芳.从情报科学到知识科学[J].情报科学,2007(9):1281-1286,1292.

[128] 王知津,等.知识组织理论与方法[M].北京:知识产权出版社,2009.

[129] 王知津,粟莉.信息、知识、情报——再认识[J].情报科学,2001(7):673-676.

[130] 王知津.知识组织的目标与任务[J].情报理论与实践,1999(2):65-68.

[131] 王众托.无处不在的网络社会中的知识网络[J].信息系统学报,2007(1):1-7.

[132] 王子舟,等.知识的基本组分——文献单元与知识单元[J].中国图书馆学报,2003(1):5-11.

[133] 王子舟.知识集合初论——对图书馆学研究对象的探索[J].中国图书馆学报,2000(4):7-12.

[134] 蔚海燕,梁战平.知识管理,图书情报学应做些什么?[J].大学图书馆学报,2007(4):2-9.

[135] 温有奎,等.知识元挖掘[M].西安:西安电子科技大学出版社,2005.

[136] 文庭孝,等.知识计量研究综述[J].图书情报知识,2010(1):95-101.

[137] 文庭孝,等.知识网络及其测度研究[J].图书馆,2009(1):1-6.

[138] 文庭孝,等.中文文本知识元的构建及其现实意义[J].中国图书馆学报,2007(6):91-95.

[139] 文庭孝.知识单元的演变及其评价研究[J].图书情报工作,2007(10):72-76.

[140] 吴汉东,等.知识产权基本问题研究[M].北京:中国人民大学出版社,2005.

[141] 吴颖红.试论图书馆联盟的知识获取[J].图书馆学研究,2010(3):54-56.

[142] 吴永忠.知识社会的概念考辨与理论梳理[J].自然辩证法通讯,2008(3):38-42,13.

[143] 夏立新,等.基于知识供应链的知识服务模型研究[J].中国图书馆学报,2008(2):60-64,72.

[144] 谢守美.国内知识生态系统研究综述[J].情报科学,2010(5):797-800.

[145] 徐荣生.知识单元初论[J].图书馆杂志,2001(7):2-5.

[146] 徐荣生.知识形态论[J].图书馆杂志,2001(2):15-18.

[147] 杨溢,鞠巍.基于图书情报学的知识科学理论模型[M].北京:知识产权出版社,2015.

[148] 杨溢.基于图书情报学的知识科学理论模型研究[D].天津:南开大学,2010.

[149] 杨溢.基于知识资源论的图书馆学方法论体系研究[J].图书馆,2008(3):1-4,8.

[150] 杨溢.知识学研究综述[J].图书馆,2009(5):1-4.

[151] 杨溢.中美知识资源差距比较研究[J].情报科学,2008(12):1886-1891.

[152] 姚宏宇.大数据与云计算[J].信息技术与标准化,2013(5):12-16.

[153] 尤金·加菲尔德.引文索引法的理论及应用[M].侯汉清,等译.北京:北京图书馆出版社(今国家图书馆出版社),2004.

[154] 岳修志.知识存在形态的演进及其动因分析[J].图书馆,2009(3):1-3,9.

[155] 曾建勋,等.基于引文的知识链接服务体系研究[J].情报理论与实践,2009(5):1-4,8.

[156] 曾民族.知识技术及其应用[M].北京:科学技术文献出版社,2005.

[157] 曾永刚,钱省三.组织中知识生产的知识服务平台分析[J].科研与管理,2009(5):46-49.

[158] 翟秀云.图书情报学中的"知识流派"观点述略[J].图书情报工作,2002(12):54-60.

[159] 詹越.创新学与知识学的关联研究[J].图书情报知识,2009(1):54-56.

[160] 张晓林.重新认识知识过程与知识服务[J].图书情报工作,2009(1):6-8.

[161] 张晓林.走向知识服务:寻找新世纪图书情报工作的生长点[J].中国图书馆学报,2000(5):32-37.

[162] 赵宏中.基于知识经济的智力资本研究——智力资本的特性、结构、运营和管理[D].武汉:华中科技大学,2003.

[163] 赵蓉英.知识网络及其应用[M].北京:北京图书馆出版社(今国家图书馆出版社),2007.

[164] 赵蓉英.知识网络研究(Ⅱ)——知识网络的概念、内涵和特征[J].情报学报,2007(6):470-476.

[165] 赵益民,柯平.近十年知识管理对情报学的影响研究回顾[J].情报资料工作,2009(1):10-15.

[166] 赵益民.基于知识学的知识资源模型研究[J].图书情报知识,2009(1):50-53.

[167] 钟义信.关于"信息—知识—智能转换规律"的研究[J].电子学报,2004(4):601-605.

[168] 钟义信.论"信息—知识—智能转换规律"[J].北京邮电大学学报,2007(1): 1-8.

[169] 钟义信.知识论框架——通向信息—知识—智能统一的理论[J].中国工程科学,2000(9):50-64.

[170] 仲秋雁,等.知识管理流派特征分析及内涵界定[J].研究与发展管理,2010(4):80-88.

[171] 周慧.从知识运动的角度认识图书馆[J].中国图书馆学报,2009(6):110-118.

[172] 周宁,张李义.信息资源可视化模型方法[M].北京:科学出版社,2008.

[173] 周晓英.知识网络、知识链接和知识服务研究[J].情报资料工作,2010(2):5-10.

[174] 朱强,俞立平.知识能力与信息能力模型的构建及其关系研究[J].情报理论与实践,2009(10):91-93.

英文部分

[1] Abdulla A. Copyright and knowledge advancement:a case study on the UAE copyright law[J]. Library Management,2008,29(6/7):461-472.

[2] Ahlstrom D. Innovation and growth:how business contributes to society[J]. Academy of Management Perspectives,2010,24(3):11-24.

[3] Albrecht T L, Bach B W. Communication in complex organizations:a relational approach[M]. Wadsworth Publishing Company,1997.

[4] Almirall E. Open versus closed innovation:a model of discovery and divergence[J]. The Academy of Management Review,2010,35(1):27-47.

[5] Andersen J. The role of subject literature in scholarly communication:an interpretation based on social epistemology[J]. Journal of Documentation,2002,58(4):463-481.

[6] Armour L. Knowledge,values and ideas:rethinking the notion of a social science[J]. International Journal of Social Economics,2003,30(1/2):34-72.

[7] Baptista Nunes M, Annansingh F, Eaglestone B, et al. Knowledge management issues in knowledge-intensive SMEs[J]. Journal of Documentation, 2006, 62(1):101-119.

[8] Beghtol C. Exploring new approaches to the organization of knowledge:the subject classification of James Duff Brown[J]. Library Trends,2004,(spring):702-718.

[9] Bennet D, Bennet A. Engaging tacit knowledge in support of organizational learning[J]. Vine,2008,38(1):72-94.

[10] Bonnevie E. Dretske's semantic information theory and meta – theories in library and information science[J]. Journal of documentation,2001,57(4):519 – 534.

[11] Bontis N,Bart C K,Stam C D. Making sense of knowledge productivity:beta testing the KP-enhancer[J]. Journal of Intellectual Capital,2007,8(4):628 – 640.

[12] Bray D A. Knowledge ecosystems:technology, motivations, processes, and performance(Doctoral Dissertation)[D]Atlanta:Emory University. 2008,2009.

[13] Canary H E,Mcphee R D. Communication and organizational knowledge:contemporary issues for theory and practice[M]. New York:Routledge. 2011.

[14] Carrillo F J,Ben Chou P,Passerini K. Intellectual property rights and knowledge sharing across countries [J]. Journal of Knowledge Management, 2009, 13 (5): 331 – 344.

[15] Chan L,Costa S. Participation in the global knowledge commons:challenges and opportunities for research dissemination in developing countries[J]. New library world, 2005,106(3/4):141 – 163.

[16] Chen J,Guo J,Shuhuai R,et al. From information commons to knowledge commons: Building a collaborative knowledge sharing environment for innovative communities [J]. The Electronic Library,2009,27(2):247 – 257.

[17] Chen Y-J. A medical knowledge service system for cross-organizational healthcare collaboration[J]. International Journal of Cooperative Information Systems,2009,18 (1):195 – 224.

[18] Chyi Lee C, Yang J. Knowledge value chain[J]. Journal of management development,2000,19(9):783 – 794.

[19] Clausen H. Intellectual property,the internet and the libraries[J]. New library world, 2004,105(11/12):417 – 422.

[20] Crossan. A multidimensional framework of organizational innovation:a systematic review of the literature [J]. Journal of Management Studies, 2010, 47 (6): 1154 – 1191.

[21] De Beer F. Towards the idea of information science as an interscience[J]. South African Journal of Libraries & Information Science,2005,71(2):107 – 114.

[22] De Jong T,Ferguson-Hessler M. Types and qualities of knowledge[J]. Educational Psychologist,1996,31(2):105 – 113.

[23] De Weert E. Contours of the emergent knowledge society:Theoretical debate and implications for higher education research [J]. Higher Education, 1999, 38 (1): 49 – 69.

[24] Deng Q, Yu D. Mapping knowledge in product development through process modelling [J]. Journal of Information & Knowledge Management,2006,5(3):233-242.

[25] Desouza K C, Awazu Y. Engaged knowledge management[J]. Hampshire, UK: Palgrave Macmillan,2005.

[26] Donate M J, Guadamillas F. Organizational factor to support knowledge management and innovation[J]. Journal of Knowledge Management,2011,15(6):890-914.

[27] Ducheyne S. "To treat of the world" Paul Otlet's ontology and epistemology and the circle of knowledge[J]. Journal of Documentation,2009,65(2):223-244.

[28] Eglene O, Dawes S S, Schneider C A. Authority and leadership patterns in public sector knowledge networks[J]. The American Review of Public Administration,2007,37(1):91-113.

[29] Einar Himma K, Spinello R A. Intellectual property rights[J]. Library hi tech,2007,25(1):12-22.

[30] Eustace C. A new perspective on the knowledge value chain[J]. Journal of Intellectual Capital,2003,4(4):588-596.

[31] Goold A, Coldwell J, Craig A. An examination of the role of the E-tutor[J]. Australasian Journal of Educational Technology,2010,26(5),704-716.

[32] Gu J, Tang X. Meta-synthesis system approach to knowledge science[J]. International Journal of Information Technology & Decision Making,2007,6(3):559-572.

[33] Hassell L. A continental philosophy perspective on knowledge management[J]. Information Systems Journal,2007,17(2):185-195.

[34] Hayward T, Broady J E. Macroeconomic change:information and knowledge[J]. Journal of Information Science,1994,20(6):377-387.

[35] Hazlett S-A, Mcadam R, Gallagher S. Theory building in knowledge management in search of paradigms[J]. Journal of Management Inquiry,2005,14(1):31-42.

[36] Hegarty S. Teaching as a knowledge-based activity[J]. Oxford Review of Education,2000,26(3-4):451-465.

[37] Hindal S, Harriet Wyller E. The Norwegian Archive, Library and Museum Authority-our role in a society based on knowledge and culture[J]. Library Review,2004,53(4):207-212.

[38] Holsapple C W, Singh M. The knowledge chain model:activities for competitiveness [J]. Expert Systems With Applications,2001,20(1):77-98.

[39] Howley S. Routes to knowledge[J]. Library and Information Research,2004,28(88):42-46.

[40] Hunt D P. The concept of knowledge and how to measure it[J]. Journal of Intellectual Capital,2003,4(1):100-113.

[41] Ibekwe-Sanjuan F, Dousa T M. Theories of information, communication and knowledge: a multidisciplinary approach [M]. 34. Springer Science & Business Media,2013.

[42] Ibekwe-Sanjuan F. Constructing and maintaining knowledge organization tools: a symbolic approach[J]. Journal of Documentation,2006,62(2):229-250.

[43] Jain P, Mutula S. Libraries as learning organisations: implications for knowledge management[J]. Library Hi Tech News,2008,25(8):10-14.

[44] Jasimuddin Sajjad M. Knowledge management: an interdisciplinary perspective[M]. New Jersey: World Scientific Publishing Co. Pte. Ltd,2012

[45] Johnson J D. Managing knowledge networks[M]. Cambridge University Press,2009.

[46] Joint Nicholas. Digital information and the "privatization of knowledge"[J]. Library Review,2007,56(8):658-665.

[47] Kang I, Park Y, Kim Y. A framework for designing a workflow-based knowledge map [J]. Business Process Management Journal,2003,9(3):281-294.

[48] Kant R, Singh M. Knowledge management implementation: modeling the barriers[J]. Journal of Information & Knowledge Management,2008,7(4):291-305.

[49] Ketikidis P H, Lenny Koh S, Gunasekaran A, et al. Operational intelligence discovery and knowledge-mapping approach in a supply network with uncertainty[J]. Journal of Manufacturing Technology Management,2006,17(6):687-699.

[50] Koenig M, Neveroski K. The origins and development of knowledge management[J]. Journal of Information & Knowledge Management,2008,7(4):243-254.

[51] Kogan M. Modes of knowledge and patterns of power[J]. Higher Education,2005,49(1-2):9-30.

[52] Kopp B, Mandl H. Supporting virtual collaborative learning using collaboration scripts and content schemes[C]//Pozzi F, Persico D. Techniques for Fostering Collaboration in Online Learning Communities: Theoretical and Practical Perspectives. Hershey (NY): IGI Global,2011:15-32.

[53] Lam A, Lambermont-Ford J-P. Knowledge sharing in organisational contexts: a motivation-based perspective [J]. Journal of Knowledge Management, 2010, 14 (1): 51-66.

[54] Laxman Rao N. Knowledge-sharing activities in India[J]. Library Trends,2006,54(3):463-484.

[55] Lee C K, Foo S, Goh D. On the concept and types of knowledge[J]. Journal of Information & Knowledge Management, 2006, 5(02):151-163.

[56] Lee S, Kim B G, Kim H. An integrated view of knowledge management for performance[J]. Journal of Knowledge Management, 2012, 16(2):183-203.

[57] Lettice F, Roth N, Forstenlechner I. Measuring knowledge in the new product development process[J]. International Journal of Productivity and Performance Management, 2006, 55(3/4):217-241.

[58] Li S-T, Chang W-C. Design and evaluation of a layered thematic knowledge map system[J]. Journal of Computer Information Systems, 2008, 49(2):92-103.

[59] Lin C-Y, Kuo T-H, Kuo Y-K, et al. The KM chain—empirical study of the vital knowledge sourcing links[J]. Journal of Computer Information Systems, 2008, 48(2):91-99.

[60] Lin F-R, Hsueh C-M. Knowledge map creation and maintenance for virtual communities of practice[J]. Information Processing & Management, 2006, 42(2):551-568.

[61] Lor P J. Digital libraries and archiving knowledge: some critical questions[J]. South African Journal of Libraries & Information Science, 2008, 74(2).

[62] Ma Z, Yu K-H. Research paradigms of contemporary knowledge management studies: 1998—2007[J]. Journal of Knowledge Management, 2010, 14(2):175-189.

[63] Magnus P, Cohen J. Williamson on knowledge and psychological explanation[J]. Philosophical Studies, 2003, 116(1):37-52.

[64] Mak K, Ramaprasad A. Knowledge supply network[J]. Journal of the operational research society, 2003, 54(2):175-183.

[65] Mccall H, Arnold V, Sutton S G. Use of knowledge management systems and the impact on the acquisition of explicit knowledge[J]. Journal of Information Systems, 2008, 22(2):77-101.

[66] Mccarthy W E. Sowa, John F., Knowledge representation: logical, philosophical, and computational foundations[J]. Accounting Review, 2002, 77(3):695-697.

[67] Mentzas G, Apostolou D, Young R, et al. Knowledge networking: a holistic solution for leveraging corporate knowledge[J]. Journal of Knowledge Management, 2001, 5(1):94-107.

[68] Menzies T, Althoff K-D, Kalfoglou Y, et al. Issues with meta-knowledge[J]. International Journal of Software Engineering and Knowledge Engineering, 2000, 10(4):549-555.

[69] Meyer B, Sugiyama K. The concept of knowledge in KM: a dimensional model[J].

Journal of Knowledge Management,2007,11(1):17-35.

[70] Mills A M,Smith T. A. Knowledge management and organizational performance[J]. Journal of Knowledge Management,2011,15(1):156-171.

[71] Mitchell R,Boyle B. Knowledge creation measurement methods[J]. Journal of Knowledge Management,2010,14(1):67-82.

[72] Mooradian N. Tacit knowledge: philosophic roots and role in KM[J]. Journal of Knowledge Management,2005,9(6):104-113.

[73] Morado Nascimento D,Marteleto R M. Social field,domains of knowledge and informational practice[J]. Journal of Documentation,2008,64(3):397-412.

[74] Nassehi A. What do we know about knowledge? An essay on the knowledge society[J]. The Canadian Journal of Sociology,2004,29(3):439-449.

[75] Nickerson J A,Zenger T R. A knowledge-based theory of the firm—The problem-solving perspective[J]. Organization science,2004,15(6):617-632.

[76] Nieves J,Osorio J. The role of social networks in knowledge creation[J]. Knowledge Management Research and Practice,2012:1-16.

[77] Nieves J,Quintana A,Osorio J. Organizational knowledge and collaborative human resource practices as determinants of innovation[J]. Knowledge Management Research and Practice,2014:1-9.

[78] O'connor S,Bazin P. The Guichet du Savoir: A service for knowledge sharing and a driving force for change[J]. Library Management,2006,27(6/7):423-429.

[79] O'connor S,Sheng X,Sun L. Developing knowledge innovation culture of libraries[J]. Library Management,2007,28(1/2):36-52.

[80] Oluić-Vuković V. From information to knowledge: Some reflections on the origin of the current shifting towards knowledge processing and further perspective[J]. Journal of the American Society for Information Science and Technology,2001,52(1):54-61.

[81] Park J-R. Evolution of concept networks and implications for knowledge representation[J]. Journal of Documentation,2007,63(6):963-983.

[82] Paroutis S,Al Saleh A. Determinants of knowledge sharing using Web 2.0 technologies[J]. Journal of Knowledge Management,2009,13(4):52-63.

[83] Pauleen D,Zhang Z. Personalising organisational knowledge and organisationalising personal knowledge[J]. Online Information Review,2009,33(2):237-256.

[84] Potts J. Knowledge and markets[J]. Journal of Evolutionary economics,2001,11(4):413-431.

[85] Ragab A F, Mohamed Arisha Amr. Knowledge management and measurement: a critical review[J]. Journal of Knowledge Management, 2013(17): 873 – 901.

[86] Razmerita L, Kirchner K, Sudzina F. Personal knowledge management: The role of Web 2.0 tools for managing knowledge at individual and organisational levels[J]. Online Information Review, 2009, 33(6): 1021 – 1039.

[87] Robinson D L. In pursuit of knowledge[J]. International Journal of Psychophysiology, 2006, 62(3): 394 – 410.

[88] Roknuzzaman M, Kanai H, Umemoto K. Integration of knowledge management process into digital library system: A theoretical perspective[J]. Library Review, 2009, 58(5): 372 – 386.

[89] Roknuzzaman M, Umemoto K. Knowledge management's relevance to library and information science: an interdisciplinary approach[J]. Journal of Information & Knowledge Management, 2008, 7(04): 279 – 290.

[90] Rowley J. Where is the wisdom that we have lost in knowledge? [J]. Journal of Documentation, 2006, 62(2): 251 – 270.

[91] San Segundo R. A new concept of knowledge[J]. Online Information Review, 2002, 26(4): 239 – 245.

[92] Sarrafzadeh M, Martin B, Hazeri A. Knowledge management and its potential applicability for libraries[J]. Library Management, 2010, 31(3): 198 – 212.

[93] Sarrafzadeh M, Martin B, Hazeri A. LIS professionals and knowledge management: some recent perspectives[J]. Library Management, 2006, 27(9): 621 – 635.

[94] Scherer E. The knowledge network: knowledge generation during implementation of application software packages[J]. Logistics Information Management, 2000, 13(4): 210 – 218.

[95] Schwikkard D, Du Toit A. Analysing knowledge requirements: a case study[C]. Aslib Proceedings, 2004: 104 – 111.

[96] Sen S. A note on the idea gene and its relevance to information science[J]. Annals of Library Science and Documentation, 1981, 28(1 – 4): 97 – 102.

[97] Serenko A, Bontis N, Booker L, et al. A scientometric analysis of knowledge management and intellectual capital academic literature (1994—2008)[J]. Journal of Knowledge Management, 2010, 14(1): 3 – 23.

[98] Shiri A, Chase-Kruszewski S. Knowledge organisation systems in North American digital library collections[J]. Program, 2009, 43(2): 121 – 139.

[99] Simon E, Stroetmann K A. Future information infrastructure as a base for the know-

ledge society-a comparison of librarianship in East and West[J]. New Library World,1998,99(1):20 – 30.

[100] Sinclair N,Burley D,Savion S,et al. Knowledge integration through synthetic worlds [J]. VINE,2010,40(1):71 – 82.

[101] Sinclair N,Garcia B C. Making MAKCi:An emerging knowledge-generative network of practice in the Web 2.0[J]. Vine,2010,40(1):39 – 61.

[102] Smiraglia R P. Further progress toward theory in knowledge organization[J]. Canadian Journal of Information and Library Science,2001,26(2 – 3):31 – 50.

[103] Smiraglia R P. The progress of theory in knowledge organization[J]. Library Trends, 2002,50(3):330 – 349.

[104] Stalnaker R. On logics of knowledge and belief[J]. Philosophical Studies,2006,128 (1):169 – 199.

[105] Thellefsen T. Knowledge profiling:the basis for knowledge organization[J]. Library Trends,2004,52(3):507 – 514.

[106] Turner A,Fraser V,Muir Gray J,et al. A first class knowledge service:developing the National electronic Library for Health[J]. Health Information & Libraries Journal,2002,19(3):133 – 145.

[107] Vail E F. Knowledge mapping:Getting started with knowledge management[J]. Information Systems Management,1999,16:10 – 23.

[108] Van Doren Charles. A history of knowledge:past, present and future[M]. New York,Ballantine Books,1991.

[109] Van Rooi H,Snyman R. A content analysis of literature regarding knowledge management opportunities for librarians[C]. Aslib Proceedings,2006:261 – 271.

[110] Vasconcelos A C. Dilemmas in knowledge management[J]. Library Management, 2008,29(4/5):422 – 443.

[111] Wales A. Developing integrated knowledge services for NHS Scotland:managing continuity and transition within a new collaborative dynamic[J]. Health Information & Libraries Journal,2004,21(s1):52 – 54.

[112] Wexler M N. The who,what and why of knowledge mapping[J]. Journal of Knowledge Management,2001,5(3):249 – 264.

[113] Wierzbicki A P,Nakamori Y. Knowledge sciences and Nanatsudaki:A new model of knowledge creation processes[J]. Journal of Systems Science and Systems Engineering,2007,16(1):2 – 21.

[114] Wierzbicki A P, Nakamori Y. Knowledge sciences:some new developments[J].

Zeitschrift für Betriebswirtschaft,2007,77(3):271-296.

[115] Williams G. The knowledge economy,language and culture[M]. Multilingual Matters,2010.

[116] Williams R. Narratives of knowledge and intelligence… beyond the tacit and explicit [J]. Journal of Knowledge Management,2006,10(4):81-99.

[117] Yeo R K,Svensson G,Ahmad N,et al. Knowledge sharing through inter-organizational knowledge networks:challenges and opportunities in the United Arab Emirates [J]. European Business Review,2010,22(2):153-174.

[118] Yi Z. Knowledge management for library strategic planning:perceptions of applications and benefits[J]. Library Management,2008,29(3):229-240.

[119] Yoo K,Suh E,Kim K-Y. Knowledge flow-based business process redesign:applying a knowledge map to redesign a business process[J]. Journal of Knowledge Management,2007,11(3):104-125.

[120] Zeleny M. From knowledge to wisdom:on being informed and knowledgeable,becoming wise and ethical[J]. International Journal of Information Technology & Decision Making,2006,5(4):751-762.

[121] Zhang W. Digital library intellectual property right evaluation and method[J]. The Electronic Library,2007,25(3):267-273.

[122] Zins C. Redefining information science:from "information science" to "knowledge science"[J]. Journal of Documentation,2006,62(4):447-461.

索　引

（以拼音为序）

Garvey-Griffith 模型	Garvey-Griffith Model	246~247
SECI 模型	SECI Model	300
创造学	Creatiology	363~364
词表库控制	Wordlist Database Control	230
大数据	Big Data	144~146
电子政务	E-Government	139~141
都市型学科社群	Urban Disciplinary Communities	262~263
反馈评价	Feedback	358
泛在学习	U-Learning	142
泛在知识环境	Ubiquitous Knowledge Environment	141
分类控制	Classified Control	234
概念图	Concept Map	163
工具控制	Tool Control	238
科学传播	Scientific Communication	256
科学共同体	Scientific Community	41
科学计算可视化	Visualization in Scientific Computing	154
科学学	Science of Science	5,36
科学知识传播	Scientific Knowledge Communication	265
客户关系管理	Customer Relationship Management	357
媒介知识传播符号论	Media Knowledge Dissemination Symbolism	253
媒介知识传播效果论	Medium of Knowledge Dissemination Effect Theory	253
平衡知识管理	Balanced Knowledge Management, BKM	288
认识论	Epistemology　知识观、知识论亦可参见	1~2
认知地图	Cognitive Map	163
书目控制	Bibliographic Control	236
术语控制	Terminological Control	230

395

中文	English	页码
术语标准化控制	Terminology Standardization Control	231
术语学	Terminology	5
数据可视化	Data Visualization	154
数字鸿沟	Digital Divide	128
数字(化)学习	E-Learning	132
数字科研	E-Science	137
双曲视图	Hyperbolic View	165
思维导图	Mind Map	162
思维地图	Thinking Map	164
透视墙视图	Perspective Wall View	164
新经济	New Economy	126
e 经济	Electronic Economy	127
信息服务	Information Service	341
信息科学	Information Sciences	38
信息可视化	Information Visualization	154
信息社群	Information Community	267
学术传播	Scholarly Communication	256
隐性知识	Tacit Knowledge	294
鱼眼视图	Fisheye View	164
语言控制	Linguistic Control	228
语料库控制	Corpus Control	229
语义网	Semantic Web	149
元知识	Meta-Knowledge	182
云计算	Cloud Computing	144
知识	Knowledge	89
知识表示	Knowledge Representation	158
知识产权	Intellectual Property	109
知识产业	Knowledge Industry	100
知识处理学	Knowledge Processing Science	169
知识传播	Knowledge Transmission	250
知识传播的生态模式	Knowledge Dissemination of Ecological Pattern	254
知识传播的影响模式	Influence of Knowledge Dissemination Pattern	254
知识创新	Knowledge Innovation	359
知识创新链	Knowledge-Innovation-Chain	365
知识地图	Knowledge Map	313

中文	English	页码
知识发现	Knowledge Discovery	158
知识分类	Knowledge Classification	102,183,195
策略性知识	Strategic Knowledge	208
陈述性知识	Declarative Knowledge	207
程序性知识	Procedural Knowledge	208
知识服务	Knowledge Service	341
知识服务流派	Knowledge Service Sect	343
企业知识服务流派	Enterprise Knowledge Service Sect	345
社会知识服务流派	Social Knowledge Service Sect	347
图书情报知识服务流派	Library And Information Knowledge Service Sect	344
知识服务模式	Knowledge Service Mode	347
大数据知识服务模式	Big Data Knowledge Service Model	349
独立分散式服务模式	Reference Center Model	349
协同集中式服务模式	Collaborative Communication Model	349
智库模式	Think Tank Mode	350
智能自助式服务模式	Self Service Model	349
知识工程	Knowledge Engineering, KE	6,171
知识供应链	Knowledge Supply Chain	368
知识共享	Knowledge Share	298
知识管理	Knowledge Management	276
知识管理流派	Knowledge Management Sect	282
知识管理学体系	Knowledge Management System	322
知识获取	Knowledge Acquisition	153,173,334
知识技术	Knowledge Technology	147
知识交流论	Knowledge Exchange Theory	247~250
知识经济	Knowledge Economy	126
知识科学	Knowledge Science	14
知识可视化	Knowledge Visualization	154
知识域可视化	Knowledge Domain Visualization	158
知识控制	Knowledge Control	224
知识链	Knowledge-Chain	364
知识论	Theories of Knowledge	180
知识贫困	Knowledge Poverty	129
知识情境	Knowledge Scenario, KS	142
知识融合	Knowledge Fusion	176

知识商品	Knowledge Commodity	333
知识社会学	Knowledge Sociology	4, 39, 128
知识社区	Knowledge Community	319
实践社区	Community of Practice	320
知识生态学	Ecology of Knowledge	130
知识生态系统	Knowledge Ecosystem	131
知识网格	Knowledge Grid	152
知识消费	Knowledge Consumption	328
知识消费者	Knowledge Consumer	331
知识型组织	Knowledge Organization	311
知识需求	Knowledge Need	323
知识学	Theory of Knowledge	14, 26
知识元	Knowledge Element	182
知识治理	Knowledge Governance	312
知识转移	Knowledge Transfer	300
知识转移的影响因素	Factors of Knowledge Transfer	300
知识资产	Knowledge Assests	307
知识资源	Knowledge Resources	210
知识资源传承	Knowledge Resources Promulgating and Inheritance	217
知识资源论	Knowledge Resources Theory	212
知识组织	Knowledge Organization	177
知识组织系统	Knowledge Organization System, KOS	181
智慧城市	Smart City	241

后　　记

　　这部书稿开始于 2004 年,一方面是多年来对图书情报和信息管理的探索,逐渐集中到了知识领域,将知识资源研究与知识管理研究作为研究方向,发表了一批相关成果;另一方面是我调到南开大学后,博士点获批,立即开始指导博士生的工作。借开辟博士生课程之机,带领博士生们开展了知识学研究,然而,面临的困难是国内缺乏具有图书情报特色的知识学著作,直接关注知识学研究的学者也比较少。正是这样一种情况,写一部知识学专著的想法油然而生。

　　从那个时候算起至今已有 12 年了,断断续续将一些思考写入书稿,在讨论与研究中,逐渐使本书的体系从模糊变得清晰。然而,由于教师必须做项目的压力,把许多精力放在了完成项目成果和项目著作上,以致于"感受强烈的"自选题专著写作一拖再拖。前人做学问,十年磨一剑,令人津津乐道,只是在今天这样一个讲速度效率、讲产量荣誉的时代,已缺乏那种"慢工出细活"的培育环境和"质量"导向的学术指挥棒了。

　　做学问是一件艰辛的劳动,需要下苦功,因为学术研究从来没有捷径可寻。然而,当今不少人做学问,总是寻求讨巧的路径,结果导致了学术腐败和违背学术规范的问题。随着教育界和学术界共同营造优化的学术环境,越来越多的人开始愿意在学术领域坐"冷板凳"了。想想这几年,为了研究与写作,没有周末,没有节假日,常常是夜不能寐,思如泉涌,奋笔疾书,苦中作乐。当成果产生之时,深感幸福就在其中。

　　著名物理学家杨振宁先生在南开大学的一次演讲中强调学术研究有三要素,一是眼光(perception),二是坚持(persistence),三是能力(power)。联系到一部专著的写作,眼光决定着好的选题,坚持是支撑写作的"喷油器",而能力则直接关系着研究成果的质量。

2013年3月初,中国社会科学院学部委员黄长著先生告诉我两个好消息,一是我主持完成的国家社科基金重点项目通过结项,而且鉴定为优秀,在本领域得优非常不容易;二是我又被规划办评为认真负责的专家,得到表扬。那天,我很激动也很感动,如果说近几年来自己的研究有些成绩,倒不如说是机遇与挑战成就了这一切。此前一年我从系主任岗位退下来,终于可以有更多的精力投入到教学与研究中了;接着被学校评聘为"英才教授"高端人才岗位,与其说荣誉,不如说压力,出高水平成果出精品既是职责要求也是学术带头人的义务所在,也正是这压力转化成了研究、写作、报项目的动力。至于机遇,既是个人勤奋的报答,更为学界众多专家学者给了我充分的肯定和难得的机会,让我始终怀感恩之心,乐于勤奋耕耘之中。

以前从未申报过国家社科基金后期资助项目,得知这类项目专门资助研究著作,于是将《知识学研究》这部书稿申报,在专家学者的支持下终于获得批准。对我来说,这是一个极好的完善著作的机会。

项目下达之后,一方面,我认真拜读了评审专家的意见,根据专家的指点进行书稿的修改,加强了知识组织等的研究,很多内容做了较大的改动。另一方面,根据环境的变化和新形势,查阅相关新材料,进行新问题的探讨,例如,国际相关知识学会议提出的新问题,大数据和云计算是否对知识学带来变化,等等。在此过程中,我的博士生课程"知识学研究"讨论的问题成为书稿的补充,我的博士生邹金汇、苏福、宫平、何颖芳等,帮我查阅整理相关材料,做了许多重要的资料工作。

2015年,天津商业大学的杨琪副教授(北京师范大学的哲学博士)来南开大学做访问学者时,我与他一起讨论知识学的相关问题,并请他参与修改书稿。为此,他帮我查阅核对了哲学等领域的相关资料,修改了相关内容,为书稿做了重要贡献。

本来2015年年底书稿已经完成并具备结项的条件,但考虑到接近寒假,于是想利用寒假时间再审阅一遍。这样,结项的工作就到了2016年春节之后。3月以来,利用新学期博士生课程"知识学研究",组织博士生邹金汇、苏福和访问学者杨琪副教授一起进行知识学专题讨论,在此基础上,完成书稿的修改工作。

当最终完成的书稿呈现给专家学者们时,心情又一次回到当年申报项目之时,有喜悦也有忐忑。虽然下了苦功夫,但并非剑磨十年皆上品,毕竟水平有限、功力也不到,错漏之处可能甚多,常常是自己不能意识,只不过比起申请时提交的稿子而言,有很大进步罢了。然而,无论何种理由,其实都是不能成立的。只有虚心听取专家学者的评审意见,针对提出的问题认真研究,才能取得进步。

衷心感谢各位专家评委!

2016 年 5 月 10 日